城镇排水与污水处理行业职业技能培训鉴定丛书

排水化验检测工培训教材

北京城市排水集团有限责任公司　组织编写

中国林业出版社

图书在版编目(CIP)数据

排水化验检测工培训教材/北京城市排水集团有限责任公司组织编写. —北京：中国林业出版社，2022.7(2024.8 重印)

(城镇排水与污水处理行业职业技能培训鉴定丛书)
ISBN 978-7-5219-1718-5

Ⅰ. ①排…　Ⅱ. ①北…　Ⅲ. ①城市排水-水质分析-职业技能-鉴定-教材　Ⅳ. ①TU991.21

中国版本图书馆 CIP 数据核字(2022)第 097573 号

策划、责任编辑：樊　菲

出版发行　中国林业出版社(100009,北京市西城区刘海胡同 7 号,电话 83143610)
电子邮箱　cfphzbs@163.com
网　　址　https://www.cfph.net
印　　刷　北京中科印刷有限公司
版　　次　2022 年 7 月第 1 版
印　　次　2024 年 8 月第 3 次
开　　本　889mm×1194mm　1/16
印　　张　13.25
字　　数　458 千字
定　　价　78.00 元

城镇排水与污水处理行业职业技能培训鉴定丛书
编写委员会

主　　编　张建新
副　主　编　张荣兵　蒋　勇　王　兰
执行副主编　王增义

《排水化验检测工培训教材》编写人员

刘卫东　　张　璐　　付　强　　田泽卿　　赵殿义　　杨　彤
葛　菊　　李建坡　　沙　特　　卢志明　　赵　颖　　冀春苗

前　言

　　2018 年 10 月，人力资源和社会保障部印发了《技能人才队伍建设实施方案（2018—2020 年）》，提出加强技能人才队伍建设、全面提升劳动者就业创业能力是新时期全面贯彻落实就业优先战略、人才强国战略、创新驱动发展战略、科教兴国战略和打好精准脱贫攻坚战的重要举措。

　　为全面加强城镇排水行业职业技能队伍建设，培养和提升从业人员的技术业务能力和实践操作能力，积极推进城镇排水行业可持续发展，北京城市排水集团有限责任公司在依据国家和行业相关技术规范和职业技能标准、参考高等院校教材及相关技术资料的基础上，结合本公司近三十年的城镇排水与污水处理设施运营经验，组织编写出版了《城镇排水与污水处理行业职业技能培训鉴定丛书》，其中包括排水管道工、排水巡查员、排水泵站运行工、城镇污水处理工、污泥处理工共五个工种的培训教材及培训题库。

　　2022 年，为进一步丰富本套丛书工种涵盖范围，北京城市排水集团有限责任公司组织编写完成《排水化验检测工培训教材》及《排水化验检测工培训题库》，内容涵盖化验检测安全生产知识、化验基本理论及相关常识、化验检测实操技能要求和实验室质量管理准则等，并附有相应的取样及检测原始记录单。本套书主要用于城镇排水与污水处理行业化验检测从业人员的职业技能培训和考核，也可供从事城镇排水与污水处理行业化验检测工作的专业技术人员参考。

　　由于编者水平有限，本书中可能存在不足、不妥甚至失误之处，希望读者在使用过程中提出宝贵意见，以便不断改进完善。

2022 年 6 月

目　录

绪　论

排水化验检测工是指从事城镇排水系统中水、泥、气的取样、分析、监测、计量的操作人员。排水化验检测工的工作内容主要包括制定污水处理过程和排水管网系统的水样、泥样、气样采集方案，进行样品采集、保存和运输；对样品进行前处理；对样品进行重量分析法和容量分析法相关项目的分析检测，操作分光光度计、紫外可见分光光度计、红外分光光度计、原子吸收分光光度计、原子荧光光度计、气相色谱仪、液相色谱仪、等离子发射光谱仪等设备进行相关项目的分析检测，在无菌条件下对相关的微生物指标进行分析检测；填写原始记录，整理归档；进行检测过程质量控制，分析误差原因；对仪器设备进行期间核查和维护保养；对检测方法在实验室的适用性进行验证。排水化验检测工的工作范围会接触危险化学品、高温高压设备、高压气瓶和致病菌。排水化验检测工必须熟知本工种所涉及的危险源，准确掌握安全操作规程及防护要点，确保安全生产。

排水化验检测具有多学科融合特点，排水化验检测工需要掌握化学、微生物学、流体力学、环境监测、实验室管理、污水处理、污泥处置等相关基础及专业知识。

第一章
安全知识及法规

第一节　安全基础知识

一、危险源的定义和要素

(一) 危险源的定义

危险源是指可能导致人员死亡、健康损害、职业病、财产损失、工作环境破坏或这些组合的根源、状态或行为，是潜在的不安全因素。

(二) 危险源的要素

危险源由3个要素构成：潜在危险性、存在条件和触发因素。

1. 潜在危险性

危险源的潜在危险性是指一旦触发事故，可能带来的危害程度或损失大小，或者说危险源可能释放的能量强度或危险物质量的大小。

2. 存在条件

危险源的存在条件是指危险源所处的物理状态、化学状态和约束条件状态。例如，物质的压力、温度、化学稳定性，压力容器的坚固性，周围环境障碍物，等等。

3. 触发因素

触发因素是危险源转化为事故的外因，它不属于危险源的固有属性。每一类型的危险源都有相应的敏感触发因素，如易燃、易爆物质，热能是其敏感的触发因素；又如大功率设备，电流增大是其敏感触发因素。因此，危险源总是与特定的触发因素相关联。在触发因素的作用下，危险源会转化为危险状态，继而转化为事故。

二、危险源的辨识

危险源的辨识是指识别危险源的存在并确定其特性的过程。危险源辨识有助于实验室认识和理解工作场所中的危险源及其对工作人员的危害，以便评价、优先排序并消除危险源或降低安全风险。

实验室应建立、实施和保持程序，对实验室的所有工作进行危险源辨识和风险评价，并为此确定必要的控制措施。危险源辨识、风险评价和确定的控制措施应形成文件，并及时更新。实验室应系统识别实验室活动所有阶段可预见的危险源，还应识别所有与各类任务相关的可预见的危险，如机械、电气、高低温、火灾爆炸、噪声、振动、呼吸危害、毒物、辐射、化学等危险；或与任务不直接相关的可预见的危险，如实验室突然停水、停电、地震、水灾、台风等特殊状态下的安全隐患。

检测实验室在进行危险源识别时，宜结合实验室的专业分工、实验室设立、区域划分等管理特点和运作惯例，按照检测产品或项目、区域场所、管理类别来识别评价单元，以方便识别危险源和评价风险。危险源识别宜采用系统识别危险源的方法，从人员、设备、物品、检测方法、环境和设施等方面对评价单元进行危险源辨识。

(一) 危险有害因素种类及来源

检测实验室安全事故的发生都有一定的规律可循，因此，有必要对实验室安全事故的各种起因、不同表现形式以及各级因素的危害类型进行深入分析，从而探讨消除、控制事故发生的方法。为此，我们应该找出实验室每个活动环节可能产生的不安全因素，进而采取适当的防范措施，最终避免安全事故的发生。检测实验室的危险有害因素种类及来源见表1-1。

(二) 工艺过程的危险源及风险

检测实验室涉及不同的工艺和操作，其相应的危险源及风险见表1-2。

表 1-1 危险有害因素种类及来源

有害因素种类	危险来源	危险源存在区域
物体打击	产生物体下落、抛出、破裂、飞散、人员摔伤的场所、设备和操作	施工区域、相关实验室
车辆伤害	车辆、车辆移动及停放的牵引设备、通道	厂内道路、需要车辆进入的区域、外出取样作业时的道路和作业现场
机械伤害	运行中的机械设备	涉及机械设备的实验现场
起重伤害	被起吊的重物、起重机械本身	配有起重装置的实验室
触电、停电	电源装置、电气设备	涉及电气设备的实验室、变配电室、用电线路
灼烫	热源设备、加热设备	蒸馏装置、烘箱、马弗炉等加热设备放置区域
火灾、爆炸	可燃物、易燃物、易燃和易爆化学品、电器短路	危险化学品库房、药品柜、使用易燃易爆化学品的地点、各实验室和办公室等
压力容器爆炸	高压蒸汽灭菌器、高压气体钢瓶	使用压力容器的实验室
高处坠落	存在高度差 2m 及以上的工作地点、人员借以升降的设备装置	各项高处作业环境
淹溺	水池、河道取水样	厂内水池、水井、地下管线和城市河流、湖泊等
中毒和窒息	有毒化学试剂、有毒气体和高压惰性气体泄漏	存放有毒试剂的库房、药品柜和使用场所,沼气检测实验室,气瓶间
腐蚀	具有腐蚀性的化学试剂,如硫酸等	存放腐蚀性化学试剂的库房、药品柜和使用场所
割伤、扎伤	尖锐的工器具、破损的玻璃器皿	使用尖锐的工器具、玻璃器皿进行检测的作业场所或实验室
辐射	大型仪器、紫外灯、微波消解设备	存放含有辐射源的仪器设备的实验室、微生物紫外杀菌室、微波消解室
噪声	泵、风机等高速运转的机械设备	使用泵、超声波清洗器等设备的实验室、鼓风机房和噪声作业场所
雷击	高大建筑物、电气线路	高大建筑物、使用电气设备的实验室

表 1-2 工艺过程中的危险源及风险

工艺过程要素			危险源(危害)	危险(风险)
工 序	设 备	人 员		
化验		化验员	违章操作	人员触电、人员烫伤、机械伤害
配药		化验员	试剂泄漏	人员烫伤、腐蚀伤害、中毒伤害
			酸液遗洒、飞溅	烧伤、腐蚀
生产检测	玻璃器皿	化验员	玻璃器皿破碎、玻璃划伤	人员割伤、扎伤
生产检测	电气设备	操作人员	电器漏电、短路	触电伤害
			电磁辐射	电磁伤害
气体监测	气瓶	化验员	气瓶泄露、气瓶爆炸	人员窒息、中毒,人员炸伤
操作气体管道、乙炔气瓶、非可燃气体气瓶	气体管道系统、乙炔气瓶	化验员	管道爆炸、漏气,气瓶爆炸	人员炸伤
灭菌、消解	高压锅	化验员	高压锅爆炸	人员炸伤、烫伤
微波消解	微波消解仪	化验员	违章操作	火灾爆炸、人员伤害、烫伤
消解	电炉、电热板高压锅、TKN 消解仪、COD 消解器	化验员	浓硫酸泄漏	人员烫伤、腐蚀伤害
			玻璃器皿炸裂	人员炸伤、扎伤
			热溶液飞溅	人员灼伤
			有毒有害气体排放	人员中毒伤害
			防护用品使用不当	人员烫伤
加热	微波炉、水浴锅	化验员	操作失误、防护用品使用不当	炸伤、火灾、人员烫伤(蒸汽)
干燥	烘箱、马弗炉等加热设备	化验员	防护用品使用不当	人员烫伤

（续）

工艺过程要素			危险源（危害）	危险（风险）
工 序	设 备	人 员		
细菌培养	生物安全柜	化验员	有害细菌泄漏	诱发职业病
微生物检测	超低温冰箱、生物安全柜、封口机	化验员	违章操作	人员冻伤
			防护用品使用不当、紫外线辐射	人员伤害、诱发职业病
			高温处未保持安全距离	人员烫伤、灼伤
重金属检测	重金属消解仪、热解析设备、有机试剂柜	化验员	含重金属有害气体排放	诱发职业病
			氢氟酸排放	人员烫伤、腐蚀伤害
			有机试剂挥发和泄漏	人员中毒、诱发职业病
			废气排放	污染大气
萃取	萃取装置	化验员	萃取液飞溅、试剂挥发	人员中毒
			防护用品使用不当	人员中毒
有机物检测	气相色谱、固相萃取、快速溶剂萃取自动浓缩蒸发仪	化验员	废气排放	人员中毒
废液收集与贮存	废液桶、废液	化验员	废液泄漏	诱发事故、人身伤害
取样	进水井口、驾驶车辆	取样员	有害气体	人身伤害
			人员跌落	人身伤害、人员溺水、跌伤
			交通事故	人身伤害
汽车驾驶	汽车	司机	疲劳驾驶、酒后驾驶、故障车辆	诱发事故、人身伤害
			恶劣天气行车	诱发事故、人身伤害
电工作业	手持电动工具、电路、配电箱	电工	手持电动工具漏电	触电伤害
			电路、配电箱漏电	触电伤害
设备设施改造、维护保养	设备	相关方	施工人员违章操作	触电、人身伤害
			人员触电、机械伤害	人身伤害

（三）其他危险源

除上述常见危险源外，检测实验室往往还存在其他危险源，如：食物中毒；夏天高温中暑，冬天低温冻伤；库房、办公场所火灾事故；设施、设备被盗事故；网络数据信息泄漏事故；与水体相关的传染性疾病暴发导致的事故；因战争、破坏、恐怖活动等突发事件导致的事故；其他可能导致生产安全事故发生的危险源。

三、危险源的风险评价

危险源的风险评价是指对危险源导致的风险进行评估，对现有控制措施的充分性加以考虑，以及对风险是否可接受予以确定的过程。检测实验室应对实验室的所有工作、设施和场所进行风险评价，包括但不限于以下内容：常规和非常规活动；正常工作时间和正常工作时间之外所进行的活动；所有进入实验室的人员的活动；人的行为、身体状况、能力等因素；工作场所外的活动对实验室人员的健康产生的不利影响；工作场所附近的实验室相关活动产生的风险；工作场所的设施、设备和材料；实验室功能、活动、材料、设备、环境、人员、相关要求等发生变化；安全管理体系更改产生的影响；任何与风险评价和必要的控制措施实施相关的法定要求；实验室结构和布局、区域功能、设备安装、运行程序和组织结构，以及人员的适应性；本实验室或相关实验室易发生的安全事故。

对危险源进行风险评价的方法主要有：作业条件危险性评价法、风险矩阵法、故障类型及影响分析法、风险概率评价法、危险可操作性研究法、事故树分析法等。其中，作业条件危险性评价法是一种常用的风险评价方法，该方法采用与系统风险有关的3种因素综合评价来确定系统人员伤亡风险，其风险值 D 由3个主要因素 L、E、C 的指标值的乘积表示，即 $D=L \times E \times C$。其中，L 表示发生事故的可能性大小，E 表示人体暴露于危险环境中的频繁程度，C 表示事故产生的后果。根据该公式可计算出每一项实验室已辨识出的危险源所带来的风险。

危险源的风险评价是有效防范危险源的基础，实验室应结合实际，以预防、控制危险源作为出发点，及时对危险源可能导致的风险进行评估，并采取一定防范措施，以达到风险控制的目的。当实验室的设施、环境、结构、工作流程、适用的法律法规和标准等发生改变，或发生安全事故或事件后，应重新进行风险评价。

四、危险源的防范

检测实验室主要的危险源有：各种危险化学品、有毒有害气体、电气设备、机械伤害、触电、噪声等。应利用工程技术控制、个人行为控制和管理手段消除、控制危险源，防止危险源引发安全事故，造成人员伤害和财产损失。

(一) 技术控制

技术控制是指采用技术措施对危险源进行控制，主要技术有消除、防护、减弱、隔离、连锁和警告等。

1. 消除措施

消除措施即消除系统中的危险源，可以从根本上防止事故的发生。但是，按照现代安全工程的观点，彻底消除所有危险源是不可能的。因此，人们往往首先选择危险性较大、在现有技术条件下可以消除的危险源，作为优先考虑的对象。可以通过选择合适的工艺、技术、设备、设施，合理的结构形式，无害、无毒或不能致人伤害的物料来彻底消除某种危险源。

2. 防护措施

当消除危险源有困难时，可采取适当的预防措施，如使用安全阀、安全屏护、漏电保护装置、安全电压、熔断器、排风装置等。

3. 减弱措施

在无法消除危险源和难以预防的情况下，可采取减轻危险因素的措施，如选择降温措施、避雷装置、消除静电装置、减震装置等。

4. 隔离措施

在无法消除、预防和减弱危险源的情况下，应将人员与危险源隔离，并将不能共存的物质分开。如：采取遥控作业，设置安全罩、防护屏、隔离操作室、安全距离等。

5. 连锁措施

当操作者失误或设备运行达到危险状态时，应通过连锁装置终止危险、危害发生。

6. 警告措施

在易发生故障和危险性较大的地方，应设置醒目的安全色、安全标志，必要时，设置声、光或声光组合报警装置。

(二) 个人行为控制

个人行为控制是指控制人为失误，减少人的不正确行为对危险源的触发作用。人为失误的主要表现形式有：操作失误、指挥错误、不正确的判断或缺乏判断、粗心大意、厌烦、懒散、疲劳、紧张、疾病或生理缺陷、错误使用防护用品和防护装置等等。

(三) 管理控制

检测实验室可采取以下措施，对危险源实行管理控制：

1. 建立健全危险源管理的规章制度

危险源确定后，在对其进行系统分析的基础上建立健全各项规章制度，包括岗位安全生产责任制、危险源重点控制实施细则、安全操作规程、操作人员培训考核制度、日常管理制度、交接班制度、检查制度、信息反馈制度、危险作业审批制度、异常情况应急措施和考核奖惩制度等。

2. 加强教育培训

落实《中华人民共和国安全生产法》中安全教育培训的要求，通过新员工培训、调岗员工培训、复工员工培训、日常培训等提高职工的安全意识，增强职工的安全操作技能，避免职业危害。

3. 加强宣传告知

对日常操作中存在的危险源提前告知，使职工熟悉伤害类型与控制措施。如在有危险源的区域设置危险源警示标牌，进行警示，方便员工了解。

4. 明确责任，定期检查

根据各类危险源的等级，确定好责任人，明确其责任和工作，并明确各级危险源的定期检查责任。对危险源要对照检查表逐条逐项检查，按规定的方法和标准进行检查，并进行详细的记录。如果发现隐患，则应按信息反馈制度及时反馈，并及时消除隐患，确保安全生产。

5. 加强危险源的日常管理

作业人员应严格贯彻执行有关危险源日常管理的规章制度，做好安全值班和交接班，按安全操作规程进行操作；按安全检查表进行日常安全检查；危险作业须经过审批方准操作等，对所有活动均应按要求认真做好记录；按安全档案管理的有关要求建立危险源的档案，并指定专人保管，定期整理。

6. 抓好信息反馈，及时整改隐患

职工应履行义务，在发现事故隐患和不安全因素后，及时向现场安全生产管理人员或单位负责人报告。单位应对发现的事故隐患，根据其性质和严重程度，按照规定分级，实行信息反馈和整改制度，并做好记录。

7. 做好危险源控制管理的考核评价和奖惩

应对危险源控制管理的各方面工作制定考核标准，并力求量化，以便于划分等级。考核评价标准应逐年提高，促使危险源控制管理水平不断提升。

（四）检测实验室各危险源具体防范措施

危险源的控制是做好检测实验室安全管理的重要一环，有效控制危险源能够防止各类安全事故的发生，从而保障人身安全与健康、避免实验环境遭受破坏或发生其他损失。检测实验室不仅会使用各类电气设备和机械设备，而且还涉及大量的化学危险品，如强酸、强碱、易燃液体、有毒品等，这使得危险源的控制变得更加复杂。因此，必须针对这些危险源制订有效的防范措施，才能保证实验室的安全。以下列出了检测实验室的主要危险源及其具体防范措施，见表1-3。

表 1-3　检测实验室各危险源及防范措施

危险源	可能导致的危害	防范措施
触电	造成人身触电伤害事故或引发火灾	按规定设计、安装电气线路及设备；采用防止触电的技术措施，如绝缘、屏护、电气隔离等；定期对设备、电路进行检查；严格遵守电气安全制度；正确使用电气设备，杜绝违章操作
火灾	导致人身伤害或环境受到破坏	加强防火防爆管理；加强重点危险源管控，控制并消除火源；加强易燃物质的管控；控制易燃、助燃、易爆物；配备消防器材；做好人员防火知识教育
化学危险品	可致人体灼伤、烫伤，引起人员中毒；易燃、易爆化学品还可引发火灾、爆炸等事故	建立药品管理制度；按要求分类存放化学危险品，并安排专人进行采购、登记、领用和发放；穿戴相应防护服和防护手套，做好个人防护；加强人员教育；药品存放点应配备相关应急物资，如防护服、砂土、灭火器、吸附材料
压缩气瓶	气瓶泄露、爆炸对人员造成伤害	建立压缩气瓶管理制度；气瓶室内禁止存放易燃、易爆物品，严禁明火作业；所有气瓶应有明确标志，且经检验合格后方可使用；不同气瓶应分类存放，且对气瓶采取合适的固定、保护措施；定期对气瓶状态、管线进行检查
有毒气体	硫化氢等有毒气体易造成人体中毒	保证室内通风良好；配备防毒面具、自救器等防护用品；现场配备有毒有害气体检测装置；制订应急预案，定期组织人员进行应急演练
高空坠落、物体打击	导致人员摔伤、砸伤等后果	对高空作业人员开展安全教育与培训；要求员工掌握安全救护技能；按要求配备安全带等劳动保护用品；控制操作方法，防止违章行为；控制环境因素，改良作业环境，设置相应防护设施；作业点设置警示标志，其下方不得有人逗留等
仪器设备	设备操作不当可能导致人员受到机械伤害，或被烧伤、冻伤等	建立仪器设备管理制度；完善仪器操作规程，并于明显部位悬挂、张贴警示标志；定期对仪器设备进行维护；加强实验人员业务培训，严格按规程操作，操作时做好个人防护
玻璃器皿	导致人员割伤、划伤	使用前仔细检查，避免使用有裂痕的器皿；使用时注意防范，防止割伤；加热玻璃器皿时，按规定小心操作，非加热器皿禁止加热
机械伤害	机械设备操作不当可能引发机械伤害事故	建立安全操作规程和规章制度；加强操作人员的安全管理；提高机械设备零部件的安全可靠性；改善作业环境，加强操作人员的安全防护

第二节　安全生产基本法规和标准

在生产工作中，安全管理至关重要，自2021年9月1日起实施的《中华人民共和国安全生产法》，其中对于生产经营单位的安全生产保障、从业人员的安全生产权利义务、安全生产的监督管理、生产安全事故的应急救援与调查处理等方面作出了详细的要求。除此之外，2014年12月5日发布的《检测实验室安全 第1部分：总则》(GB/T 27476.1—2014)及其系列标准也对检测实验室的安全管理提出了具体的要求。

一、《中华人民共和国安全生产法》相关重点条款摘选

第十三届全国人民代表大会常务委员会第二十九次会议于2021年6月10日通过《全国人民代表大会常务委员会关于修改〈中华人民共和国安全生产法〉的决定》，自2021年9月1日起施行。相关重点条款摘要：

第五十四条　从业人员有权对本单位安全生产工作中存在的问题提出批评、检举、控告；有权拒绝违章指挥和强令冒险作业。

生产经营单位不得因从业人员对本单位安全生产工作提出批评、检举、控告或者拒绝违章指挥、强令

冒险作业而降低其工资、福利等待遇或者解除与其订立的劳动合同。

第五十五条　从业人员发现直接危及人身安全的紧急情况时，有权停止作业或者在采取可能的应急措施后撤离作业场所。

生产经营单位不得因从业人员在前款紧急情况下停止作业或者采取紧急撤离措施而降低其工资、福利等待遇或者解除与其订立的劳动合同。

第五十六条　生产经营单位发生生产安全事故后，应当及时采取措施救治有关人员。

因生产安全事故受到损害的从业人员，除依法享有工伤保险外，依照有关民事法律尚有获得赔偿的权利的，有权提出赔偿要求。

第五十七条　从业人员在作业过程中，应当严格落实岗位安全责任，遵守本单位的安全生产规章制度和操作规程，服从管理，正确佩戴和使用劳动防护用品。

第五十八条　从业人员应当接受安全生产教育和培训，掌握本职工作所需的安全生产知识，提高安全生产技能，增强事故预防和应急处理能力。

第五十九条　从业人员发现事故隐患或者其他不安全因素，应当立即向现场安全生产管理人员或者本单位负责人报告；接到报告的人员应当及时予以处理。

二、《检测实验室安全 第1部分：总则》相关重点条款摘选

检测实验室在运行过程中可能会涉及电气、机械、非电离辐射、电离辐射、化学和微生物等危险因素，《检测实验室安全 第1部分：总则》（GB/T 27476.1—2014）是针对这些危险因素而制定的检测实验室安全标准，旨在提升检测实验室的安全管理能力和安全技术能力，降低检测实验室运行的安全风险。该标准于2014年12月5日发布，自2014年12月15日起实施。相关重点条款摘要：

4.2.1　实验室应根据业务性质、活动特点等建立、实施、保持和持续改进与其规模及活动性质相适应的安全管理体系，确定如何满足所有安全要求，并形成文件。安全管理体系应覆盖实验室人员、维护人员、分包方、参观者和其他被授权进入的人员，包括使用和进入实验室的学生、清洁工和保安人员。

注：对于特定的实验室，可能需要附加程序以覆盖实验室的特定功能

安全管理体系文件应包括：

a) 安全方针和目标；

b) 安全管理体系覆盖范围的描述；

c) 安全管理体系主要因素和其相互作用描述，及文件的查询路径；

d) 实验室为确保对涉及安全风险管理过程进行有效策划、运行和控制所需的文件和记录。

4.9.1　安全检查

实验室开展对实验室工作的安全检查。安全检查应包括对危险源辨识、风险评价和风险控制措施、人员能力与健康状况、环境、设施和设备、物料、工作流程等的安全检查。

为改进和保持实验室安全而对工作流程或设备等做重大改变时，也应进行安全检查。检查宜由无直接责任人员组成。

4.10.1　应急程序

实验室应建立并保持程序，用于识别和预防紧急情况的潜在后果和对紧急情况作出响应。

为了预防伤害和限制危险源扩散，基本应急程序至少应包括如下：

a) 潜在的事件和紧急情况的识别；

b) 外部的应急服务机构和人员；

c) 如果可行且不会对员工有危害，限制火势或其他危险源，以便为疏散赢取时间和限制毁坏扩大；

d) 寻求必需的其他帮助；

e) 如有必要，撤离建筑物，对伤员提供救治。

4.10.2　应急演练

实验室应定期组织演练，并使用应急设备。

实验室应配备充足的应急设备，例如，报警系统，应急照明和动力，逃生工具，消防设备，急救设备，通信设备，应急的隔离阀、开关和断流器等。

宜与应急服务机构保持定期联络，并告诉他们实验室内危险源的性质以及应急要求。如果可行，宜鼓励外部应急服务机构及相关方参与应急演练。

4.10.3　应急响应

实验室内发生火灾、爆炸、化学品泄漏、辐射、触电等紧急情况时应立即作出响应。实验室在策划应急响应时，应考虑相关方的需求。

应组织适合实验室需求的急救准备。

撤离时，安全监督人员宜注意其区域内员工和参观者的位置及移动方向。

5.2　人员

5.2.1　安全意识、能力和资格

实验室应配备足够的人员确保安全工作的开展。实验室应确保其工作对安全有影响的人员具备从事相关工作的能力。从事特殊岗位工作的人员，应具备相应的资格。

人员的健康状况应与岗位要求相适应。对于自身身体状况，可能不适合从事特定岗位工作的员工，宜主动报告监督人员。实验室应定期对员工开展健康检查，并保留员工的健康监督记录。

实验室应确保工作人员清楚所从事的工作可能遇到的危险，包括：

a) 危险源的种类和性质；

b) 工作时用到的材料和设备的危险特性；

c) 可能导致的危害；

d) 应采取的防护措施；

e) 紧急情况下的应急措施。

5.2.2 培训和指导

a) 应对进入实验室的所有人员实施入门培训，确保他们清楚实验室安全规定、风险和程序，并确保他们经过适用的个体防护装备的使用和维护培训；

注：包括相关法规知识。

b) 实验室制定的培训计划应包含安全培训内容，并与实验室当前和预期的工作相适应；

c) 实验室相关人员应经过危险物品和安全设备的使用和安全处理培训；

d) 实验室人员应经过应急程序的培训，包括确保所有员工和参观者安全撤离实验室；

e) 当使用在培员工时，应对其安排适当的监督；

f) 实验室应保留培训记录，并对培训有效性进行评价。

5.3.3 火灾监测和防爆

如果实验室有可预见的火灾或爆炸风险，应安装消防设备和自动火灾报警设备。

对于使用可能导致火灾或爆炸危险的物质的实验室，应根据 GB 3836.14 来划分危险区域，并选择合适的电气安装。

某些情况下宜提供多种保护措施，易燃液体贮存间宜配置自动监测报警装置、自动灭火系统，必要时还应有防爆装置。

消防设施、火灾监测和报警设施应定期检查，适当维护和保养。

5.3.5 通风

5.3.5.1 总则

实验室的通风能力应与当前实验室运行情况相适应，应符合 GB 50736 对通风的要求，当发生空气污染物聚集达到不安全浓度时或实验室内有缺氧风险时，应有充足的通风或烟雾抽排设施以确保有效地排除或处理。实验室应提供适当的自动防故障装置或报警装置用于防烟与排烟。必要时，独立的贮藏室宜有一个专门的通风系统，不宜与其他贮藏区域共用一个通风系统。

空气污染物的职业接触限值见 GBZ 2.1—2007、GBZ 2.2 和 GB/T 18883。

5.4.1 安全设备

5.4.1.1 安全设备的配置和使用原则如下：

a) 实验室应配备必要的安全设备，并确保实验室区域所有人员在需要时能够获得相关安全设备；

b) 安全设备应定期检查和维护，必要时更换；

c) 应规定和执行与实验室良好工作行为一致的实验室服装、饰品(如珠宝)、发型和鞋的要求；

d) 应为实验室人员和参观者提供防护服和安全设备，对于参观者的要求可根据其活动和风险大小有所改变；

e) 应制定相关的安全设备采购、验收等文件，以确保实验室采购和使用的安全设备符合要求；

d) 安全设备的安装、调试、使用和维护应由具备资格的人员进行；

g) 安全设备在使用前，人员应经过相关培训；

h) 应考虑设备维护人员的安全，安全措施应提前告知维护人员；

i) 用于紧急事故处理的设备，如没有得到授权，严禁用作其他用途。

5.4.2 个体防护设备

5.4.2.1 总则

实验室应识别和确定个体防护装备的需求，并配备充分的个体防护装备。应根据实验类别和个体防护装备的防护性能选用合适的个体防护装备。实验室应定期检查个体防护装备，确保其状态完好。应根据 GB/T 11651—2008 的要求更换和报废个体防护装备，避免使用过期和失效的个体防护装备。

实验室内使用个体防护装备的最低要求是穿着实验服和封闭性的鞋子，必要时，佩戴护目镜，除非已有风险评价确认可降低要求。

实验室应根据所进行的风险评价，结合从相关的 SDS 和 GB/T 27476 系列标准以及 GB/T 11651—2008 中获取的信息，决定是否需要使用额外的或更专业化的个体防护装备。然而，个体防护装备的使用，不应取代安全管理系统的实施，或更高层次的风险控制手段。

使用个体防护装备前，应对所有使用者进行充分的培训。应按照相关标准或制造商提供的指引维护装备，确保其在有效的工作状态下。

5.6.3 实验废弃物的处理、标志及处置

5.6.3.1 总则

实验室应建立程序确保实验室废弃物的安全收集、识别、贮存和处置。实验室员工应清楚处置废弃物的特定设施和程序。所有实验废弃物的收集、标志、贮存和处置应按国家及地方法规进行。应对所有处理实验废弃物的人员进行充分的培训。培训内容包括熟悉废弃物类别、废弃物处理程序(包括清理废弃材料的溢出物的程序)、处置废弃物的特定设施及安

全防护措施。

5.6.3.2 收集

实验废弃物的收集是良好内务管理的基本工作,收集时宜使其对实验室工作人员、废弃物收集人员以及对环境可能存在的危害降至最小。通过实验室区域运送实验废弃物时,宜考虑是否需要专门的安全设备,如溢出处理桶或针对可燃性废弃物的灭火器。废弃物收集后应将化学废弃物清楚标志、分类并贮存在贴标签的容器内。有关化学废弃物收集的更多要求见 GB/T 27476.5。

5.6.3.3 分离和标志

合适时,宜对实验室废弃物进行分离,并标明特性和来源。

5.6.3.4 搬运和贮存

宜设置专门的收集区域来贮存处理前的实验废弃物。应指定一名责任人负责管理废弃物,确保废弃物的安全贮存,并监督分包的废弃物处理商的收集程序是否正确。贮存可燃性材料时,应采取预防措施来清除区域内的引燃物。

在搬运易燃液体时,如果存在静电放电的危险,应提供电气接地。确保通风良好,并远离引燃物(见 GB 15603)。仓库宜根据所贮存材料的种类张贴适合的警告标志,仓库内宜放置安全设备和溢出处理桶,并在仓库内维护。

5.6.3.5 处置

实验废弃物的处理应遵守国家有关法律法规和适用的国家标准要求(如 GB/T 27476.5)。还可咨询产品供应商、环卫公司或废弃物处理公司提供的信息和意见。损坏的气瓶应归还供应商。有害物品的剩余物应归还供应商。

第二章
工作现场安全操作知识

第一节 安全生产

一、劳动防护用品的功能及使用方法

劳动防护用品是保护劳动者在生产过程中的人身安全与健康所必需的一种防护性装备，对于减少职业危害、防止事故发生起着重要作用。劳动防护用品分为特种劳动防护用品和一般劳动防护用品。特种劳动防护用品目录由应急管理部确定并公布。特种劳动防护用品需有三证，即生产许可证、产品合格证、特种劳防用品安全标志证。未列入目录的劳动防护用品为一般劳动防护用品。劳动防护用品按防护部位分为头部防护、呼吸器官防护、眼面部防护、听觉器官防护、手部防护、足部防护、躯干防护、防坠落等用品。

（一）头部防护用品

1. 头部防护用品的定义和分类

头部防护用品是为防护头部不受外来物体打击和其他因素危害而采取的个人防护用品。根据防护功能要求，目前主要有普通工作帽、防尘帽、防水帽、防寒帽、安全帽、防静电帽、防高温帽、防电磁辐射帽、防昆虫帽9类产品。

检测实验室使用的头部防护用品，一般为一次性防护帽和布质防护帽。

2. 头部防护用品的使用

（1）防护帽的使用

检测工进行无菌操作或接触有致病菌污染的样品时，应佩戴防护帽，使用过程中应注意以下几点：

①佩戴时，防护帽应遮盖住全部头发和双耳。

②操作过程中，帽子一旦被样品或液体污染时，应立即更换。

③若使用的为布质防护帽，应保持帽子清洁，定期更换或清洗。

④一次性防护帽不得重复使用。

（2）安全帽的使用

检测工在进行取样操作和有限空间作业时，应佩戴安全帽。安全帽应选用质检部门检验合格的产品。常见的安全帽由帽壳、帽衬和下颌带、附件等部分组成，结构如图2-1所示。

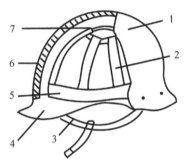

1—帽体；2—帽衬分散条；3—系带；4—帽檐；
5—帽衬环形带；6—吸收冲击内衬；7—帽衬顶带。

图2-1 安全帽结构示意图

检测工应根据安全帽的性能、尺寸、使用环境等条件，选择适宜的品类。在实际工作中还应了解和做到以下几点：

①进入生产现场或在厂区内外从事生产和劳动时，必须戴安全帽（国家或行业有特殊规定的除外；特殊作业或劳动，采取措施后可保证人员头部不受伤害并经过相关部门批准的除外）。

②安全帽必须有说明书，并指明使用场所，以供作业人员合理使用。

③安全帽在佩戴前，应检查各配件有无破损、装配是否牢固、帽衬调节部分是否卡紧、插口是否牢靠、绳带是否系紧等。若帽衬与帽壳之间的距离不在25～50mm，应用顶绳调节到规定的范围，确认各部件完好后，方可使用。

④佩戴安全帽时，必须系紧安全帽带，根据使用者头部的大小，将帽箍长度调节到适宜位置（松紧适

度）。高处作业者佩戴的安全帽，要有下颏带和后颈箍，并应拴牢，以防帽子滑落与脱掉。安全帽的帽檐必须与佩戴人员的目视方向一致，不得歪戴或斜戴。

⑤不得私自拆卸帽上的部件和调整帽衬尺寸，以保持垂直间距（25~50mm）和水平间距（5~20mm）符合有关规定值，用来预防安全帽遭到冲击后佩戴人员触顶造成的人身伤害。

⑥严禁在帽衬上放任何物品；严禁随意改变安全帽的任何结构；严禁用安全帽充当器皿使用；严禁用安全帽当坐垫使用。

⑦安全帽使用后应擦拭干净，妥善保存。不应贮存在有酸碱、高温（50℃以上）、阳光直射、潮湿和有化学溶剂的场所，避免重物挤压或尖物碰刺。帽壳与帽衬可用冷水、温水（低于50℃）洗涤，不可放在暖气片上烘烤，以防帽壳变形。

⑧若安全帽在使用中受到较大冲击，无论是否发现帽壳有明显断裂纹或变形，都会降低安全帽的耐冲击和耐穿透性能，应停止使用，更换新帽。不能继续使用的安全帽应进行报废切割，不得继续使用或随意弃置处理。

⑨不防电安全帽不能作为电业用安全帽使用，以免造成人员触电。

⑩安全帽从购入时算起，植物帽的有效期为1年半，塑料帽有效期不超过2年，层压帽和玻璃钢帽有效期为两年半，橡胶帽和防寒帽有效期为3年，乘车安全帽有效期为3年半。上述各类安全帽超过其一般使用期限后，易出现老化现象，丧失自身的防护性能。安全帽使用期限具体根据当批次安全帽的标志确定，超过使用期限的安全帽严禁使用。

（二）呼吸器官防护用品

1. 呼吸器官防护用品的定义和分类

呼吸器官防护用品是为防御有害气体、蒸汽、粉尘、烟、雾从呼吸道吸入，直接向使用者供氧或清洁空气，保证尘、毒污染或缺氧环境中作业人员正常呼吸的防护用品。呼吸器官防护用品按用途分为防尘、防毒、供氧3类，按作用原理分为过滤式、隔离式2类。

检测实验室使用的呼吸防护用品，一般为一次性防护口罩、防尘口罩和防毒面罩3类。

2. 呼吸器官防护用品的使用

检测工进行检测工作时，须根据检测实验过程中存在的危险源或安全风险，选择适当的防护口罩或面罩佩戴。

1）一次性防护口罩的使用

（1）一般性检测操作时，应佩戴一次性防护口罩。

（2）佩戴一次性防护口罩时，要注意须根据鼻部的尺寸调整口罩的鼻金属夹，保证呼出和呼入的气体确实经过口罩过滤。

（3）一次性防护口罩不得重复使用。

2）防尘面具的使用

检测过程存在粉尘危害时，应使用防尘面具。

3）防毒面具的使用

（1）检测过程中存在有毒有害气体，应佩戴过滤式防毒面具。

（2）防毒面具佩戴要正确，系带和头箍要调节适度，面罩边缘与头部贴紧，对面部应无严重压迫感。

（3）防毒面具在每次使用前后都应进行消毒。

（4）防毒面具的滤料要定期更换，确保过滤效果。

4）正压式空气呼吸器的使用

正压式空气呼吸器是一种自给开放式空气呼吸器，既是自给式呼吸器，又是携气式呼吸防护用品。该类呼吸器通过面罩将佩戴者呼吸器官、眼睛和面部与外界环境完全隔绝，使用压缩空气的带气源的呼吸器，依靠使用者背负的气瓶供给空气。气瓶中高压压缩空气被高压减压阀降为中压，然后通过需求阀进入呼吸面罩，并保持一个可自由呼吸的压力。无论呼吸速度如何，通过需求阀的空气在面罩内始终保持轻微的正压，以阻止外部空气进入。

正压式空气呼吸器主要适用于受限空间作业，使操作人员能够在充满有毒有害气体、蒸汽或缺氧的恶劣环境下安全地进行操作工作。空气呼吸器由面罩总成、供气阀总成、气瓶总成、减压器总成、背托总成5个部分组成，结构如图2-2所示，实物如图2-3所示。

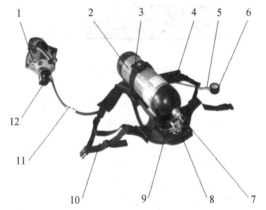

1—面罩；2—气瓶；3—带箍；4—肩带；5—报警哨；
6—压力表；7—气瓶阀；8—减压器；9—背托；
10—腰带组；11—快速接头；12—供气阀。

图2-2　正压式空气呼吸器结构示意图

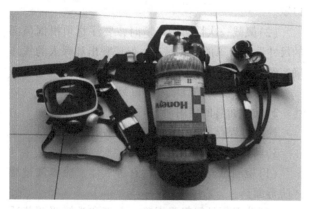

图 2-3　正压式空气呼吸器外观

（1）产品性能及配件

正压式呼吸器的结构基本相同，主要由 12 个部件组成，现将各部件介绍如下：

①面罩总成：面罩总成有大、中、小 3 种规格，由头罩、头带、颈带、吸气阀、口鼻罩、面窗、传声器、面窗密封圈、凹形接口等部分组成，外观如图 2-4 所示。头罩戴在头顶上。头带、颈带用以固定面罩。口鼻罩用以罩住佩戴者的口鼻，提高空气利用率，减少温差引起的面窗雾气。面窗是由高强度的聚碳酸酯材料注塑而成的，耐磨、耐冲击、透光性好、视野大、不失真。传声器可为佩戴者提高有效的声音传递。面窗密封圈起到密封作用。凹形接口用于连接供气阀总成。

图 2-4　正压式空气呼吸器面罩总成

②气瓶总成：气瓶总成由气瓶和瓶阀组成。气瓶从材质上分为钢瓶和复合瓶两种。钢瓶用高强度钢制成。复合瓶是在铝合金内胆外加碳纤维和玻璃纤维等高强度纤维缠绕制成的，其外形如图 2-5 所示。复合瓶工作压力为 25~30MPa，与钢瓶比具有重量轻、耐腐蚀、安全性好和使用寿命长等优点。气瓶从容积上分为 3L、6L 和 9L 3 种规格。钢瓶的空气呼吸器重达 14.5kg，而复合瓶空气呼吸器一般重 8~9kg。瓶阀有两种，即普通瓶阀和带压力显示及欧标手轮的瓶阀。无论哪种瓶阀都有安全螺塞，内装安全膜片，瓶内气

体超压时安全膜片会自动爆破泄压，从而保护气瓶，避免气瓶爆炸造成人身危害。欧标手轮瓶阀则带有压力显示和防止意外碰撞而关闭阀门的功能。

图 2-5　正压式空气呼吸器气瓶（复合瓶）

③供气阀总成：供气阀总成由节气开关、应急充泄阀、凸形接口、插板 4 个部分组成，其外观如图 2-6 所示。供气阀的凸形接口与面罩的凹形接口可直接连接，构成通气系统。节气开关外有橡皮罩保护，当佩戴者从脸上取下面罩时，为节约用气，用大拇指按住橡皮罩下的节气开关，会有"嗒"的一声，即可关闭供气阀，停止供气；重新戴上面具，开始呼气时，供气阀将自动开启，供给空气。应急充泄阀是一个红色旋钮，当供气阀意外发生故障时，通过手动旋钮旋动 1/2 圈，即可提供正常的空气流量；应急充泄阀还可利用流出的空气直接冲刷面罩、供气阀内部的灰尘等污物，避免佩戴者将污物吸入体内。插板用于供气阀与面罩连接完好的锁定装置。

图 2-6　正压式空气呼吸器供气阀总成

④瓶带组：瓶带组为一快速凸轮锁紧机构，能保证瓶带始终处于闭环状态，气瓶不会出现翻转现象。其外观如图 2-7 所示（圆圈中部分）。

图 2-7　正压式空气呼吸器瓶带组

⑤肩带：肩带由阻燃聚酯织物制成，背带采用双侧可调结构，使重量落于使用者腰胯部位，减轻肩带对胸部的压迫，让使用者呼吸顺畅。肩带上设有宽大弹性衬垫，可以减轻对肩的压迫。其外观如图2-8所示。

⑥报警哨：报警哨置于胸前，报警声易于分辨。报警哨具有体积小、重量轻等特点，其外观如图2-9所示。

⑦压力表：压力表的大表盘具有夜视功能，配有橡胶保护罩，其外观如图2-10所示。

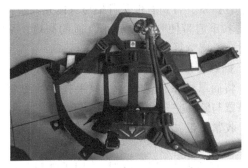

图2-8　正压式空气呼吸器肩带

图2-9　正压式空气呼吸器报警哨

图2-10　正压式空气呼吸器压力表

⑧减压器总成：减压器总成由压力表、报警器、中压导气管、安全阀、手轮5个部分组成，其外观如图2-11所示。压力表能显示气瓶的压力，并具有夜光显示功能，便于在光线不足的条件下观察；报警器安装在减压器上或压力表处，安装在减压器上的为后置报警器，安装在压力表旁的为前置报警器。当气瓶压力降到（5.5±0.5）MPa区间时，报警器开始发出报

警声响，持续报警到气瓶压力小于1MPa时为止。报警器响起，佩戴者应立即撤离有毒有害危险作业场所，否则会有生命危险。中压导气管是减压器与供气阀组成的连接气管，从减压器出来的0.7MPa的空气经供气阀直接进入面罩，供佩戴者使用。安全阀是减压器出现故障时的安全排气装置。手轮用于与气瓶连接。

图2-11　正压式空气呼吸器减压器总成

⑨背托总成：背托总成由背架、上肩带、下肩带、腰肩带和瓶箍带五部分组成，其外观如图2-12所示（圆圈中部分）。背架起到空气呼吸器的支架作用。上、下肩带和腰带用于将整套空气呼吸器与佩戴者紧密固定。背架上瓶箍带的卡扣用于快速锁紧气瓶。背托一般由碳纤维复合材料注塑成型，具有阻燃和防静电等功能。

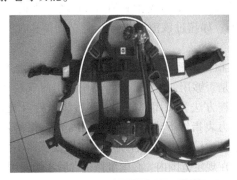

图2-12　正压式空气呼吸器背托总成

⑩腰带组：腰带组卡扣可锁紧、易于调节，其外观如图2-13所示（圆圈中部分）。

图2-13　正压式空气呼吸器腰带组

⑪快速接头：快速接头小巧、可单手操作、有锁紧防脱功能。

⑫供给阀：供给阀结构简单、功能性强、输出流量大、具有旁路输出、体积小，其外观如图 2-14 所示。

图 2-14　正压式空气呼吸器供给阀

（2）使用步骤

①开箱检查（图 2-15），具体操作如下：

a. 检查全面罩面窗有无划痕、裂纹，是否有模糊不清现象，面框橡胶密封垫有无灰尘、断裂等影响密封性能的因素存在。检查头带、颈带是否断裂，连接处是否断裂，连接处是否松动。

b. 检查腰带组、卡扣，必须完好无损。边检查边调整肩带、腰带长短（根据本人身体调整长短）。

c. 检查报警装置，检查压力表是否回零。

d. 检查气瓶压力，打开气瓶阀，观察压力表，指针应位于压力表的绿色范围内。继续打开气瓶阀，观察压力表，压力表指针在 1min 之内下降应小于 0.5MPa，如超过该泄漏指标，应立刻停止使用该呼吸器。

e. 检查报警器。因佩戴好呼吸器后，无法检测气瓶压力是否够用，需依靠报警器哨声提醒气瓶压力大小。检查方法为关闭气瓶阀，然后缓慢打开充泄阀，注意压力表指针下降至（5±0.5）MPa 时，报警器是否开始报警，报警声音是否响亮。如果报警器不发声或压力不在规定范围内，必须维修正常后才能使用。

f. 面罩气密性检查合格后，将供气阀与面罩连接好，关闭供气阀的充泄阀，深呼吸几下，呼吸应顺畅，按下供气阀上的橡胶罩保护杠杆开关 2 次，供气阀应能正常打开。

②正确佩戴，具体操作如下：

a. 使气瓶的平侧靠近自己，气瓶有压力表的一端向外，让背带的左右肩带套在两手之间。

b. 将呼吸器举过头顶，两手向后下弯曲，将呼吸器落下，使左右肩带落在肩膀上。

c. 双手扣住身体两侧肩带 D 形环，身体前倾，向后下方拉紧，直到肩带及背架与身体充分贴合。

d. 拉下肩带使呼吸器处于合适的高度，不需要调得过高，感觉舒服即可。

e. 插好腰带，向前收紧调整松紧至合适。

f. 将面罩长系带戴好，一只手托住面罩将面罩的口鼻罩与脸部完全贴合，另一只手将头带后拉罩住头部，收紧头带，收紧程度以既要保证气密又感觉舒适、无明显的压痛为宜。

g. 必须检查面罩的气密性，用手掌封住供气阀快速接气处，吸气，如果感到无法呼吸且面罩充分贴合则说明密封良好。

h. 将气瓶阀开到底回半圈，报警哨应有一次短暂的发声。同时看压力表，检查充气压力。将供气阀的出气口对准面罩的进气口插入面罩中，听到轻轻一声卡响表示供气阀和面罩已连接好。

i. 戴好安全帽，呼吸几次，无不适感觉，就可以进入工作场所。工作时注意压力表的变化，如压力下降至报警哨发出声响，必须立即撤回到安全场所。

③正压式呼吸器佩戴规范：一看压力，二听哨，三背气瓶，四戴罩。瓶阀朝下，底朝上；面罩松紧要正好；开总阀、插气管，呼吸顺畅抢分秒。

（3）使用注意事项

不同厂家生产的正压式空气呼吸器在供气阀的设计上所遵循的原理是一致的，但外形设计却存在差异，使用过程中要认真阅读说明书。

使用者应经过专业培训，熟悉掌握空气呼吸器的使用方法及安全注意事项。正压式空气呼吸器一般供

（a）　　　　　　　　（b）　　　　　　　　（c）

图 2-15　正压式空气呼吸器开箱检查

气时间在 40min 左右，主要用于应急救援，不适宜作为长时间作业过程中的呼吸防护用品，且不能在水下使用。在使用中，因碰撞或其他原因引起面罩错动时，应屏住呼吸，及时将面罩复位，但操作时要保持面罩紧贴脸上，千万不能从脸上拉下面罩。

空气呼吸器的气瓶充气应严格按照《气瓶安全监察规程》执行，无充气资质的单位和个人禁止私自充气。空气瓶每 3 年应送至有资质的单位检验 1 次。每次使用前，要确保气瓶压力至少在 25MPa 以上。当报警器鸣响时或气瓶压力低于 5.5MPa 时，作业人员应立即撤离有毒有害危险作业场所。充泄阀的开关只能手动，不可使用工具，其阀门转动范围为 1/2 圈。

空气呼吸器应由专人负责保管、保养、检查，未经授权的单位和个人无权拆、修空气呼吸器。

（4）日常检查维护

①系统放气：首先关闭气瓶阀，然后轻轻打开充泄阀，放掉管路系统中的余气后再次关闭充泄阀。

②部件检查：检查供气阀、面罩、背托。检查气瓶表面有无碰伤、变形、腐蚀和烧焦。检查瓶口钢印上最近一次的静水测试日期，以确保它在规定的使用期内。

③清洗消毒：背托、气瓶、减压器的清洁，只用软布蘸水擦洗，并晾干即可。面罩用温和的肥皂水或清洁液清洗，在干净温水里彻底冲洗，在空气中晾干，并用柔软干净的布擦拭。消毒可以使用 70% 乙醇、甲醇或乙丙醇。

④气瓶的定检：气瓶的定期检验应由经国家特种设备安全监督管理部门核准的单位进行，定检周期一般为 3 年，但在使用过程中若发现气瓶有严重腐蚀等情况时，应提前进行检验。只有检验合格的气瓶才可使用。

⑤气瓶充气：气瓶充气可委托相应的充气站充气，也可自行充气。自行充气前须仔细检查充气泵油位线、三角皮带、高压软管等是否存在异常，检查电路线路，确保其正常使用，检查充气泵润滑油是否充足。均检查正常后方可为气瓶充气。充气时，首先打开分离器上冷凝排污阀，空载启动充气泵，待充气泵运转稳定后关闭排污阀，再将高压软管连接器连接到气瓶连接器。之后打开气瓶阀，通过充气泵给气瓶充气。当气瓶充气压力达到规定值时，关闭气瓶上的旋阀，并要迅速打开充气泵的各级排污阀，使充气泵卸载运转，排出管路内所有的高压气体及水分。最后关闭压缩机，卸下气瓶连接。

⑥在给气瓶充气前要检测气瓶的使用年限，超过气瓶使用寿命的不允许充气，防止发生气瓶爆裂。且气瓶上标注有气瓶充气压力，不可过量充气。

（5）空气呼吸器的贮存

空气呼吸器的贮存环境为室温 0～30℃、相对湿度 40%～80%，避免接近腐蚀性气体和阳光直射；使用较少时，应在橡胶件涂上滑石粉。空气呼吸器需要进行交通运输时，应采取可靠的机械方式固定，避免发生碰撞。

5）紧急逃生呼吸器的使用

紧急逃生呼吸器是为保障作业安全，携带进入作业区域，帮助作业者在作业环境发生有毒有害气体溢出，或突然性缺氧等意外情况时，迅速逃离危险环境的呼吸器。它可以独立使用，也可以配合其他呼吸防护用品共同使用。使用时应做到以下几点：

（1）作业中一旦有毒有害气体浓度超标，检测报警仪发出警示，应迅速打开紧急逃生呼吸器，将面罩或头套完整地遮掩住口、鼻、面部甚至头部，迅速撤离危险环境。

（2）紧急逃生呼吸器必须随身携带，不可随意放置。

（3）不同的紧急逃生呼吸器，其供气时间不同，一般在 15min 左右，作业人员应根据作业场所距有限空间出口的距离选择。若供气时间不足以安全撤离危险环境，在携带时应增加紧急逃生呼吸器数量。

（三）眼面部防护用品

1. 眼面部防护用品的定义和分类

眼面部防护用品是指预防烟雾、尘粒、金属火花和飞屑、热、电磁辐射、激光、化学飞溅等伤害，保护眼睛或面部的个人防护用品。眼面部防护用品种类很多，根据防护功能，大致可分为防尘、防水、防冲击、防高温、防电磁辐射、防射线、防化学飞溅、防风沙、防强光 9 类。眼面部防护用品主要有防护眼镜、防护眼罩和防护面罩 3 种类型。

检测实验室使用的眼部防护用品，一般为全封闭式或半封闭式护目镜。

2. 眼面部防护用品的使用

检测工应根据检测过程选择佩戴适用的护目镜，使用中应注意以下几点：

（1）在实验操作过程中可能发生液体喷溅或近距离接触样品，有气溶胶传播病菌风险时，应使用全封闭式护目镜。

（2）佩戴护目镜前，应检查有无破损，佩戴后有无松动。

（3）摘掉护目镜时不要接触外面或可能已感染的部分，双手捏住靠近头部和耳朵的两侧摘掉。

（4）每次使用前后应进行消毒。

（5）当面罩的镜片被作业环境的潮湿烟气及作业

者呼出的潮气罩住，使其出现水雾并且影响操作时，可采取下列解决措施：

①水膜扩散法：在镜片上涂上脂肪酸或硅胶系的防雾剂，使水雾均等扩散。

②吸水排除法：在镜片上浸涂界面活性剂（PC树脂系），将附着的水雾吸收。

③真空法：对某些具有双重玻璃窗结构的面罩，可采取在两层玻璃间抽真空的方法。

（四）听觉器官防护用品

1. 听觉器官防护用品的定义和分类

听觉器官防护用品是指能够防止过量的声能侵入外耳道，使人耳避免噪声的过度刺激，减少听力损失，预防噪声对人身造成不良影响的个体防护用品。

听觉器官防护用品主要有耳塞、耳罩和防噪声头盔3类。耳塞和耳罩是保护人的听觉避免在高分贝作业环境中受到伤害的个人防护用品。其防护机理是应用惰性材料衰减噪声能量以对佩戴人的听觉器官进行保护；可插入外耳道内或插在外耳道的入口，适用于115dB以下的噪声环境。耳罩外形类似耳机，装在弓架上把耳部罩住使噪声衰减，耳罩的噪声衰减量可达10~40dB，适用于噪声较高的环境。耳塞和耳罩可单独使用，也可结合使用，结合使用可使噪声衰减量比单独使用提高5~15dB。防噪声头盔可把头部大部分保护起来，如再加上耳罩，防噪效果就更出色。这种头盔具有防噪声、防碰撞、防寒、防暴风、防冲击波等功能，适用于强噪声环境，如靶场、坦克舱内部等高噪声、高冲击波的环境。

2. 听觉器官防护用品的使用

检测实验室使用的听觉器官防护用品，一般为耳塞、耳罩和防噪声头盔，使用中应注意以下几点：

（1）耳塞、耳罩和防噪声头盔均应在进入噪声环境前佩戴好，工作中不得随意摘下。

（2）耳塞佩戴前要洗净双手，耳塞应经常用水和温和的肥皂清洗，耳塞清洗后应放置在通风处自然晾干，不可暴晒。不能水洗的耳塞产生脏污或破损时，应进行更换。

（3）清洁耳罩时，垫圈可用擦洗布蘸肥皂水擦拭，不能将整个耳罩浸泡在水中。

（4）清洁干燥后的耳塞和耳罩应放置于专用盒内，以防挤压变形。在洁净干燥的环境中贮存，避免阳光直晒。

（五）手部防护用品

1. 手部防护用品的定义和分类

具有保护手和手臂的功能，供作业者劳动时戴用的手套称为手部防护用品，通常也称为劳动防护手套。手部防护用品按照防护功能分为12类，即一般防护手套、防水手套、防寒手套、防毒手套、防静电手套、防高温手套、防X射线手套、防酸碱手套、防油手套、防震手套、防切割手套、绝缘手套。每类手套按照材料又能分为许多种。

检测实验室一般涉及使用：一次性橡胶手套、防酸碱手套、防高温手套。

2. 手部防护用品的使用

检测工应根据检测过程选择佩戴适用的防护手套，使用中应注意以下几点：

（1）佩戴防护手套要注意套在防护服（白大褂）袖口外侧，防止皮肤裸露在外。

（2）操作强酸、强碱药剂或配置药剂时，应使用防酸碱手套。

（3）操作高温设备或拿取高温器皿时，应佩戴防高温手套。

（4）脱去手套时，应注意不要接触已被污染的手套外部；去除手套后应立即洗手。

（六）足部防护用品

1. 足部防护用品的定义和分类

足部防护用品是指防止作业人员足部受到物体的砸伤、刺割、灼烫、冻伤、化学性酸碱灼伤和触电等伤害的护具，又称劳动防护鞋，即劳保鞋（靴）。常用的防护鞋内衬为钢包头，柔性不锈钢鞋底，具有耐静压及抗冲击性能，防刺，防砸，内有橡胶及弹性体支撑，穿着舒适，保护足部的同时不影响日常劳动操作。按功能分为防尘鞋、防水鞋、防寒鞋、防足趾鞋、防静电鞋、防酸碱鞋、防油鞋、防烫脚鞋、防滑鞋、防刺穿鞋、电绝缘鞋、防震鞋、防砸鞋等13类。

2. 足部防护用品的使用

（1）检测实验室须使用防酸碱工作鞋或可以抵御液体遗洒、不易浸湿的工作鞋，禁止穿着带网眼、露脚趾、露脚面的工作鞋。

（2）注意定期对工作鞋进行清洗消毒或紫外线照射消毒。

（七）躯干防护用品

1. 躯干防护用品的定义和分类

躯干防护用品就是指防护服。防护服是替代或穿在个人衣服外，用于防止一种或多种危害的服装，是安全作业的重要防护部分，是用于隔离人体与外部环境的一道屏障。根据外部有害物质性质的不同，防护服的防护性能、材料、结构等也会有所不同。

我国防护服按用途分为：

（1）一般作业工作服，用棉布或化纤织物制作而成，适用于没有特殊要求的一般作业场所。

（2）特殊作业工作服，包括隔热服、防辐射服、防寒服、防酸服、抗油拒水服、防化学污染服、防X射线服、防微波服、中子辐射防护服、紫外线防护服、屏蔽服、防静电服、阻燃服、焊接服、防砸服、防尘服、防水服、医用防护、高可视性警示服、消防服等。

2. 躯干防护用品的使用

检测工在进行检测实验时一般穿着一般性棉质工作服（白大褂），必要时穿戴化学品防护服。

（1）一般工作服的使用

①工作服须选择长袖样式，穿戴时注意衣袖与手套、工作裤与劳保鞋鞋面的衔接，避免皮肤裸露在外。

②工作裤长度须遮住脚面皮肤。

③操作过程中，工作服一旦被样品或药剂污染，应立即更换。

④注意保持工作服的清洁，定期进行清洗消毒或紫外线照射消毒。

（2）化学品防护服的使用

①使用前，应检查化学品防护服的完整性及与之配套装备的匹配性，在确认完好后方可使用。

②进入化学污染环境前，应先穿好化学品防护服；在污染环境中的作业人员，不得脱卸化学品防护服及装备。

③化学品防护服被化学物质持续污染时，应在规定的防护性能（标准透过时间）范围内更换。有限次数使用的化学品防护服已被污染时应弃用。

④脱除化学品防护服时，宜使内面翻外，减少污染物的扩散，且宜最后脱除呼吸防护用品。

⑤由于许多抗油拒水防护服及化学品防护服的面料采用的是后整理技术，即在表面加入了整理剂，一般须经高温才能发挥作用，因此在穿用这类服装时要根据制造商提供的说明书经高温处理后再穿用。

⑥穿用化学品防护服时应避免接触锐器，防止受到机械损伤。

⑦严格按照产品使用与维护说明书的要求进行维护，修理后的化学品防护服应满足相关标准的技术性能要求。

⑧受污染的化学品防护服应及时洗消，以免影响化学品防护服的防护性能。

⑨化学品防护服应贮存在避光、温度适宜、通风合适的环境中，应与化学物质隔离贮存。

⑩已使用过的化学品防护服应与未使用的化学品防护服分开贮存。

（八）防坠落用品

1. 防坠落用品的定义和分类

防坠落用品是指用于防止坠落事故发生的防护用品，主要有安全带、安全绳和安全网。安全带是主要用于高处作业的防护用品，由带子、绳子和金属配件组成。安全绳是在安全带中连接系带与挂点的辅助用绳，一般与缓冲器配合使用，起扩大或限制佩戴者活动范围、吸收冲击能量的作用。使用时，必须满足作业要求的长度和达到国家规定的拉力强度。安全网是指在高空进行建筑施工或设备安装时，在其下或其侧设置的起保护作用的网。

2. 防坠落用品的使用

检测工在进行池边取样或高空作业时应使用全身式安全带。全身式安全带由织带、带扣及其他金属部件等组合而成，与挂点等固定装置配合使用。其主要作用是防止高处作业人员发生坠落或发生坠落后将作业人员安全悬挂，是一种可在坠落时保持坠落者正常体位，防止坠落者从安全带内滑脱，还能将冲击力平均分散到整个躯干部分，减少对坠落者造成背部伤害的安全带，如图2-16所示。

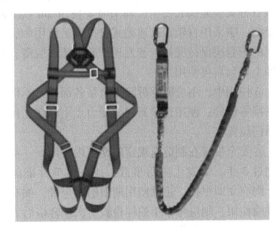

图2-16　单挂点全身式安全带

（1）安全带的选择

①首先对安全带进行外观检查，看是否有碰伤、断裂或存在影响安全带技术性能的缺陷。检查织带、零部件等是否有异常情况。对防坠落用具重要尺寸和质量进行检查，包括规格、安全绳长度、腰带宽度等。

②检查安全带上必须具有的标记，如制造厂名商标、生产日期、许可证编号、劳动安全标志和说明书中应有的功能标记等。检查防坠落用具是否有质量保证书或检验报告，并检查其有效性，即出具报告的单位是否为法定单位，盖章是否有效（复印无效），检测有效期、检测结果和结论等是否符合规定。

③安全带属特种劳动防护用品，因此应从有生产许可证的厂家或有特种防护用品定点经营证的商店购买。选择的安全带应适应特定的工作环境，并具有相应的检测报告。选择安全带时，应选择适合使用者身材的安全带，这样可以避免因安全带过小或过大而给工作者造成不便和安全隐患。

（2）安全带的使用

①使用安全带前，应检查各部位是否完好无损，安全绳和系带有无撕裂、开线、霉变，金属配件是否有裂纹、腐蚀现象，弹簧弹跳性是否良好，以及是否存在其他影响安全带性能的缺陷。如发现存在影响安全带强度和使用功能的缺陷，应立即更换。

②安全带应拴挂于牢固的构件或物体上，应防止挂点摆动或碰撞；使用坠落悬挂安全带时，挂点应位于工作平面上方；使用安全带时，安全绳与系带不能打结使用。

③高处作业时，如安全带无固定挂点，应将安全带挂在刚性轨道或具有足够强度的柔性轨道上，禁止将安全带挂在移动的、带尖锐棱角的或不牢固的物件上。

④安全绳（含未打开的缓冲器）不应超过2m，不应擅自将安全绳接长使用。如果需要使用2m以上的安全绳，应采用自锁器或速差式自控器。使用中，安全绳的护套应保持完好，若发现护套损坏或脱落，必须加上新套后再使用。

⑤使用中，不应随意拆除安全带各部件，不得私自更换零部件；使用连接器时，受力点不应在连接器的活门位置。

⑥安全带应在制造商规定的期限内使用，一般不应超过5年，如发生坠落事故，或有影响性能的损伤，则应立即更换。超过使用期限的安全带，如有必要继续使用，则应每半年抽样检验1次，合格后方可继续使用。如安全带的使用环境特别恶劣，或使用频率格外频繁，则应相应缩短其使用期限。

⑦安全带应由专人保管。存放时，不应接触高温、明火、强酸、强碱或尖锐物体；不应存放在潮湿的地方，且应定期进行外观检查；发现异常必须立即更换，检查频次应根据安全带的使用频率确定。

二、安全防护设备的功能及使用方法

排水化验检测作业常用的安全防护设备主要包括：气体检测仪、通风橱或通风柜、紧急喷淋洗眼器。

（一）气体检测仪

气体检测仪是用于检测和报警工作场所空气中氧气、可燃气和有毒有害气体浓度或含量的仪器，由探测器和报警控制器组成，当气体含量达到仪器设置的警戒浓度时可发出声光报警信号。检测中常用到的气体检测仪主要分固定式和便携式两种。固定式气体检测仪主要根据实验室环境和检测过程危险源辨识，应在实验室固定位置安装针对某种易燃易爆或有毒有害气体的检测仪，如乙炔气体检测仪等。便携式气体检测仪由于具有体积小、易携带、可一次性检测一种或多种有毒有害气体、快速显示数值、数据精确度高、可实现连续检测等优点，可以作为检测过程、外出取样作业或突发应急处置时的主要气体检测设备。此外，扩散式检测仪加装外置采样泵后可转变为泵吸式气体检测仪，可根据作业需要灵活转变。

每种气体检测仪的说明书中都详细地介绍了操作、校正等步骤，使用者应认真阅读，严格按照操作说明书进行操作。同时，气体检测仪应按照相关要求进行定期维护和强制检测。

（二）通风橱

1. 通风橱的定义

通风橱，又称通风柜，是实验室特别是化学实验室中的一种大型设备。用途是减少实验者和有害气体的接触。通风橱是保护人员防止有毒化学烟气危害的一级屏障。通风橱存在两种主要的类型，管道式和循环式（无管）。两类通风橱的原理相同：从通风橱的正面吸入空气，然后将其排出建筑物外或通过过滤使其安全并反馈到房间中。

2. 通风橱的功能

在检测实验室从事科研、分析等实验操作时，不可避免地会产生一些有毒有害或腐蚀性气体，为了保护检测人员的安全，防止实验产生的有毒气体或者污染物质向实验室内扩散，在有可能产生有毒有害气体等污染物质的实验室要使用通风橱。通风橱的最主要的功能是排气功能，其作用在于能有效降低有毒有害等危险化学气体和检测人员的接触；此外，通风橱还应具有如下功能：

（1）释放功能：应具有通过吸收橱外气体来吸收通风橱内产生的有害气体的功能，使有害气体经稀释后排出室外。

（2）防倒流功能：应具有在通风橱内部由排风机产生的气流将有害气体从通风橱内部不反向流进实验室内的功能。

（3）隔离功能：在通风橱前面应具有不滑动的玻璃视窗将通风橱内外进行分隔。

（4）补充功能：应具有在排出有害气体时，从通风橱外吸入空气的通道或替代装置。

（5）控制风速功能：为防止通风橱内有害气体逸

出，需要有一定的吸入速度。通常规定，一般无毒的污染物为 0.25~0.38m/s，有毒或有危险的有害物为 0.4~0.5m/s，剧毒或有少量放射性的物质为 0.5~0.6m/s，气状物为 0.5m/s，粒状物为 1m/s。

（6）耐热及耐酸碱腐蚀功能：通风橱内有的要安置电炉，因为有的实验产生大量具有极强腐蚀性的酸碱等，所以通风橱的台面、衬板、侧板及选用的水咀、气咀等都应具有防腐功能。

3. 通风橱的使用

（1）通风橱的使用规则

在使用通风橱的过程中，须遵守以下规则：

①使用前应检查电源、给排水、气体等各种开关及管路是否正常；打开照明设备，检查光源及橱体内部是否正常；打开抽风机，约 3min 内，静听运转是否正常。按以上顺序检查时，如发现问题，请立即暂停使用，并通知保养单位处理。

②在实验过程中，通风橱应常开，风速控制在（0.5±0.1）m/s；除必要的加药、后处理等操作，其他实验过程中，视窗应下拉至距实验台面 15~20cm 为宜。

③关机前，抽风机应继续运转 5min 以上，使橱内废气完全排除。

④使用后，应将橱体内外擦拭清洁，并关闭各项开关及视窗。

（2）通风橱的使用注意事项

①在实验开始前，必须确认通风橱处于运行状态，才能进行实验操作。

②在实验过程中，禁止将头伸进通风橱内观察。

③禁止在通风橱内存放易燃易爆物品或进行相关实验。

④禁止将移动插线排或电线放在通风橱内。

⑤禁止在没有安全措施的情况下将实验所需的化学物质放置在通风橱内实验，一旦出现化学物质喷溅，应立即切断电源。

⑥移动上下视窗时，要缓慢操作，以避免门拉手压伤手部。

⑦通风橱的操作区域要保持畅通，周围避免堆放物品。

⑧操作人员在不使用通风橱时，应避免在台面存放过多实验器材或化学物质，禁止长期存放。

（三）紧急喷淋洗眼器

1. 紧急喷淋洗眼器的定义

紧急喷淋洗眼器既有喷淋系统，又有洗眼系统，是在有毒有害危险作业环境下使用的应急救援设施，如图 2-17 所示。当发生意外伤害事故时，通过紧急

图 2-17　紧急喷淋洗眼器

喷淋洗眼器的快速喷淋、冲洗，把事故对人员的伤害程度减轻到最低程度，但该设备只能对眼镜和身体进行初步的处理，不能代替医学治疗，情况严重的，必须尽快进行进一步的医学治疗。

2. 紧急喷淋洗眼器的使用

（1）紧急喷淋洗眼器的使用方法

①眼部伤害时的使用：取下冲洗喷头防尘罩，压下冲眼喷头阀门，将眼部移到冲眼喷头上方，根据出水高度调节眼部与出水喷头的距离。在眼部移至冲眼喷头出水上方时，喷出的水应清澈；冲洗时眼睛要睁开，眼珠来回转动；连续冲洗时间不得少于 15min，再进行就医治疗。

②躯体伤害时的使用：脱去污染的衣物，取下冲眼喷头防尘罩，压下冲眼喷头阀门。冲洗时不得隔着衣物冲洗伤害部位；连续冲洗时间不得少于 15min，再根据实际情况决定是否就医治疗。

（2）紧急喷淋洗眼器的安装和使用要求

①紧急喷淋洗眼器应该安装在危险源头的附近，最好作业人员在 10s 内能够快步到达洗眼器的区域范围；同时尽量与工作区域安装在同一水准面上，最好作业人员能够直线到达，避免越层救护。

②紧急喷淋洗眼器供水总阀必须常开，不得关闭。在安装紧急喷淋洗眼器的周围，需要有醒目的标志。标志最好用中英文双语和图示表达清楚，非常形象地告诉生产现场的作业者洗眼器的位置和用途。

③在紧急喷淋洗眼器 1.5m 半径范围内，不能有电器开关，以免发生短路。

④紧急喷淋洗眼器必须连接饮用水，严禁使用循环水或工艺水。

⑤紧急喷淋洗眼器进水口管径不小于 25mm，确保出水量。

⑥紧急喷淋洗眼器只作为事故应急设备使用，严禁在常规情况下使用。

⑦紧急喷淋洗眼器放置点旁严禁悬挂、堆放物品。

三、有限空间作业的安全知识

(一)有限空间相关概念与术语

1. 有限空间及其作业的概念

有限空间是指封闭或部分封闭，进出口较为狭窄有限，未被设计为固定工作场所，自然通风不良，易造成有毒有害、易燃易爆物质积聚或含氧量不足的空间。

有限空间作业是指作业人员进入有限空间实施的作业活动。

2. 其他相关概念

《密闭空间作业职业危害防护规范》(GBZ/T 205—2007)中对有限空间作业相关概念和术语进行了定义。

(1)立即威胁生命或健康的浓度(immediately dangerous to life or health concentrations，IDLH)：指在此条件下对生命立即或延迟产生威胁，或能导致永久性健康损害，或影响准入者在无助情况下从密闭空间逃生的浓度。某些物质对人产生一过性的短时影响，甚至很严重，受害者未经医疗救治而感觉正常，但在接触这些物质后12~72h可能突然产生致命后果，如氟烃类化合物。

(2)有害环境：指在职业活动中可能引起死亡、失去知觉、丧失逃生及自救能力、伤害或引起急性中毒的环境，包括以下一种或几种情形：可燃性气体、蒸汽和气溶胶的浓度超过爆炸下限的10%；空气中爆炸性粉尘浓度达到或超过爆炸下限；空气中氧含量(体积分数)低于18%或超过22%；空气中有害物质的浓度超过职业接触限值；其他任何含有有害物浓度超过立即威胁生命或健康浓度的环境条件。

(3)进入：人体通过一个入口进入密闭空间，包括在该空间中工作或身体任何一部分通过入口。

(4)吊救装备：为抢救受害人员所采用的绳索、胸部或全身的套具、腕套、升降设施等。

(5)准入者：批准进入密闭空间作业的劳动者。

(6)监护者：在密闭空间外进行监护或监督的劳动者。

(7)缺氧环境：空气中氧含量(体积分数)低于18%。

(8)富氧环境：空气中氧含量(体积分数)高于22%。

(二)有限空间的分类

(1)地下有限空间：地下室、地下仓库、地窖、地下工程、地下管道、暗沟、隧道、涵洞、地坑、废井、污水池、井、沼气池、化粪池、下水道等。

(2)地上有限空间：贮藏室、温室、冷库、酒槽池、发酵池、垃圾站、粮仓、污泥料仓等。

(3)密闭设备：船舱、贮罐、车载槽罐、反应塔(釜)、磨机、水泥桶库、压力容器、管道、冷藏箱(车)、烟道、锅炉等。

(三)有限空间危害因素及防控措施

有限空间通常存在的危险主要是气体的危害。由于在正常的生产工艺活动过程中，有限空间相对密闭，通风状况欠佳，其自身所贮存的化学品、内部发生的某些氧化过程等，都会造成有限空间内部气体环境与外部气体环境完全不同，具有特殊的危害性，如缺氧、富氧、有毒气体等，还存在淹溺、触电、高处坠落、机械伤害等其他危险。

污水处理过程中，常见的有限空间危害因素，主要有缺氧、有毒气体、可燃气体。

1. 缺 氧

缺氧是指因组织的氧气供应不足或用氧障碍，而导致组织的代谢、功能和形态结构发生异常变化的病理过程。外界正常大气环境中，平均的氧含量(体积分数)约为20.95%。氧是人体进行新陈代谢的关键物质，如果缺氧，人体的健康和安全就可能受到伤害，不同氧气浓度对人体的影响见表2-1。

在有限空间内，内部各种原因及其结构特点导致通风不畅，致使有限空间内的氧气浓度偏低或不足，人员进入有限空间内作业时，会极易疲劳而影响作业或面临缺氧危险。

表 2-1　不同氧含量(体积分数)对人体的影响

氧含量(体积分数)/%	影　响
23.5	最高"安全水平"
20.95	空气中的氧气浓度
19.5	最低"安全水平"
17~<19.5	人员静止无影响，工作时会出现喘息、呼吸困难现象
≥15~<17	人员呼吸和脉搏急促，感觉及判断能力减弱以致失去劳动能力
≥9~<15	呼吸急促，判断力丧失
≥6~<9	人员失去知觉，呼吸停止，数分钟内心脏尚能跳动，不进行急救会导致死亡
<6	呼吸困难，数分钟内死亡

2. 中 毒

由于有限空间本身的结构特点，空气不易流通，造成内部与外部的空气环境不同，致命的有毒气体蓄积。

1）有毒有害气体物质的来源

（1）贮存的有毒化学品残留、泄漏或挥发。

（2）某些生产过程中有物质发生化学反应，产生有毒物质，如有机物分解产生硫化氢。

（3）某些相连或接近的设备或管道的有毒物质渗漏或扩散。

（4）作业过程中引入或产生有毒物质，如焊接、喷漆或使用某些有机溶剂进行清洁。

污水处理厂工作环境中存在大量的有毒物质，人一旦接触后易引起化学性中毒，可能导致死亡。常见的有毒物质包括：硫化氢、一氧化碳、苯系物、氯气、氮氧化物、二氧化硫、氨气、易挥发的有机溶剂、极高浓度刺激性气体等。

2）常见有毒有害气体

（1）硫化氢

硫化氢（H_2S）是无色、有臭鸡蛋味的毒性气体。相对分子质量34.08，相对密度1.19，沸点-60.2℃、熔点-83.8℃，自燃点260℃；溶于水，0℃时100mL水中可溶437mL硫化氢，40℃时1000mL水可溶180mL硫化氢，溶于水后生成氢硫酸；也溶于乙醇、汽油、煤油、原油中。

硫化氢的化学性质不稳定，在空气中容易爆炸。爆炸极限为4.3%~45.5%（体积分数）。它能使银、铜及其他金属制品表面腐蚀发黑，与许多金属离子作用，生成不溶于水或酸的硫化物沉淀。

硫化氢不仅是一种窒息性毒物，对黏膜还有明显的刺激作用，这两种毒作用与硫化氢的浓度有关。当硫化氢浓度越低时，对呼吸道及眼的局部刺激越明显。硫化氢的局部刺激作用，是由于接触湿润黏膜与钠离子形成的硫化钠引起的。当浓度超高时，人体内游离的硫化氢在血液中来不及氧化，则引起全身中毒反应。目前，认为硫化氢的全身毒性作用是被吸入人体的硫化氢通过与呼吸链中的氧化型细胞色素氧化酶的三价铁离子结合，抑制细胞呼吸酶的活性，从而影响细胞氧化过程，造成细胞组织缺氧。急性硫化氢中毒的症状表现如下：

①轻度中毒时，以刺激症状为主，如眼刺痛、畏光、流泪、流涕、鼻及咽喉部烧灼感，还可能有干咳和胸部不适、结膜充血、呼出气有臭鸡蛋味等症状，一般数日内可逐渐恢复。

②中度中毒时，中枢神经系统症状明显，头痛、头晕、乏力、呕吐、共济失调等刺激症状也会

加重。

③重度中毒时，可在数分钟内发生头晕、心悸，继而出现躁动不安、抽搐、昏迷，有的出现肺水肿并发肺炎，最严重者发生"电击型"死亡。

《工作场所有害因素职业接触限值 第1部分：化学有害因素》（GBZ 2.1—2019）中工作场所空气中化学物质容许浓度中明确指出，硫化氢最高容许浓度为$10mg/m^3$，不同浓度的具体影响见表2-2。

表2-2 不同硫化氢浓度对人体的影响

浓度/（mg/m^3）	接触时间	影 响
0.035		嗅觉阈，开始闻到臭味
30~40		臭味强烈，仍能忍受；是引起症状的阈浓度
70~150	1~2h	出现呼吸道及眼刺激症状；吸入2~15min后嗅觉疲劳，不再闻到臭味
300	1h	6~8min出现急性眼部刺激症状，稍长时间接触引起肺水肿
760	15~60min	发生肺水肿、支气管炎及肺炎；接触时间长时引起头痛、头昏、步态不稳、恶心、呕吐、排尿困难
1000	数秒钟	很快出现急性中毒、呼吸加快后因呼吸麻痹而死亡
1400	立即	昏迷，因呼吸麻痹而死亡

（2）沼 气

沼气是多种气体的混合物，由50%~80%的甲烷（CH_4）、20%~40%的二氧化碳（CO_2）、0%~5%的氮气（N_2）、小于1%的氢气（H_2）、小于0.4%的氧气（O_2）与0.1%~3%的硫化氢（H_2S）等气体组成。空气中如含有8.6%~20.8%（按体积百分比计算）的沼气时，就会形成爆炸性的混合气体。

沼气的主要成分是甲烷，污水中的甲烷气体主要是其沉淀污泥中的含碳、含氮有机物质在供氧不足的情况下，分解出的产物。

甲烷是无色、无味、易燃易爆的气体，比空气轻，相对空气密度约0.55，与空气混合能形成爆炸性气体。甲烷对人基本无毒，但浓度过量时使空气中氧含量明显降低，使人窒息，具体影响见表2-3。

表2-3 甲烷的浓度危害

甲烷体积分数/%	影 响
5~15	爆炸极限
25~30	人出现窒息样感觉，若不及时逃离接触，可致窒息死亡

（3）一氧化碳

一氧化碳（CO）是一种无色、无味、易燃易爆、剧烈毒性气体，与空气混合能形成爆炸性混合物，遇明火、高热能引起燃烧与爆炸。

空气中一氧化碳含量达到一定浓度范围时，极易使人中毒，严重危害人的生命安全，具体影响见表2-4。中毒机理是一氧化碳与血红蛋白的亲和力比氧与血红蛋白的亲和力高 200~300 倍，极易与血红蛋白结合，形成碳氧血红蛋白，使血红蛋白丧失携氧的能力和作用，造成组织窒息，对全身的组织细胞均有毒性作用，尤其对大脑皮质的影响最为严重。

表 2-4　一氧化碳的浓度危害

一氧化碳浓度/（mg/L）	接触时间	影　响
50	8h	最高容许浓度
200	3h	轻度头痛、不适
600	1h	头痛、不适
1000~2000	30min	轻度心悸
	1.5h	站立不稳，蹒跚
	2h	混乱、恶心、头痛
2000~5000	30min	昏迷，失去知觉

3. 爆炸与火灾

爆炸是物质在瞬间以机械功的形式释放出大量气体和能量的现象，压力的瞬时急剧升高是爆炸的主要特征。有限空间内，可能存在易燃或可燃的气体、粉尘，与内部的空气发生混合，可能处于爆炸极限的范围内，如果遇到电弧、电火花、电热、设备漏电、静电、闪电等点火源，将可能引起燃烧或爆炸。有限空间发生爆炸、火灾，往往瞬间或很快耗尽有限空间的氧气，并产生大量有毒有害气体，造成严重后果。

（四）有限空间常见安全警示标志

警示标志可以有效预防事故的发生，常见与有限空间作业有关的警示标志有禁止标志、警告标志、指令标志、提示标志。

（1）禁止标志：是指不准或制止某些行动，见表2-5。

表 2-5　禁止标志图形、名称及设置范围

标志图形	标志名称	设置范围和地点
	禁止入内	可能引起职业病危害的工作场所入口或泄险区周边

（2）警告标志：是指警告可能发生的危险，见表2-6。

表 2-6　警告标志图形、名称及设置范围

标志图形	标志名称	设置范围和地点
	当心中毒	使用有毒物品的作业场所
	当心有毒气体	存在有毒气体的作业场所
	当心爆炸	存在爆炸危险源的作业场所
	当心缺氧	有缺氧危险的作业场所
	当心坠落	有坠落危险的作业场所
	注意安全	设置在其他警告标志不能包括的其他道路危险位置

（3）指令标志：是指必须遵守的行为，见表2-7。

表 2-7　指令标志图形、名称及设置范围

标志图形	标志名称	设置范围和地点
	戴防毒面具	可能产生职业中毒的作业场所
	注意通风	存在有毒物品和粉尘等需要进行通风处理的作业场所

（4）提示标志：是示意目标方向，见表2-8。

表 2-8　提示标志图形、名称及设置范围

标志图形	标志名称	设置范围和地点
	救援电话	救援电话附近

（五）有限空间作业人员与监护人员安全职责

1. 作业负责人的职责

应了解整个作业过程中存在的危险危害因素；确认作业环境、作业程序、防护设施、作业人员符合要求后，授权批准作业；及时掌握作业过程中可能发生的条件变化，当有限空间作业条件不符合安全要求时，终止作业。

2. 监护人员的职责

应接受有限空间作业安全生产培训；全过程掌握作业者作业期间情况，保证在有限空间外持续监护，能够与作业者进行有效的操作作业、报警、撤离等信息沟通；在紧急情况时向作业者发出撤离警告，必要时立即呼叫应急救援服务，并在有限空间外实施紧急救援工作；防止未经授权的人员进入。

3. 作业人员的职责

应接受有限空间作业安全生产培训；遵守有限空间作业安全操作规程，正确使用有限空间作业安全设施和个人防护用品；应与监护者进行有效的操作作业、报警、撤离等信息沟通。

四、带水作业的安全知识

(一) 带水作业的危害

带水作业主要存在人员溺水和人员触电风险。溺水是由于人淹没于水中，呼吸道被水、污泥、杂草等杂质堵塞或喉头、气管发生反射性痉挛引起窒息和缺氧，也称为淹溺。人淹没于水中以后，本能地出现反应性屏气，避免水进入呼吸道。由于缺氧，不能坚持屏气，被迫进行深吸气而极易使大量水进入呼吸道和肺泡，阻滞了气体交换，引起严重缺氧高碳酸血症（指血中二氧化碳浓度增加）和代谢性酸中毒。呼吸道内的水迅速经肺泡被吸收到血液内。由于淹溺时水的成分不同，引起的病变也有所不同。触电通常指人体直接触及电源，或高压电经过空气或其他导电介质传递电流通过人体时引起的组织损伤和功能障碍，情况严重者可能会发生心跳和呼吸骤停。触电对人体的伤害大致可分为电击和电伤两种情况。电击是指人触电后电流通过人体，在热化学和电能作用下呼吸器官、心脏和神经系统受到损伤和破坏，多数情况下电击可以致人死亡。电伤是指由于强电流瞬时通过人体某一局部，或电弧烧伤人体，造成人体外表器官的破坏，当烧伤面积不大时，不至于有生命危险。

(二) 溺水的救援知识

坠落溺水事故发生时，应遵守如下原则进行抢救：

1. 施救坠落溺水者上岸

(1) 营救人员向坠落溺水者抛投救生物品。

(2) 如坠落溺水者距离作业点、船舶不远，营救人员可向坠落溺水者抛投结实的绳索或递以硬性木条、竹竿将其拉起。

(3) 为水性较好的人员携带救生物品（营救人员必须确认自身处在安全状态下）下水营救，营救时营救人员必须注意从溺水者背后靠近，抱住溺水者将其头部托出水面游至岸边。

2. 溺水者上岸后的应急处理

(1) 寻找医疗救护。求助于附近的医生、护士或打"120"电话，通知救护车尽快将伤者送医院治疗。

(2) 注意溺水者全身受伤情况，有无休克及其他颅脑、内脏等合并伤。急救时，应根据伤情抓住主要矛盾，首先抢救生命，着重预防和治疗休克。

(3) 等待医护人员时，应对不能自主呼吸、出血或休克的伤者先进行急救，将溺水人员吸入的水空出后要及时进行人工呼吸，同时进行止血包扎等。

(4) 当怀疑伤者有骨折时，不要轻易移动伤者。骨折部位可以用夹板或方便器材做临时包扎固定。

(5) 搬运伤员是一个非常重要的环节。如果搬运不当，可使伤情加重，方法视伤情而定。如伤员伤势不重，可采用扛、背、抱、扶的方法将伤员运走。如果伤员有大出血或休克等情况，一定要把伤员小心地放在担架上抬送。如果伤员有骨折情况，一定要用木板做的硬担架抬运，让其平卧，腰部垫上衣服，再用三四根皮带将其固定在木板做的硬担架上，以免在搬运中滚动或跌落。

3. 现场施救

在医务员的指挥下，工作人员将伤员搬运至安全地带并开展自救工作。及时联络医院，将伤员送往医院检查、救护。

(三) 触电事故的安全防护

在带水作业过程中，为了预防触电事故的发生，应在以下几方面加强安全防护：

(1) 连接仪器所用的导线不能直接敷设在通道的地面上，如受条件限制应妥善采取防护措施，如使用盖板或线槽进行遮盖，使载重汽车通过也不会压断导线、损伤导线的绝缘层。

(2) 作业开始前、后，为了预防触电危险必须先切断电源，再进行临时线路的连接或对仪器进行搬动。

(3) 使用电气设备时，要注意防止漏电。电气设备的使用场所变动频繁，且在使用过程中由于使用不当，会导致导线、接线端等处的绝缘层磨损或过早老化，从而导致漏电。

(4) 每次作业前要注意检查电线表皮有无损坏、绝缘层有无损伤。如有破损，应及时修复或更换。

(5) 由于现场作业时可能会遇到雷雨，产生雷击伤亡事故。因此，雷暴时，应停止室外作业，并尽快躲进有庞大金属构架或防雷设施的建筑物内，但注意不要紧靠墙壁。

（6）带水作业全程禁止徒手插拔电线，必须佩戴相应的绝缘手套，同时保持手套处于干燥状态后方可操作。

第二节 安全管理

一、安全生产管理制度

安全生产管理制度是一系列为了保障安全生产而制定的条文。它建立的目的主要是为了控制风险，将危害降到最小。国家法律、法规是企业制定安全生产管理制度的重要依据。随着生产的发展，新技术、新工艺、新方法、新设备不断出现，对安全生产管理工作提出了新的要求。各项规章制度是开展安全生产管理工作的依据和规范。

（一）安全生产管理制度的内容

（1）安全生产检查制度和安全生产情况报告制度：安全检查是安全工作的重要手段，通过制定安全检查制度，有效发现和查明各种危险和隐患，监督各项安全制度的实施，制止违章作业，防范和整改隐患。

（2）安全生产会议制度：组织安全生产会议，加强部门之间安全工作的沟通和推进安全管理，及时了解企业的安全状态。

（3）安全生产教育培训制度：落实《中华人民共和国安全生产法》有关安全生产教育培训的要求，规范企业安全生产教育培训管理，提高员工安全知识水平和实际操作技能。

（4）职业健康方面的管理制度：落实《中华人民共和国职业病防治法》和《工作场所职业卫生监督管理规定》等有关规定要求，加强职业危害防治工作，减少职业病危害，维护员工和企业利益。

（5）消防安全管理制度：落实《中华人民共和国消防法》和有关消防规定，做好防火工作，保护企业财产和员工生命财产的安全。

（6）安全生产考核和奖惩制度：贯彻执行安全生产方针、目标，落实安全生产责任制，将安全生产目标责任考核与奖励、惩罚有机结合。

（7）危险作业审批制度：防止危险作业人员受到伤害，规范危险作业安全管理，降低和减少因违规违章操作造成的伤害事故。

（8）应急预案管理和演练制度：落实《生产安全事故应急预案管理办法》《生产经营单位安全生产事故应急预案编制导则》等有关规定要求，预防和控制潜在的事故，紧急情况发生时，做出应急预警和响应，最大程度地减轻可能产生的事故后果。

（9）生产安全事故隐患排查治理制度：落实《中华人民共和国安全生产法》相关规定，建立安全生产事故隐患排查治理长效机制，强化安全生产主体责任，加强事故隐患监督管理，防止和减少事故发生，保障职工生命财产安全。

（10）重大危险源检测、监控、管理制度：贯彻《中华人民共和国安全生产法》，落实"安全第一，预防为主，综合治理"的方针，加强企业安全生产工作的控制能力和事故预防能力，实现重大危险源的有效控制。

（11）劳动防护用品配备、管理和使用制度：落实《中华人民共和国安全生产法》《中华人民共和国劳动法》等法律法规要求，保护从业人员在生产过程中的安全与健康，预防和减少事故发生。

（12）安全设施、设备管理和检修、维护制度：做好安全设备设施的管理工作，确保安全设备设施正常运行，减少设备设施事故发生，确保人身和财产安全。

（13）特种作业人员管理制度：贯彻《中华人民共和国安全生产法》，加强特种人员管理工作，提供特种作业人员安全技能，防止事故发生。

（14）生产安全事故报告和调查处理制度：落实国务院颁布的《生产安全事故和调查处理条例》，规范企业生产安全事故的报告和调查处理程序。

（15）实验室危险化学品管理制度：落实《危险化学品安全管理条例》《易制毒化学品管理条例》等国家相关法律法规及地方公安部门的相关要求，做好实验室危险化学品的备案、采购、出入库、使用等工作，确保实验室危险化学品管理规范，预防和减少事故的发生。

（16）其他保障安全生产的管理制度。

（二）安全从业人员的职责与义务

1. 安全从业人员的职责

（1）自觉遵守安全生产规章制度，不违章作业，并随时制止他人的违章作业行为。

（2）不断提高安全意识，丰富安全生产知识，增强自我防范能力。

（3）积极参加安全学习及安全培训，掌握本职工作所需的安全生产知识，提高安全生产技能，增强事故预防和应急处理能力。

（4）爱护和正确使用仪器设备、工具及个人防护用品。

（5）主动提出改进安全生产工作意见。

（6）有权对单位安全工作中存在的问题提出批评、检举、控告，有权拒绝违章指挥和强令冒险作业。

（7）发现直接危及人身安全的紧急情况时，有权停止作业或者在采取可能的应急措施后，撤离作业现场。

2. 安全从业人员的义务

（1）从业人员在作业过程中，应当遵守本单位的安全生产规章制度和操作规程，服从管理。

（2）正确佩戴和使用劳动防护用品。

（3）接受本职工作所需的安全生产知识培训，提高安全生产技能，增强事故预防和应急处理能力。

（4）发现事故隐患或者其他不安全因素时，应当立即向现场安全生产管理人员或者本单位负责人报告。

二、安全操作规程

（一）采样安全操作规程

（1）取样现场危险源主要为触电、坠落、溺水、气体中毒和可燃气体爆炸、玻璃器皿割伤。

（2）取样间建筑物、配电设施、取样设备必须由安全主管部门验收合格并履行验收手续后投入使用。

（3）取样操作必须2人1组，1人取样，1人监护；取样设备设施维修时必须保证2人或2人以上。

（4）进入取样现场必须首先检查作业场所周边是否有漏电部位；检查现场安全防护设施和个人安全防护装备是否齐全、可靠。

（5）取样现场范围内外严禁吸烟。

（6）进入取样现场必须佩戴相应的劳动保护用品（工作服、手套、绝缘防滑鞋等），并且配备安全防护设备（手电筒及电池、安全带、安全绳、救生衣、通信设备等）。

（7）进入容易发生溺水的取样现场和河湖时必须穿戴救生衣；在易发生坠落溺水的取样点必须带好安全带或安全绳，将安全带扣在固定设施上操作。

（8）进入有毒气的取样现场（如污泥取样间、总进水井边）必须配备防毒面具、毒气测定仪；采取强制或自然通风措施并持续监测，毒气测定仪显示安全并不再报警后方可进入；对毒气监测数据（硫化氢、甲烷、氧气等）进行记录并存档；若毒气测定仪持续报警，不得继续操作，应立即上报安全主管部门。

（9）道路取样工作人员必须佩戴安全帽，穿反光警示衣；车辆应设警示标志。

（10）带电作业人员必须戴绝缘手套。

（11）取样现场所有电气设备维修必须由具有有效操作证件的合格电工操作，严禁非专业人员、无证电工操作。

（12）维修、维护、保养、更换取样设备前，必须拉闸断电，并挂上"禁止合闸"标牌，确保有人看守和安全后方可作业。

（13）各取样间必须配备消防器材，取样人员应熟悉灭火器的安全操作，清楚灭火器的存放位置，并定期对灭火器进行安全检查。

（14）取样现场必须设置明确的安全警示标志。

（15）取样现场安全管理制度应粘贴在显眼处。

（16）对进入取样现场的设备设施安装、调试、维修、维护等人员必须进行安全交底，签字确认后方可进入；取样人员必须在现场监护。

（17）取样设备操作人员须熟练掌握设备安全操作规程，确保正确、安全使用仪器设备。

（18）取样人员应定期巡视检查取样设备和安全防护设施设备，并保持记录；对检查中发现的问题和安全隐患，要及时整改。

（二）实验室安全操作规程

1. 实验室日常安全管理

（1）职工要遵守劳动纪律，在岗时不喝酒、不脱岗、不睡觉、不做妨碍安全生产之事。

（2）严禁在实验室内追逐打闹、大声喧哗。实验室全面禁止吸烟点火和食用或存放饮料食物。操作员不得佩戴隐形眼镜，不得使用香水等物品。

（3）化验分析人员应具备上岗证，掌握化验基础知识，熟悉所承担项目的分析方法、原理和干扰消除方法，掌握所用仪器设备的操作方法和安全使用规则，遵守技术规范。

（4）"安全五分钟讲话"应内容翔实，防止千篇一律走过场。新人、新岗位的安全交底及转岗记录应及实填写。严格执行派工单制度。

（5）每次上岗前应检查水、电、通风设施是否正常，安全设备实施是否正常有效，实验环境是否清洁、安全。如有异常情况，应立即汇报，并进行处理。

（6）本单位人员进入实验室须遵守各实验室门口张贴的准入要求；非本单位人员进入实验室须签订安全协议及安全交底单等文件和记录。

（7）在实验室房间内不得随意拨打、接听手机，以防产生静电火花。

（8）进入实验室必须佩戴好劳保防护用品。

①任何实验操作都必须穿戴好白大褂和手套、防滑鞋。

②对强酸、强碱进行操作，有飞溅或爆炸可能时要戴护目镜。

③对高温设备进行操作时要戴厚隔热手套。

④进行微生物操作时要穿好工作服，并按要求佩戴口罩和帽子。

⑤用到有机试剂时应戴防毒面具，并在通风橱中进行操作。

（9）不得对化学性质和危险性不明的样品进行化验操作。

（10）使用仪器设备的人员应取得仪器设备操作合格证，并严格按照仪器设备操作规程进行，保证仪器设备安全正常运转。

（11）玻璃器皿保持清洁，发现结垢现象应立即进行清洗或更换，裂损的玻璃器皿不得继续使用。为防止器皿炸裂，不能骤冷骤热，不能使高温玻璃器皿突然接触冷热不均物体，如必须接触中间必须有隔热层。

（12）有通风要求的检测项目必须在通风橱内进行操作。天平室严禁开窗通风。有仪器设备的实验室若需开窗通风，应先确保仪器盖布盖实，避免灰尘进入仪器内部。

（13）在实验进行中或巡视检查中发现实验室内突然出现异常气味时，应紧急开窗通风，并疏散现场人员，未防护者不得入内。开窗期间应有人对通风情况负责，待实验室内的异味气体排净后立即关闭窗户。待室内条件符合实验条件后方可进行实验。

2. 水、电、消防安全管理

（1）电气设备使用须符合用电安全要求，严禁超负荷用电。

（2）电源接线板须使用有产品合格检定的符合国家标准的产品，接线板严禁落地，须固定在实验台或墙壁上。

（3）定期检查电气设备是否存在异常情况，上岗前后确认设备状态，发现问题应立即上报。

（4）实验工作中应尽量保证下水通畅，砂、渣、污泥、碎玻璃等大颗粒物，以及酸液、碱液、腐蚀性药品、氧化还原药品、易燃易爆药品、有毒药品、挥发性药品等废液禁止倾入下水道。热水龙头必经有清晰标志；水龙头用后要关紧，防止跑冒滴漏，一旦发生跑冒滴漏现象，须及时上报维修。

（5）实验室地面、台面应随时擦拭，并保证没有积水。

（6）使用冷却水时，应先检查供水系统接头是否安全可靠；使用火焰时（如使用酒精灯等）应做到火在人在，并定期对灭火器进行安全检查，不得向燃烧的酒精灯内添加酒精。

（7）每名化验员应熟悉灭火器的安全操作，清楚灭火器的存放位置，并定期对灭火器进行安全检查和更换。

（8）实验楼走廊是重要的防火通道，严禁在走廊上堆放杂物。

（9）下班时，应检查是否已关闭所有电源、水源及门窗，如有因工作需要而不能断电的装置，确保其没有安全隐患之后方可离开。

3. 高压锅安全管理

（1）开启高压锅前，应先于其中装入适量蒸馏水，再连接线路，开启电源。锅内加注蒸馏水应没过底盘，不得干烧。

（2）高压锅应 1 年校验 1 次，若计量检定不合格应及时更换，并立即停用。

（3）高压锅开盖操作时应严格依照操作规程进行操作，严禁在刚关闭电源和压力未降至 0kPa 时开启高压锅盖。

（4）高压锅内不得放置挥发性、腐蚀性样品和药品。

（5）电源线、开关等应保持干燥，防止短路和绝缘失效。

（6）定期检查高压锅运行情况并记录，如有异常应立即联系维修。

4. 微生物实验室安全管理

（1）操作人员进入无菌室前应先关掉紫外灯，避免直接暴露于紫外线照射下。

（2）无菌操作前，应用 75% 的酒精棉球擦手，进行无菌操作时尽量减少空气流动。

（3）使用压膜机时手指要远离膜入口处，以防灼伤。

（4）进行微生物检测操作时务必按规定佩戴医用手套和口罩，必须在生物安全柜内进行操作。

（5）观察菌种时严禁打开培养皿盖。

（6）检测完毕的菌种应在紫外灯下照射 1h 后再丢弃。

（7）微生物检测实验完毕后必须洗手并消毒。

（8）非微生物检测人员严禁入内；紫外灯消毒期间所有人员禁止入内。

5. 高温设备安全管理

（1）实验室常见高温设备包括：马弗炉、烘箱、电炉、高压锅、COD 消解器、凯氏氮消解器、水浴锅等。

（2）使用高温设备须一直值守到温度到达预定安全温度（详见表 2-9），确认设备受到合格温控仪准确控制。

表 2-9　不同检测项目适用的高温设备及设定温度

设备名称	检测项目	工作设定温度/℃
马弗炉	有机物	600
	烘药（无水硫酸钠）	300
	烘药（三硅酸镁）	500
烘箱	悬浮物、含水率	104
高压锅	灭菌、总磷、总氮	121
COD 消解器	化学需氧量（COD）	165
凯氏氮消解器	凯氏氮	440
水浴锅	高锰酸盐指数	100

（3）每次使用完应确保高温设备已经得到可靠冷

却后人员方可离开；若冷却时间较长，应立有警示牌、关好门窗，并确认不会有无关人员进入此区域、无火灾隐患后，操作人员方可离开。

（4）高温设备及设备的高温部位均须有明显安全标志，并禁止和避免其与任何人员直接或间接发生接触。

（5）高温设备周围不得存放易燃易爆物品；高温设备上方不得摆放任何物品。

（6）开启的高温设备附近不得进行有机试剂操作。

（7）高温设备应定期检查并记录，如有异常须立即停用并进行维修。

（8）对高温设备、设备高温部位进行操作和高温环境下进行操作，应佩戴防护装备，并做好防止烫伤、酸液飞溅的措施，备有处理烫伤的急救药品。

（9）发生不可避免的高温部位或高温玻璃器皿与低温器具或器皿接触时，必须在中间使用缓冲隔热层，防止骤冷骤热和器皿炸裂。

6. 气瓶安全管理

（1）压力气瓶的购买及验收

①使用部门购买压力气瓶前，首先应向技术负责人申请，经批准后交由材料负责人计划购买。

②购买压力气瓶前应验明供货商的资质，其资质证明应在安全主管部门备案。

③压力气瓶到货后，应该由气体使用者、材料采购员和气瓶管理员三方同时到场进行验收，验收合格经三方签字认可并填写气瓶验收记录后方可接收。

④压力气瓶的验收内容应包括：气体的种类、气瓶体积、压力、气瓶密封性、手轮、防震圈、外观、气瓶检定周期、出厂合格证等。

（2）压力气瓶的搬运

①在搬动气瓶时，应装上防震垫圈，旋紧安全帽，以保护开关阀，防止其意外转动，减少碰撞。

②搬运充装有气体的气瓶时，一般用特别的担架或小推车，也可以用手平抬或垂直转动。但决不允许用手搬着开关阀移动。

③互相接触后可引起燃烧、爆炸气体的气瓶（如氢气瓶和氧气瓶），不能同车搬运或同存一处，也不能和其他易燃易爆物品混合存放。

（3）压力气瓶的存放和使用

①高压气瓶必须分类保管，远离暖气管道、热源、火源，避免暴晒及强烈振动，存放气瓶的房间室温应控制在30℃以下。

②不适合放在楼内存放的压力气瓶，应存放在楼外气瓶房，但一定要注意分类分处保管。

③乙炔瓶不得贮存在地下室或半地下室内。

④高压气瓶应存放在专用的气瓶柜中，并使用固定环固定。可燃性气体和助燃性气体瓶，与明火的距离应大于10m（确难达到时，可采取隔离等措施）。

⑤严禁敲击、碰撞；严禁在气瓶上进行电弧焊接；严禁用温度超过40℃的热源对气瓶加热。

⑥气瓶投入使用后，不得对气瓶进行挖补焊接修理。

⑦压力气瓶上选用的减压器要分类专用，氧气表和氢气表不得混用，减压阀按照国家规定的检定周期每半年定期检定1次。

⑧安装减压阀时要紧固螺口，安装后要用肥皂水检查气路接口，不得漏气；减压阀安装方向应既便于使用者操作又不能使气瓶出口朝向气瓶操作者。

⑨开启高压气瓶时，操作者必须站在气瓶侧面，与气瓶接口处成垂直方向，避免气流直冲人体。

⑩开、关减压器和开关阀时，动作必须缓慢；使用时应先旋动开关阀，后开减压器；用完后，先关闭开关阀，放尽余气后，再关减压器。切不可只关减压器，不关开关阀。操作时严禁敲击阀门。

⑪为保证气瓶使用安全，每个气瓶柜中应配有应急扳手，以备气瓶轮阀损坏时使用。

⑫氧气瓶或氢气瓶等，应配备专用工具，并严禁与油类接触。操作人员不能穿戴沾有各种油脂或易感应产生静电的服装手套操作，以免引起燃烧或爆炸。

⑬气瓶使用者每次使用气瓶前后应先检查气瓶状况是否正常，并填写气瓶检查记录和气瓶使用记录。

⑭使用气瓶时，应严格按照气瓶安全使用规程进行操作。

⑮瓶内气体不得用尽，应按规定留0.05MPa以上的残余压力。可燃性气体应剩余0.2~0.3MPa（表压2~3kg/cm²）；氢气应保留2MPa，以防重新充气时发生危险，不可用完用尽。

⑯气瓶不用时应戴好铁帽，瓶上不得染有油脂性污渍。如果钢瓶沾有油脂，应立即擦去。

⑰高压气瓶的定期检验：各种气瓶必须定期进行技术检查。充装惰性气体的气瓶，每5年检验1次；溶解乙炔气瓶每3年检验1次；充装一般气体的气瓶每3年检验1次；如在使用中发现有严重腐蚀或严重损伤的气瓶，应提前进行检验。

⑱气瓶在使用过程中如发现严重腐蚀、损伤，或对其安全可靠性有怀疑时，应提前进行检验。

⑲库存和停用时间超过1个检验周期的气瓶，启用前应进行检验。

⑳在可能造成回流的情况下使用气瓶时，所用设备必须配置防止倒灌的装置，如单向阀、止回阀、缓冲罐等。

㉑气瓶使用完毕后，应放尽管路中的残气，关闭

气瓶总、分阀门。下班前，进行室内全面检查，确保气瓶阀门关严。

（4）压力气瓶的检查

压力气瓶的使用者每次在使用前后和使用中要对室内环境空气进行监测和记录，对气瓶的基本状况进行检查，并对检查的结果进行记录，填写气瓶检查记录，检查中发现异常时，应及时向气瓶管理员及相关部门汇报。

（5）人员资质

气瓶使用者及管理员必须经过专门培训考核，合格后方可上岗进行气瓶操作。培训考核内容应包括：《特种设备安全监察条例》《气瓶安全监察规定》《气瓶警示标签》（GB 16804—2011）、《瓶装压缩气体分类》（GB 16163—2012）、《气瓶颜色标志》（GB/T 7144—2016）、《气瓶型号命名方法》（GB/T 15384—2011）、《气瓶安全技术规程》（TSG 23—2021），以及各种气体的性质、种类、危害性、安全防范措施、应急措施及自救措施。

三、危险化学品使用与管理

（一）危险化学品的基本知识

1. 危险化学品的概念

危险化学品是指具有易燃、易爆、腐蚀、毒害、放射性等危险性质，并在一定条件下能引起燃烧、爆炸和导致人体灼伤、死亡等事故的化学物品及放射性物品。危险化学物品约有 6000 余种，目前常见的、用途较广的有近 2000 种。

2. 危险化学品的分类

危险化学品往往具有多种危险性，但是必有一种主要的即对人类危害最大的危险性。因此，在对危险化学品分类时，应掌握"择重归类"的原则，即根据该化学品的主要危险性来进行分类。

依据《常用危险化学品的分类及标志》（GB 13690—2009）和《危险货物分类和品名编号》（GB 6944—2012），将危险化学品分为八大类，每一类又分为若干项，具体见表 2-10。

表 2-10　危险化学品类别及特点

类别	名称	标志	特点	举例
第一类	爆炸品		受热、撞击、摩擦、遇明火等易发生爆炸	叠氮化钠、黑索金、三硝基甲苯
第二类	压缩气体和液化气体	易燃气体	具有可压缩性与膨胀性，可与空气能形成爆炸性混合物	氢气、一氧化碳、甲烷等
		不燃气体	不可燃烧，可能有助燃性	压缩空气、氮气等
		有毒气体	具有毒性、窒息性和腐蚀性	氯气、氨气等

（续）

类别	名称	标志	特点	举例
第三类	易燃液体		具有易挥发性、易流动扩散性、受热膨胀性	汽油、苯、甲苯
第四类	易燃固体、自燃物品和遇湿易燃物品	易燃固体	燃点低，对热、撞击、摩擦敏感，易被外部火源点燃，燃烧迅速，并可能散发出有毒烟雾或有毒气体	红磷、硫黄
		自燃物品	自燃点低，在空气中易于发生氧化反应，放出热量而自行燃烧	白磷、三乙基铝
		遇湿易燃物品	遇水或受潮时，发生剧烈化学反应，放出大量的易燃气体和热量	钠、钾
第五类	氧化剂和有机过氧化物	氧化剂	具有强氧化性，易分解并放出氧和热量	过氧化钠、高锰酸钾
		有机过氧化物	分子组成中含有过氧键的有机物，其本身易燃易爆、极易分解，对热、振动和摩擦极为敏感	过氧化苯甲酰、过氧化甲乙酮
第六类	毒害品和感染性物品	毒害品	进入肌体后，累积达一定量，能与体液和组织发生生物化学作用或生物物理学作用，扰乱或破坏肌体的正常生理功能，引起暂时性或持久性的病理改变，甚至危及生命	氰化钠、氰化钾、砷酸盐
		感染性物品		

(续)

类别	名称	标志	特点	举例
第七类	放射性物品	一级放射性物品 I 7 二级放射性物品 II 7 三级放射性物品 III 7	放射性比活度大于7.4× 10^4 Bq/kg	金属铀、六氟化铀、金属钍
第八类	腐蚀品	腐蚀品 8	能灼伤人体组织并对金属等物品造成损坏	硫酸、盐酸、硝酸

3. 化学品安全技术说明书

（1）化学品安全技术说明书的概念

化学品安全技术说明书是一份关于危险化学品燃爆、毒性和环境危害以及安全使用、泄漏应急处置、主要理化参数、法律法规等方面信息的综合性文件。化学品安全技术说明书（material safety data sheet）国际上称作"化学品安全信息卡"，简称 MSDS 或 CSDS。

《危险化学品安全管理条例》第十四条中明确规定：生产危险化学品的，应当在危险化学品的包装内附有与危险化学品完全一致的化学品安全技术说明书，并在包装（包括外包装）上加贴或者挂拴与包装内危险化学品完全一致的化学品安全标签。

（2）化学品安全技术说明书的主要作用

它是化学品安全生产、安全流通、安全使用的指导性文件；它是应急作业人员进行应急作业时的技术指南；它为制订危险化学品安全操作规程提供技术信息；它是企业进行安全教育的重要内容；它是化学品登记管理的重要基础和手段。

（3）化学品安全技术说明书的内容

该内容共包括 16 个部分，具体为：化学品及企业的标志；成分/组成信息；危险性概述；急救措施；消防措施；泄漏应急处理；操作处置与贮存；接触控制与个体防护；理化特性；稳定性和反应性；毒理学信息；生态学资料；废弃处置；运输信息；法规信

息；其他信息。

4. 化学品安全标签

《化学品安全标签编写规定》（GB 15258—2009）中规定，安全标签是用文字、图形符号和编码的组合形式，表示化学品所具有的危险性和安全注意事项，如图 2-18 所示。安全标签由生产企业在货物出厂前粘贴、挂拴、喷印在包装或容器的明显位置，若改换包装，则由改换单位重新粘贴、挂拴、喷印。

安全标签的具体内容包括：化学品和其主要有害组分标志；警示词；危险性概述；安全措施；灭火方法；批号；用户向生产销售企业索取安全技术说明书的提示；生产企业名称、地址、邮编、电话；应急咨询电话。

（二）危险化学品的管理要求

1. 采购及运输管理

（1）危险化学品采购部门必须从已取得相关经营许可证的企业采购危险化学品，对公安机关有要求的特殊药品须及时进行备案。

（2）要求供货方选择有从事相应运输资质的企业承担运输工作。

（3）装卸和搬运化学品时，应轻装轻卸，工作区严禁烟火。

（4）人员在搬卸化学品前，需配备适当的防护用品。

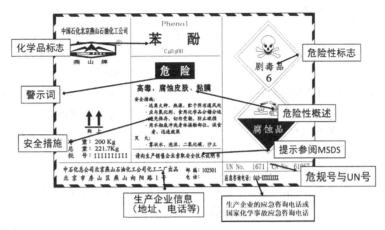

图 2-18 化学品安全标签示例

2. 入库流程及管理

(1)危险化学品入库前必须按收货单据进行查验、登记。查验内容包括:名称、货源、规格、数量、包装、危险标志、安全技术说明书、标签、检验合格证、查验物品有无泄漏。经核对相符并在验收单上签字后方可入库(图 2-19)。当物品性质未弄清时不得入库,质量和安全要求不合格的作退货处理。

(2)危险化学品应存放在危险化学品库内,入库时按性质不同分类存放,并做好标志。

(3)各类危险化学品验收入库后应设专人保管,分类存放,并做到及时登记,严防丢失、被盗等现象发生。

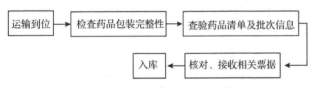

图 2-19 危险化学品入库流程图

3. 贮存管理

(1)危险化学品库房

①危险化学品库房应符合有关安全、防火规定,并具有相应的通风、防爆、防震、防压、防潮、遮光、防火、防盗等措施。

②所有危险化学品保管严格执行双人双锁制度,购入药品和领用药品严格做好出入库记录,做到双人签字,保证危险化学品安全。

③库内照明不准使用碘钨灯,普通白炽灯泡不得超过60W,有机化学品库房要使用防爆照明且将开关放在库外。

④危险化学品库房内禁止一切明火,如必须动火作业,要办理动火证,经安全主管部门批准后方可动火;库内应配备合适的灭火器及适量的沙土、水、抹布等物品。

⑤危险化学品存放时容器要密封好,以免挥发及泄漏,发现意外情况应按照应急预案及时采取相应措施。

⑥对危险化学品、易制爆化学品、易制毒化学品应根据不同的性质和危险特性分类、隔离存放和保管;强氧化性和强还原性药品严禁混放在一个药品柜内,以免发生燃烧、爆炸或放出有毒气体等事故。

⑦危险化学品贮存柜设置应避免阳光直射及靠近暖气等热源,保持通风良好,不宜贴邻实验台设置,也不应放置于地下室。

⑧保管员应定期对危险化学品库进行盘点,确定药品结余量,及时订购所需药品。

⑨定期盘查时,如有由于异常原因可能出现问题的化学药品或变质药品,应悬挂明显标志并暂停发放,并尽快通知使用人员,检查确认后对其进行安全处理。

⑩对失效的危险化学品应做好品名和数量的登记并及时归入危险废物库。失效药品应妥善保管,不得随意处置,由安全主管部门委托环保部门批准的有危险废物处理资质的单位回收处理。

⑪在重大节假日如国庆、春节前进行危险化学品领用、盘点,然后进行封库,保证节假日期间危险化学品贮存安全。

⑫危险化学品库保管员应定期清扫库房,保持库房卫生整洁、物品码放整齐,并及时更新药品柜药品位置示意图。

(2)临时贮存点

①检测生产部门在确保安全的情况下可根据实际生产状况在现场设置药品临时贮存点,并向安全管理部门报备。

②临时贮存点应避免阳光直射及靠近暖气等热源,保持通风良好,不宜贴邻实验区域设置。

③临时贮存点须使用专用化学品贮存柜并实行双人双锁制度,设专人保管。贮存点实际贮存量不能超

过 7d 的使用量。贮存柜中的化学品应建立出入库台账及库存盘点记录。

4. 出库管理

（1）危险化学品库

①领用危险化学品须在固定时间由指定人员统一领取所需药品。在生产出现突发情况需紧急领用药品时，可根据实际情况按照领用流程及时领用。

②领用危险化学品时，应由领用人填写出入库记录，包括领用时间、药品名称、数量、用途等，根据实际用量领用，如实登记。危险化学品由药品库管理人员、领用人员及负责审核的班组长或材料员确认数量并签名后，方可进行发放。

③在领用时，应根据生产要求控制领用量，每次领取药品量最多为该药品 7d 的使用量，领取以最小包装为单位，如不足最小包装，应以最小包装出库；非生产要求，不得领用危险化学品。

④领用时，必须严格做到防震、防撞击、防摩擦、轻拿轻放，谨防事故发生。

⑤领用的危险化学品严禁挪作他用，或私自借出给其他单位或个人。

（2）临时贮存点

①临时贮存点处领用危险化学品须由专人统一发放、领取所需药品。

②临时贮存点处危险化学品的领用应由领用人填写出库记录，包括领用时间、药品名称、数量、用途等。临时贮存点管理人员及领用人员确认数量并签名后，方可进行发放。

③领用时，必须严格做到防震、防撞击、防摩擦、轻拿轻放，谨防事故发生。

④领用的危险化学品严禁挪作他用，或私自借出给其他单位或个人。

5. 危险废物处置管理

（1）危险废物由检测生产部门负责收集及临时贮存，最终送往危险废物库贮存并交由安全主管部门定期处置，不得随意处置。

（2）危险废物必须按照危险特性分类贮存。禁止混合贮存性质不兼容的危险废物。

（3）对危险废物容器、包装物，贮存危险废物的场所，须设置危险废弃物识别标志。危险废物贮存容器包装上应贴标签，标签信息应包括：名称、废物来源、数量、贮存位置、入库时间、入库人员等。

（4）危险化学品产生的废物应由安全主管部门委托环保部门批准的有危险废物处理资质的单位回收处理。

6. 易制毒、易制爆等特殊药品管理

（1）领用人对领出的用于实验的易制毒化学品负有全部责任，在任何情况下不得用于制造毒品、爆炸物，不得挪作他用，不得私自转让给其他单位或个人。

（2）应根据实际用量领用，如实登记，领用人和易制毒、易制爆药品管理人员应同时在场确认。

（3）领用人必须核对所领取易制毒、易制爆化学品的名称、规格及数量，并确认签字。由易制毒、易制爆药品管理人员负责审核签字。

（4）领出当天未用完的易制毒、易制爆化学品应放在专用的化学品贮存柜中实行双人双锁，设专人保管。

（5）易制毒化学品台账及实物应定期盘点，由安全主管部门进行监督、检查。

（6）易制毒化学品产生的废物应由安全主管部门委托环保部门批准的有危险废物处理资质的单位回收处理。

7. 安全检查

（1）危险化学品库房及临时贮存点的日常检查应由固定人员负责，安全管理员对危险化学品库房及临时贮存点的安全管理进行监督检查。

（2）检测生产部门应定期对实验室进行安全检查，检查应包括风险源辨识、风险控制措施、人员行为、安全设施和设备、应急物资等内容。

（3）安全检查时发现的问题应让实验室相关人员知晓，并监督整改。

（4）安全检查发现重大安全隐患的，应立即采取整改措施。

8. 人员教育

（1）危险化学品相关人员应具备危险化学品安全使用知识和危险化学品事故应急处置能力，包括：熟悉实验室危险化学品安全管理制度和应急预案，掌握危险化学品的特性和安全操作规程。

（2）实验室人员上岗前应接受专业的危险化学品安全使用和危险化学品事故紧急处置能力的培训，经检测生产部门考核合格后方可上岗。

（3）实验室应设专（兼）职安全员。安全员应具备基本的危险化学品管理专业知识和制定、实施实验室安全保障措施及应急措施的能力，能对实验室开展的各项工作进行安全监督，阻止不安全行为或活动的发生。

（4）外来实习和短期工作人员的归属部门，事先应对他们进行危险化学品相关的安全知识培训，使他们清楚有关安全风险及应对措施，并填写实验室工作安全交底单。

9. 应急管理

（1）安全主管部门应编制危险化学品事故专项应

急预案或现场处置方案。

（2）每年应至少组织全体人员进行1次危险化学品事故应急演练，并做好演练记录。

10. 其　他

与危险化学品相关的标准样品应按相关规定妥善安全保管，并设专人对送检样品的管理负责，对标准样品名称、来样时间、来样数量、使用量、剩余量、处理方式等进行记录，并对保存期内的标准样品实施监督；标准样品应有标签，样品在实验室的整个期间应保留该标签。

四、突发安全事故的应急处置

（一）安全生产应急预案的基本知识

1. 应急管理的相关概念

（1）突发事件：《中华人民共和国突发事件应对法》将"突发事件"定义为突然发生，造成或者可能造成严重社会危害，需要采取应急处置措施予以应对的自然灾害、事故灾难、公共卫生事件和社会安全事件。

按照社会危害程度、影响范围等因素，自然灾害、事故灾难、公共卫生事件分为特别重大、重大、较大和一般4级。

（2）应急管理：为了迅速、有效地应对可能发生的事故灾难，控制或降低其可能造成的后果和影响，而进行的一系列有计划、有组织的管理，包括预防、准备、响应和恢复4个阶段。

（3）应急准备：针对可能发生的事故灾难，为迅速、有效地开展应急行动而预先进行的组织准备和应急保障。

（4）应急响应：事故灾难预警期或事故灾难发生后，为最大程度地降低事故灾难的影响，有关组织或人员采取的应急行动。

（5）应急预案：针对可能发生的事故灾难，为最大程度地控制或降低其可能造成的后果和影响，预先制定的明确救援责任、行动和程序的方案。

（6）应急救援：在应急响应过程中，为消除、减少事故危害，防止事故扩大或恶化，最大程度地降低其可能造成的影响而采取的救援措施或行动。

（7）应急保障：指为保障应急处置的顺利进行而采取的各项保障措施，一般按功能分为人力保障、财力保障、物资保障、交通运输保障、医疗卫生保障、治安维护保障、人员防护保障、通信与信息保障、公共设施保障、社会沟通保障、技术支撑保障，以及其他保障。

2. 应急管理的意义

事故灾难是突发事件的重要方面，安全生产应急管理是安全生产工作的重要组成部分。全面做好安全生产应急管理工作，提高事故防范和应急处置能力，尽可能避免和减少事故造成的伤亡和损失，是坚持"以人为本"、贯彻落实科学发展观的必然要求，也是维护广大人民群众的根本利益、构建和谐社会的具体体现。

3. 应急预案的分类

（1）综合应急预案：是生产经营单位应急预案体系的总纲，主要从总体上阐述事故的应急工作原则，包括生产经营单位的应急组织机构及职责、应急预案体系、事故风险描述、预警及信息报告、应急响应、保障措施、应急预案管理等内容。

（2）专项应急预案：是生产经营单位为应对某一类型或某几种类型事故，或者针对重要生产设施、重大危险源、重大活动等内容而定制的应急预案。专项应急预案主要包括事故风险分析、应急指挥机构及职责、处置程序和措施等内容。

（3）现场处置方案：是生产经营单位根据不同事故类型，针对具体的场所、装置或设施所制定的应急处置措施，主要包括事故风险分析、应急工作职责、应急处置和注意事项等内容。

（二）应急预案的基本要素

应急预案是针对各级可能发生的事故和所有危险源制定的应急方案，必须考虑事前、事发、事中、事后的各个过程中相关部门和有关人员的职责、物资与装备的储备或配置等各方面需要。一个完善的应急预案按相应的过程可分为6个一级关键要素，包括：方针与原则、应急策划、应急准备、应急响应、现场恢复、预案管理与评审改进。其中，应急策划、应急准备和应急响应3个一级关键要素可进一步划分成若干个二级小的要素，所有这些要素即构成了应急预案的核心要素。

1. 方针与原则

反映应急救援工作的优先方向、政策、范围和总体目标（如保护人员安全优先，防止和控制事故蔓延优先，保护环境优先），体现预防为主、常备不懈、统一指挥、高效协调以及持续改进的思想。

2. 应急策划

应急策划就是依法编制应急预案，满足应急预案的针对性、科学性、实用性与可操作性的要求。主要任务如下：

（1）危险分析：目的是为应急准备、应急响应和减灾措施提供决策和指导依据，包括危险识别、脆弱性分析和风险分析。

（2）资源分析：针对危险分析所确定的主要危险，列出可用的应急力量和资源。

（3）法律法规要求：列出国家、省（自治区、直辖市）、地方涉及应急各部门职责要求以及应急预案、应急准备和应急救援有关的法律法规文件，作为预案编制和应急救援的依据和授权。

3. 应急准备

应急准备是根据应急策划的结果，主要针对可能发生的应急事件，做好各项准备工作，具体包括：组织机构与职责、应急队伍的建设、应急人员的培训、应急物资的储备、应急装备的配置、信息网络的建立、应急预案的演练、公众知识的培训、签订必要的互助协议等。

4. 应急响应

应急响应是在事故险情、事故发生状态下，在对事故情况进行分析评估的基础上，有关组织或人员按照应急救援预案要求所采取的应急救援行动。主要任务包括：接警与通知、指挥与控制、警报和紧急公告、通信、事态监测与评估、警戒与治安、人群疏散与安置、医疗与卫生、公共关系、应急人员安全、消防和抢险、泄漏物控制等。

5. 现场恢复（短期恢复）

现场恢复包括宣布应急结束的程序；撤离和交接程序；恢复正常状态的程序；现场清理和受影响区域的连续检测；事故调查与后果评价等。目的是控制此时仍存在的潜在危险，将现场恢复到一个基本稳定的状态，为长期恢复提供指导和建议。

6. 预案管理与评审改进

包括对预案的制定、修改、更新、批准和发布作出管理规定，并保证定期或在应急演习、应急救援后对应急预案进行评审，针对实际情况的变化以及预案中所暴露出的缺陷，不断地更新、完善和改进应急预案文件体系。

（三）应急处置的基本原则

国务院发布的《国家突发公共事件总体应急预案》中提出了6条工作原则：

1. 以人为本，减少危害

切实履行政府的社会管理和公共服务职能，把保障公众健康和生命财产安全作为首要任务，最大程度地减少突发公共事件及其造成的人员伤亡和危害。

2. 居安思危，预防为主

高度重视公共安全工作，常抓不懈，防患于未然。增强忧患意识，坚持预防与应急相结合，常态与非常态相结合，做好应对突发公共事件的各项准

备工作。

3. 统一领导，分级负责

在党中央、国务院的统一领导下，建立健全分类管理、分级负责、条块结合、属地管理为主的应急管理体制，在各级党委领导下，实行行政领导责任制，充分发挥专业应急指挥机构的作用。

4. 依法规范，加强管理

依据有关法律和行政法规，加强应急管理，维护公众的合法权益，使应对突发公共事件的工作规范化、制度化、法制化。

5. 快速反应，协同应对

加强以属地管理为主的应急处置队伍建设，建立联动协调制度，充分动员和发挥乡镇、社区、企事业单位、社会团体和志愿者队伍的作用，依靠公众力量，形成统一指挥、反应灵敏、功能齐全、协调有序、运转高效的应急管理机制。

6. 依靠科技，提高素质

加强公共安全科学研究和技术开发，采用先进的监测、预测、预警、预防和应急处置技术及设施，充分发挥专家队伍和专业人员的作用，提高应对突发公共事件的科技水平和指挥能力，避免发生次生、衍生事件；加强宣传和培训教育工作，提高公众自救、互救和应对各类突发公共事件的综合素质。

第三节 突发安全事故的应急处置

一、通 则

一旦发生突发安全事故，发现人应在第一时间向直接领导进行上报，视实际情况进行处理，并视现场情况拨打 119、120、999、110 等社会救援电话。

二、常见事故的应急处置

操作人员必须熟知的应急救援预案包括：火灾应急预案、机械伤害应急预案、有毒有害气体中毒应急预案、淹溺应急预案、高处坠落应急预案、触电应急预案、危险化学品烧伤和中毒应急预案。以下就常见事故应急措施做简要说明。

（一）中毒与窒息的应急处置

有毒有害气体种类主要为硫化氢、一氧化碳、甲烷。窒息主要原因为受限空间内含氧量过低。一般处置程序如下：

1. 预 防

操作人员应掌握有毒有害气体相关知识，正确佩

戴合适的防护用品，操作中持续进行气体含量检测，气体检测报警时，应撤离现场，及时上报。操作过程中出现污泥或污水泄漏情况，在不明情况下不得进入现场。

2. 报警

一旦发现有人员中毒窒息，应马上拨打 120 或 999 救护电话，报警内容应包括：单位名称、详细地址、发生中毒事故的时间、危险程度、有毒有害气体的种类，报警人及联系电话，并向相关负责人员报告。

3. 救护

救援人员必须正确穿戴救援防护用品，确保安全后方可进入施救，以免盲目施救发生次生事故。迅速将伤者移至空旷且通风良好的地点。判断伤者意识、心跳、呼吸、脉搏。清理口腔及鼻腔中的异物。根据伤者情况进行现场施救。搬运伤者过程中要轻柔、平稳，尽量不要拖拉、滚动。

(二) 淹溺的应急处置

1. 救援要点

(1) 强调施救者的自我保护意识。所有的施救者必须明确：施救者自己的安全必须放在首位。只有首先保护好自己，才有可能成功救别人。否则非但救不了人，还有可能把自己的生命葬送。

(2) 及时呼叫专业救援人员。专业救援人员的技能和装备是一般人所不具备的，因此发生淹溺时应该尽快呼叫专业急救人员(医务人员、涉水专业救生员等)，让他们尽快到达现场参与急救以及上岸后的医疗救助。

(3) 充分准备和利用救援物品。救援物品包括救援所用的绳索、救生圈、救生衣及其他漂浮物(如木板、泡沫塑料等)、照明设备、医疗装备等，良好的救援装备能使救援工作事半功倍地完成，其效果要比徒手救援好得多。

(4) 救援前，应与淹溺者充分沟通。得不到淹溺者的配合的救援不但很难成功，而且还能增加救援者的危险，因此救援者应首先充分与淹溺者沟通，这一点十分重要。沟通的方式可以通过大声呼唤，也可以通过手势进行，其主要沟通内容包括：告诉淹溺者救援已经在进行，鼓励淹溺者战胜恐惧，要沉着冷静，不要惊慌失措，放弃无效挣扎，还可以告诉淹溺者水中自救的方法，如向下划水的方法、踩水方法、除去身上的负重物等，同时还要特别告诉溺水者听从救援者的指挥，冷静下来配合营救，这样能取得事半功倍的效果。

2. 救援方式

(1) 伸手救援(不推荐)

该方法是指救援者直接向落水者伸手将淹溺者拽出水面的救援方法，适用于营救者与淹溺者的距离伸手可及同时淹溺者还清醒的情况。使用该法救援时存在很大的风险，救援者稍加不慎就容易被淹溺者拽入水中，因此不推荐营救者使用该方式救援落水者。

(2) 借物救援(推荐)

该方法是指借助某些物品(如木棍等)把落水者拉出水面的方法，适用于营救者与淹溺者距离较近(数米之内)同时淹溺者还清醒的情况。其操作方法及注意点包括：救援者应尽量站在远离水面同时又能够到淹溺者的地方，将可延长距离的营救物如树枝、木棍、竹竿等物送至落水者前方，并嘱其牢牢握住。此时要注意避免坚硬物体给淹溺者造成伤害，应从淹溺者身侧横向移动交给淹溺者，不可直接伸向淹溺者胸前，以防将其刺伤。在确认淹溺者已经牢牢握住延长物时，救助者方能拽拉淹溺者。其姿势与伸手救援法一样，首先采取侧身体位，站稳脚跟，降低身体重心，同时叮嘱落水者配合并将其拉出。在拽拉过程中，救援者如突然失去重心应立即放开手，以免被落水者拽入水中。尽管救援者丧失了延伸物，但避免了落水，保障了自己的安全。之后再想办法营救。

(3) 抛物救援(推荐)

该方法是指向落水者抛投绳索及漂浮物(如救生圈、救生衣、木板等)的营救方法，适用于落水者与营救者距离较远且无法接近落水者、淹溺者还在清醒状态的情况。其操作方法及注意点包括：抛投绳索前要在绳索前端系有重物，如可将绳索前端打结或将衣服浸湿叠成团状捆于绳索前端，这样利于投掷。此外必须事先大声呼唤与落水者沟通，使其知道并能够抓住抛投物。抛投物应抛至落水者前方。所有的抛投物均最好有绳索与营救者相连，这样有利于尽快把落水者救出。此时营救者也应注意降低体位，重心向后，站稳脚跟，以免被落水者拽入水中。

(4) 游泳救援(不推荐)

该方法也称为下水救援，这是最危险的、不得已而为之的救援方法，只有在上述 3 种施救法都不可行时，才能采用此法。因此不推荐营救者使用该方式救援落水者。

3. 上岸后的溺水者救治

迅速检查患者，包括意识、呼吸、心搏、外伤等情况，根据伤者状态进行下一步处置：

(1) 对意识清醒患者实施保暖措施，进一步检查患者，尽快将其送医治疗。

(2) 对意识丧失但有呼吸和心跳的患者实施人工呼吸，确保保暖，避免呕吐物堵塞其呼吸道。

(3) 对无呼吸患者实施心肺复苏术。

（三）机械伤害的应急处置

发生机械伤害事故后，应及时报告相关负责人员，同时根据现场实际情况，大致判明受伤者的部位，拨打 120 或 999 急救电话，必要时可对伤者进行临时简单急救。

处置过程中应关注周边是否有有毒有害气体，是否可能引发触电等危险源，采取有针对性的安全技术措施，避免发生次生灾害，引发二次伤害。

处理伤口的原则如下：

（1）立刻止血：当伤口很深，流血过多时，应该立即止血。如果条件不足，一般用手直接按压可以快速止血，通常会在 1~2min 内止血。如果条件允许，可以在伤口处放一块干净且吸水的毛巾，然后用手压紧。

（2）清洗伤口：如果伤口处很脏，而且仅仅是往外渗血，为了防止细菌深入导致感染，则应先清洗伤口。一般可以用清水或生理盐水。

（3）给伤口消毒：为了防止细菌滋生，感染伤口，应对伤口进行消毒，一般可以用消毒纸巾或者消毒酒精对伤口进行清洗，可以有效地杀菌，并加速伤口的愈合。

（四）触电的应急处置

1. 断开电源

发现有人触电时，应保持镇静，根据实际情况，迅速采取以下方式：

（1）尽快使触电者脱离电源，触电者未脱离电源前不可用人体直接接触触电者。

（2）关闭电源开关、拔去插头或熔断器。

（3）用干燥的木棒、竹竿等非导电物品移开电源或使触电者脱离电源。

（4）用平口钳、斜口钳等绝缘工具剪断电线。

2. 紧急抢救

当触电者脱离电源后，如果触电者尚未失去知觉，则必须使其保持安静，并立即通知就近医疗机构医护人员进行诊治，密切注意其症状变化。

如果触电者已失去知觉，但呼吸尚存，应使其在通风位置仰卧，将其上衣与腰带放松，使其容易呼吸，并立即拨打 120 或 999 急救电话呼叫救援。

若触电者呼吸困难，有抽筋现象，则应积极进行人工呼吸；如果触电者的呼吸、脉搏及心跳都已停止，此时不能认为其已死亡，应立即对其进行心肺复苏；人工呼吸必须连续不断地进行到触电者恢复自主呼吸或医护人员赶到现场救治为止。

（五）火灾的应急处置

1. 初期火灾的扑救

初期火灾扑救的基本方法如下：

（1）冷却灭火法

冷却灭火法就是将灭火剂直接喷洒在可燃物上，使可燃物的温度降低到自燃点以下，从而使燃烧停止。用水扑救火灾，其主要作用就是冷却灭火。一般物质起火，都可以用水来冷却灭火。

火场上，除用冷却法直接灭火外，还经常用水冷却尚未燃烧的可燃物质，防止其达到燃点而着火；还可用水冷却建筑构件、生产装置或容器等，以防止其受热变形或爆炸。

（2）隔离灭火法

隔离灭火法是指将燃烧物与附近可燃物隔离或者疏散开，从而使燃烧停止。这种方法适用于扑救各种固体、液体、气体火灾。

采取隔离灭火的具体措施很多。例如：将火源附近的易燃易爆物质转移到安全地点；关闭设备或管道上的阀门，阻止可燃气体、液体流入燃烧区；排除生产装置、容器内的可燃气体、液体，阻拦、疏散可燃液体或扩散的可燃气体；拆除与火源相毗连的易燃建筑结构，形成阻止火势蔓延的空间地带；等等。

（3）窒息灭火法

窒息灭火法，即采取适当的措施，阻止空气进入燃烧区，或惰性气体稀释空气中的氧含量，使燃烧物质因缺乏或断绝氧而熄灭，适用于扑救封闭式的空间、生产设备装置及容器内的火灾。火场上运用窒息法扑救火灾时，可采用石棉被、湿麻袋、湿棉被、沙土、泡沫等不燃或难燃材料覆盖燃烧或封闭孔洞；用水蒸气、惰性气体（如二氧化碳、氮气等）充入燃烧区域；利用建筑物上原有的门以及生产储运设备上的部件来封闭燃烧区，阻止空气进入。但在采取窒息法灭火时，必须注意以下几点：

①燃烧部位较小，容易堵塞封闭，在燃烧区域内没有氧化剂时，适于采取这种方法。

②在采取用水淹没或灌注方法灭火时，必须考虑到火场物质被水浸没后产生的不良后果。

③采取窒息方法灭火以后，必须确认火已熄灭，方可打开孔洞进行检查。严防过早地打开封闭的空间或生产装置，而使空气进入，造成复燃或爆炸。

④采用惰性气体灭火时，一定要将大量的惰性气体充入燃烧区，迅速降低空气中氧的含量，以达窒息灭火的目的。

（4）抑制灭火法

抑制灭火法是指将化学灭火剂喷入燃烧区参与燃

烧反应，中止链反应而使燃烧反应停止。采用这种方法可使用的灭火剂有干粉灭火剂和卤代烷灭火剂。灭火时，将足够数量的灭火剂准确地喷射到燃烧区内，使灭火剂阻断燃烧反应，同时还要采取冷却降温措施，以防复燃。

在火场应根据燃烧物质的性质、燃烧特点和火场的具体情况，以及灭火器材装备的性能选择灭火方法。

2. 灭火设施的使用

（1）灭火器的使用

灭火器是一种轻便、易用的消防器材。灭火器的种类较多，主要有水型灭火器、空气泡沫灭火器、干粉灭火器、二氧化碳灭火器以及1211灭火器等(图2-20)。

①空气泡沫灭火器的使用：主要适用于扑救汽油、煤油、柴油、植物油、苯、香蕉水、松香水等易燃液体引起的火灾。对于水溶性物质，如甲醇、乙醇、乙醚、丙酮等化学物质引起的火灾，只能使用抗溶性空气泡沫灭火器扑救。

作业人员可以手提或肩扛的形式迅速带灭火器赶到火场，在距离燃烧物6m左右的地方拔出保险销，一只手握住开启压把，另一只手紧握喷枪，用力捏紧开启压把，打开密封或刺穿储气瓶密封片，即可从喷枪口喷出空气泡沫。但在使用空气泡沫灭火器时，作业人员应使灭火器始终保持直立状态，切勿颠倒或横放使用，否则会中断喷射。同时作业人员应一直紧握开启压把，不能松手，否则也会中断喷射。

②手提式干粉灭火器的使用：适用于易燃、可燃液体、气体及带电设备的初起火灾，还可扑救固体类物质的初起火灾，但不能扑救金属燃烧的火灾。

如图2-21所示，灭火时，作业人员可以手提或肩扛的形式带灭火器快速赶赴火场，在距离燃烧处5m左右的地方放下灭火器开始喷射。如在室外，应选择在上风方向喷射。

如果使用的干粉灭火器是外挂式储气瓶或储压式的储气瓶，操作者应一只手紧握喷枪，另一只手提起储气瓶上的开启提环；如果储气瓶的开启是手轮式的，则应沿逆时针方向旋开，并旋到最高位置，随即提起灭火器。当干粉喷出后，迅速对准火焰的根部扫射。

如果使用的干粉灭火器是内置式或储压式的储气瓶，操作者应先一只手将开启把上的保险销拔下，然后握住喷射软管前端的喷嘴部，另一只手将开启压把压下，打开灭火器进行灭火。在使用有喷射软管的灭火器或储压式灭火器时，操作者的一只手应始终压下压把，不能放开，否则会中断喷射。

灭火时，操作者应对准火焰根部扫射。如果被扑救的液体火灾呈流淌燃烧状态时，应对准火焰根部由近而远并左右扫射，直至把火焰全部扑灭。如果可燃液体在容器内燃烧，操作者应对准火焰根部左右晃动扫射，使喷射出的干粉流覆盖整个容器开口表面。当火焰被赶出容器时，操作者应继续喷射，直至将火焰全部扑灭。

③推车式干粉灭火器的使用：主要适用于扑救易燃液体、可燃气体和电器设备的初起火灾。推车式干粉灭火器移动方便，操作简单，灭火效果好。

作业人员把灭火器拉或推到现场，用右手抓住喷粉枪，左手顺势展开喷粉胶管，直至平直，不能弯折

（a）手提式干粉灭火器　　（b）空气泡沫灭火器　　（c）手提式二氧化碳灭火器　　（d）推车式干粉灭火器

图 2-20　常用的灭火器

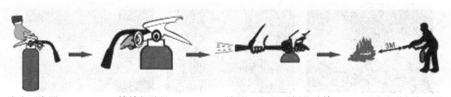

取出灭火器　→　拔掉保险销　→　一手握住压把一手握住喷管　→　对准火苗根部喷射（人站立在上风）

图 2-21　手提式干粉灭火器的使用

或打圈；接着除掉铅封，拔出保险销，用手掌使劲按下供气阀门；再用左手把持喷粉枪管托，右手把持枪把，用手指扳动喷粉开关，对准火焰根部喷射，不断靠前左右摆动喷粉枪，使干粉覆盖燃烧区，直至把火扑灭。

④手提式二氧化碳灭火器的使用：适用于扑灭精密仪器、电子设备、珍贵文件、小范围的油类等引发的火灾，但不宜用于扑灭钾、钠、镁等金属引起的火灾。

作业人员将灭火器提或扛到火场，在距离燃烧物5m左右的地方，放下灭火器，并拔出保险销，一只手握住喇叭筒根部的手柄，另一只手紧握启闭阀的压把。对于没有喷射软管的二氧化碳灭火器，操作者应把喇叭筒往上扳70°~90°。使用时，操作者不能直接用手抓住喇叭筒外壁或金属连线管，防止手被冻伤。

灭火时，当可燃液体呈流淌状燃烧时，操作者将二氧化碳灭火剂的喷流由近而远对准火焰根部喷射。如果可燃液体在容器内燃烧，操作者应将喇叭筒提起，从容器一侧的上部向燃烧的容器中喷射，但不能将二氧化碳射流直接冲击可燃液面，以防止将可燃液体冲出容器而扩大火势。

⑤酸碱灭火器的使用：适用于扑救木、棉、毛、织物、纸张等一般可燃物质引起的火灾，但不能用于扑救油类、忌水和忌酸物质及带电设备引发的火灾。

操作者应手提筒体上部的提环，迅速赶到着火地点，绝不能将灭火器扛在背上或过分倾斜灭火器，以防两种药液混合而提前喷射。在距离燃烧物6m左右的地方，将灭火器颠倒过来并晃动几下，使两种药液加快混合；然后一只手握住提环，另一只手抓住筒体下部的底圈将喷出的射流对准燃烧最猛烈处喷射。随着喷射距离的缩减，操作者应向燃烧处推进。

（2）消火栓的使用

消火栓是一种固定的消防工具，主要作用是控制可燃物、隔绝助燃物、消除着火源。消火栓分为地上消火栓和地下消火栓。使用前需要先打开消火栓门，按下内部火警按钮。按钮主要用于报警和启动消防泵。使用步骤如图2-22所示，过程中需要人员配合使用，一人接好枪头和水带赶往起火点，另一人则接好水带和阀门口，再沿逆时针方向打开阀门使水喷出。

3. 电气灭火

由于电气火灾具有着火后电气设备可能带电，如不注意可能引起触电事故等特点，为此对电气灭火进行以下重要说明：

（1）电气灭火时，最重要的是先切断电源，随后采取必要的救火措施，并及时报警。

（2）进行电火处理时，必须选用合适的灭火器，并按要求进行操作，不得违规操作。应选用二氧化碳灭火器、1211灭火器或用黄沙灭火，但应注意不要将二氧化碳喷射到人体的皮肤及身体其他部位上，以防冻伤和窒息。在没有确定电源已被切断时，绝不允许用水或普通灭火器灭火，否则很可能发次生事故。

（3）为了避免触电，人体与带电体之间应保持足够的安全距离。

（4）对架空线路等设备进行灭火时，要防止导线断落伤人。

（5）如果带电导线跌落地面，要划出一定的警戒区，防止跨步电压伤人。

（6）电气设备发生接地时，室内扑救人员不得进入距故障点4m以内的区域，室外扑救人员不得接近距故障点8m以内的区域。

4. 火速报警

火灾初起，一方面要积极扑救，另一方面要迅

（a）打开或击碎消防箱门
（b）取出并展开消防水带
（c）一端连接消火栓

（d）另一端连接消火柱栓枪头
（e）打开消火栓阀门
（f）对准火焰根部进行灭火

图2-22 消火栓的使用

速报警。

(1) 报警对象

①召集周围人员前来扑救,动员一切可以动员的力量。

②本单位消防与保卫部门,迅速组织灭火。

③公安消防队,报告火警电话119。

④出警报,组织人员疏散。

(2) 报警方法

①本单位报警利用呼喊、警铃等平时约定的方式。

②利用广播、固定电话和手机。

③距离消防队较近的可直接派人到消防队报警。

④消防部门报警。

(3) 火灾逃生自救

①火灾袭来时要迅速逃生,不要贪恋财物。

②平时就要了解掌握火灾逃生的基本方法,熟悉多条逃生路线。

③受到火势威胁时,要当机立断披上浸湿的衣物或被褥等向安全出口方向冲出去。

④穿过浓烟逃生时,要尽量使身体贴近地面,并用湿毛巾捂住口鼻。

⑤身上着火,千万不要奔跑,可就地打滚或用厚重的衣物压灭火苗。

⑥遇火灾不可乘坐电梯,要向安全出口方向逃生。

⑦室外着火,门已发烫,千万不要开门,以防大火蹿入室内,要用浸湿的被褥,衣物等堵塞门窗缝,并泼水降温。

⑧若逃生线路被大火封锁,要立即退回室内,用打手电筒、挥舞衣物、呼叫等方式向窗外发送求救信号,等待救援。

⑨千万不要盲目跳楼,可利用疏散楼梯、阳台、落水管等逃生自救。也可用绳子把床单、被套撕成条状连成绳索,紧系在窗框、暖气管、铁栏杆等固定物上,用毛巾、布条等保护手心,顺绳滑下,或下到未着火的楼层脱离险境。

(六)高处坠落的应急处置

事故发现人员,应第一时间报告相关责任人,并根据情况拨打120或999救护电话。

高处坠落的应急措施如下:

(1) 发生高空坠落事故后,现场知情人应当立即采取措施,切断或隔离危险源,防止救援过程中发生次生灾害。

(2) 当发生人员轻伤时,现场人员应采取防止受伤人员大量失血、休克、昏迷等紧急救护措施。

(3) 遇有创伤性出血的伤员,应迅速包扎止血,

使伤员保持在头低脚高的卧位,并注意保暖。

(4) 如果伤者处于昏迷状态但呼吸心跳未停止,应立即进行口对口人工呼吸,同时进行胸外心脏按压。昏迷者应平卧,面部转向一侧,维持呼吸道通畅,防止分泌物、呕吐物吸入。

(5) 如果伤者心跳已停止,应进行心肺复苏。

(6) 发现伤者骨折,不要盲目搬运伤者。

(7) 持续救护至急救人员到达现场,并配合急救人员进行救治。

(七)危险化学品烧伤和中毒的应急处置

危险化学品具有易燃、易爆、腐蚀、有毒等特点,在使用过程中容易发生烧伤与中毒事故。化学危险品事故急救现场,一方面要防止受伤者烧伤和中毒程度的加深;另一方面又要使受伤者维持呼吸。

1. 化学性皮肤烧伤的应急处置

对化学性皮肤烧伤者,应立即移离现场,迅速脱去受污染的衣裤、鞋袜等,并用大量流动的清水冲洗创面20~30min(如遇强烈的化学危险品,冲洗的时间要更长),以稀释有毒物质,防止继续损伤和通过伤口吸收有毒物质。

新鲜创面上不要随意涂抹油膏或红药水、紫药水,不要用脏布包裹。

黄磷烧伤时,应用大量清水冲洗、浸泡或用多层干净的湿布覆盖创面。

2. 化学性眼烧伤的应急处置

化学性眼烧伤者,应在现场迅速用流动的清水进行冲洗,冲洗时将眼皮掰开,把裹在眼皮内的化学品彻底冲洗干净。

现场若无冲洗设备,可将头埋入盛满清水的清洁盆中,翻开眼皮,让眼球来回转动进行清洗。

若电石、生石灰颗粒溅入眼内,应当先用蘸有石蜡油(液状石蜡)或植物油的棉签去除颗粒后,再用清水冲洗。

3. 危险化学品急性中毒的应急处置

沾染皮肤中毒时,应迅速脱去受污染的衣物,并用大量流动的清水冲洗至少15min,面部受污染时,要首先冲洗眼睛。

吸入中毒时,应迅速脱离中毒现场,向上风方向移至空气新鲜处,同时解开中毒者的衣领,放松裤带,使其保持呼吸道畅通,并要注意保暖,防止受凉。

口服中毒,中毒物为非腐蚀性物质时,可用催吐方法使其将毒物吐出。误服强碱、强酸等腐蚀性强的物品时,催吐反而会使食道、咽喉再次受到严重损伤,这时可服用牛奶、蛋清、豆浆、淀粉糊等。此时不能

洗胃，也不能服碳酸氢钠，以防胃胀气引起胃穿孔。

现场如发现中毒者心跳、呼吸骤停，应立即实施人工呼吸和体外心脏按压术，使其维持呼吸、循环功能。

三、防护用品及应急救援器材

操作人员必须熟练使用防护用品及应急救援器材，具体包括：救援三脚架、正压式呼吸器、四合一气体检测仪、汽油抽水泵、排污泵（电泵）、对讲机、灭火器、消防栓及消防水带、五点式安全带、复合式洗眼器、防化服等。

四、事故现场紧急救护

（一）事故现场紧急救护原则

1. 紧急呼救

当紧急灾害事故发生时，应尽快拨打电话120、999、110呼叫。

2. 先救命后治伤，先重伤后轻伤

在事故的抢救过程中，不要因忙乱或受到干扰，被轻伤员喊叫所迷惑，使危重伤员被耽误最后救出，应本着先救命后治伤的原则先救危重伤员。

3. 先抢后救、抢中有救，尽快脱离事故现场

在可能再次发生事故或引发其他事故的现场，如失火可能引起爆炸的现场、有害气体中毒现场，应先抢后救，抢中有救，尽快脱离事故现场，确保救护者与伤者的安全。

4. 先分类再送医

不管轻伤重伤，甚至对大出血、严重撕裂伤、内脏损伤、颅脑损伤伤者，如果未经检伤和任何医疗急救处置就急送医院，后果十分严重。因此，必须坚持先进行伤情分类，把伤员集中到标志相同的救护区，有的伤员需等待伤势稳定后方能运送。

5. 医护人员以救为主，其他人员以抢为主

救护人员应各负其责，相互配合，以免延误抢救时机。通常先到现场的医护人员应该担负现场抢救的组织指挥职责。

（二）事故现场紧急救护方法

1. 外伤止血

出血分为动脉出血、静脉出血和毛细血管出血。动脉出血呈鲜红色，喷射而出；静脉出血呈暗红色，如泉水样涌出；毛细血管出血则为溢血。

出血是创伤后主要并发症之一，成年人出血量超过800mL或超过1000mL就可引起休克，危及生命；若为严重大动脉出血，则可能在1min内即告死亡。因此，止血是抢救出血伤员的一项重要措施，它对挽救伤员生命具有特殊的意义。应根据损伤血管的部位和性质具体选用止血方法，常用的暂时性止血方法如下：

（1）指压止血法（图2-23）

紧急情况下用手指、手掌或拳头，根据动脉的分布情况，把出血动脉的近端用力压向骨面，以阻断血流，暂时止血。注意：此类方法只适用于头面颈部及四肢的动脉出血急救，压迫时间不能过长。

（2）屈肢加垫止血法（图2-24）

当前臂或小腿出血时，可在肘窝、腘窝内放纱布垫、棉花团或毛巾、衣服等物品，屈曲关节，用三角

（a）颈总动脉压迫（头面部出血）　　（b）面动脉压迫（头顶部出血）　　（c）颞浅动脉压迫（颜面部出血）

（d）尺桡动脉压迫（手部出血）　　（e）锁骨下动脉压迫（肩腋部出血）　　（f）肱动脉压迫（前臂出血）

（g）指动脉压迫（手指出血）　　（h）股动脉压迫（大腿以下出血）　　（i）胫前后动脉压迫（足部出血）

图2-23　指压止血法

图 2-24　屈肢加垫止血法

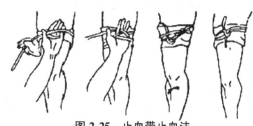

图 2-25　止血带止血法

巾作"8"字形固定，使肢体固定于屈曲位，可控制关节远端血流，但骨折或关节脱位者不能使用此法。

（3）止血带止血法（图 2-25）

此法一般用于四肢大动脉出血。可就地取材，使用软胶管、衣服或布条作为止血带，压迫出血伤口的近心端进行止血。止血带使用方法和注意事项如下：

①在伤口近心端上方先加垫。

②急救者左手拿止血带，上端留 5 寸（约 16.5cm），紧贴加垫处。

③右手拿止血带长端，拉紧环绕伤肢伤口近心端上方两周，然后将止血带交左手中、食指夹紧。

④左手中、食指夹止血带，顺着肢体下拉成环。

⑤将上端一头插入环中拉紧固定。

⑥在上肢应扎在上臂的 1/3 处，在下肢应扎在大腿的中下 1/3 处。

⑦上止血带的部位要在创口上方（近心端），尽量靠近创口，但不宜与创口面接触。

⑧在上止血带的部位，必须先衬垫绷带、布块，或绑在衣服外面，以免损伤皮下神经。

⑨绑扎松紧度要适宜，太紧损伤神经，太松不能止血。

⑩绑扎止血带的时间要认真记录，每隔 0.5h（冷天）或者 1h 应放松 1 次，放松时间 1~2min。绑扎时间过长则可能引起肢端坏死、肾功能衰竭。

2. 创伤包扎

包扎的目的：保护伤口和创面，减少感染，减轻痛苦；加压包扎有止血作用；用夹板固定骨折的肢体时需要包扎，以减少继发损伤，也便于将伤员运送至医院。

包扎时使用的材料主要包括绷带、三角巾、四头巾等，现场进行创伤包扎可就地取材，用毛巾、手帕、衣服撕成的布条等进行。包扎方法如下：

（1）布条包扎法

①环形绷带包扎法：将包扎材料在肢体某一部位环绕数周，每一周重叠盖住前一周。主要用于手、腕、足、颈、额部等处以及在包扎的开始和末端固定时使用。

②螺旋形绷带包扎法：包扎时，做单纯的螺旋上升，每一周压盖前一周的 1/2。主要用于肢体、躯干等处的包扎。

③"8"字形绷带包扎法：本法是一圈向上一圈向下的包扎，每周在正面和前一周相交，并压盖前一周的 1/2。多用于肘、膝、踝、肩、髋等关节处的包扎。

④螺旋反折绷带包扎法：开始先用环形法固定一端，再按螺旋法包扎，但每周反折一次，反折时以左手拇指按住绷带上面正中处，右手将绷带向下反折，并向后绕，同时拉紧。主要用于粗细不等部位，如小腿、前臂等处的包括。

（2）毛巾包扎法

①下颌包扎法：先将四头带中央部分托住下颌，上面两端在颈后打结，下面两端在头顶部打结。

②头部包扎法：如图 2-26 所示，将三角巾的底边折叠两层约二指宽，放于前额齐眉以上，顶角拉向枕后部，三角巾的两底角经两耳上方，拉向枕后，先打一个半结。压紧顶角，将顶角塞进结里，然后再将左右底角拉到前额打结。

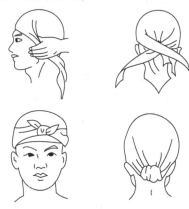

图 2-26　头部包扎法

③面部包扎法：在三角巾顶处打一结，套于下颌部，底边拉向枕部，上提两底角，拉紧并交叉压住底边，再绕至前额打结。包完后在眼、口、鼻处剪开小孔。

④手、足包扎法：如图 2-27 所示，手（足）心向

下放在三角巾上，手指（足趾）指向三角巾顶角，两底角拉向手（足）背，左右交叉压住顶角绕手腕（踝部）打结。

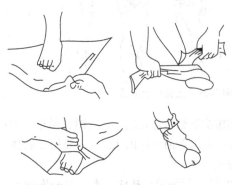

图 2-27 足部包扎法

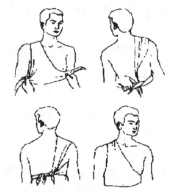

图 2-28 胸部包扎法

⑤胸部包扎法：如图 2-28 所示，将三角巾顶角向上，贴于局部，如系左胸受伤，顶角放在右肩上，底边扯到背后在后面打结；再将左角拉到肩部与顶角打结。背部包扎与胸部包扎相同，仅位置相反，结打于胸部。

⑥肩部包扎法：如图 2-29 所示，单肩包扎时，将毛巾折成鸡心状放在肩上，腰边穿带在上臂固定，前后两角系带在对侧腋下打结；双肩包扎时，将毛巾两角结带，毛巾横放背肩部，再将毛巾两下角从腋下拉至前面，然后把带子同角结牢。

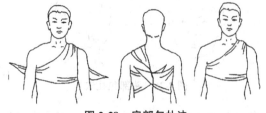

图 2-29 肩部包扎法

⑦腹部包扎法：将毛巾斜对折，中间穿小带，小带的两部拉向后方，在腰部打结，使毛巾盖住腹部。将上、下两片毛巾的前角各扎一小带，分别绕过大腿根部与毛巾的后角在大腿外侧打结。

3. 骨折固定

骨折固定可减轻伤员的疼痛，防止因骨折端移位而刺伤临近组织、血管、神经，也是防止创伤休克的有效急救措施。操作要点如下：

（1）急救骨折固定：常常就地取材，如各种木板、竹竿、树枝、木棍、硬纸板、棉垫等，均可作为固定代用品。

（2）锁骨骨折固定：最常用的方法是用三角巾将伤侧上肢托起固定。也可用"8"字形固定方法。即用绷带由健侧肩部的前上方，再经背部到患侧腋下，向前绕到肩部，如此反复缠绕 8~10 次。在缠绕之前，两侧腋下应垫棉垫或布块，以保护腋下皮肤不受损伤，血管、神经不受压迫。

（3）上臂骨折夹板固定：长骨骨折固定原则上必须固定骨折两端的上下关节，其方法是就地取材，用木板、竹片等，根据伤员的上臂长短，取 3 块即可；上臂前面放置短板一块，后面放一块，上平肩下平肘，用绷带或布条上下固定；另将一块板托住前臂，使肘部屈曲 90°，把前臂固定，然后悬吊于颈部。倘若没有木板等材料，可用伤员自己的衣服进行固定。即把伤侧衣服的腋中线剪开至肘部，衣服前片向上托起前臂，用别针固定在对侧胸部前。

（4）前臂骨折固定：常采用夹板固定法。即取 3 块小木板，根据前臂的长短分别置于掌、背面，在其下面托一块直（或平直）的小木板，上下用绷带或布条固定，然后将肘部屈曲 90°，保持医生常说的"功能位"，用绷带悬吊于颈部。

（5）大腿的骨折固定：常用夹板固定法，即将两块有一定长度的木板，分别置于外侧自腋下至足跟，内侧自会阴部至踝部，然后分段用绷带固定。若现场无木板时也可采用自身固定法，即将伤肢与健肢捆扎在一起，两腿中间根据情况适当加些软垫。

（6）小腿骨折夹板固定：根据伤者小腿的长度，取两块小木板，分别置于小腿的内、外侧，长度略过膝部，然后用绷带或者绳子予以固定。固定前应该在踝部、膝部垫以棉花、布类，以保护局部皮肤。

（7）脊柱骨折固定：脊柱骨折伤情较重，转送前必须妥善固定。对胸、腰椎骨折须取一块与肩同宽的长木板垫在背部、胸部，用宽布带予以固定。颈椎骨折伤员的头部两侧位置以沙袋，或用枕头固定头部，使头部不能左右摆动，以防止或加重脊髓、神经的损伤。

4. 伤员搬运

搬运时应尽量做到不增加伤员的痛苦，避免造成新的损伤及并发症。现场常用的搬运方法有担架搬运法、单人或双人徒手搬运法等。

（1）担架搬运法

担架搬运是最常用的方法，适用于路程长、病情重的伤员。担架的种类很多，有帆布担架（将帆布固定在两根长木棒上）、绳索担架（用一根长的结实的绳子绕在两根长竹竿或木棒上）、被服担架（用两件衣服或长大衣翻袖向内成两管，插入两根木棒后再将纽扣仔细扣牢）等。搬运时由3~4人将病人抱上担架，使其头向外，以便于后面抬的人观察其病情变化。使用此法时要注意以下事项：

①如病人呼吸困难、不能平卧，可将病人背部垫高，让病人处于半卧位，以利于缓解其呼吸困难。

②如病人腹部受伤，要叫病人屈曲双下肢、脚底踩在担架上，以松弛肌肤、减轻疼痛。

③如病人背部受伤则使其采取俯卧位。

④对脑出血的病人，应稍垫高其头部。

（2）徒手搬运法

当在现场找不到任何搬运工具而病人伤情又不太重时，可用此法搬运。常用的主要有单人徒手搬运和双人徒手搬运。

①单人徒手搬运法：适用于搬运伤病较轻、不能行走的伤员，如头部外伤、锁骨骨折、上肢骨折、胸部骨折、头昏的伤病员。

②双人徒手搬运法：一人搬托双下肢，一人搬托腰部。在不影响病伤的情况下，还可用椅式、轿式和拉车式。

第三章

基础知识

第一节　流体力学

流体力学是研究液体机械运动规律及其工程应用的一门学科。本节中介绍的流体力学知识主要是在排水管渠水力计算、运行管理和防汛抢险中经常用到的基础概念和基础知识。

一、水的主要力学性质

物体运动状态的改变都是受外力作用的结果。分析水的流动规律，也要从分析其受力情况入手，所以研究水的流动规律，首先须对其力学性质有所了解。

（一）水的密度

密度是指单位体积物体的质量，常用符号 ρ 表示。

$$\rho = m/V \tag{3-1}$$

式中：ρ——物体密度，kg/m^3；

　　　m——物体质量，kg；

　　　V——物质体积，m^3。

水的密度随温度和压强的变化而变化，但这种变化很小，所以一般把水的密度视为常数。采用在一个标准大气压下，温度为 4℃ 时的蒸馏水密度来计算，此时 $\rho_水 = 1.0 \times 10^3 kg/m^3$。排水工程中，雨污水的密度一般也以此为常数，进行质量和体积的换算。

因为万有引力的存在，地球对物体的引力称为重力，以 G 表示。

$$G = mg \tag{3-2}$$

式中：G——重力，N；

　　　g——重力加速度，N/kg。

而单位体积水所受到的重力称为容重，以 γ 表示，单位为 N/m^3。

$$\gamma = G/V = mg/V = \rho g \tag{3-3}$$

（二）水的流动性

自然界的常见物质一般可分为固体、液体和气体 3 种形态，其中液体和气体统称为流体。固体具有确定的形状，在确定的剪切应力作用下将产生确定的变形。而水作为一种典型流体，没有固定的形状，其形状取决于限制它的固体边界。水在受到任意小的剪切应力时，会发生连续不断的变形即流动，直到剪切应力消失为止。这就是水的易变形性，或称流动性。

（三）水的黏滞性与黏滞系数

水受到外部剪切应力作用发生连续变形即流动的过程中，其内部相应要产生对变形的抵抗，并以内摩擦力的形式表现出来，这种运动状态下的抵抗剪切变形能力的特性称为黏滞性。黏滞性只有在运动状态下才能显示出来，静止状态下内摩擦力不存在，不显示黏滞性。

水的这种抵抗剪切变形的能力以黏滞系数 $\nu_水$ 表示，也称黏度。黏滞系数随温度和压强的变化而变化，但随压强的变化甚微，对温度变化较为敏感。因此一般情况下，不同水温时的运动黏滞系数可按经验公式计算。

$$\nu_水 = 0.01775/(1 + 0.0337t + 0.000221t^2) \tag{3-4}$$

式中：$\nu_水$——黏滞系数，cm^2/s；

　　　t——水温，℃。

在排水管渠中，由于雨污水具有黏滞性，距离管渠内壁不同距离位置的水流流速不同。一般情况下，距离管渠内壁越近的水流速越小，距离管渠内壁越远的水流速越大，如圆形管道管中心处流速最大，管内壁处流速最小。

（四）水的压缩性与压缩系数

固体受外力作用发生变形，当外力撤除后（外力不超过弹性限度时），有恢复原状的能力，这种性质称为物体的弹性。

液体不能承受拉力，但可以承受压力。液体受压后体积缩小，压力撤除后也能恢复原状，这种性质称为液体的压缩性或弹性。液体压缩性的大小以体积压缩系数 β 或体积弹性系数 K 来表示。

水在 $10℃$ 下时，每增加一个大气压，体积仅压缩约十万分之五，压缩性很小。因此在排水工程中，一般不考虑水的压缩性。但在一些特殊情况下，必须考虑水受压后的弹力作用。如泵站或闸阀突然关闭，造成压力管道中水流速度急剧变化而引起水击等现象，应予以重视。

（五）水的表面张力

自由表面上的水分子由于受到两侧分子引力不平衡，而承受的一个极其微小的拉力，称为水的表面张力。表面张力仅在自由表面存在，其大小以表面张力系数 σ 来表示，单位为牛每米（N/m），即自由表面单位长度上所承受的拉力值。水温 $20℃$ 时，$\sigma = 0.074N/m$。

在排水工程中，由于表面张力太小，一般来说其对液体的宏观运动影响甚微，可以忽略不计，只有在某些特殊情况下才予以考虑。

二、水流运动的基本概念

（一）水的流态

19 世纪末，雷诺（Reynolds）首先通过实验观察到了水在圆管内的流动情况，发现液体流速变化时，流动状态也变化。在低速流动时，着色液流的线条在注入点下游很长距离都能清楚看到，当流动受到干扰时，在扰动衰减后流动还能保持稳定；当流速大时，由于流动是不规则的，故使着色液体迅速扩散和混合。前一种状态称为层流，后一种称为紊流。

1. 流　态

水的流动有层流、紊流及介于两者之间的过渡流 3 种流态，不同流态下的水流阻力特性不同。

（1）层流：液体质点互不干扰，液体的流动呈线性或层状，且平行于管道轴线。液体流速较低，质点受黏性制约，不能随意运动，黏性力起主导作用。

（2）紊流：液体质点的运动杂乱无章，除了平行于管道轴线的运动以外，还存在着剧烈的横向运动。液体流速较高，黏性的制约作用减弱，因而惯性力起主导作用。

液体流动时究竟是层流还是紊流，须用雷诺数来判别。

2. 雷诺数

实验表明，液体在圆管中的流动状态不仅与管内的平均流速 v（m/s）有关，还和管径 d（m）、液体的运动黏度 ν 有关，但是真正决定液流流动状态的是用这 3 个数组成的一个称为雷诺数 Re 的无量纲数，即

$$Re = \frac{vd}{\nu} \qquad (3-5)$$

这就是说，液体流动时的雷诺数相同，则它的流动状态也相同。另外，液流由层流转变为紊流时的雷诺数和由紊流转变为层流的雷诺数是不同的，前者称为上临界雷诺数，后者称为下临界雷诺数，后者数值小，所以一般都用后者作为判别液流状态的依据，简称临界雷诺数。当液流的实际流动时的雷诺数小于临界雷诺数时，液流为层流，反之液流则为紊流。常见的液流管道的临界雷诺数可由实验求得。

对于非圆截面管道来说，Re 可用下式来计算

$$Re = \frac{4vR}{\nu} \qquad (3-6)$$

式中：R——通流截面的水力半径，它等于液流的有效截面积 A 和它的湿周（通流截面上与液体接触的固体壁面的周长）x 之比，即 $R = A/x$。

在水力计算前要先进行流态判别，当 $Re < 2000$ 时，一般为层流；当 $Re > 4000$ 时，一般为紊流；当 $2000 \leqslant Re \leqslant 4000$，水流状态不稳定，属于过渡流态。

一般情况下，排水管渠内的水流雷诺数 Re 远大于 4000，管渠内的水流处于紊流流态。因此，在对排水管网进行水力计算时，均按紊流考虑。

紊流流态又分为 3 个阻力特征区：阻力平方区（又称粗糙管区）、过渡区和水力光滑管区。在阻力平方区，管渠水头损失与流速的二次方成正比；在水力光滑管区，管渠水头损失约与流速的 1.75 次方成正比；而在过渡区，管渠水头损失与流速的 1.75 ~ 2.0 次方成正比。紊流 3 个阻力区的划分，需要使用水力学的层流底层理论进行判别，主要与管径（或水力半径）及管渠壁粗糙度有关。

在排水工程中，常用管渠材料的直径与粗糙度范围内，水流均处于紊流过渡区和阻力平方区，不会到达紊流光滑管区。当管壁较粗糙或管径较大时，水流多处于阻力平方区。当管壁较光滑或管径较小时，水流多处于紊流过渡区。因此，排水管渠的水头损失是水力计算中的重要内容。

（二）压力流与重力流

压力流输水通过封闭管道进行，水流阻力主要依靠水的压能克服，阻力大小只与管道内壁粗糙程度、管道长度和流速有关，与管道埋设深度和坡度等无关。

重力流输水通过管道或渠道进行，管渠中水面与

大气相通，且水流常常不充满管渠，水流的阻力主要依靠水的位能克服，形成水面沿水流方向降低，称为水力坡降。重力流输水时，要求管渠的埋设高程随着水流水力坡度下降。

在排水工程中，管渠的输水方式一般采用重力流，特殊情况下也采用压力流，如提升泵站或调水泵站出水管、过河倒虹管等。另外，当排水管渠的实际过流超过设计能力时，也会形成压力流。

从水流断面形式看，由于圆管的水力条件和结构性能好，在排水工程中采用最多。特别是压力流输水，基本上均采用圆管。圆管也用于重力流输水，在埋于地下时，圆管能很好地承受土壤的压力。除圆管外，明渠或暗渠一般只能用于重力流输水，其断面形状有多种，以梯形和矩形居多。

(三) 恒定流与非恒定流

恒定流与非恒定流是根据运动要素是否随时间变化来划分的。恒定流是指水体在运动过程中，其任一点处的运动要素不随时间而变化的流动；非恒定流是指水体在运动过程中，其任一点处有任何一个运动要素随时间而变化的流动。

由于用水量和排水量的经常性变化，排水管渠中的水流均处于非恒定流状态，特别是雨水及合流制排水管网中，受降雨的影响，水力因素随时间快速变化，属于显著的非恒定流。但是，非恒定流的水力计算特别复杂，在排水管渠设计时，一般也只能按恒定流计算。

近年来，由于计算机技术的发展与普及，国内外已经有人开始研究和采用非恒定流计算给水排水管网的水力问题，而且得到了更接近实际的结果。

(四) 均匀流与非均匀流

均匀流与非均匀流是根据运动要素是否随位置变化来划分的。均匀流是指水体在运动过程中，其各点的运动要素沿流程不变的流动；非均匀流是指水体在运动过程中，其任一点的任何一个运动要素沿流程变化的流动。

在排水工程中，管渠内的水流不但多为非恒定流，且常为非均匀流，即水流参数往往随时间和空间变化。特别是明渠流或非满管流，通常都是非均匀流。

对于满管流动，如果管道截面在一段距离内不变且不发生转弯，则管内流动为均匀流；而当管道在局部分叉、转弯与截面变化时，管内流动为非均匀流。均匀流的管道对水流阻力沿程不变，水流的水头损失可以采用沿程水头损失公式计算；满管流的非均匀流

动距离一般较短，采用局部水头损失公式计算。

对于非满管流或明（暗）渠流，只要长距离截面不变，也可以近似为均匀流，按沿程水头损失公式进行水力计算；对于短距离或特殊情况下的非均匀流动则运用水力学理论按缓流或急流计算，或者用计算机模拟。

(五) 水流的水头与水头损失

1. 水 头

水头是指单位质量的水所具有的机械能，一般用符号 h 或 H 表示，单位为米（m）。水头分为位置水头、压力水头和流速水头 3 种形式。位置水头是指因为水流的位置高程所得的机械能，又称位能，以水流所处的高程来度量，用符号 Z 表示。压力水头是指水流因为压强而具有的机械能，又称压能，以压力除以相对密度所得的相对高程来度量，用符号 p/γ 表示。流速水头是指因为水流的流动速度而具有的机械能，又称动能，以动能除以重力加速度所得的相对高程来度量，用符号 $v^2/2g$ 表示。

位置水头和压力水头属于势能，它们两者的和称为测压管水头；流速水头属于动能。水在流动过程中，3 种形式的水头（机械能）总是处于不断转换之中。排水管渠中的测压管水头较流速水头一般大得多，因此在水力计算中，流速水头往往可以忽略不计。

2. 水头损失

因黏滞性的存在，水在流动中受到固定界面的影响（包括摩擦与限制作用），导致断面的流速不均匀，相邻流层间产生切应力，即流动阻力。水流克服阻力所消耗的机械能，称为水头损失，用符号 h_w 表示，单位为米（m）。当水流受到固定边界限制做均匀流动时，流动阻力中只有沿程不变的切应力，称为沿程阻力。由沿程阻力所引起的水头损失称为沿程水头损失，用符号 h_f 表示。当水流固定边界发生突然变化，引起流速分布或方向发生变化，从而集中发生在较短范围的阻力称为局部阻力。由局部阻力所引起的水头损失称为局部水头损失，用符号 h_m 表示。实际应用中，水头损失应包括沿程水头损失 h_f 和局部水头损失 h_m，即

$$h_w = \sum h_f + \sum h_m \qquad (3-7)$$

从产生的原理可以看出，水头损失的大小与管渠过水断面的几何尺寸和管渠内壁的粗糙度有关。

粗糙度一般用粗糙系数 n 来表示，其大小综合反映了管渠内壁对水流阻力的大小，是管渠水力计算中的主要因素之一。

管渠过水断面的特性几何尺寸，称为水力半径，

用符号 R 来表示，单位为米（m），其计算公式为 $R = A/\chi$。其中，A 为过水断面面积，单位为平方米（m²）；χ 为过水断面与固定界面表面接触的周界，即湿周，单位为米（m）。当水流为圆管满流时，其湿周 χ 与圆管断面周长一致，$R = 0.25d$，d 为圆管直径，单位为米（m）。水力半径是一个重要的概念，在面积相等的情况下，水力半径越大，湿周越小，水流所受的阻力越小，越有利于过流。

在排水工程中，由于管渠长度较长，沿程水头损失一般远远大于局部水头损失。所以在进行水力计算时，一般忽略局部水头损失，或将局部阻力转换成等效长度的沿程水头损失进行计算。

三、水静力学

液体静力学主要是讨论液体静止时的平衡规律和这些规律的应用。所谓"液体静止"指的是液体内部质点间没有相对运动，也不呈现黏性，至于盛装液体的容器，不论它是静止的、匀速运动的还是匀加速运动的都没有关系。

（一）液体静压力及其特性

当液体静止时，液体质点间没有相对运动，故不存在切应力，但却有压力和重力的作用。液体静止时产生的压力称为静水压力，即在静止液体表面上的法向力。

液体内单位面积 ΔA 上所受到的法向力为 ΔF，如图 3-1 所示，则 ΔF 与 ΔA 之比，称为 ΔA 表面的平均静压强 p。当微小面积 ΔA 无限缩小为一点时，则其平均静压强的极限值就是该点的静压强，见下式

$$p = \lim_{\Delta A \to 0} \frac{\Delta F}{\Delta A} \tag{3-8}$$

式中：p ——液体内单位面积上的平均静压强，Pa；

$\quad\quad \Delta A$ ——液体内的单位面积，m²；

$\quad\quad \Delta F$ ——液体内单位面积上受到的法向力，N。

由此可见，液体的静压力是指作用在某面积上的总压力，而液体的静压强则是作用在单位面积上的压力（图 3-1）。由于液体质点间的凝聚力很小，不能受拉，只能受压，所以液体的静压强具有两个重要特性：①静压强的方向指向受压面，并与受压面垂直；②静止液体内任一点的静压强在各个方向上均相等。

图 3-1 单位面积上的受力示意图

（二）水静力学基本方程

1. 静力学基本方程式

在静止的液体中，取出一垂直的小圆柱体，如图 3-2 所示。已知自由液面（指液体与气体的交界面）压强为 p_0，圆柱体顶面与自由液面重合，高为 h，端面面积为 ΔA。

平衡状态下，$p\Delta A = p_0 \Delta A + F_G$。这里的 F_G 即为液柱的重量，$F_G = \rho g h \Delta A$。由上述两式得出下式

$$p = p_0 + \rho g h = p_0 + \gamma h \tag{3-9}$$

式中：p ——静止液体内某点的压强，Pa；

$\quad\quad p_0$ ——液面压强，Pa；

$\quad\quad g$ ——重力加速度，N/kg；

$\quad\quad h$ ——小圆柱体高度，m；

$\quad\quad \gamma$ ——液体重力密度，N/m³。

式（3-9）即为液体静力学的基本方程。

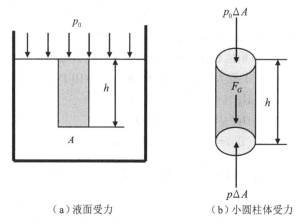

（a）液面受力 （b）小圆柱体受力

图 3-2 静止液体的受力示意图

由液体静力学基本方程可知：

（1）静止液体内任一点处的压强由两部分组成，一部分是液面上的压强 p_0，另一部分是 γ 与该点离液面深度 h 的乘积。当液面上只受大气压强 p_0 作用时，点 A 处的静压强则为 $p = p_0 + pgh$。

（2）同一容器中同一液体内的静压强随液体深度 h 的增加而呈线性增长。

（3）连通器内同一液体中深度 h 相同的各点压强都相等。由压强相等的点组成的面称为等压面。在重力作用下静止液体中的等压面是一个水平面。

2. 静力学基本方程的物理意义

静止液体中单位质量液体的压力能和位能可以互相转换，但各点的总能量却保持不变，即能量守恒。

3. 帕斯卡原理

根据静力学基本方程，盛放在密闭容器内的液体，其外加压强 p_0 发生变化时，只要液体仍保持其原来的静止状态不变，液体中任一点的压强均将发生

同样大小的变化。也就是说，在密闭容器内，施加于静止液体上的压强将以等值同时传到各点，这就是静压传递原理，又称帕斯卡原理。

(三)静水压强的表示方法和单位

1. 表示方法

压强的表示方法有两种：绝对压强和相对压强。绝对压强是以绝对真空作为基准所表示的压强；相对压强是以大气压力作为基准所表示的压强。由于大多数测压仪表所测得的压强都是相对压强，故相对压强也称表压强。绝对压强等于相对压强与大气压强之和。

如果液体中某点处的绝对压强小于大气压强，这时在这个点上的绝对压强比大气压强小的部分数值称为真空度，即真空度等于大气压强减去绝对压强。

2. 单 位

我国法定压强单位为帕斯卡，简称帕，符号为 Pa，$1Pa = 1N/m^2$。由于 Pa 太小，工程上常用其倍数单位兆帕(MPa)来表示，$1MPa = 10^6 Pa$。

压强单位和其他非法定计量单位的换算关系为：

$1at$(工程大气压) $= 1kgf/cm^2 = 9.8 \times 10^4 Pa$

$1mmH_2O$(毫米水柱) $= 9.8Pa$

$1mmHg$(毫米汞柱) $= 1.33 \times 10^2 Pa$

$1bar$(巴) $= 10^5 Pa \approx 1.02kgf/cm^2$

(四)液体静压力对固体壁面的作用力

静止液体和固体壁面相接触时，固体壁面上各点在某一方向上所受静压作用力的总和，便是液体在该方向上作用于固体壁面上的力。在液压传动计算中质量力可以忽略，静压处处相等，所以可认为作用于固体壁面上的压力是均匀分布的。

当固体壁面是一个曲面时，作用在曲面各点的液体静压力是不平行的，但是静压力的大小是相等的，因而作用在曲面上的总作用力在不同的方向也就不一样。因此，必须首先明确要计算的曲面上的力。

如图 3-3 所示，在曲面上的液压作用力 F，就等于压力作用于该部分曲面在垂直方向的投影面积 A 与

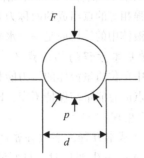

图3-3 曲面液压作用力示意图

压力 p 的乘积，其作用点在投影圆的圆心，其方向向上，即 $F = pA = p(\pi d^2/4)$。其中，d 为承压部分曲面投影圆的直径，单位为米(m)。

由此可见，曲面上液压作用力在某一方向上的分力等于静压力和曲面在该方向的垂直面内投影面积的乘积。

四、水动力学

(一)基本概念

1. 理想液体、实际液体、平行流动和缓变流动

(1)理想液体：既无黏性又不可压缩的液体称为理想液体。

(2)实际液体：既有黏性又可压缩。

(3)平行流动：流线彼此平行的流动。

(4)缓变流动：流线夹角很小或流线曲率半径很大的流动。

2. 迹线、流线、流束和通流截面

(1)迹线：流动液体的某一质点在某一时间间隔内在空间的运动轨迹。

(2)流线：表示某一瞬时，液流中各处质点运动状态的一条条曲线。

(3)流管和流束：封闭曲线中的这些流线组合的表面称为流管。流管内的流线群称为流束。

(4)通流截面：流束中与所有流线正交的截面称为通流截面。截面上每点处的流动速度都垂直于这个面。

3. 流量和平均流速

单位时间内通过某通流截面的液体的体积称为流量，用 Q 表示，单位为 m^3/s。单位时间内流体质点在流动方向上所流经的距离为平均流速，用 v 表示，单位为 m/s。

$$v = \frac{Q}{A} \tag{3-10}$$

式中：A——某通流截面的面积，m^2。

4. 流动液体的压力

当惯性力很小，且把液体当作理想液体时，流动液体内任意点处的压力在各个方向上的数值可以看作相等的。

(二)连续性方程

质量守恒是自然界的客观规律，不可压缩液体的流动过程也遵守质量守恒定律。假设液体做定常流动，且不可压缩，任取一流管，根据质量守恒定律，在 dt 时间内流入此微小流束的质量应等于此微小流束流出的质量，如图 3-4 所示。

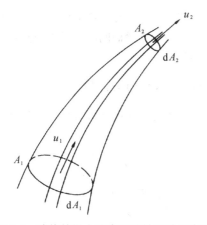

图 3-4 液体的微小流束连续性流动示意图

液体的连续性方程见下式

$$\left.\begin{array}{l} \rho u_1 dA_1 dt = \rho u_2 dA_2 dt \\ u_1 dA_1 = u_2 dA_2 \end{array}\right\} \quad (3\text{-}11)$$

式中：ρ——液体的密度，kg/m^3；

u_1、u_2——分别表示流束两端液体的黏度，$Pa \cdot s$；

A_1、A_2——分别表示流束两端截面面积，m^2；

t——液体通过微小流束所用的时间，s。

对整个流管积分，得出

$$\int_{A_1} u_1 dA_1 = \int_{A_2} u_2 dA_2 \quad (3\text{-}12)$$

其中，不可压缩流体做定常流动的连续性方程为

$$v_1 A_1 = v_2 A_2 \quad (3\text{-}13)$$

由于通流截面是任意取的，则得

$$q = v_1 A_1 = v_2 A_2 = v_3 A_3 = \cdots = v_n A_n = 常数 \quad (3\text{-}14)$$

式中：q——流管的流量，m^3/s；

v_1、v_2——分别表示流管通流截面 A_1、A_1 上的平均流速，m/s。

此式表明通过流管内任一通流截面上的流量相等，当流量一定时，任一通流截面上的通流面积 A_i 与流速成反比。则任一通流断面上的平均流速 v_i 由下式求得

$$v_i = \frac{q}{A_i} \quad (3\text{-}15)$$

(三)伯努利方程

能量守恒是自然界的客观规律，流动液体也遵守能量守恒定律，这个规律是用伯努利方程的数学形式来表达的。

1. 理想液体微小流束的伯努利方程

为了研究方便，一般将液体作为没有黏性摩擦力的理想液体来处理。理想液体微小流束的伯努利方程为

$$\frac{p_1}{\rho g} + z_1 + \frac{u_1^2}{2g} = \frac{p_2}{\rho g} + z_2 + \frac{u_2^2}{2g} \quad (3\text{-}16)$$

式中：$\dfrac{p}{\rho g}$——单位重量液体所具有的压力能，称为比压能，也叫压力水头，m；

z——单位重量液体所具有的势能，称为比位能，也叫位置水头，m；

$\dfrac{u^2}{2g}$——单位重量液体所具有的动能，称为比动能，也叫速度水头，m。

对伯努利方程可作如下的理解：

(1)伯努利方程式是一个能量方程式，它表明在空间各相应通流断面处流通液体的能量守恒规律。

(2)理想液体的伯努利方程只适用于重力作用下的理想液体做定常活动的情况。

(3)任一微小流束都对应一个确定的伯努利方程，即对于不同的微小流束，它们的常量值不同。

伯努利方程的物理意义为：在密封管道内做定常流动的理想液体在任意一个通流断面上具有 3 种形成的能量，即压力能、势能和动能。3 种能量的总和是一个恒定的常量，而且 3 种能量之间是可以相互转换的，即在不同的通流断面上，同一种能量的值是不同的，但各断面上的总能量值都是相同的。

2. 实际液体流束的伯努利方程

实际液体都具有黏性，因此液体在流动时还需克服由于黏性所引起的摩擦阻力，这必然要消耗能量。设因黏性而消耗的能量为 h_w，则实际液体微小流束的伯努利方程为

$$\frac{p_1}{\rho} + z_1 g + \frac{u_1^2}{2} = \frac{p_2}{\rho} + z_2 g + \frac{u_2^2}{2} + h_w g \quad (3\text{-}17)$$

式中：p_1、p_2——液体的压强，Pa；

ρ——液体的密度，kg/m^3；

z_1、z_2——单位重量液体所具有的势能，称为比位能，也叫作位置水头，m；

g——重力加速度，m/s^2；

u_1、u_2——液体的黏度，$Pa \cdot s$；

h_w——由液体黏性引起的能量损失，m。

3. 实际液体总流的伯努利方程

将微小流束扩大到总流，由于在通流截面上速度 u 是一个变量，若用平均流速代替，则必然造成动能偏差，故必须引入动能修正系数。于是实际液体总流的伯努利方程为

$$\frac{p_1}{\rho} + z_1 g + \frac{\alpha_1 v_1^2}{2} = \frac{p_2}{\rho} + z_2 g + \frac{\alpha_2 v_2^2}{2} + h_w g \quad (3\text{-}18)$$

式中：α_1、α_2——动能修正系数，一般在紊流时取 $\alpha = 1$，层流时取 $\alpha = 2$。

4. 动量方程

动量方程是动量定理在流体力学中的具体应用。流动液体的动量方程是流体力学的基本方程之一，它是研究液体运动时作用在液体上的外力与其动量的变化之间的关系。液体作用在固体壁面上的力，用动量定理来求解比较方便。动量定理是作用在液体上的力的大小等于液体在力作用方向上的动量的变化率，见下式

$$\sum F = \frac{d(mu)}{dt} \qquad (3-19)$$

式中：F ——作用在液体上作用力，N；

　　　m ——液体的质量，kg；

　　　u ——液体的流速，m/s。

假设理想液体做定常流动。任取一控制体积，两端通流截面面积为 A_1、A_2，在控制体积中取一微小流束，流束两端的截面面积分别为 dA_1 和 dA_2，在微小截面上各点的速度可以认为是相等的，且分别为 u_1 和 u_2。动量的变化见下式

$$d(mu) = d(mu)_2 - d(mu)_1 = \rho dq dt (u_2 - u_1)$$
$$(3-20)$$

式中：ρ ——液体的密度，kg/m³；

　　　q ——液体的流量，m³/s；

　　　t ——液体通过微小流速所用的时间，s；

　　　u_1、u_2——液体在两端通流截面上的流速，m/s。

微小流束扩大到总流，对液体的作用力合力见下式

$$\sum F = \rho q (u_2 - u_1) \qquad (3-21)$$

将微小流束扩大到总流，由于在通流截面上速度 u 是一个变量，若用平均流速代替，则必然造成动量偏差，故必须引入动量修正系数 β。故对液体的作用力合力为

$$\sum F = \rho q (\beta_2 v_2 - \beta_1 v_1) \qquad (3-22)$$

式中：β_1、β_2——动量修正系数，一般在紊流时取 $\beta = 1$，层流时取 $\beta = 1.33$。

五、基础水力

实际液体具有黏性，在流动时就有阻力，为了克服阻力，就必然要消耗能量，这样就有了能量损失。能量损失主要表现为压力损失，压力损失分为两类：沿程压力损失和局部压力损失。

(1) 沿程压力损失：液体沿等直径直管流动时所产生的压力损失，这类压力损失是由液体流动时的内、外摩擦力所引起的。

(2) 局部压力损失：液体流经局部障碍(如弯管、接头、管道截面突然扩大或收缩)时，由于液流的方向和速度的突然变化，在局部形成旋涡引起液体质点间，以及质点与固体壁面间相互碰撞和剧烈摩擦而产生的压力损失。

(一) 沿程水头损失计算

管渠的沿程水头损失常用谢才公式计算，其形式为

$$h_f = \frac{lv^2}{C^2 R} \qquad (3-23)$$

式中：h_f ——沿程水头损失，m；

　　　l ——管渠长度，m；

　　　v ——过水断面的平均流速，m/s；

　　　C ——谢才系数，$\sqrt{m}/s$；

　　　R ——过水断面水力半径，m。

对于圆管满流，沿程水头损失也可用达西公式计算，表示为

$$h_f = \lambda \frac{l}{d} \frac{v^2}{2g} \qquad (3-24)$$

式中：d ——圆管直径，m；

　　　g ——重力加速度，m/s²；

　　　λ ——沿程阻力系数，$\lambda = 8g/C^2$，m。

沿程阻力系数或谢才系数与水流流态有关，一般只能采用经验公式或半经验公式计算。目前，国内外较为广泛使用的主要有舍维列夫公式、海曾-威廉公式、柯尔勃洛克-怀特公式和巴甫洛夫斯基公式等，其中国内常用的是舍维列夫公式和巴甫洛夫斯基公式。

(二) 局部水头损失计算

局部水头损失见下式

$$h_j = \zeta \frac{v^2}{2g} \qquad (3-25)$$

式中：h_j ——局部水头损失，m；

　　　ζ ——局部阻力系数，无量纲；

　　　v ——过水断面的平均流速，m/s。

不同配件、附件或设施的局部阻力系数详见表3-1。

表 3-1　不同配件、附件或设施的局部阻力系数

配件、附件或设施	局部阻力系数 ζ	配件、附件或设施	局部阻力系数 ζ
全开闸阀	0.19	90°弯头	0.9
50%开启闸阀	2.06	45°弯头	0.4
截止阀	3~5.5	三通转弯	1.5
全开蝶阀	0.24	三通直流	0.1

(三) 非满流管渠水力计算

非满流管渠水力计算的目的在于确定管渠的流

量、流速、断面尺寸、充满度、坡度之间的水力关系。非满流管渠内的水流状态基本上都处于阻力平方区，接近于均匀流。所以，在非满流管渠的水力计算中一般都采用均匀流公式，即

$$\left.\begin{array}{l} v = C\sqrt{Ri} \\ Q = Av = AC\sqrt{Ri} = K\sqrt{i} \end{array}\right\} \quad (3\text{-}26)$$

式中：v ——过水断面的平均流速，m/s；

　　　　C ——谢才系数，$\sqrt{m}$ /s；

　　　　R ——过水断面水力半径，m；

　　　　i ——水力坡度（等于水面坡度，也等于管底坡度），m/m；

　　　　Q ——过水断面的平均流量，m^3/s；

　　　　A ——过水断面面积，m^2；

　　　　K ——流量模数，$K = AC\sqrt{R}$，其值相当于底坡等于 1 时的流量。

式(3-26)中的谢才系数 C 如采用曼宁公式计算，则可表示为

$$\left.\begin{array}{l} v = \dfrac{1}{n}\sqrt[3]{R^2}\sqrt{i} \\ Q = A\dfrac{1}{n}\sqrt[3]{R^2}\sqrt{i} \end{array}\right\} \quad (3\text{-}27)$$

式中：n ——粗糙系数，无量纲。

在非满流管渠水力计算的基本公式中，有 Q、d、h、i 和 v 共 5 个变量，已知其中任意 3 个，就可以求出另外 2 个。由于计算公式的形式很复杂，所以非满流管渠水力计算比满流管渠水力计算要繁杂得多，特别是在已知流量、流速等参数求其充满度时，需要解非线性方程，手工计算非常困难。为此，必须找到手工计算的简化方法。常用简化计算方法有利用水力计算图表进行计算和借助满流水力计算公式并通过一定的比例变换进行计算等。

（四）无压圆管的水力计算

所谓无压圆管，是指非满流的圆形管道。在排水工程中，圆形断面无压均匀流的例子最为普遍，一般污水管道、雨水管道和合流管道中大多属于这种流动。这是因为它们既是水力最优断面，又具有制作方便、受力性能好等特点。由于这类管道内的流动都具有自由液面，所以常用明渠均匀流的基本公式对其进行计算。

圆形断面无压均匀流的过水断面如图 3-5 所示。设其管径为 d，水深为 h，定义 $\alpha = h/d = \sin(\theta/4)$，$\alpha$ 称为充满度，所对应的圆心角 θ 称为充满角(°)。

由几何关系可得各水力要素之间的关系为：

（1）过水断面面积 $A = \dfrac{d^2}{8}(\theta - \sin\theta)$。

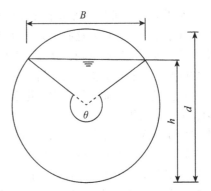

图 3-5　无压圆管均匀流的过水断面示意图

（2）湿周 $\chi = \dfrac{d}{2}\theta$。

（3）水力半径 $R = \dfrac{d}{4}\left(1 - \dfrac{\sin\theta}{\theta}\right)$。

代入式(3-27)，得出下式

$$\left.\begin{array}{l} v = \dfrac{1}{n}\left[\dfrac{d}{4}\sqrt[3]{\left(1 - \dfrac{\sin\theta}{\theta}\right)^2}\right]\sqrt{i} = \dfrac{1}{n}\sqrt[3]{R^2}\sqrt{i} \\ Q = \dfrac{d^2}{8}(\theta - \sin\theta)\dfrac{1}{n}\sqrt[3]{\left[\dfrac{d}{4}\left(1 - \dfrac{\sin\theta}{\theta}\right)^2\right]}\sqrt{i} \\ = \dfrac{1}{n}A\sqrt[3]{R^2}\sqrt{i} \end{array}\right\} \quad (3\text{-}28)$$

为便于计算，表 3-2 列出不同充满度时，圆形管道过水断面面积 A 和水力半径 R 的值。

表 3-2　不同充满度时圆形管道过水断面面积和水力半径

充满度 α	过水断面面积 A/m^2	水力半径 R/m	充满度 α	过水断面面积 A/m^2	水力半径 R/m
0.05	$0.0147d^2$	$0.0326d$	0.55	$0.4426d^2$	$0.2649d$
0.10	$0.0400d^2$	$0.0635d$	0.60	$0.4920d^2$	$0.2776d$
0.15	$0.0739d^2$	$0.0929d$	0.65	$0.5404d^2$	$0.2881d$
0.20	$0.1118d^2$	$0.1206d$	0.70	$0.5872d^2$	$0.2962d$
0.25	$0.1535d^2$	$0.1466d$	0.75	$0.6319d^2$	$0.3017d$
0.30	$0.1982d^2$	$0.1709d$	0.80	$0.6736d^2$	$0.3042d$
0.35	$0.2450d^2$	$0.1935d$	0.85	$0.7115d^2$	$0.3033d$
0.40	$0.2934d^2$	$0.2142d$	0.90	$0.7445d^2$	$0.2980d$
0.45	$0.3428d^2$	$0.2331d$	0.95	$0.7707d^2$	$0.2865d$
0.50	$0.3927d^2$	$0.2500d$	1.00	$0.7845d^2$	$0.2500d$

注：表中管径 d 的单位为 m。

第二节　分析化学

一、分析化学的任务和作用

分析化学是人们获得物质的化学组成和结构信息

的科学，它所要解决的问题是物质中含有哪些组分，各种组分的含量是多少，以及这些组分是以怎样的状态构成物质的。要解决这些问题，就要依据反映物质运动、变化的理论，制订分析方法，创建有关的实验技术，研制仪器设备，因此分析化学是化学研究领域中最基础、最根本的领域之一。

人类赖以生存的环境（大气、水质和土壤）需要监测；"三废"（废气、废液、废渣）需要治理，并加以综合利用；工业生产中工艺条件的选择、生产过程的质量控制是保证产品质量的关键；对食品的营养成分、农药残留和重金属污染状况的了解，是攸关人们生活和生存的大事；在人类与疾病的斗争中，发展出临床诊断、病理研究、药物筛选，以至进一步研究基因缺陷；登陆月球后的岩样分析，火星、土星的临近观测……大至宇宙的深层探测，小至微观物质结构的认识，在这些人类活动的广阔天地内，几乎都离不开分析化学。

二、分析方法的分类

分析方法一般可以分为两大类，即化学分析方法与仪器分析方法。

（一）化学分析方法

化学分析方法是以化学反应为基础的分析方法，如重量分析法和滴定分析法。

通过化学反应及一系列操作步骤使试样中的待测组分转化为另一种纯粹的、固定化学组成的化合物，再称量该化合物的质量，从而计算出待测组分的含量或质量分数，这样的分析方法称为重量分析法。

将已知浓度的试剂溶液，滴加到待测物质溶液中，使其与待测组分发生反应，而加入的试剂量恰好为按化学计量关系完成反应所必需的，根据试剂的浓度和加入的准确体积，计算出待测组分的含量，这样的分析方法称为滴定分析法（也称容量分析法）。依据不同的反应类型，滴定分析法又可分为酸碱滴定法（又称中和法）、沉淀滴定法（又称容量沉淀法）、配位滴定法（又称络合滴定法）和氧化还原滴定法。

重量分析法和滴定分析法通常用于高含量或中含量组分的测定，即待测组分的质量分数在1%以上。重量分析的准确度比较高，至今还有一些组分的测定是以重量分析法为标准方法的，但其分析速度较慢，耗时较多。滴定分析法臻于成熟，操作简便，省时快速，测定结果的准确度也较高（在一般情况下相对误差为±0.2%左右），所用仪器设备又很简单，在生产实践和科学实验中是重要的例行测试手段，因此在当前仪器分析快速发展的情况下，滴定分析法仍然具有

很高的实用价值。

（二）仪器分析方法

这是一类借助光电仪器测量试样的光学性质（如吸光度或谱线强度）、电学性质（如电流、电位、电导）等物理或物理化学性质来求出待测组分含量的方法，也称物理分析法或物理化学分析法。

有的物质，其吸光度与浓度有关。某物质溶液的浓度越大，其吸光度越大，通过测量吸光度可测定该物质含量的方法称为吸光光度法。

用红外线或紫外线照射不同的有机化合物，可得到不同的光谱图，根据图谱能够测定有机物质的结构及含量，这些方法分别称为红外吸收光谱分析法和紫外吸收光谱分析法。

不同的元素可以产生不同的光谱是元素的特性。通过检查元素光谱中几根灵敏而且较强的谱线可进行定性分析，这是最灵敏的定性方法之一。此外，还可根据谱线的强度进行定量测定，这种方法称为发射光谱分析法。不同元素的原子可以吸收不同波长的光，利用这种性质，可进行原子吸收光谱分析测定。

某些物质在特定的紫外线照射时可产生荧光，在一定条件下，荧光的强度与该物质的浓度成正比，利用这一性质所建立的测定方法称为荧光分析法。

上述的吸光光度法、红外吸收光谱分析法、紫外吸收光谱分析法、发射光谱分析法、原子吸收光谱分析法和荧光分析法等都是利用物质光学性质的分析方法，可归纳为光学分析法。另外，还有一类仪器分析法，是利用物质的电学及电化学性质测定物质组分的含量，称为电化学分析法。

最简单的电化学分析法是电重量分析法，它是使待测组分借电解作用，以单质或氧化物形式在已知质量的电极上析出，通过称量求出待测组分的含量。电容量分析法的原理与一般滴定分析法相同，但它是借助溶液电导、电流或电位的改变来确定滴定终点的，如电导滴定、电流滴定和电位滴定。如通过测量电荷量的方法确定终点，则称为库仑滴定法。

电位分析法是电化学分析法的重要分支，它的实质是通过在零电流条件下测量两电极间的电位差来进行分析测定。在测量电位差时使用离子选择性电极，可使测定更简便、快速。

极谱分析法也属于电化学分析法，它利用对试液进行电解时，在极谱仪上得到的电流-电压曲线（极谱图）来确定待测组分及其含量。

色谱法（主要有气相色谱法、液相色谱法等），是一类用以分离、分析多组分混合物的极有效的物理及物理化学分析方法，具有高效、快速、灵敏和应用

范围广等特点。毛细管气相色谱法与高效液相色谱法已经得到普遍应用。

还有一些其他分析方法，如质谱法、核磁共振波谱法、免疫分析法、生物传感器分析法、电子探针分析法和离子探针微区分析方法等。

仪器分析方法的优点是操作简便而快速，最适合生产过程中的控制分析，尤其在组分含量很低时，更加需要用仪器分析法。但有的仪器设备价格较高，平时的维修比较困难；一般来说，越是复杂、精密的仪器，维护要求（如恒温、恒湿、防震）也越高。此外，在进行仪器分析之前，时常要用化学方法对试样进行预处理（如除去干扰杂质、富集等）；在建立测定方法过程中，要把未知物的分析结果与已知的标准做比较，而该标准则常需以化学法测定，所以化学分析方法与仪器分析方法是互为补充的，而且前者又是后者的基础。

第三节　水化学

一、概　述

（一）水的含义

水（H_2O）是由氢、氧两种元素组成的无机物，在常温常压下为无色无味的透明液体。水是最常见的物质之一，是包括人类在内所有生命生存的重要资源，也是生物体最重要的组成部分。水在生命演化中起到了重要的作用。

（二）水化学的基本内容

水化学是研究和描述水中存在的各种物质（包括有机物和无机物）与水分子之间相互作用的物理化学过程。涉及化学动力学、热力学、化学平衡、酸碱化学、配位化学、氧化还原化学和相间作用等理论与实践，同时也涉及有关物理学、地理学、地质学和生物学等相关知识。

（三）水化学的研究意义

研究水化学的意义主要包括：了解天然水的地球化学；研究水污染化学；开发给水工程；污水处理实现水的回归；发展水养殖；进行水资源保护和合理利用；研究海洋科学工程；研究腐蚀与防腐科学；进行水质分析与水环境监测；制定水质标准；研究水利工程与土木建筑；等等。

二、水处理中的化学反应

（一）中和反应

1. 定　义

中和反应是指酸与碱作用生成盐和水的反应。例如氢氧化钠（俗称烧碱、火碱、苛性钠）可以和盐酸发生中和反应，生成氯化钠和水。

2. 实际应用

中和反应用于改变土壤的酸碱性、用于医药卫生、调节人体酸碱平衡、调节溶液酸碱性、处理工厂的废水等。

工业废水常呈现酸性或碱性，若直接排放将会造成水污染，所以需进行一系列的处理。碱性污水需用酸来中和，酸性污水需用碱来中和，如硫酸厂的污水中含有硫酸等杂质，可以用熟石灰来进行中和处理，生成硫酸钙沉淀物和水。

（二）混　凝

1. 定　义

混凝是指通过某种方法（如投加化学药剂）使水中胶体粒子和微小悬浮物聚集的过程，是水和废水处理工艺中的一种单元操作。凝聚和絮凝总称为混凝。凝聚主要指胶体脱稳并生成微小聚集体的过程，絮凝主要指脱稳的胶体或微小悬浮物聚结成大的絮凝体的过程。

2. 影响混凝效果的主要因素

（1）水温：水温对混凝效果有明显的影响。

（2）pH：对混凝的影响程度，视混凝剂的品种而异。

（3）水中杂质的成分、性质和浓度。

（4）水力条件。

3. 混凝剂的类型

（1）无机盐类：铝盐（硫酸铝、硫酸铝钾、铝酸钾等）、铁盐（三氯化铁、硫酸亚铁、硫酸铁等）和碳酸镁等。

（2）高分子物质：聚合氯化铝、聚丙烯酰胺等。

4. 常用混凝药剂

（1）硫酸铝

硫酸铝常用的是 $Al_2(SO_4)_3 \cdot 18H_2O$，其相对分子质量为 666.41，相对密度 1.61，外观为白色，光泽结晶。硫酸铝易溶于水，水溶液呈酸性，室温时溶解度大致是 50%，pH 在 2.5 以下。沸水中溶解度提高至 90% 以上。硫酸铝使用便利，混凝效果较好，不会给处理后的水质带来不良影响。水温低时，硫酸铝水解困难，形成的絮体较松散。

硫酸铝在我国使用最为普遍，大都使用块状或粒状硫酸铝。根据其中不溶于水的物质的含量可分为精制和粗制两种。硫酸铝易溶于水，可干式或湿式投加。湿式投加时一般采用 10%～20% 的浓度（按商品固体质量计算）。硫酸铝使用时水的有效 pH 范围较窄，为 5.5～8，其有效 pH 随原水的硬度而异，软水 pH 为 5.7～6.6，中等硬度的水 pH 为 6.6～7.2，硬度较高的水 pH 则为 7.2～7.8。在控制硫酸铝剂量时应考虑上述特性。有时加入过量硫酸铝会使水的 pH 降至铝盐混凝有效 pH 以下，既浪费了药剂，又使处理后的水变得混浊。

（2）三氯化铁

三氯化铁（$FeCl_3 \cdot 6H_2O$）是一种常用的混凝剂，是黑褐色的结晶体，有强烈吸水性，极易溶于水，其溶解度随温度上升而增加，形成的矾花沉淀性能好，处理低温水或低浊水效果比铝盐好。我国供应的三氯化铁有无水物、结晶水合物和液体 3 种。液体、结晶水合物或受潮的无水物腐蚀性极大，调制和加药设备必须用耐腐蚀器材（不锈钢的泵轴运转几星期也即腐蚀，用钛制泵轴有较好的耐腐性能）。三氯化铁加入水后与天然水中碱度起反应，形成氢氧化铁胶体。

三氯化铁的优点是形成的矾花密度大，易沉降，低温、低浊时仍有较好效果，适宜的 pH 范围也较宽；缺点是溶液具有强腐蚀性，处理后的水的色度比用铝盐高。

（3）硫酸亚铁

硫酸亚铁（$FeSO_4 \cdot 7H_2O$）是半透明绿色结晶体，俗称绿矾，易溶于水，在水温 20℃ 时溶解度为 21%。

硫酸亚铁通常是生产其他化工产品的副产品，价格低廉，但应检测其重金属含量，保证其在最大投量时，处理后的水中重金属含量不超过国家有关水质标准的限量。

固体硫酸亚铁需溶解投加，一般配置成质量分数 10% 左右使用。

当硫酸亚铁投加到水中时，离解出的二价铁离子只能生成简单的单核络合物，因此，不如含有三价铁的盐那样有良好的混凝效果。残留于水中的 Fe^{2+} 会使处理后的水带色，当水中色度较高时，Fe^{2+} 与水中有色物质反应，将生成颜色更深的不易沉淀的物质（但可用三价铁盐除色）。根据上述内容，使用硫酸亚铁时应将二价铁先氧化为三价铁，然后再起混凝作用。通常情况下，可采用调节 pH 和加入氯、曝气等方法使二价铁快速氧化。

当水的 pH 在 8.0 以上时，加入的亚铁盐的 Fe^{2+} 易被水中溶解氧氧化成 Fe^{3+}，当原水的 pH 较低时，可将硫酸亚铁与石灰、碱性条件下活化的活化硅酸等碱性药剂一起使用，可以促进二价铁离子氧化。当原水 pH 较低而且溶解氧不足时，可通过加氯来氧化二价铁。

硫酸亚铁使用时，水的 pH 适用范围较宽，为 5.0～11。

（4）碳酸镁

铝盐与铁盐作为混凝剂加入水中形成絮体随水中杂质一起沉淀于池底，作为污泥要进行适当处理以免造成污染。大型水厂产生的污泥量甚大，因此不少人曾尝试用硫酸回收污泥中的有效铝、铁，但回收物中常有大量铁、锰和有机色度，以致不适宜再做混凝剂。

碳酸镁在水中产生氢氧化镁 [$Mg(OH)_2$] 胶体和铝盐、铁盐产生的氢氧化铝 [$Al(OH)_3$] 与氢氧化铁 [$Fe(OH)_3$] 胶体类似，可以起到澄清水的作用。石灰苏打法软化水站的污泥中除碳酸钙外，尚有氢氧化镁，利用二氧化碳气体可以溶解污泥中的氢氧化镁，从而回收碳酸镁。

（5）聚丙烯酰胺

聚丙烯酰胺（PAM）为白色粉末或者小颗粒状物，密度为 1.32g/cm³（23℃），玻璃化温度为 188℃，软化温度接近 210℃，为水溶性高分子聚合物，具有良好的絮凝性，可以降低液体之间的摩擦阻力，不溶于大多数有机溶剂。其本身及其水解体没有毒性，毒性来自其残留单体丙烯酰胺（AM）。丙烯酰胺为神经性致毒剂，对神经系统有损伤作用，中毒后表现出肌体无力、运动失调等症状。因此，各国卫生部门均有规定聚丙烯酰胺工业产品中残留的丙烯酰胺含量，一般为 0.05%～0.5%。聚丙烯酰胺用于工业和城市污水的净化处理方面时，一般允许丙烯酰胺含量为 0.2% 以下；用于直接饮用水处理时，丙烯酰胺含量须在 0.05% 以下。

聚丙烯酰胺产品用途如下：

①用于污泥脱水，可在污泥进入压滤之前进行有效污泥脱水。脱水时，产生絮团大，不粘滤布，压滤时不散，泥饼较厚，脱水效率高，泥饼含水率在 80% 以下。

②用于生活污水和有机废水的处理，在酸性或碱性介质中均呈现阳电性，这样对污水中悬浮颗粒带阴电荷的污水进行絮凝沉淀，澄清很有效。如生产粮食酒精废水、造纸废水、城市污水处理厂的废水、啤酒废水、纺织印染废水等，用阳离子聚丙烯酰胺要比阴离子、非离子聚丙烯酰胺或无机盐类效果高数倍或数十倍，因为这类废水普遍带阴电荷。

③用作以江河水作为水源的自来水的处理絮凝剂，用量少，效果好，成本低，特别是和无机絮凝剂

复合使用效果更好。它将成为治理长江、黄河及其他流域的自来水厂的高效絮凝剂。

聚丙烯酰胺可以应用于各种污水处理。针对生活污水处理使用聚丙烯酰胺一般分为两个过程：一是高分子电解质与粒子表面的电荷中和；二是高分子电解质的长链与粒子架桥形成絮团。絮凝的主要目的是通过加入聚丙烯酰胺使污泥中细小的悬浮颗粒和胶体微粒聚结成较粗大的絮团。随着絮团的增大，沉降速度逐渐变快。

（6）聚合氯化铝

聚合氯化铝（PAC）颜色呈黄色或淡黄色、深褐色、深灰色，为树脂状固体，有较强的架桥吸附性能，在水解过程中，伴随发生凝聚、吸附和沉淀等物理化学过程。聚合氯化铝与传统无机混凝剂的根本区别在于传统无机混凝剂为低分子结晶盐，而聚合氯化铝的结构由形态多变的多元羧基络合物组成，絮凝沉淀速度快，适用 pH 范围宽，对管道设备无腐蚀性，净水效果明显，能有效去除水中色度、悬浮物（SS）、COD、生化需氧量（BOD），以及砷、汞等重金属离子，广泛用于饮用水、工业用水和污水处理，具体领域如下：

①净水处理：生活用水、工业用水。

②城市污水处理。

③工业废水、污水、污泥的处理及污水中某些杂质回收等。

④对某些处理难度大的工业污水，以聚合氯化铝为母体，掺入其他药剂，调配成复合聚合氯化铝，处理污水能得到良好的效果。

（三）氧化还原

1. 臭氧消毒

臭氧由 3 个氧原子组成，在常温下为无色气体，有腥臭。臭氧极不稳定，分解时产生初生态氧。

$O_3 = O_2 + [O]$。[O] 具有极强氧化能力，是氟以外的最活泼氧化剂，对具有较强抵抗能力的微生物如病毒、芽孢等都具有强大的杀伤力。[O] 除具有强大杀伤力外，还具有很强的渗入细胞壁的能力，从而破坏细菌有机体结构导致细菌死亡。臭氧不能贮存，需现场边生产边使用。

臭氧在污水处理过程中除可以杀菌消毒外，还可以除色。

臭氧是一种强氧化剂，它能把有机物大分子分解成小分子，把难溶解物分解为可溶物，把难降解物质转化为可降解物质，把有害物质分解为无害物，从而达到净化污水的目的。污水处理中臭氧的特点如下：

（1）臭氧是优良的氧化剂，可以彻底分解污水中的有机物。

（2）可以杀灭包括抗氯性强的病毒和芽孢在内的所有病原微生物。

（3）在污水处理过程中，受污水 pH、温度等条件的影响较小。

（4）臭氧分解后变成氧气，可增加水中的溶解氧，改善水质。

（5）臭氧可以把难降解的有机物大分子分解成小分子有机物，提高污水的可生化性。

（6）臭氧在污水中会全部分解，不会因残留造成二次污染。

2. 氯消毒

氯是一种黄绿色气体，在标准状态下，氯的密度约为空气密度的 2.5 倍，有特殊的强烈刺鼻臭味，在常温常压下是气体，加压到 5~7 个大气压时就会变成液体。氯气极易溶于水。氯对人的呼吸器官有刺激性，浓度大时，起初引起流泪；每升空气中含有 0.25mg 的氯气时，在其间停留 30min 即可致死；浓度超过 2.5mg/L 时，能短时间致死。氯气中毒能引起气管炎症，直至引起肺脏气肿、充血、出血和水肿，为防止氯气泄漏和中毒，需注意有关安全事项和操作规程。

氯消毒的目的是使致病的微生物失去活性，一般利用氯气或次氯酸。在再生水输向用户时要加入一定量的氯，以保证在运输过程中水不会被微生物污染，到达用户家中的余氯符合相关标准。

（四）气　提

气提即气提法，是指通过让废水与水蒸气直接接触，使废水中的挥发性有毒有害物质按一定比例扩散到气相中去，从而达到从废水中分离污染物的目的。

气提的基本原理：将空气或水蒸气等载气通入水中，使载气与废水充分接触，致使废水中的溶解性气体和某些挥发性物质向气相转移，从而达到脱除水中污染物的目的。根据相平衡原理，一定温度下的液体混合物中，每一组分都有一个平衡分压，当与之液相接触的气相中该组分的平衡分压趋于零时，气相平衡分压远远小于液相平衡分压，则组分将由液相转入气相。

（五）离子交换

1. 定　义

离子交换是指借助固体离子交换剂中的离子与稀溶液中的离子进行交换，以达到提取或去除溶液中某些离子的目的，是一种属于传质分离过程的单元操作。离子交换是可逆的等当量交换反应。

离子交换主要用于水处理(软化和纯化),溶液(如糖液)的精制和脱色,从矿物浸出液中提取铀和稀有金属,从发酵液中提取抗生素,从工业废水中回收贵金属,等等。

2. 离子交换在水处理中的应用

连续电除盐技术(EDI)是一种将离子交换技术、离子交换膜技术和离子电迁移技术(电渗析技术)相结合的纯水制造技术。该技术利用离子交换能深度脱盐来克服电渗析极化而脱盐不彻底,又利用电渗析极化而使水发生电离产生 H^+ 和 OH^- 实现树脂再生,来克服树脂失效后通过化学药剂再生的缺陷。连续电除盐技术装置包括阴/阳离子交换膜、离子交换树脂、直流电源等设备。

连续电除盐技术装置属于精处理水系统,一般多与反渗透装置配合使用,组成预处理、反渗透、连续电除盐技术装置的超纯水处理系统,取代了传统水处理工艺的混合离子交换设备。连续电除盐技术装置进水电阻率要求为 $0.025 \sim 0.5M\Omega \cdot cm$,反渗透装置完全可以满足要求。连续电除盐技术装置可生产电阻率 $15M\Omega \cdot cm$ 以上的超纯水,具有连续产水、水质高、易控制、占地少、无须使用酸碱、环保等优点,具有广阔的应用前景。

第四节　水微生物学

一、概　述

(一)微生物的分类和特点

1. 分　类

根据一般概念,水中的微生物分成两类,即非细胞形态的微生物和细胞形态的微生物。非细胞形态的微生物主要指病毒,包括噬菌体。细胞形态的微生物主要有原核生物和真核生物。原核生物主要包括细菌、放线菌和蓝藻。真核生物主要包括藻类、真菌(酵母菌和霉菌)、原生动物(肉足虫、鞭毛虫、纤毛类)和后生动物。

上述微生物中,大部分是单细胞的,其中藻类在生物学中属于植物学的范围,原生动物及后生动物属于无脊椎动物范围。严格地说,其中个体较大者,不属于微生物学范围。此外,还需注意一些用光学显微镜看不见的生物,如病毒。一般显微镜无法分辨长度小于 $0.2\mu m$ 的物体,而病毒个体一般长度小于 $0.2\mu m$,可称为超显微镜微生物。

2. 特　点

微生物除具有个体非常微小的特点外,还具有下

列几个特点:一是种类繁多。由于微生物种类繁多,因而对于营养物的要求也不相同。它们可以分别利用自然界中的各种有机物和无机物作为营养,使各种有机物分解成无机物,或使各种无机物合成复杂的碳水化合物、蛋白质等有机物。所以,微生物在自然界的物质过程中起着重要作用。二是分布广。微生物个体小而轻,可随着灰尘四处飞扬,因而广泛分布于土壤、空气和水体等自然环境中。因土壤中含有丰富的微生物所需的营养物质,所以土壤中微生物的种类或数量特别多。三是繁殖快。大多数微生物在几十分钟内可繁殖一代,即由一个分裂为两个,如果条件适宜,经过 $10h$ 就可繁殖为数亿个。四是容易发生变异。这一特点使微生物较能适应外界环境条件的变化。

微生物的生理特性以及上述的 4 个特点,是废水生物处理法的依据,废水和微生物在水处理构筑物中接触时,能作为养料的物质(大部分的有机化合物和某些含硫、磷、氮等元素的无机化合物),即被微生物利用、转化,从而使废水的水质得到改善。当然,在废水排入水体之前,还必须除去其中的微生物,因为微生物本身也是一种有机杂质。

在各类微生物中,细菌与水处理的关系最密切。细菌是微小的,单细胞的,没有真正细胞核的原核生物,其大小一般只有几微米大。一滴水里,可以包含上万个细菌。所以,要观察细菌的形态,必须使用显微镜。细菌的形态和结构如下:

1)细菌的形态

细菌从外观来看,可分为球菌、杆菌和螺旋菌三大类。

球菌是一种呈球形或近似球形的细菌。根据排列方式不同,可分为单球菌、双球菌、链球菌、四联球菌、八叠球菌、葡萄球菌等。产甲烷八叠球菌等都是球状细菌。球菌直径一般为 $0.5 \sim 2\mu m$。

杆菌一般长 $1 \sim 5\mu m$,宽 $0.5 \sim 1\mu m$。布氏产甲烷杆菌、大肠埃希菌、硫杆菌等都属于这一类细菌。

螺旋菌的宽度常为 $0.5 \sim 5\mu m$,长度各异。常见的有霍乱弧菌、纤维弧菌等。

各类细菌在其初生时期或适宜的生活条件下,呈现它们的典型形态,这些形态特征是鉴定菌种的依据之一。

2)细菌的结构

细菌的内部结构相当复杂。一般来说,细菌的构造分为基本结构和特殊结构。特殊结构只为一部分细菌所具有。

细菌的基本结构包括细胞壁和原生质体两部分。原生质体位于细胞壁内,包括细胞膜、细胞质、核质

和内含物。细胞壁是细菌分类中最重要的依据之一。根据革兰染色法，可将细菌分为两大类，革兰阳性菌和革兰阴性菌。革兰阳性菌的细胞壁较厚，为单层，其组分比较均匀，主要由肽聚糖组成。革兰阴性菌的细胞壁分为两层。

(1)细胞壁：是包围在细菌细胞最外面的一层富有弹性的结构，是细胞中很重要的结构单元。细胞壁在细胞生命活动中的作用主要有：保持细胞具有一定的外观形状；可作为鞭毛的支点，实现鞭毛的运动；与细菌的抗原特性、致病性有关。

(2)细胞膜：是一层紧贴着细胞壁而包围着细胞质的薄膜，其化学组成主要是脂类、蛋白质和糖类。细胞膜具有选择性吸收的半渗透性，膜上具有与物质渗透、吸收、转送和代谢等有关的许多蛋白酶或酶类。细胞膜的主要功能有：一是控制细胞内外物质的运送和交换；二是维持细胞内正常渗透压；三是合成细胞壁组分和荚膜的场所；四是进行氧化、磷酸化或光合磷酸化的产能基地；五是许多代谢酶和运输酶以及电子呼吸链主组分的所在地；六是鞭毛着生和生长点。

(3)细胞质：是一种无色透明而黏稠的胶体，其主要成分是水、蛋白质、核酸和脂类等。根据染色特点，可以通过观察染色均匀与否来判断细菌处于幼龄还是衰老阶段。

(4)核质：一般的细菌仅具有分散而不固定形态的核质。核或核质内几乎集中有全部与遗传变异有密切相关的某些核酸，所以常称核是决定生物遗传性的主要部分。

(5)内含物：是细菌新陈代谢的产物，或是贮存的营养物质。内含物的种类和数量随着细菌种类和培养条件的不同而不同，往往在某些物质过剩时，细菌就将其转化成贮存物质，当营养缺乏时，它们又被分解利用。常见的内含物颗粒有异染颗粒、硫粒等。例如，在生物除磷过程中，不动杆菌在好氧条件下利用有机物分解产生的大量能源，可过度摄取周边溶液中磷酸盐并转化成多聚偏磷酸盐，以异染颗粒的方式贮存于细胞内。许多硫黄细菌都能在细胞内大量积累硫粒，如活性污泥中常见的贝氏硫细菌和发硫细菌都能在细胞内贮存硫粒。

(6)细菌的特殊结构

① 荚膜：在细胞壁的外边常围绕着一层黏液，厚薄不一。比较薄时称为黏液层，相当厚时，便称为荚膜。当荚膜物质融合成一团块，内含许多细菌时，称为菌胶团。并不是所有的细菌都能形成菌胶团。凡是能形成菌胶团的细菌，称为菌胶团细菌。不同的细菌形成不同形状的菌胶团。菌胶团细菌包藏在胶体物质内，既对动物的吞噬起保护作用，也增强了它对不良环境的抵抗能力。菌胶团是活性污泥中细菌的主要存在形式，有较强的吸附和氧化有机物的能力，在废水生物处理中具有较为重要的作用。一般来说，处理生活污水的活性污泥，其性能的好坏，主要可依据所含菌胶团多少、大小及结构的紧密程度来定。

② 芽孢：在部分杆菌和极少数球菌的菌体内能形成圆形或椭圆形的结构，称为芽孢。一般认为芽孢是某些细菌菌体发育过程中的一个阶段，在一定的环境条件下由于细胞核和核质的浓缩凝聚所形成的一种特殊结构。一旦遇上合适的条件可发育成新的营养体。因此，芽孢是抵抗恶劣环境的一个休眠体。待处理的有毒废水中都有芽孢杆菌生长。

③ 鞭毛：由细胞质变化而来的，起源于细胞质的最外层即细胞膜，穿过细胞壁伸出细菌体外。鞭毛也不是一切细菌所共有，一般的球菌都无鞭毛，大部分杆菌和所有的螺旋菌都有鞭毛。有鞭毛的细菌能真正运动，无鞭毛的细菌在液体中只能呈分子运动。

(二)微生物的生理特性

微生物的生理特性，主要从营养、呼吸、其他环境因素三方面来分析，微生物的营养是指吸收生长所需的各类物质并进行代谢生长的过程。营养是代谢的基础，代谢是生命活动的表现。

(1)微生物细胞的化学组分及生理功能：微生物细胞中最重要的组分是水，约占细胞总质量的85%，一般为70%~90%，其他10%~20%为干物质。干物质中有机物占90%左右，其主要代表元素是碳、氢、氧、氮、磷，另外约10%为无机盐分(或称灰分)。水分是最重要的组分之一，它的生理作用主要有溶剂作用、参与生化反应、作为运输物质的载体、维持和调节一定的温度等。无机盐主要指细胞内存在的一些金属离子盐类。无机盐类在细胞中的主要作用是构成细胞的组成成分、酶的激活剂，维持适宜的渗透压，作为自氧型细胞的能源。

(2)碳源：凡是能提供细胞成分或代谢产物中碳素来源的各种营养物质称为碳源。它分有机碳源和无机碳源两种，前者包括各种糖类、蛋白质、脂肪酸等，后者主要指二氧化碳。碳源的作用是提供细胞骨架和代谢物质中碳素的来源以及生命活动所需的能量。碳源的不同是划分微生物营养类型的依据。

(3)氮源：凡是能提供细胞组分中氮素来源的各种物质称为氮源。氮源也可分为两类，有机氮源(如蛋白质、氨基酸)和无机氮源。氮源的作用是提供细胞新陈代谢所需的氮素合成材料。极端情况下(如饥饿状态)，氮素也可为细胞提供生命所需的能量。这是氮源与碳源的不同。

(三) 微生物的营养类型

微生物种类不同，它们所需的营养材料也不一样。根据碳源不同，微生物可分为自氧型和异养型两大类。有的微生物营养简单，能在完全无机物的环境中生长繁殖，这类微生物属于自氧型。它们以二氧化碳或碳酸盐为碳素养料的来源（碳源），铵盐或者硝酸盐作为氮素养料的来源（氮源），用来合成自身成分，它们生命活动所需的能源则来自无机物或者阳光。有的微生物需要有机物才能生长，这类微生物属于异养型。它们主要以有机碳化合物，如碳水化合物、有机酸等作为碳素养料的来源，并利用这类物质分解过程中所产生的能量作为进行生命活动所必需的能源。微生物的氮素养料则是无机的或有机氮化物。在自然界，绝大多数微生物都属于异养型。

根据生活所需能量来源不同，微生物又分为光能营养和化能营养两类。结合碳源的不同，则有光能自氧、化能自氧、化能异氧和光能异氧 4 种营养类型。

在应用微生物进行水处理过程中，应充分注意微生物的营养类型和营养需求，通过控制运行条件，尽可能地提供微生物所需的各类营养物质，最大程度地培养微生物的种类和数量，以实现最佳的工艺处理效果。如水处理中要注意进水中 BOD：氮：磷比例。好氧生物处理中对 BOD：氮：磷的比例要求一般为 100：5：1。

(四) 微生物的新陈代谢

微生物要维持生存，就必须进行新陈代谢。即指微生物必须不断地从外界环境摄取其生长与繁殖所必需的营养物质，同时，又不断地将自身产生的代谢产物排泄到外部环境中的过程。微生物的新陈代谢主要是通过呼吸作用来完成的。

根据与氧气的关系，微生物的呼吸作用分为好氧呼吸和厌氧呼吸两大类。由于呼吸类型的不同，微生物也就分为好氧型（需氧型或好气型）、厌氧型（厌气型）和兼性（兼气）型 3 类。好氧微生物生长时需要氧气，没有氧气就无法生存。它们在有氧的条件下，可以将有机物分解成二氧化碳和水，这个物质分解的过程称为好氧分解。厌氧微生物只有在没有氧气的环境中才能生长，甚至有了氧气还对其有毒害作用。它们在无氧条件下，可以将复杂的有机物分解成较简单的有机物和二氧化碳等，这个过程称为厌氧分解。兼性微生物既可在有氧环境中生活，也可在无氧环境中生长。在自然界中，大部分微生物属于这一类。

微生物新陈代谢的代谢产物有以下几种：气体状态，如二氧化碳、氢、甲烷、硫化氢、氨及一些挥发酸；有机代谢产物，如糖类、有机酸；分解产物，如氨基酸等；其他还有亚硝酸盐、硝酸盐等。

(五) 微生物的生长繁殖

微生物在适宜的环境条件下，不断地吸收营养物质，并按照自己的代谢方式进行代谢活动，如果同化作用大于异化作用，则细胞质的量不断增加，体积得以加大，于是表现为生长。简单地说，生长就是有机体的细胞组分与结构在量方面的增加。

单细胞微生物如细菌，生长往往伴随着细胞数目的增加。当细胞增长到一定程度时，就以二分裂方式，形成两个基本相似的子细胞，子细胞又重复以上过程。在单细胞微生物中，由于细胞分裂而引起的个体数目的增加，称为繁殖。在一般情况下，当环境条件适合，生长与繁殖始终是交替进行的。从生长到繁殖是一个由质变到量变的过程，这个过程就是发育。

微生物生长最重要的因素是温度和 pH。根据最适宜生长温度的不同，微生物可分为低温、中温和高温三大类。一般来说，微生物在 pH 为中性（6~8）的条件下生长最好。微生物处于一定的物理、化学条件下，生长发育正常，繁殖速率也高；如果某一或某些环境条件发生改变，并超出了生物可以适应的范围时，就会对机体产生抑制乃至杀灭作用。

(六) 影响微生物生长的环境因素

微生物的生长除了需要营养物质外，还需要适宜的生活条件，如温度、酸碱度、无毒环境等。

温度对微生物影响较大。大多数微生物生长的适宜温度为 20~40℃，但有的微生物喜欢高温，适宜的繁殖温度是 50~60℃，污泥的高温厌氧处理就是利用这一类微生物来完成的。按照温度不同，可将微生物（主要是细菌）分为低温性、中温性和高温性 3 类，见表3-3。

表3-3　水处理中不同微生物的适用工艺

类　别	适宜生长温度/℃	适宜工艺
低温性微生物	10~20	水处理工艺
中温性微生物	20~40	污泥中温厌氧消化
高温性微生物	50~60	污泥好氧堆肥、污泥高温厌氧消化

对于微生物来说，只要加热超过微生物致死的最高温度，微生物就会死亡。因为，在高温下，构成微生物细胞的主要成分和推动细胞进行新陈代谢作用的生物催化剂，都是由蛋白质构成的，蛋白质受到高温，其机体会发生凝固，导致微生物死亡。

各类微生物都有适合自己的酸碱度。在酸性太强或碱性太强的环境中，一般不能生存。大多数微生物适宜繁殖的 pH 为 6~8。

各类微生物生活时要求的氧化还原电位条件不同。氧化还原条件的高低可用氧化还原电位 E 表示。一般好氧微生物要求 E 值为 +0.3~+0.4V；而 E 值在 +0.1V 以上均可生长；厌氧微生物则需要 E 值在 +0.1V 以下才能生活。对于兼性微生物，E 值在 +0.1V 以上，进行好氧呼吸；E 值在 +0.1V 以下，进行无氧呼吸。在实际生产中，对于好氧分解系统，如活性污泥系统，E 值常在为 200~+600mV。对于厌氧分解处理构筑物，如污泥消化池，E 值应保持在 -200~-100mV 的范围内。

除光合细菌外，一般微生物都不喜欢光。许多微生物在日光直接照射下容易死亡，特别是病原微生物。日光中具有杀菌作用的主要是紫外线。

二、水处理微生物

自然界中许多微生物具有氧化分解有机物的能力。这种利用微生物处理废水的方法称为生物处理法。由于在水处理过程中微生物对氧气要求不同，水的生物处理可分为好氧生物处理和厌氧生物处理两类。生物处理单元基本分为附着生长型和悬浮生长型两类。在好氧生物处理中，附着生长型所用反应器可以生物滤池为代表；而悬浮生长型则可以活性污泥法中的曝气池为代表。

(一) 用于好氧处理的微生物

活性污泥中的微生物主要有假单胞菌、无色杆菌、黄杆菌、硝化菌等，此外还有钟虫、盖纤虫、累枝虫、草履虫等原生动物以及轮虫等后生动物。

生物滤池中的细菌主要有无色杆菌、硝化菌。原生动物中常见有钟虫、盖纤虫、累枝虫、草履虫等。此外，还有一些轮虫、蠕虫、昆虫的幼虫等。

(二) 用于厌氧处理的微生物

厌氧生物处理是在无氧条件下，借助厌氧微生物（包括兼性微生物），主要是靠厌氧菌（包括兼性菌）作用来进行的。起作用的细菌主要有两类，发酵菌和产甲烷菌。

发酵菌，有兼性的，也有厌氧的，在自然界中数量较多。而产甲烷菌则是严格的厌氧菌，且专业性强，其对温度和酸碱度的反应都相当敏感。温度变化或环境中的 pH 稍超过适宜的范围时，就会在较大程度上影响到有机物的分解。

一般的产甲烷菌都是中温的，最适宜的温度在 25~40℃，高温性产甲烷菌的适宜温度则在 50~60℃。产甲烷菌生长最适宜的 pH 范围为 6.8~7.2，如 pH 低于 6 或高于 8，细菌的生长繁殖将受到极大影响。

产甲烷菌有多种形态，有球形、杆形、螺旋形和八叠球形。《伯杰氏系统细菌学手册》第 9 版，对近年来的产甲烷菌的研究成果进行总结，建立了以系统发育为主的产甲烷菌最新分类系统。产甲烷菌可分为 5 个大目，分别为甲烷杆菌目、甲烷球菌目、甲烷微菌目、甲烷八叠球菌目、甲烷火菌目。上述 5 个目的产甲烷菌可继续分为 10 个科与 31 个属。

目前，在厌氧消化反应器中，研究应用较多的是甲烷八叠球菌中的甲烷鬃菌属（Methanosaeta）和甲烷八叠球菌属（Methanosarcina）这两种菌属。在工业应用中，甲烷鬃菌属（Methanosaeta）在高进液量、快流动性的反应器（如上流式厌氧污泥床反应器）中适用广泛，而甲烷八叠球菌属（Methanosarcina）对于液体流动性比较敏感，主要用于固定和搅动的罐反应器。

此外，温度不同，甲烷菌属也不同。在高温厌氧消化器中就多见甲烷微菌目和甲烷杆菌目的甲烷菌。

(三) 用于厌氧氨氧化的细菌

在缺氧条件下，以亚硝酸氮为电子受体，将氨氮为电子供体，将亚硝酸氮和氨氮同时转化为氮气的过程，称为厌氧氨氧化。执行厌氧氨氧化的细菌称为厌氧氨氧化菌。目前已发现的厌氧氨氧化菌均属于浮霉状菌目。

厌氧氨氧化菌形态多样，呈球形、卵形等，直径 0.8~1.1μm。厌氧氨氧化菌是革兰阴性菌，细胞外无荚膜，细胞壁表面有火山口状结构，少数有菌毛。

厌氧氨氧化菌为化能自养型细菌，以二氧化碳作为唯一碳源，通过将亚硝酸氧化成硝酸来获得能量，并通过乙酰辅酶 A（乙酰-CoA）途径同化二氧化碳。虽然有的厌氧氨氧化菌能够转化丙酸、乙酸等有机物质，但它们不能将其用作碳源。

厌氧氨氧化菌对氧敏感，只能在氧分压低于 5% 氧饱和的条件下生存，一旦氧分压超过 18% 氧饱和，其活性即受抑制，但该抑制是可逆的。

厌氧氨氧化菌的最佳生长 pH 为 6.7~8.3，最佳生长温度为 20~43℃。厌氧氨氧化菌对氨和亚硝酸的亲和力常数都低于 $1×10^{-4}g/(N·L)$。基质浓度过高会抑制厌氧氨氧化菌活性，见表 3-4。

表 3-4 基质对厌氧氨氧化菌的抑制浓度

基质	抑制浓度/(mmol/L)	半抑制浓度/(mmol/L)
NH_4^+-N	70	55
NO_2^--N	7	25

注：半抑制浓度代表抑制 50% 厌氧氨氧化活性的基质浓度。

由于厌氧氨氧化同时需要氨和亚硝酸 2 种基质，在实验室反应器中或在污水处理厂构筑物中，当溶解氧浓度较低时，厌氧氨氧化菌可与好氧氨氧化菌共同存在，互惠互利。好氧氨氧化菌产生的亚硝酸用作厌氧氨氧化菌的基质，而厌氧氨氧化菌消耗亚硝酸，则可解除亚硝酸对好氧氨氧化菌的抑制。

厌氧氨氧化菌是一种难培养的微生物，生长缓慢。据科学家研究表明，在 30~40℃环境中，其倍增时间为 10~14d。如果对培养条件优化，可以缩短培养时间。但由于至今未能成功分离到纯的菌株，在某些方面制约了其应用。

(四) 用于堆肥的微生物

堆肥本质上是在微生物的作用下，将废弃的有机物中的有机质分解并转化，合成腐殖质的过程。

按照堆肥过程中的需氧程度可分为好氧堆肥和厌氧堆肥。在堆肥的不同时期，微生物种类和数量不同。

好氧堆肥的过程如图 3-6 所示。

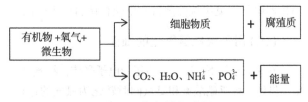

图 3-6 好氧堆肥过程

1. 好氧堆肥微生物

好氧堆肥中，参与有机物生化降解的微生物有两类：嗜温菌和嗜热菌。嗜温菌的适宜温度范围为 25~40℃，嗜热菌的适宜温度范围为 40~50℃。好氧堆肥按照温度变化，主要分为 3 个阶段：升温、高温和腐熟阶段。各阶段的微生物见表 3-5。

表 3-5 堆肥常见的微生物

堆肥阶段	优势微生物	种类
升温期	假单胞菌	细菌
	芽孢杆菌	
	酵母菌	真菌
	丝状真菌	
高温期	芽孢杆菌	细菌
	诺卡菌	
	链霉素	放线菌
	单孢子菌	
降温期	担子菌	真菌
	子囊菌	
	芽孢杆菌	细菌
	假单胞菌	

堆肥初期，堆层呈中温，故称中温阶段。此时，嗜温性微生物活跃，主要增殖的微生物为细菌、真菌和放线菌。堆层温度上升到 45℃以上，进入高温阶段，此时，嗜温性微生物受到抑制，甚至死亡，而嗜热性微生物逐渐替代嗜温性微生物的活动。在 50℃左右活动的主要是嗜热性真菌和放线菌；60℃时，仅有嗜热性放线菌与细菌活动；70℃以上，微生物大量死亡进入休眠状态，进入降温阶段。主要是在内源呼吸期，微生物活性下降，发热量减少，温度下降，嗜温性微生物再占优势，使残留难降解的有机物进一步分解，腐殖质不断增多且趋于稳定，堆肥进入腐熟阶段。

堆肥方式不同，堆肥中的优势微生物种类也不同，见表 3-6。

表 3-6 不同堆肥方式中的菌落情况

堆肥方式	初期优势菌	中期优势菌	后期优势菌
条垛式	蛭弧菌、梭菌、芽孢杆菌属	β-变形菌、硝化细菌、梭状芽孢杆菌	β-变形菌、梭状芽孢杆菌、类芽孢杆菌
槽式	海洋底泥嗜冷菌、腐生螺旋体属、丝孢菌属	类链球菌、柱顶孢霉	类链球菌

由于微生物在堆肥过程中的角色非常重要，所以，在工程实践中，也有添加微生物菌剂的实例。通过添加微生物菌剂，提高优势菌群数量，提升有机质降解率，缩短熟化周期，提升系统效率。

2. 厌氧堆肥微生物

厌氧堆肥中复杂有机物降解的步骤包括水解、酸化、产乙酸和产甲烷 4 个步骤，参与反应的微生物有水解菌、酸化菌、产乙酸菌、氢甲烷菌和乙酸甲烷菌等几个主要类群。

据研究，在厌氧堆肥中，厌氧菌将污泥中的氮转化成植物可吸收的氨氮，所以可以用厌氧堆肥过程中污泥中氨氮的变化来衡量厌氧堆肥的效果，如图 3-7 所示。

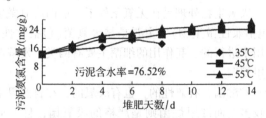

图 3-7 厌氧堆肥中不同堆肥时间污泥中氨氮的变化

此外，实验表明，污泥厌氧堆肥的最佳温度为 55℃，污泥含水率为 80%左右，堆肥时间在 6d 左右。

三、活性污泥微生物

(一)活性污泥法中有机物的去除

流入曝气池的有机物主要由好氧细菌和兼氧细菌分解去除。分解去除的机制是细菌类通过利用分子态溶解氧呼吸，将一部分有机物氧化分解为无机的二氧化碳和水，其余大部分有机物用于合成细胞。呼吸获得的大量能量被细菌类生命活动及细胞合成所消耗。

流入曝气池的有机物、细菌和溶解氧的量处于良好的平衡状态时，有机物几乎被分解去除。平衡状态恶化，流入的有机物量比细菌所需要的多时，即使有足够的溶解氧存在，有机物也来不及分解去除，随处理水流出。此时细菌在不断增加，絮体没有絮凝性，因而在沉淀池中无法进行固液分离。若恶化继续，连细菌数量也变得难以维持。相反，有机物量比细菌所需要的少，单位数量细菌得到的能量少，细胞合成量减少。因此，曝气池的污泥停留时间延长，絮体失去絮凝性，成分散状态随处理水流出。即使有机物量比细菌所需要的少，若溶解氧量成了制约因素，溶解氧量少，分解速度慢，因而有机物量接近过多状态。

捕食游离细菌生活的是原生动物和微型后生动物等小动物。原生动物、微型动物不直接分解流入的有机物，而捕食活性污泥中的不凝性细菌，有些种类可起到提高处理水透明度的作用。

(二)细菌去除有机物的机理

好氧菌去除有机物的机理为：有机物先被吸附到细菌的表面，其中中、低分子的有机物直接被摄入到菌体内，而高分子有机物则由胞外酶将其小分子化后摄入到菌体内。摄入的一部分有机物利用分子态溶解氧，通过好氧呼吸分解成二氧化碳和水。有机物是碳水化合物时的反应式为

$$C_xH_yO_z + (x + \frac{y}{4} - \frac{z}{2})O_2 \longrightarrow xCO_2 + \frac{y}{2}H_2O - \Delta H$$

这个反应中产生的能量用作细菌类生命活动和细胞合成所需的能量。摄入菌体内后呼吸代谢未消耗的剩余有机物用于合成新细胞。其反应式为

$$n(C_xH_yO_z) + nNH_3 + n(x + \frac{y}{4} - \frac{z}{2} - 5)O_2 \longrightarrow$$
$$(C_5H_7NO_2)_n + n(x-5)CO_2 + (y-4)H_2O + \Delta H$$

式中：$C_5H_7NO_2$——好氧细菌类的定性式子。

上述 2 个反应式表示流入的有机物全部被分解去除。

增殖的细菌类若因老化，细胞内能量贮存物质不足，则被细胞内的各种水解酶自氧化。反应式为

$$(C_5H_7NO_2)_n + 5nO_2 \rightarrow 5nCO_2 + 2nH_2O + nNH_3 - \Delta H$$

上述 3 个反应式是曝气池中通常发生的有机物去除机制。

(三)絮体状态与生物相的变迁

污水空曝(不投加生物，只通入空气)得到的生物种群的变迁，即摄取有机物增殖的细菌类随时间的变化，以及随有机物量与生物量之比(F/M)的改变而变化。原生动物和微型动物出现的先后顺序是生物相诊断的基础。

污水空曝时，活性污泥中显示出直接捕食流入基质的细菌类，之后出现原生动物捕食细菌类，形成微型后生动物捕食原生动物和细菌类的食物链。

(四)活性污泥法指示生物的划分

1. 有机负荷状态下的划分

活性污泥法是将流入的有机物通过曝气转换成生物(絮体)，再分离成处理水和固体的技术。维持固液分离性能良好的絮体状态是运行管理的重要内容。最好通过观察絮体的状态就能判断曝气池的状况，但实际上相当困难。取而代之，将有机负荷状态分为 5 个群，通过观察不是细菌类原生动物和微型后生动物的变迁来判断絮体的指示生物。曝气池有机负荷状态分为以下 5 个群。

(1) I 群：负荷非常高状态下出现的生物。

与有机物量相比，细菌量非常少，絮体处于不凝性状态。细菌类不断增殖，游离细菌多，因此，出现很多有利于捕食不凝性细菌的小型鞭毛虫类。

(2) II 群：高负荷状态下出现的生物。

与 I 群相比有机物的分解在进行，细菌量在增加，絮体正在不断形成，但处理水中还残留未分解有机物的状态。细菌类的增殖还很活跃，游离细菌多。因此，出现很多虫体胞口相对小、全身被纤毛覆盖的椭圆形和蚕豆形游泳型纤毛虫类。

(3) III 群：负荷从高或低的状态趋向良好状态时出现的生物。

有机物进一步被氧化，处理水中已无未分解有机物。絮体的絮凝性良好，但周围还存在不凝性游离细菌，因而出现许多或在絮体周围游泳或钻入絮体内部捕食不凝性游离细菌的生物。这类生物与虫体相比，在 III 群中胞口所占比例比 II 群大。

(4) IV 群：处理良好状态下出现的生物。

细菌量、有机物量和溶解氧三者处于良好的平衡状态，絮凝性好、粒径大的絮体多起来。絮体的絮凝性变好，粒径变大，就出现了许多固定在絮体上、靠搅动水流捕食水中细菌类的缘毛目(钟虫属)生物，

以及前端有圆形黏性吸管、捕捉游泳小虫、吮吸虫体原生质的吸管虫目生物。

（5）Ⅴ群：负荷低或污泥停留时间长状态下出现的生物。

相对细菌类，有机物量一直处于缺少的状态。絮体多种多样，有的呈团块状，有的分散带有解体气味，也有的仍处于良好状态。因为污泥停留时间长，出现许多长度接近 $1000\mu m$（$1mm$）的大型游泳型生物、微型生物、身体周围有硬壳的变形虫，以及有粗鞭毛、轮廓清晰的植物性鞭毛虫类等。

2. 无法根据有机负荷状态判断异常的生物相划分

将活性污泥法中无法依据有机负荷情况判断异常的生物相归纳为 4 类。

（1）A类：溶解氧不足状态下出现的生物。

（2）B类：存在死水区状态下出现的生物。

（3）C类：引起污泥膨胀的丝状细菌。

（4）D类：引起泡沫的生物。

例如，负荷低、污泥停留时间长的情况下能观察到Ⅴ群生物。负荷降低，空气量运行减少，曝气池的活性污泥混合不均匀，池底会出现氧气不足，这时可同时观察到Ⅴ群的生物和溶解氧不足的生物，测定出现的指示生物数量后按群和组统计，最适应环境现状生物个体数最多。根据Ⅰ~Ⅴ群和 4 类生物数量的统计结果，就能掌握曝气池的大致状态。指示生物中也有运动少、识别困难的种类，因此，显微镜观察要反复多次。

3. 其他污水处理方式中的生物相

曝气池状态的分组和指示生物是基于悬浮活性污泥法确定的，但污水和生活污水即使使用其他处理方式，曝气池状态与指示生物的相关性基本相同。在生物膜法中，微生物固定在载体上，若生物膜表面存在许多良好状态下出现的生物，说明处理效果良好，但往往也能观察到污泥停留时间长、存在死水区域、溶解氧不足等状态下出现的生物。但若生物膜表面存在许多良好状态下出现的生物，多数情况下处理是没有问题的。在同一个池内进行固液分离和氧化处理的间歇式活性污泥法中，也往往能观察到絮体内溶解氧不足状态下出现的螺旋体和贝氏硫细菌，但处理状况用活性污泥法基本相同的指标也能诊断。活性污泥法以外的处理方式，结合处理方式的特点做些说明是必要的，但基本的指示生物仍可作为参考。工业废水处理时，由于进水的生物分解难易程度，氮、磷、微量金属等营养盐的平衡状态，与生活污水不同，出现的生物种类有差别，有些设施根据原生动物和微型后生动物进行生物相诊断会有困难。不过通过不断观察，往往也能掌握这些设施的生物相特点。

（五）生物相诊断的意义

生物相种类、数量、活性是污水处理效果的重要指标。生产运行中可依据生物相快速、准确判断生物处理系统的发展趋势，继而采取针对措施及时调整工艺，以保证污水处理系统时刻在合理、高效状态下运行。

微生物是包括细菌、病毒、真菌以及一些小型的原生动物、藻类等在内的一大类生物群体，它们个体微小，与人类关系密切，涵盖了有益和有害的众多种类，广泛涉及食品、医药、工业、农业、环保、体育等诸多领域。

微生物相即微生物种类，一般泥样中可能出现的微生物有轮虫、钟虫、楯纤虫、肾形虫、吸管虫、漫游虫、线虫、游仆虫、变形虫、游离细菌等；有时还有水蚤等体形较大的动物。根据微生物相，可大致判断泥龄及生物处理系统处理程度。判断种类后，还应分辨和记录该种微生物所属的种类（比如，钟虫，包括小口钟虫、八钟虫等几种类别，记录时应记录具体种类）。微生物形态、特点及相应指示意义见表3-7。

曝气池生物相诊断是根据出现的生物种类和数量来判断曝气池状态的一种技术。污水处理厂中存在的生物是通过雨水等各种途径混入下水道，最终汇集到污水处理厂的。微生物只有适应环境的种类才能生存，因此，混入进来的生物中适应曝气池环境的微生物种类才能繁殖，环境发生变化，能够生存的微生物也会变化。若预先找到了增殖微生物（指示生物）种类与适应环境之间的基本规律，那么观察出现微生物的种类和数量（生物相），就能判断曝气池的状态。

通常的水质分析数值在连续处理过程中只能表示取样点的状态。为取得有代表性的平均值可进行多点采样，但仍有局限性。例如，假定有少量有毒物质混入了污水处理厂，除非毒物混入时间与取样时间重叠，否则难以掌握是否有毒物混入。而用生物相诊断只要曝气池的生物受到毒物影响，毒物混入后就能推测出来。生物相诊断即使出现的生物种类发生了变化，只要它的尸体和痕迹还在，过去的状态大致也能判断出来。同时，掌握初始增殖生物就能预测继续保持相同条件的未来。进行水质管理时，将日常检测项目、水质试验和活性污泥法试验的结果与生物相诊断结合起来判断十分重要。

表 3-7 微生物形态、特点及相应指示意义

类型	名称	形态	形态特点	指示意义
非活性污泥原生动物	鞭毛虫		具有 1~8 条或更多的鞭毛作为运动器官，以鞭毛游离端的圆圈状振动而运动	以游离细菌为食，适合在中污带和多污带生存，多出现在高负荷、污泥解体水质恶化之时
	变形虫		体形不固定，高倍显微镜可见伪足和收缩泡，以其体形可变为主要特征，整体透明，移动速度慢	变形虫食性广，单细胞藻类、细菌、小型原生动物、真菌、有机碎片皆是其食物。在低负荷、污泥解体正在进行时大多能观察到
	草履虫		体形较大，呈圆筒形，后半中间最宽阔，前半部腹面有一下凹的口沟，中沟底部有一椭圆形的胞口，身体布满纤毛	主要以细菌为食，最适宜的生存环境是中污性和多污性环境。大量出现在几乎检测不到溶解氧的环境中，活性污泥净化程度较差时出现
	肾形虫		身体呈肾形，右缘是个身体半圆形的弯曲，后端比较圆，饥饿时比较细，口位于身体中间偏前的左缘中部，口前庭成一个较浅的洼窝，在口周围纤毛均匀	主要以细菌为食，最常出现在 BOD 负荷在 0.5kg 左右的高负荷状态下
	尾丝虫		身体呈圆形，长度和宽度比例约为 2:1，通常前半部分较后半部分窄；前端平截而常有少许下陷，后端宽阔较浑圆；外部表膜具有纵长的条纹，在后端有一根长长的尾毛	以细菌为主要食物，属于中污性种类，在活性污泥中经常出在高负荷、溶解氧低的状态下，一般处理水的 BOD 负荷较高
	表壳虫		壳的背腹面呈圆形，似表盖，侧面看则腹部扁平，整个壳呈半圆形。壳通常呈褐色也有黄色，有指状伪足，从壳体伸出，数目不会超过 6 个	以鞭毛虫和藻类为主要食物，寡污性水体是其最佳的生存环境，经常出现在活性污泥低 BOD 负荷、污泥龄过长的情况下，同时也是硝化反应出现的标志
	漫游虫		身体细长的片状或柳叶刀状，最宽处位于中部，从中部向前后两端瘦削；颈部相当长，胞口在颈部的腹面；纤毛分布在身体单侧	是一种肉食性的毛虫，以鞭毛虫和其他小型纤毛虫为食，在自然界最适合是中污性和多污性水体，经常出现在活性污泥系统恢复期间
	管叶虫		身体纵长，长度约为宽度的 4 倍，呈矛头状或形似针叶片，高度扁平，柔韧易变，经常做滑翔式的游泳，1/3 的前部突出地变细形成一"颈部"，后端少许稍细而浑圆，纤毛分布全身，内质含有不少粒体	以细菌为主要食物，亦捕食小型原生动物，主要出在活性污泥处于最佳状态，是判断活性污泥从坏转好或是转向恶化的要参考
	裂口虫		体形偏扁，呈烧瓶状，前端有一微向侧弯的长颈，胞口在颈部的腹缘，裂缝状，全身纤毛分布均匀，沿裂口状的胞口处有较长的纤毛	以固着型纤毛虫为食物的肉食性原动物，经常出现在水质 BOD 较低的时候，是判断水质是否良好的指示性生物体

（续）

类 型	名 称	形 态	形态特点	指示意义
非活性污泥原生动物	斜管虫		身体较透明，呈不规则的椭圆形，后半部分比前半部分要宽；背面或多或少凸出，胞口圆形位于腹面靠近前端，伸缩泡比较多，不规则地分布在身体周围	以藻类和细菌为食，环境适应能力较强，主要出现在活性污泥由恶化状态到恢复期间
	吸管虫		幼体有纤毛，成体无纤毛，有柄，其身体扁平，接近三角形或圆形，在前端形成吸管	属于肉食性原生动物，出现时 BOD 多半比较低或污泥趋向解体前后，亦是硝化作用出现的指示
活性污泥类原生动物	钟虫		虫体形似倒吊钟形或椭圆形，靠尾柄部分收缩虫体，尾内有肌丝，无分支，单独固定在絮体上	以细菌为食，有时亦兼食单细胞藻类，大量出现在水质良好的时候，处理水 BOD 在 15mg/L 以下
	累枝虫		呈半圆状的群体，尾柄中无肌丝，每个虫体收缩的时候，虫体的后部呈褶皱状，虫体收缩时由于尾柄上没有肌丝面不会收缩	以细菌为食，有时亦兼食单细胞藻类，大量出现在水质良好的时候，处理水 BOD 在 16mg/L 以下
	独缩虫		具有分支尾柄相连的群体，尾柄中有互不相连的肌丝，即使一个细胞受到刺激，其他细胞也不收缩	以细菌为食，有时亦兼食单细胞藻类，大量出现在水质良好的时候，处理水 BOD 在 17mg/L 以下
	盖纤虫		形成由分支尾柄相连的群体，尾柄中无肌丝，与累枝虫相同，不同的是胞口的小口圆盘从口围部开始斜向突出，尾柄细	以细菌为食，常出现在 0.2~0.4kg BOD/(kg MLSS·d)负荷，处理水质良好下出现

（续）

类型	名称	形态	形态特点	指示意义
活性污泥类原生动物	楯纤虫		呈卵圆形，腹面扁平，背面有隆起，表膜坚硬而无屈伸性。在虫体腹面布满刚毛，围绕絮体旋转，用腹面刚毛扒取絮体周边的细菌捕食	常出现在污泥状态良好至污泥解体期，对化学物质较为敏感，可作为有毒物质判断标准
	游仆虫		呈扁平的长椭圆形或卵圆形，腹面平坦而背面隆起，有从前端开始达到体长1/3宽的口围部，虫体前后有多根刚毛，与楯纤虫一样，用前部刚毛掐碎絮体捕食	经常出现在 BOD 负荷较低的时候，在污泥停留时间长或解体已发生时大多能观察到
	鳞壳虫		呈卵圆形，具有透明有规则的硅酸质鳞片或小板块构成的壳	经常出现在 BOD 负荷较低、溶解氧浓度高的状态下，污泥解体时大量产生
	轮虫		轮虫与单细胞原生动物不同，属于多细胞小动物。可依据特有3根趾、吻状突起上有眼点来识别轮虫	是寡污带和污水处理效果较好指示生物，从有机负荷低，污泥解体开始之后都能观察到。故其大量出现时应注意污泥是否老化
	线虫		像蚯蚓那样做拱曲运动，体细长，周身不具纤毛	线虫有好氧型与厌氧型，出现环境与负荷无关，曝气池中有大量污泥堆积时出现

注：图片引自《污水处理的生物相诊断》，（日）株式会社西原环境著，赵庆祥、长英夫译。

第四章
样品采集

第一节　水样采集

一、水样分类

(一)综合水样

把从不同采样点同时采集的各个瞬时水样混合起来所得到的样品称作综合水样。综合水样在各点的采样时间虽然不能同步进行，但越接近越好，以便得到可以对比的资料。

综合水样是获得平均浓度的重要方式，有时需要把代表断面上的各点，或几个污水排放口的污水按相对比例流量混合，取其平均浓度。

什么情况下采综合水样，视水体的具体情况和采样目的而定。例如，为几条排污河建设综合处理厂，从各河道取单水样分析就不如综合水样更为科学合理，因为各股污水的相互反应可能对设施的处理性能及其成分产生显著的影响。不可能对相互作用进行数学预测，取综合水样可能提供更加有用的资料。相反，有些情况取单样就合理，如湖泊和水库在深度和水平方向常常出现组分上的变化；而此时，大多数的平均值或总值的变化不显著，局部变化明显。在这种情况下，综合水样就失去意义。

(二)瞬时水样

对于组成较稳定的水体，或水体的组成在相当长的时间和相当大的空间范围变化不大，采瞬时样品具有很好的代表性。当水体的组成随时间发生变化，则要在适当时间间隔内进行瞬时采样，分别进行分析，测出水质的变化程度、频率和周期。当水体的组成发生空间变化时，就要在各个相应的部位采样。

(三)混合水样

在大多数情况下，混合水样是指在同一采样点上于不同时间所采集的瞬时水样的混合样，有时用"时间混合样"的名称与其他混合样相区别。

时间混合样在观察平均浓度时非常有用。当不需要测定每个水样而只需要平均值时，混合水样能节省检测分析工作量和试剂等的消耗。混合水样不适用于测试成分在水样贮存过程中发生明显变化的水样，如挥发酚、油类、硫化物等。

如果污染物在水中的分布随时间而变化，必须采集"流量比例混合样"，即按一定的流量采集适当比例的水样(如每10t采样100mL)混合而成。往往使用流量比例采样器完成水样的采集。

(四)平均污水样

对于排放污水的企业而言，生产的周期性影响着排污的规律性。为了得到具有代表性的污水样(往往要求得到平均浓度)，应根据排污情况进行周期性采样。不同的工厂、车间生产周期时间长短不同，排污的周期性差别也很大。一般来说，应在一个或几个生产或排放周期内，按一定的时间间隔分别采样。对于性质稳定的污染物，可对分别采集的样品进行混合后一次测定；对于不稳定的污染物可在分别采样、分别测定后取平均值作为代表。

生产的周期性也影响污水的排放量，在排放流量不稳定的情况下，可将一个排污口不同时间流出的污水样，依照流量的大小按比例混合，可得到称为平均比例混合样的污水样，这是获得平均浓度最常采用的方法。有时需将几个排污口的水样按比例混合，用以代表瞬时综合排污浓度。

(五)其他水样

为监测洪水期或退水期的水质变化、调查水污染事故的影响，等等，都须采集相应的水样。采集这类水样时，须根据污染物进入水系的位置和扩散方向布点并采样，一般采集瞬时水样。

二、污水监测点位的布设原则

（一）第一类污染物采样点位布设

第一类污染物是指能在环境或动植物体内蓄积对人体健康产生长远不良影响的污染物。第一类污染物应测定的项目共有13种，包括总汞、烷基汞、总镉、总铬、六价铬、总砷、总铅、总镍、苯并[a]芘、总铍、总银、总 α 放射性、总 β 放射性。这些污染物都是危害严重的物质，难以生物降解，在环境中容易造成很大的破坏，因此必须严格控制。第一类污染物采样点位一律设在车间或车间处理设施的排放口或专门处理此类污染物设施的排放口。

（二）第二类污染物采样点位布设

第二类污染物是指长远影响小于第一类污染物质，在排污单位排出口取样，最高容许排放浓度必须符合《污水综合排放标准》（GB 9078—1996）中列出的"第二类污染物最高允许排放浓度"规定的污染物。第二类污染物应测定的项目包括pH、色度、悬浮物、COD、石油类、挥发酚、总氰化物、硫化物、氨氮等。第二类污染物采样点位一律设在排污单位的外排口。

（三）其他采样点位布设

进入集中污水处理厂和进入城市污水管网的污水应根据地方环境保护行政主管部门的要求确定布设点位。

污水处理设施的效率监测的采样点的布设：

（1）对整体污水处理设施的效率进行监测时，在各种进入污水处理设施污水的入口和污水设施的总排口设置采样点。

（2）对各污水处理单元的效率进行监测时，在各种进入处理设施单元污水的入口和设施单元的排放口设置采样点。

三、污水采样频次

（1）排污单位的排污许可证、相关污染物排放（控制）标准、环境影响评价文件及其审批意见、其他相关环境管理规定等对采样频次有规定的，按规定执行。

（2）如未明确采样频次的，按照生产周期确定采样频次。生产周期在8h以内的，采样时间间隔应不小于2h；生产周期大于8h，采样时间间隔应不小于4h；每个生产周期内采样频次应不少于3次。如无明显生产周期，稳定、连续生产，采样时间间隔应不小于4h，每个生产日内采样次数应不少于3次。排污单位间歇排放或排放污水的流量、浓度、污染物种类有明显变化的，应在排放周期内增加采样频次。雨水排放口有明显水流流动时，可采集1个或多个瞬时水样。

（3）为确认自行监测的采样频次，排污单位也可在正常生产条件下的1个生产周期内进行加密监测：周期在8h以内的，每1h采1次样；周期大于8h的，每2h采1次样；但每个生产周期采样次数不少于3次；采样的同时还应测定流量。

四、污水采样方法

（一）采样项目及要求

在分时间单元采集样品时，测定pH、COD、BOD$_5$、溶解氧（DO）、硫化物、油类、有机物、余氯、粪大肠菌群、悬浮物、放射性等项目的样品，不能混合，只能单独采样。

对不同的监测项目应选用适用的容器材质、应加入的保存剂及其用量与保存期、应采集的水样体积和容器等，具体见表4-1。

表4-1　水样的保存及采样体积

项　目	采样容器	采集或保存方法	保存期限	建议采样量[1]/mL	备　注
pH	P 或 G[2]		12h	250	
色度	P 或 G		12h	1000	
悬浮物	P 或 G	冷藏[3]，避光	14d	500	
五日生化需氧量（BOD$_5$）	溶解氧瓶	冷藏，避光	12h	250	
	P	于−20℃冷冻	30d	1000	
COD	G	加硫酸，pH≤2	2d	500	
	P	于−20℃冷冻	30d	100	

(续)

项　目	采样容器	采集或保存方法	保存期限	建议采样量[①]/mL	备　注
氨氮	P 或 G	加硫酸，pH≤2	24h	250	
	P 或 G	加硫酸，pH≤2，冷藏	7d	250	
总氮	P 或 G	加硫酸，pH≤2	7d	250	
	P	于−20℃冷冻	30d	500	
总磷	P 或 G	加盐酸或硫酸，pH≤2	24h	250	
	P	于−20℃冷冻	30d	250	
石油类和动植物油类	G	加盐酸，pH≤2	7d	500	
挥发酚	G	加磷酸，pH 约为 2，用 0.01~0.02g 抗坏血酸除去残余氯	24h	1000	
总有机碳	G	加硫酸，pH≤2	7d	250	
阴离子表面活性剂	P 或 G	冷藏	24h	250	
	G	加入体积分数为 1%的甲醛，冷藏	4d	250	
可吸附有机卤素	G	水样充满采样瓶，加硝酸至 pH 为 1~2，冷藏，避光	5d	1000	
急性毒性	G(带聚四氟乙烯衬垫瓶盖)	水样充满采样瓶，然后密封瓶口，冷藏	24h		
氟化物	P	冷藏，避光	14d	250	
氯化物	P 或 G	冷藏，避光	30d	250	
余氯	P 或 G	避光	5min	500	最好在采集后 5min 内现场分析
二氧化氯	P 或 G	避光	5min	500	最好在采集后 5min 内现场分析
溴化物	P 或 G	冷藏，避光	14h	250	
碘化物	P 或 G	加氢氧化钠，pH 约为 12	14h	250	
单质磷	P 或 G	pH 为 6~7	48h		
磷酸盐	P 或 G	加氢氧化钠、硫酸调 pH 约为 7，加入 0.5%氯仿	7d	250	
硫化物	P 或 G	水样充满容器。1L 水样加氢氧化钠调至 pH 约为 9，加入 5mL 5%的抗坏血酸以及 3mL 饱和乙二胺四乙酸(EDTA)，滴加饱和乙酸锌直至胶体产生，常温避光	24h	250	
硫酸盐	P 或 G	冷藏，避光	30d	250	
硫氰酸盐	G	1L 水样中加入 2.5g 亚硫酸钠，在不断摇动下加 100g/L 氢氧化钠溶液调至 pH≥12，冷藏	24h		
硝酸盐氮	P 或 G	冷藏，避光	24h	250	
	P 或 G	加盐酸调 pH 为 1~2	7d	250	
	P	于−20℃冷冻	30d	250	
亚硝酸盐氮	P 或 G	冷藏"，避光	24h	250	
氰化物	P 或 G	加氢氧化钠调 pH≥9，冷藏	7d	250	如果硫化物存在，保存 12h
汞	P 或 G	加 1%的盐酸，如水样为中性，1L 水样中加 10mL 浓盐酸	14d	250	
铬	P 或 G	加硝酸，1L 水样中加 10mL 浓硝酸	30d	100	

（续）

项　目	采样容器	采集或保存方法	保存期限	建议采样量[①]/mL	备　注
六价铬	P 或 G	加氢氧化钠调 pH 为 8~9	14d	250	
银	P 或 G	加硝酸，1L 水样中加 10mL 浓硝酸	14d	250	
铍	P 或 G	加硝酸，1L 水样中加 10mL 浓硝酸	14d	250	
钠	P	加硝酸，1L 水样中加 10mL 浓硝酸	14d	250	
镁	P 或 G	加硝酸，1L 水样中加 10mL 浓硝酸	14d	250	
钾	P	加硝酸，1L 水样中加 10mL 浓硝酸	14d	250	
钙	P 或 G	加硝酸，1L 水样中加 10mL 浓硝酸	14d	250	
锰	P 或 G	加硝酸，1L 水样中加 10mL 浓硝酸	14d	250	
铁	P 或 G	加硝酸，1L 水样中加 10mL 浓硝酸	14d	250	
镍	P 或 G	加硝酸，1L 水样中加 10mL 浓硝酸	14d	250	
铜	P	加硝酸，1L 水样中加 10mL 浓硝酸；如用溶出伏安法测定，可改用 1L 水样中加 19mL 浓高氯酸	14d	250	
锌	P	加硝酸，1L 水样中加 10mL 浓硝酸；如用溶出伏安法测定，可改用 1L 水样中加 19mL 浓高氯酸	14d	250	
砷	P 或 G	加硝酸，1L 水样中加 10mL 浓硝酸；如用二乙基二硫代氨基甲酸银法（Ag-DDTC 法），加 2mL 盐酸；如用原子荧光法测定，1L 水样中加 10mL 浓盐酸	14d	250	
镉	P 或 G	加硝酸，1L 水样中加 10mL 浓硝酸；如用溶出伏安法测定，可改用 1L 水样中加 19mL 浓高氯酸	14d	250	
锑	P 或 G	加盐酸；如用原子荧光法测定，1L 水样中加 10mL 浓盐酸	14d	250	
铅	P 或 G	加 1% 的硝酸；如水样为中性，1L 水样中加浓硝酸 10mL；如用溶出伏安法测定，可改用 1L 水样中加 19mL 浓高氯酸	14 d	250	
硼	P	加硝酸，1L 水样中加 10mL 浓硝酸	14d	250	
硒	P 或 G	加盐酸，1L 水样中加 2mL 浓盐酸；如用原子荧光法测定，1L 水样中加 10mL 浓盐酸	14d	250	
锂、钒	P	加硝酸调 pH 为 1~2	30d	100	
钴、铝	P 或 G	加硝酸调 pH 为 1~2	30d	100	
铊	P 或 G	加硝酸，1L 水样中加 10mL 浓硝酸	14d	1000	
钼	P 或 G	加硝酸调 pH 为 1~2	14d		
烷基汞	P	如在数小时内样品不能分析，应在样品瓶中预先加入硫酸铜，加入量为每升 1g，冷藏		2500	
农药类	G	加入 0.01~0.02g 抗坏血酸除去残余氯，冷藏，避光	25h	1000	
杀虫剂（包含有机氯、有机磷、有机氮）	G（带聚四氟乙烯瓶盖）或 P（适用草甘膦）	冷藏	24h（萃取）；5d（测定）	1000~3000	
氨基甲酸酯类杀虫剂	G	冷藏	14d	1000	如水样中有余氯，每 1L 样品中加入 80mg 五水硫代硫酸钠
除草剂类	G	加入 0.01~0.02g 抗坏血酸除去残余氯，冷藏，避光	24h	1000	

（续）

项 目	采样容器	采集或保存方法	保存期限	建议采样量[①]/mL	备 注
挥发性有机物	G	用1+10盐酸溶液调至 pH 约为2，加入 0.01~0.02g 抗坏血酸除去残余氯，冷藏，避光	12h	1000	
挥发性卤代烃	G(棕色，带聚四氟乙烯瓶盖)	如果水样含有余氯，向采样瓶中加入 0.3~0.5g 抗坏血酸或五水硫代硫酸钠；采样时样品沿瓶壁注入，防止气泡产生，水样充满后不留液上空间，冷藏	7d	40	所有样品均采集平行样
甲醛	G	加入 0.2~0.5g 五水硫代硫酸钠除去残余氯，冷藏，避光	24h	250	
三氯乙醛	G	中性条件下冷藏	24h	250	
丙烯醛	G(棕色，带聚四氟乙烯衬垫瓶盖)	采样前须加入 0.3g 抗坏血酸于样品瓶中；采集样品时，应使水样在样品瓶中溢流而不留气泡，再加入数滴 1+9(体积比)磷酸溶液固定，使样品的 pH 为 4~5，冷藏，避光	5d	40	
三乙胺	G		24h		
丙烯酰胺	G(棕色，带聚四氟乙烯衬垫瓶盖)	冷藏，避光	7d(萃取)；30d(测定)	250	
酚类	G	加磷酸调 pH 约为2，用 0.01~0.02g 抗坏血酸除去残余氯，冷藏，避光	24h	1000	
邻苯二甲酸酯类	G	加入 0.01~0.02g 抗坏血酸除去残余氯，冷藏，避光	24h	1000	
肼	G	加盐酸调至 pH 约为1，避光	24h	500	
苯系物	G	水样充满容器，并加盖瓶塞，冷藏	14d		
氯苯	G	水样充满容器，并加盖瓶塞，不得有气泡，冷藏	7d	1000	
多氯联苯	G(带聚四氟乙烯瓶盖)	冷藏	7d	1000	如水样中有余氯，每 1L 样品中加入 80mg 五水硫代硫酸钠
多环芳烃	G(带聚四氟乙烯瓶盖)	冷藏	7d	500	如水样中有余氯，每 1L 样品中加入 80mg 五水硫代硫酸钠
二噁英类	对二噁英类无吸附作用的不锈钢或玻璃材质可密封器具	于 4~10℃的暗冷处，密封遮光			尽快分析测定
吡啶	G	水样充满容器，赶出气泡，塞紧瓶塞(瓶塞不能使用橡皮塞或木塞)，冷藏	48h		
彩色显影剂总量	G(棕色)	水样充满容器，避免光、热和剧烈振动；按 1L 样品中加入 0.1g 亚硫酸钠的比例加入保护剂，冷藏	48h		
显影剂及其氧化物总量	G(棕色)或 P	避免光、热和剧烈振动；按 1L 样品中加入 0.1g 亚硫酸钠的比例加入保护剂，冷藏	48h		

（续）

项　目	采样容器	采集或保存方法	保存期限	建议采样量[①]/mL	备　注
总大肠菌群和粪大肠菌群、细菌总数、粪链球菌、沙门氏菌、志贺氏菌等	G(灭菌)或无菌袋	与其他项目一同采样时，先单独采集微生物样品，不预洗采样瓶，冷藏，避光，样品采集至采样瓶体积的80%左右，冷藏	6h	250	如水样中有余氯，每1L样品中加入80mg五水硫代硫酸钠
蛔虫卵	P	常温下运回实验室，立即进行过滤和沉淀		10000	
总α放射性、总β放射性	P	加硝酸，1L水样中加10mL浓硝酸	30d	2000	如果样品已蒸发，不酸化
铀	P		30d	2000	

注：①每个监测项目的建议采样量应保证满足分析所需的最小采样量，同时考虑重复分析和质量控制等的需要。

②采样容器中，P代表聚乙烯瓶等材质塑料容器，G代表硬质玻璃容器，下同。

③采集或保存方法中，冷藏温度范围为0~5℃，下同。

(二) 自动采样

自动采样用自动采样器进行，有时间等比例采样和流量等比例采样两种方法。当污水排放量较稳定时可采用时间等比例采样方法，否则必须采用流量等比例采样方法。

所用的自动采样器必须符合国家环境保护总局于2007年颁布的《水质自动采样器 技术要求及采样及检测方法》(HJ/T 372—2007)。

(三) 采样位置设置

实际的采样位置应在采样断面的中心。当水深大于1m时，应在表层下1/4深度处采样；如果水深小于或等于1m时，在水深的1/2处采样。

(四) 采样注意事项

(1) 用样品容器直接采样时，必须用水样冲洗1次后再进行采样。但当水面有浮油时，采油的容器不能冲洗。

(2) 采样时应注意除去水面的杂物。

(3) 用于测定悬浮物、BOD_5、硫化物、油类、余氯的水样，必须单独定容采样。

(4) 在选用特殊的专用采样器(如油类采样器)时，应按照该采样器的使用方法采样。

(5) 采样时，应认真填写污水采样记录表，表中应包含以下内容：污染源名称、测定的项目、采样点位、采样时间、样品变化、污水性质、污水流量、采样人姓名及其他有关事项等。

(6) 凡需现场监测的项目，应进行现场监测。

五、微生物样品的采集

采集的样品应尽可能地代表所采的环境水体特征，应采取一切预防措施，尽力保证从采样到实验室分析这段时间间隔里样品不受污染，以及水样成分不发生任何变化。

(一) 采水容器

(1) 采样瓶的选择：通常采用以耐用玻璃制成的、带螺旋帽或磨口玻璃塞的500mL广口瓶，也可用适当大小、广口的聚乙烯塑料瓶或聚丙烯耐热塑料瓶。要求在灭菌和样品存放期间，该材料不应产生和释放抑制细菌生存或促进繁殖的化学物质。螺旋帽必须配以氯丁橡胶衬垫。

(2) 采样瓶的洗涤：一般可用加入洗涤剂的热水洗刷采样瓶，用清水冲洗干净，最后用蒸馏水冲洗1~2次。新的采样瓶必须彻底清洗，先用水和洗涤剂清洁尘埃和包装物质，再用铬酸和硫酸洗涤液洗涤，然后用稀硝酸溶液冲洗，以除去任何一种重金属或铬酸盐的残留物，最后用自来水冲洗干净，再用蒸馏水淋洗。对于聚乙烯容器，可先用浓度约1mol/L的盐酸溶液清洗，再用稀硝酸溶液浸泡，最后用蒸馏水冲洗干净。

(3) 采样瓶的灭菌：将洗涤干净的采样瓶盖好瓶塞(盖)，用牛皮纸等防潮纸将瓶塞、瓶顶和瓶颈处包裹好，置于干燥箱160~170℃干热灭菌2h，或用高压蒸汽灭菌器于121℃经15min灭菌。不能使用加热灭菌的塑料瓶则应浸泡在浓度为0.5%的过氧乙酸溶液中10min或用环氧乙烷气体进行低温灭菌。聚丙烯耐热塑料瓶，可用121℃高压蒸汽灭菌15min。灭菌后的采样瓶，两周内未使用，须重新灭菌。

(二) 干扰和消除

采集加氯处理的水样时，余氯的存在会影响待测水样在采集时所指示的真正细菌含量，因此水样须经去氯处理。可在洗涤干净的样品瓶内，于灭菌前在500mL采样瓶中加入0.3mL浓度为10%的硫代硫酸钠溶液。然后盖好瓶盖（塞），按上述采样瓶的灭菌方法进行灭菌。

重金属离子具有细胞毒性，能破坏微生物细胞内的酶活性，从而导致细胞死亡。当被测水样含有高浓度重金属时，则须在采样瓶内，于灭菌前加入螯合剂以降低金属毒性，采样点位置较远，须长距离运输的这类水样更要重视消除此项干扰。可在500mL采样瓶加入1mL浓度为15%的乙二胺四乙酸二钠盐（EDTA-2Na）溶液。

（三）采样步骤及注意事项

（1）已灭菌和封包好的采样瓶，无论在什么条件下采样时，均要小心开启包装纸和瓶盖，避免瓶盖及瓶子颈部受杂菌污染，并注意在使用船只或附带的采样缆绳等附加设备采样时可能造成的污染。

（2）采集江、河、湖、库等地表水样时，可握住瓶子下部直接将已灭菌的带塞采样瓶插入水中，距水面10~15cm处，拔玻塞，瓶口朝水流方向，使水样灌入瓶内然后盖上瓶塞，将采样瓶从水中取出。如果没有水流，可握住瓶子水平前推，直到充满水样为止。采好水样后，迅速盖上瓶盖，包上包装纸。

（3）采集一定深度的水样时，可使用单层采水器或深层采水器。采样时，将已灭菌的采样瓶放入采水器架内，当采水器下沉到预定深度时，扯动挂绳，打开瓶塞，待水灌满后，迅速提出水面，弃去上层水样，盖好瓶盖，并同步测定水深。

（4）从自来水龙头采集样品时，不要选用漏水的龙头，采水前可先将水龙头打开至最大，放水3~5min；然后将水龙头关闭，用酒精灯火焰灼烧约3min灭菌或用70%的酒精溶液消毒水龙头及采样瓶口；再打开龙头，开到最大，放水1min，以充分除去水管中的滞留杂质，采水时控制水流速度，小心地将样品接入瓶内。

（5）采样时，无须用水样冲洗采样瓶。采样后在瓶内要留足够的空间，一般采样量为采样瓶容量的80%左右，以便在实验室检查时，能充分振摇混合样品，获得具有代表性的样品。

（6）在同一采样点进行分层采样时，应自上而下进行，以免不同层次的搅扰；同一采样点与理化监测项目同时采样时，应先采集细菌学检验样品。

（7）在危险地点或恶劣气候条件下采样时，必须有防护措施，保证采样人员安全，并作好记录，以便对检验结果正确解释。

（8）采样完毕，应将采样瓶编号，做好采样记录。将采样日期、采样地点、采水深度、采样方法、样品编号、采样人及水温、气温情况等登记在记录卡上。

六、水样的保存与运输

（一）水样的保存

1. 导致水质变化的因素

各种水体，特别是地表水、污水和废水的水样，易受物理、化学或生物的作用，在采水至检验的时间间隔内会很快发生变化。

（1）生物因素：微生物的代谢活动，如细菌、藻类和其他生物的作用可改变许多被测物的化学形态，它们可影响许多待测定指标的浓度，主要反映在pH、溶解氧、BOD、二氧化碳、碱度、硬度、磷酸盐、硫酸盐、硝酸盐和某些有机化合物的浓度变化上。

（2）化学因素：测定组分可能被氧化或还原，如六价铬在酸性条件下易被还原为三价铬，低价铁可被氧化成高价铁。铁、锰等价态的改变，可导致某些沉淀与溶解、聚合物产生或解聚作用的发生，如多聚无机磷酸盐、聚硅酸等，这些均能导致测定结果与水样实际情况不符。

（3）物理因素：测定组分被吸附在容器壁上或悬浮颗粒物的表面上，如溶解的金属或胶状的金属被吸附导致测定结果产生偏差。某些有机化合物以及某些易挥发组分的挥发损失。

2. 水样的保存方法

（1）冷藏或冷冻

样品在4℃冷藏或将水样迅速冷冻贮存于暗处，可以抑制生物活动，减缓物理挥发作用和化学反应速度。冷藏是短期内保存样品的一种较好方法，对测定基本无影响。水样结冰后体积膨胀，会使玻璃容器破裂，或使样品瓶盖被顶开失去密封，易导致样品受污染。温度太高则达不到冷藏目的。

（2）加入化学保存剂

①控制溶液pH：测定含有金属离子的水样时，常用硝酸将水样酸化至pH为1~2，既可以防止重金属水解沉淀，又可以防止重金属在器壁表面上的吸附，同时在pH为1~2的酸性介质中还能抑制生物的活动。用此法保存，大多数金属可稳定数周或数月。测定含有氰化物的水样时，须加氢氧化钠将pH调至12。测定含有六价铬的水样时，应加氢氧化钠将pH调至8，因在酸性介质中，六价铬的氧化电位高，易被还原。保存含有总铬的水样时，则应加硝酸或硫酸将pH调至12。

②加入抑制剂：为了抑制生物作用，可在样品中加入抑制剂。如：在测氨氮、硝酸盐氮和COD的水样中，加氯化汞或三氯甲烷、甲苯作为防护剂以抑制

生物对亚硝酸盐、硝酸盐、铵盐的氧化还原作用；在测含有酚的水样中用磷酸调溶液的 pH，加入硫酸铜以控制苯酚分解菌的活动。

③加入氧化剂：水样中含有的少量汞易被还原，引起汞的挥发性损失。加入硝酸重铬酸钾溶液可使汞维持在高氧化态，使汞的稳定性大为改善。

④加入还原剂：测定含有硫化物的水样时，加入抗坏血酸对保存有利。含余氯的水样，能氧化氰离子，可使酚类、烃类、苯系物氧化生成相应的衍生物，为此在采样时加入适量的硫代硫酸钠予以还原，除去余氯干扰。样品保存剂如酸、碱或其他试剂在采样前应进行空白试验，其纯度和等级必须达到分析的要求。

3. 水样的保存条件

不同监测项目样品的保存条件见表 4-1，此表数据可作为水环境监测保存样品的一般条件。此外，由于地表水、废水样品的成分不同，同样的保存条件很难保证对不同类型样品中待测物都是可行的。因此，采样前应根据样品的性质、组成和环境条件，先检验保存方法或选用的保存剂的可靠性。经研究表明，污水或受纳污水的地表水在测定重金属铅、铬、铜、锌等时，往往需加入酸达到 1%，才能保证重金属不沉淀或不被容器壁吸附。

微生物样品采集后，应尽快送到实验室分析。一般从取样到检验不宜超过 2h，否则应使用 10℃ 以下的冷藏设备保存样品，但保存时间不得超过 6h。实验室接到送检样后，应将样品立即放入冰箱，并在 2h 内着手检验。如果因路途遥远，送检时间超过 6h，则应考虑现场检验或采用延迟培养法。

(二)水样的管理

样品是从各种水体及各类型水中提取的实物证据和资料，水样妥善而严格的管理是获得可靠监测数据的必要手段。对需要现场测试的项目如 pH、电导率、温度、溶解氧、流量等应及时进行现场记录，采样现场数据记录表如图 4-1 所示。

采样现场数据记录表

采样员：_____

采样地点	样品编号	采样时间			pH	温度/℃	其他参数	
		采样日期	采样开始时间	采样结束时间				

图 4-1 采样现场数据记录表样式

水样采集后，往往根据不同的分析要求，分装成数份，并分别加入保存剂。每份样品都应附一张完整的水样标签。水样标签的设计可以根据实际情况而定，一般包括：采样目的、采样点数目、位置、监测日期、采样时间、采样人员等。标签使用不褪色的墨水填写，并牢固地贴于盛装水样的容器外壁上。

(三)水样的运输和交接

水样采集后必须立即送回实验室，根据采样点的地理位置和每个项目分析前最长可保存的时间，选用适当的运输方式，在现场工作开始之前，就要安排好水样运输工作，以防延误。

同一采样点的样品应装在同一包装箱内，如需分装在两个或几个箱子中时，则应在每个箱内放入相同的现场采样记录。运输前，应检查现场采样记录上的所有水样是否全部装箱，要在包装箱顶部和侧面标"切勿倒置"的红色标记。

每个水样均须贴上标签，内容包括采样点位编号、采样日期和时间、测定项目、保存方法，并写明用何种保存剂。

在样品运输过程中，押运人员应防止样品损坏或受污。移交实验室时，交接双方应一一核对样品，办妥交接手续，并签字确认。

污水样品的组成往往相当复杂，其稳定性通常比地表水样更差，应设法尽快测定。测试项目不同保存方法不同，所参照的标准规定有区别，参考表 4-1。

第二节 底泥采集

一、底泥的定义

底泥指江、河、湖、库、海等水体底部表层的沉积物质。由于我国部分流域水土流失较为严重，水中的悬浮物和胶态物质往往吸附或包藏一些污染物质，如辽河中游悬浮物中吸附的 COD 达水样的 70% 以上，此外还有许多重金属类污染物。底质中所含的腐殖质、微生物、泥沙及土壤微孔表面的作用，在底质表面发生一系列的沉淀、吸附、释放、化合、分解、络合等物理化学和生物转化作用，对水中污染物的自净、降解、迁移、转化等过程起着重要作用。

二、底泥采样

(一)采样点位

(1)底泥采样点位通常为水质采样点位垂线的正

下方。当正下方无法采样时，可略做移动，移动的情况应在采样记录表上详细注明。

(2)底泥采样点应避开河床冲刷、底泥沉积不稳定、水草茂盛的表层及底泥易受搅动之处。

(3)湖(库)底泥采样点一般应设在主要河流及污染源排放口与湖(库)水混合均匀处。

(二)采样量及容器

底泥采样量通常为 $1 \sim 2kg$，1 次采样量不够时，可在周围采集几次，并将样品混匀。样品中的砾石、贝壳、动植物残体等杂物应予以剔除。在较深水域一般用掘式采泥器采样。在浅水区或干涸河段用塑料勺或金属铲等工具即可采样。样品在尽量沥干水分后，用塑料袋或玻璃瓶盛装。供测定有机物的样品，用金属器具采样，置于棕色磨口玻璃瓶中，瓶口不要被污染，以保证磨口塞能塞紧。

(三)采样注意事项

(1)底泥采样点应尽量与水质采样点一致。

(2)水浅时，因船体或采泥器冲击搅动底泥，或河床为砂卵石时，应另选采样点重采。采样点不能偏移原来设置的断面(点)太远。采样后，应对偏移位置作好记录。

(3)采样时，样品应装满抓斗。采样器向上提升时，如发现样品流失过多，必须重采。

(四)采样记录

样品采集后，应及时将样品编号，并贴上标签。将底泥的外观、性状等情况填入采样记录表，并将样品和记录表一并交实验室，亦应有交接手续。

(五)样品的保存及运输

底泥采样一般与水质采样同时进行，在同一点位采集完水样后再采集底泥样品，其保存与运输方法同水质样品一致。

第三节 土壤采集

一、土壤采集的相关定义

土壤是连续覆被于地球陆地表面具有肥力的疏松物质，是随着气候、生物、母质、地形和时间因素变化而变化的历史自然体。

(一)土壤环境

地球环境由岩石圈、水圈、土壤圈、生物圈和大气圈构成，土壤位于该系统的中心，既是各圈层相互作用的产物，又是各圈层物质循环与能量交换的枢纽。受自然和人为作用，内在或外显的土壤状况称为土壤环境。

(二)土壤背景

区域内很少受人类活动影响和不受或未明显受现代工业污染与破坏的情况下，土壤保持着原来固有的化学组成和元素含量水平。但实际上，目前已经很难找到不受人类活动和污染影响的土壤，只能去找受影响尽可能少的土壤。不同自然条件下发育的不同土类或发育于不同母质母岩区的同一种土类，其土壤环境背景值也有明显差异；就是同一地点采集的样品，分析结果也不可能完全相同。因此，土壤环境背景值是统计性的。

(三)农田土壤

农田土壤是指用于种植各种粮食作物、蔬菜、水果、纤维和糖料作物、油料作物，以及农区森林、花卉、药材、草料等作物的农业用地土壤。

(四)监测单元

监测单元是指按地形—成土母质—土壤类型—环境影响划分的监测区域范围。

(五)土壤采样点

土壤采样点是指监测单元内实施监测采样的地点。

(六)土壤剖面

按土壤特征，将表土竖直向下的土壤平面划分成不同层面的取样区域，在各层中部位多点取样，等量混匀。或根据研究目的采集不同层的土壤样品。

(七)土壤混合样

土壤混合样是指在农田耕作层采集若干点的等量耕作层土壤并经混合均匀后的土壤样品，组成混合样的分点数为 $5 \sim 20$ 个。

(八)监测类型

根据土壤监测目的，土壤环境监测分为 4 种主要类型：区域土壤环境背景监测、农田土壤环境质量监测、建设项目土壤环境评价监测和土壤污染事故监测。

二、采样准备

（一）组织准备

由具有野外调查经验且掌握土壤采样技术规程的专业技术人员组成采样组，采样前组织采样组成员学习有关技术文件，了解监测技术规范。

（二）资料收集

（1）收集监测区域的交通图、土壤图、地质图、大比例尺地形图等资料，供制作采样工作图和标注采样点位之用。

（2）收集监测区域土类、成土母质等土壤信息资料。

（3）收集工程建设或生产过程对土壤造成影响的环境研究资料。

（4）收集造成土壤污染事故的主要污染物的毒性、稳定性以及消除方法等资料。

（5）收集土壤历史资料和相应的法律（法规）。

（6）收集监测区域工农业生产及排污、污灌、化肥农药施用情况等资料。

（7）收集监测区域气候资料（温度、降水量和蒸发量）、水文资料。

（8）收集监测区域遥感与土壤利用及其演变过程方面的资料。

（三）现场调查

现场踏勘，对调查得到的信息进行整理和利用，丰富采样工作图的内容。

（四）采样器具及设备

（1）工具类：铁锹、铁铲、圆状取土钻、螺旋取土钻、竹片、适合特殊采样要求的工具等。

（2）器材类：全球定位系统、罗盘、照相机、胶卷、卷尺、铝盒、样品袋、样品箱等。

（3）文具类：样品标签、采样记录表、铅笔、资料夹等。

（4）安全防护用品：工作服、工作鞋、安全帽、药品箱等。

（5）采样用车辆。

（五）监测项目与频次

监测项目分常规项目、特定项目和选测项目。

（1）常规项目：原则上为《土壤环境质量标准》（GB 15618—1995）中要求控制的污染物。

（2）特定项目：《土壤环境质量标准》（GB

15618—1995）中未要求控制的，但根据当地环境污染状况而确认的在土壤中积累较多、对环境危害较大、影响范围较广、毒性较强的污染物，或者在污染事故中对土壤环境造成严重不良影响的物质，具体项目由各地自行确定。

（3）选测项目：一般包括新纳入的在土壤中积累较少的污染物、由于环境污染导致土壤性状发生改变的土壤性状指标以及生态环境指标等，由各地自行选择测定。

具体的土壤监测项目与监测频次见表4-2。监测频次原则上按表4-2执行，常规项目可按当地实际情况适当降低监测频次，但不可低于5年1次，选测项目可按当地实际情况适当提高监测频次。

表4-2　土壤监测项目与监测频次

项目类别		监测项目	监测频次
常规项目	基本项目	pH、阳离子交换量	每3年监测1次；农田在夏收或秋收后采样
	重点项目	镉、铬、汞、砷、铅、铜、锌、镍、六氯环己烷（六六六）、双对氯苯基三氯乙烷（滴滴涕）	
特定项目（污染事故）		特征项目	及时采样，根据污染物变化趋势决定监测频次
选测项目	影响产量项目	全盐量、硼、氟、氮、磷、钾等	每3年监测1次；农田在夏收或秋收后采样
	污水灌溉项目	氰化物、六价铬、挥发酚、烷基汞、苯并[a]芘、有机质、硫化物、石油类等	
	持久性有机污染物（POPs）与高毒类农药	苯、挥发性卤代烃、有机磷农药、多氯联苯（PCB）、多环芳烃（PAH）等	
	其他项目	结合态铝（酸雨区）、硒、钒、氧化稀土总量、钼、铁、锰、镁、钙、钠、铝、硅、放射性比活度等	

三、布点与样品数量

（一）"随机"和"等量"原则

样品是由总体中随机采集的一些个体所组成的，个体之间存在差异，因此样品与总体之间，既存在同质的"亲缘"关系，样品可作为总体的代表；同时也存在着一定程度的异质性，差异越小，样品的代表性越好，反之亦然。为了使采集的监测样品具有好的代表性，必须避免一切主观因素，使组成总体的个体有同样的机会被选入样品，即组成样品的个体应当是随机地取自总体的。另外，需要比较的样品应当由同样数量的个体组成，否则样本多的个体所组成的样品，其代表性会大于样本少的个体所组成的样品。所以"随机"和"等量"是决定样品具有同等代表性的重要条件。

（二）布点方法

布点方法主要有简单随机布点、分块随机布点、系统随机布点3种方法，如图4-2所示。

1. 简单随机布点

将监测单元分成网格，每个网格编上号码，决定采样点样品数后，随机抽取规定数量的样品，其样本号码对应的网格号，即为采样点。随机数的获得可以利用掷骰子、抽签、查随机数表等方法。关于随机数骰子的使用方法可见《随机数的产生及其在产品质量抽样检验中的应用程序》（GB/T 10111—2018）。简单随机布点是一种完全不受主观限制条件影响的布点方法。

2. 分块随机布点

根据收集的资料，如果监测区域内的土壤有明显的几种类型，则可将区域分成几块，每块内污染物应较均匀，块间的差异较明显。将每1块土壤作为1个监测单元，在每个监测单元内再随机布点。在正确分块的前提下，分块布点的代表性比简单随机布点好；如果分块不正确，分块布点的效果可能会适得其反。

3. 系统随机布点

将监测区域分成面积相等的几部分（网格划分），每1个网格内布设1个采样点，这种布点方法称为系统随机布点。如果区域内土壤污染物含量变化较大，系统随机布点比简单随机布点所采样品的代表性要好。

（三）基础样品数量

1. 由均方差和绝对偏差计算样品数

用下列公式可计算所需的样品数

$$N = t^2 s^2 / D^2 \qquad (4-1)$$

式中：N——样品数；

t——选定置信水平（土壤环境监测一般选定为95%）一定自由度下的 t 值；

s^2——均方差，可从先前的其他研究或者从极差 $R[s^2 = (R/4)^2]$ 估计；

D——可接受的绝对偏差。

2. 由变异系数和相对偏差计算样品数

式（4-1）可变为

$$N = t^2 C_v^2 / m^2 \qquad (4-2)$$

式中：C_v——变异系数（%），可从先前的其他研究资料中估计；

m——可接受的相对偏差（%），土壤环境监测一般限定为20%~30%。

没有历史资料的地区和土壤变异程度不太大的地区，一般 C_v 可用10%~30%粗略估计，有效磷和有效钾变异系数 C_v 可取50%。

（四）布点数量

土壤监测的布点数量要满足样本容量的基本要求，即上述由均方差和绝对偏差、变异系数和相对偏差计算出的样品数是样品数的下限数值，实际工作中土壤布点数量还要根据调查目的、调查精度和调查区域环境状况等因素确定。一般要求每个监测单元最少设3个点。

区域土壤环境调查按调查精度的不同，可从2.5km、5km、10km、20km、40km中选择网距进行网格布点，区域内的网格结点（网格交叉点）数即为土壤采样点数量。

农田采集混合样的采样点数量见后文"混合样采集"。

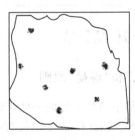

（a）简单随机布点

（b）分块随机布点

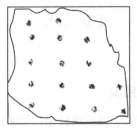

采样点位

（c）系统随机布点

图4-2 土壤采集布点方式示意图

建设项目采样点数量见后文"建设项目土壤环境评价监测采样"。

城市土壤采样点数量见后文"城市土壤采样"。

土壤污染事故采样点数量见后文"污染事故监测土壤采样"。

四、土壤样品采集

(一)土壤样品采集阶段

样品采集一般分3个阶段进行。

1. 前期采样

前期采样是指根据背景资料与现场考察结果,采集一定数量的样品分析测定,用于初步验证污染物空间分异性和判断土壤污染程度,为制定监测方案(选择布点方式和确定监测项目及样品数量)提供依据。前期采样可与现场调查同时进行。

2. 正式采样

正式采样是指按照监测方案,实施现场采样。

3. 补充采样

正式采样测试后,如发现布设的样点没有满足总体设计需要,则要增设采样点进行补充采样。

面积较小的土壤污染调查和突发性土壤污染事故调查可直接采样。

(二)土壤采样方法

1. 区域环境背景土壤采样

1)采样单元

全国土壤环境背景值监测一般以土类为主,省、自治区、直辖市级的土壤环境背景值监测以土类和成土母质母岩类型为主,省级以下、条件许可或特别工作需要的土壤环境背景值监测可划分到亚类或土属。

2)样品数量

各采样单元中的样品数量应符合基础样品数量要求。

3)网格布点

网格间距按下式计算

$$L = \sqrt{(A/N)} \qquad (4-3)$$

式中:L——网格间距,km;

$\quad A$——采样单元面积,km^2;

$\quad N$——采样点数(同"样品数量"),个。

A 和 L 的量纲要相匹配,如 A 的单位是 km^2,则 L 的单位就为 km。根据实际情况可适当缩短网格间距,适当调整网格的起始经纬度,避免过多网格落在道路或河流上,使样品更具代表性。

4)野外选点

首先,采样点的自然景观应符合土壤环境背景值研究的要求。采样点应选在被采土壤类型特征明显的地方,地形相对平坦、稳定、植被良好的地点;坡脚、洼地等具有从属景观特征的地点不设采样点;城镇、住宅、道路、沟渠、粪坑、坟墓附近等处人为干扰大,失去土壤的代表性,不宜设采样点,采样点离铁路、公路至少 300m 以上;采样点以剖面发育完整、层次较清楚、无侵入体为准,不在水土流失严重或表土被破坏处设采样点;选择不施或少施化肥、农药的地块作为采样点,以使样品点尽可能少受人为活动的影响;不在多种土类、多种母质母岩交错分布、面积较小的边缘地区布设采样点。

5)采 样

采样点可采表层样或土壤剖面。一般监测采集表层土,采样深度 0~20cm;特殊要求的监测(土壤背景、环评、污染事故等),必要时选择部分采样点采集剖面样品。剖面的规格一般长 1.5m、宽 0.8m、深 1.2m。挖掘土壤剖面要使观察面向阳,表土和底土分两侧放置。

一般每个剖面采集 A、B、C 3 层土样。地下水位较高时,剖面挖至地下水出露时为止;山地丘陵土层较薄时,剖面挖至风化层。

对 B 层发育不完整(不发育)的山地土壤,只采 A、C 两层。

干旱地区剖面发育不完善的土壤,在表层 5~20cm、心土层 50cm、底土层 100cm 左右采样。

水稻土按照 A 耕作层、P 犁底层、C 母质层(或 G 潜育层、W 潴育层)分层采样(图 4-3),对 P 层太薄的剖面,只采 A、C 两层(或 A、G 层,或 A、W 层)。

图 4-3 水稻土剖面示意图

对 A 层特别深厚、沉积层不甚发育、1m 内见不到母质的土类剖面,按 A 层 5~20cm 处、A/B 层 60~90cm 处、B 层 100~200cm 处采集土壤。草甸土和潮土一般在 A 层 5~20cm 处、C_1 层(或 B 层)50cm 处、C_2 层 100~120cm 处采样。

采样次序自下而上,先采剖面的底层样品,再采中层样品,最后采上层样品。测量重金属的样品尽量用竹片或竹刀去除与金属采样器接触的部分土壤,再用其取样。

剖面每层样品采集 1kg 左右,装入样品袋,样品袋一般由棉布缝制而成,潮湿样品可内衬塑料袋(供无机化合物测定)或将样品置于玻璃瓶内(供有机化合物测定)。采样的同时,由专人填写样品标签、采样记录;标签一式两份,一份放入袋中,一份系在袋口上,标签上标注采样时间、地点、样品编号、监测项目、采样深度和经纬度。采样结束,须逐项检查采样记录、样袋标签和土壤样品,如有缺项和错误,应及时补齐更正。将底土和表土按原层回填到采样坑中,方可离开现场,并在采样示意图上标出采样地点,避免下次在相同处采集剖面样。

标签和采样记录格式如图 4-4~图 4-6 所示。

土壤样品标签
样品编号:
采样地点:东经　　　北纬
采样层次:
特征描述:
采样深度:
监测项目:
采样日期:
采样人员:

图 4-4　土壤样品标签样式

土壤现场记录表				
采样地点		东经		北纬
样品编号		采样日期		
样品类别		采样人员		
采样层次		采样深度/cm		
样品描述	土壤颜色①		植物根系	
	土壤质地②		砂砾含量	
	土壤湿度		其他异物	
采样点示意图		自上而下植被被描述		

图 4-5　土壤现场记录表样式

注:①土壤颜色可采用门塞尔比色卡比色,也可按土壤颜色三角表(图 4-6)进行描述。颜色描述可采用双名法,主色在后,副色在前,如黄棕、灰棕等。颜色深浅还可冠以暗、淡等形容词,如浅棕、暗灰等。

②土壤质地分为砂土、壤土(沙壤土、轻壤土、中壤土、重壤土)和黏土,野外估测方法为取小块土壤,加水使其潮润,然后揉搓,搓成细条并弯成直径为 2.5~3cm 的土环,据土环表现的性状确定质地。

砂土:不能搓成条。

沙壤土:只能搓成短条。

轻壤土:能搓直径为 3mm 的条,但易断裂。

中壤土:能搓成完整的细条,弯曲时容易断裂。

重壤土:能搓成完整的细条,弯曲成圆圈时容易断裂。

黏土:能搓成完整的细条,能弯曲成圆圈。

③土壤湿度的野外估测,一般可分为 5 级:

干:土块放在手中,无潮润感觉。

潮:土块放在手中,有潮润感觉。

湿:手捏土块,在土团上留有手印。

重潮:手捏土块时,在手指上留有湿印。

极潮:手捏土块时,有水流出。

④植物根系含量的估计可分为 5 级:

无根系:在该土层中无任何根系。

少量:在该土层每 50cm² 内少于 5 根。

中量:在该土层每 50cm² 内有 5~15 根。

多量:该土层每 50cm² 内多于 15 根。

密集:在该土层中根系密集交织。

⑤石砾含量以石砾量占该土层的体积百分数估计。

图 4-6　土壤颜色示意图

2. 农田土壤采样

1)监测单元

土壤环境监测单元按土壤主要接纳污染物途径可划分为:①大气污染型土壤监测单元;②灌溉水污染型土壤监测单元;③固体废物堆污染型土壤监测单元;④农用固体废物污染型土壤监测单元;⑤农用化学物质污染型土壤监测单元;⑥综合污染型土壤监测单元(污染物主要来自以上①~⑤两种以上途径)。

监测单元划分要参考土壤类型、农作物种类、耕作制度、商品生产基地、保护区类型、行政区划等要素的差异,同一单元的差别应尽可能缩小。

2)布　点

根据调查目的、调查精度和调查区域环境状况等因素确定监测单元。部门专项农业产品生产土壤环境监测布点按其专项监测要求进行。

大气污染型土壤监测单元和固体废物堆污染型土壤监测单元以污染源为中心放射状布点,在主导风向和地表水的径流方向适当增加采样点(离污染源的距离远于其他点);灌溉水污染型土壤监测单元、农用固体废物污染型土壤监测单元和农用化学物质污染型土壤监测单元均匀布点;灌溉水污染型土壤监测单元按水流方向带状布点,采样点自纳污口起由密渐疏;综合污染型土壤监测单元布点采用综合放射状、均匀、带状布点法。

3）样品采集

（1）剖面样

特定的调查研究监测需了解污染物在土壤中垂直分布时采集土壤剖面样，采样方法同前述。

（2）混合样

一般农田土壤环境监测采集耕作层土样，种植一般农作物采 0～20cm 处土样，种植果林类农作物采 0～60cm 处土样。为了保证样品的代表性，降低监测费用，采取采集混合样的方案。每个土壤单元设 3～7 个采样区，单个采样区可以是自然分割的一个田块，也可以由多个田块所构成，其范围以 200m×200m 左右为宜。每个采样区的样品为农田土壤混合样。混合样的采集主要有 4 种点位布设方法（图 4-7）：

①对角线法：适用于污灌农田土壤，对角线分 5 等份，以等分点为采样分点。

②梅花点法：适用于面积较小、地势平坦、土壤组成和受污染程度相对比较均匀的地块，设分点 5 个左右。

③棋盘式法：适用于中等面积、地势平坦、土壤不够均匀的地块，设分点 10 个左右；受污泥、垃圾等固体废物污染的土壤，分点应在 20 个以上。

④蛇形法：适用于面积较大、土壤不够均匀且地势不平坦的地块，设分点 15 个左右，多用于农业污染型土壤。各分点混匀后用四分法取 1kg 土样装入样品袋，多余部分弃去。样品标签和采样记录表如图 4-4、图 4-5 所示。

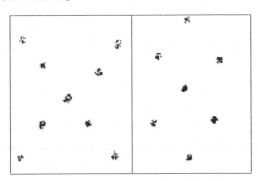

（a）对角线法　　　（b）梅花点法

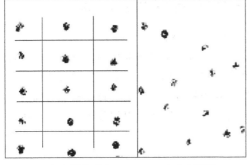

（c）棋盘式法　　　（d）蛇形法

图 4-7　混合土壤采样点布设示意图

3. 建设项目土壤环境评价监测采样

每 100hm² 占地不少于 5 个且总数不少于 5 个采样点，其中小型建设项目设 1 个柱状样采样点，大中型建设项目不少于 3 个柱状样采样点，特大型建设项目或对土壤环境影响敏感的建设项目不少于 5 个柱状样采样点。

1）非机械干扰土

如果建设工程或生产没有翻动土层，表层土受污染的可能性最大，但不排除对中下层土壤的影响。生产或者将要生产导致的污染物，以工艺烟雾（尘）、污水、固体废物等形式污染周围土壤环境，采样点以污染源为中心放射状布设为主，在主导风向和地表水的径流方向适当增加采样点（离污染源的距离远于其他点）；以水污染型为主的土壤按水流方向带状布点，采样点自纳污口起由密渐疏；综合污染型土壤监测布点采用综合放射状、均匀、带状布点法。此类监测不采混合样，混合样虽然能降低监测费用，但损失了污染物空间分布的信息，不利于掌握工程及生产对土壤的影响状况。

表层土样采集深度 0～20cm。每个柱状样取样深度都为 100cm，分取 3 个土样：表层样（0～20cm）、中层样（20～60cm）、深层样（60～100cm）。

2）机械干扰土

由于建设工程或生产中，土层受到翻动影响，污染物在土壤纵向分布不同于非机械干扰土。采样点布设同图 4-2。各点取 1kg 样品装入样品袋，样品标签和采样记录表等要求同图 4-4、图 4-5。采样总深度由实际情况而定，一般同剖面样的采样深度，确定采样深度有 3 种方法可供参考：①随机深度采样；②分层随机深度采样；③规定深度采样。

4. 城市土壤采样

城市土壤是城市生态的重要组成部分，虽然城市土壤不用于农业生产，但其环境质量对城市生态系统影响极大。城区内大部分土壤被道路和建筑物覆盖，只有小部分土壤栽植草木，本书中城市土壤主要是指后者。由于其复杂性，分两层采样，上层（0～30cm）可能是回填土或受人为影响大的部分，下层（30～60cm）为人为影响相对较小的部分。两层分别取样监测。

城市土壤监测点以网距 2000m 的网格布设为主，功能区布点为辅，每个网格设 1 个采样点。对于专项研究和调查的采样点可适当加密。

5. 污染事故监测土壤采样

污染事故不可预料，接到举报后应立即组织采样。通过现场调查和观察，取证土壤被污染时间，根据污染物及其对土壤的影响确定监测项目，其中污染事故的特征污染物是监测的重点。根据污染物的颜色、印渍和气味并结合考虑地势、风向等因素，初步界定污染事故对土壤的污染范围。

如果是固体污染物抛洒污染型，等打扫后采集表层5cm土样，采样点数不少于3个。

如果是液体倾翻污染型，污染物向低洼处流动的同时向深度方向渗透并向两侧横向方向扩散，应每个点分层采样。事故发生点样品点较密，采样深度应较深；离事故发生点相对远处样品点较疏，采样深度应较浅。采样点不少于5个。

如果是爆炸污染型，应以放射性同心圆方式布点，采样点不少于5个，爆炸中心采分层样，周围采表层土(0~20cm)。事故土壤监测要设定2~3个背景对照点，各点(层)取1kg土样装入样品袋。有腐蚀性或要测定挥发性化合物的样品，改用广口瓶装样。含易分解有机物的待测定样品，采集后置于低温(冰箱)环境中，直至运送、移交到分析室。

第四节　气样采集

一、气体成分

在地球表面之上约80km的空间为均匀混合的空气层，称为大气层。与人类活动关系最密切的地球表面上空的12km范围，为对流层，特别是地球表面上空2km的大气层受人类活动及地形影响很大。对流层干燥清洁空气的化学元素及其化合物的组成见表4-3。这是未受到人为源污染，而仅是自然源产生的、在空气中充分混合均匀后的自然组成，即背景值浓度。

表4-3　清洁干燥空气的组成

成　分	化学式	体积浓度/‰	成　分	化学式	体积浓度/‰
氮	N_2	780.8±0.04	氢	H_2	0.0005
氧	O_2	209.48±0.02	氧化亚氮	N_2O	0.0003
氩	Ar	9.34±0.01	一氧化碳	CO	0.00005~0.0002
二氧化碳	CO_2	0.325	臭氧	O_3	0.00002~0.01
氖	Ne	0.018	氨	NH_3	0.000004
氦	He	0.005	二氧化氮	NO_2	0.000001
氪	Kr	0.001	二氧化硫	SO_2	0.000001
氙	Xe	0.00008	硫化氢	H_2S	0.0000005
甲烷	CH_4	0.002			

二、空气质量采样方法

(一)瞬时采样法

在全国开始空气质量监测时，由于缺乏必要的装备和条件，每个季度只开展5d采样监测，项目主要为二氧化硫、一氧化氮和总悬浮颗粒物。每日分早、中、晚3次各采样30min或1h。后来发现这种方法时间代表性太差，不能全面反映空气质量变化规律，已被淘汰。现在一些欠发达地区仍有使用的，应创造条件用24h连续采样方法代替此方法。

(二)24h连续采样法(实验室分析法)

24h连续采样才能真实代表日均值浓度。根据项目的不同，在均匀间隔的日期进行总悬浮颗粒物、可吸入颗粒物(PM10)、铅采样，至少一年有分布均匀的60个日均值，每月有分布均匀的5个日均值。二氧化硫、氮氧化合物(NO_x)至少有分布均匀的144个日均值，每个月有分布均匀的12个日均值。经过多年研究得出，这样测得1个监测点污染物的年日均值，与空气质量自动监测站的年日均值相比，其相对偏差在10%以内。

三、气体样品的采集

如果采样方法不正确或不规范，即使操作者再细心、实验室分析再精确、实验室的质量保证和质量控制再严格，也不会得出准确的测定结果。因此，监测点位确定之后，采样人员一定要严格按照采样的操作步骤及质量保证、质量控制技术规定进行采样。这要求采样人员不仅要有一定的理论基础知识，而且要有一定的工作经验，尤其是应具有责任心。

根据被测污染物在空气和废气中存在的状态和浓度水平以及所用的分析方法，按气态、颗粒态和两种状态共存的污染物分类，下面简单介绍不同原理的采样方法和应注意的问题。

(一)气态污染物的采样方法

1. 直接采样法

当空气中被测组分浓度较高，或所用的分析方法灵敏度很高时，可选用直接采集少量气体样品的采样法。用该方法测得的结果是瞬时或者短时间内的平均浓度，而且可以比较快地得到分析结果。直接采样法常用的容器有以下几种。

1)注射器采样

用100mL的注射器直接连接一个三通活塞(图4-8)。采样时，先用现场空气或废气抽洗注射器3~5

次，然后抽样，密封进样口。将注射器进气口朝下，垂直放置，使注射器的内压略大于大气压。要注意样品存放时间不宜太长，一般要当天分析完。此外，所用的注射器要进行磨口密封性的检查，有时需要对注射器的刻度进行校准。

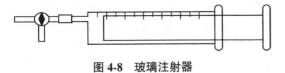

图 4-8 玻璃注射器

2) 塑料袋采样

常用的塑料袋有聚乙烯、聚氯乙烯和聚四氟乙烯袋等，用金属衬里（铝箔等）的袋子采样，能防止样品的渗透。为了检验塑料袋对样品的吸附或渗透，建议事先对其进行样品稳定性实验。稳定性较差的，用已知浓度的待测物在与样品相同的条件下保存计算出吸附损失后，对分析结果进行校正。

使用前要进行气密性检查：充足气后，密封进气口，将其置于水中，不应冒气泡。使用时，用现场气样冲洗 3~5 次后，再充进样品，夹封袋口，带回实验室分析。

3) 固定容器采样

固定容器法是采集少量气体样品的方法，常用的设备有两类。一是用耐压的玻璃瓶或不锈钢瓶，采样前抽至真空。采样时打开瓶塞，被测空气自行充进瓶中。真空采样瓶要注意的是必须进行严格的漏气检查和清洗（按说明书进行操作）。另一种是以置换法充进被测空气的采样管，采样管的两端有活塞。在现场用二联球打气，使通过采气管的被测气体量至少为管体积的 6~10 倍，充分置换掉原有的空气，然后封闭两端管口。采样体积即为采气管的容积。

2. 有动力采样法

有动力采样法是用一个抽气泵，将空气样品通过吸收瓶（管）中的吸收介质，使空气样品中的待测污染物浓缩在吸收介质中。吸收介质通常是液体和多孔状的固体颗粒物，其不仅浓缩了待测污染物，提高了分析灵敏度，并且有利于去除干扰物质和选择不同原理的分析方法。有动力浓缩采样法又分为溶液吸收法、填充柱采样法和低温冷凝法。

1) 溶液吸收法

该方法主要用于采集气态和蒸气态的污染物，是最常用的气体污染物样品的浓缩采样法。根据需要，吸收管分别设计为：气泡吸收管、多孔玻板吸收管、多孔玻柱吸收管、多孔玻板吸收瓶和冲击式吸收管等。由于溶液吸收法的吸收效率受气泡直径、吸收液体高度、尖嘴部的气泡速度等因素的影响，为了提高

吸收效率，尤其针对雾状气溶胶，目前只有以下两种方法：

第一种，让气体样品以很快的速度冲击到盛有吸收液的瓶底部，使雾状气溶胶颗粒因惯性作用被冲撞到瓶底部，再被瓶中吸收液阻留。冲击式吸收管是根据此原理设计制成的。冲击式吸收管不适用于采集气态污染物，这是因为气体分子的惯性很小，在快速抽气的情况下容易随空气一起跑掉。只有在吸收液中溶解度很大或吸收液反应速度很快的气体分子，才能被吸收完全。

第二种，让气体样品通过多孔玻板，使其分散成极细的小气泡进入吸收液中，使一部分雾状气溶胶在通过多孔玻板时，被弯曲的孔道所阻留，然后被洗入吸收液中；另一部分在通过多孔玻板后，形成很细小的气泡，被吸收液吸收。所以，多孔玻板吸收管不仅对气态和蒸气态污染物的吸收效率较高，而且对与其共存的气溶胶也有很高的采样效率。

在使用溶液吸收法时，应注意以下几个问题：

(1) 吸收率：当采气流量一定时，为使气液接触面积增大，提高吸收效率，应尽可能使气泡直径变小，液体高度加大，尖嘴部的气泡通过速度减慢。但不宜过度，否则管路内压增加将导致无法采样。建议通过实验测定实际吸收效率来进行选择。

(2) 吸收管：由于加工工艺等问题，应对吸收管的吸收效率进行检查，选择吸收效率 90% 以上的吸收管，尤其使用气泡吸收管和冲击式吸收管时。新购置的吸收管要进行气密性检查：在吸收管内装适量的水，接至水抽气瓶上，两个水瓶的水面差为 1m，密封进气口，抽气至吸收管内无气泡出现，待抽气瓶水面稳定后静置 10min，抽气瓶水面应无明显降低。吸收管路的内压不宜过大或过小，条件允许的话要进行阻力测试。采样时，吸收管要垂直放置，进气内管要置于中心的位置。

(3) 稳定性：部分方法的吸收液或吸收待测污染物后的溶液稳定性较差，易受空气氧化和日光照射而分解或随现场温度变化而分解等，应严格按操作规程采取密封、避光或恒温采样等措施，并尽快分析。

(4) 其他：现场采样时，要注意观察不能有泡沫抽出。采样后，用样品溶液洗涤进气口内壁 3 次，再倒出分析。

2) 填充柱采样法

用一个内径 3~5mm、长 5~10cm 的玻璃管，内装颗粒状的或纤维状的固体填充剂。填充剂可以用吸附剂，或在颗粒状的或纤维状的担体上涂渍某种化学试剂。当空气样品以 0.1~0.5L/min 或 2~5L/min 的流速被抽过填充柱时，气体中被测组分因吸附溶解或

化学反应等作用而被阻留在填充剂上。

填充柱的浓缩作用与气相色谱柱类似，若把空气样品看成一个混合样品，通过填充柱时，空气中含量最高的氧气和氮气等首先流出，而被测组分被阻留在柱中。在开始采样时，被测组分被阻留在填充柱的进气口部位，继续采样，被测组分阻留区逐渐向前推进，直至整个柱管达到饱和状态，被测组分才开始从柱中流出来。若在柱后流出气中发现被测组分浓度等于进气浓度的5%，通过采样管的总体积称为填充柱的最大采样体积。它反映了该填充柱对某个化合物的采样效率（或浓缩效率），最大采样体积越大，浓缩效率越高。若要浓缩多个组分，则实际采样体积不能超过阻留最弱的那个化合物的最大采样体积。

实际上，由于进入填充柱采样管的气体浓度比较低，从流出气体中检出被测组分的流出量是很困难的。所以确定一个化合物的最大采样体积，一般常用间接的方法。即采样后，将填充柱分成三等份，分别测定各部分的浓缩量。如果后面1/3部分的浓缩量占整个采样管总浓缩量的10%以下，可以认为没有漏出；如果大于25%，则可能有漏出损失。

填充柱采样法的特点与应注意的问题如下：

（1）时间：可以长时间采样，可用于空气中污染物日平均浓度的测定。而溶液吸收法因吸收液在采气过程中有液体蒸发损失，一般情况下，不适宜进行长时间的采样。

（2）固体填充剂：选择合适的固体填充剂对于蒸气和气溶胶都有较高的采样效率。而溶液吸收法对气溶胶往往采样效率不高。

（3）稳定性：污染物浓缩在填充剂上的稳定性，一般都比吸收在溶液中要好得多，有时可放几天，甚至几周不变。在现场填充柱采样比溶液吸收管方便得多，样品发生再污染、洒漏的机会要少得多。

（4）吸附效率：填充柱的吸附效率受温度等因素的影响较大，一般而言，温度升高，最大采样体积将会变小。水分和二氧化碳的浓度较待测组分大得多，用填充柱采样时对它们的影响要特别留意，尤其对湿度（含水量）。由于气候等条件的变化，湿度对最大采样体积的影响更为严重，必要时，可在采样管前接一个干燥管。

（5）采样效率：实际上，为了检查填充柱采样管的采样效率，可在一根管内分前、后段填装滤料，如前段装100mg，后段装50mg，中间用玻璃棉相隔。但前段采样管的采样效率应在90%以上。

3）低温冷凝浓缩法

空气中某些沸点比较低的气态物质，在常温下用固体吸附剂很难完全被阻留，用制冷剂将其冷凝下来，浓缩效果较好。常用的制冷剂有：冰-盐水、干冰-乙醇以及半导体制冷器（0~40℃）等（表4-4）。经低温采样，被测组分冷凝在采样管中，然后接到气相色谱仪进样口，移去冷阱，在常温下或加热气化，通入载气，吹入色谱柱中进行分离和测定。

低温冷凝法采样时，在不加填充剂的情况下，制冷温度至少要低于被浓缩组分的沸点80~100℃，否则效率很差。这是因为空气样品在冷却时凝结形成很多小雾滴，含有一部分被测物随气流带走。若加入填充剂可起到过滤雾滴的作用。因此，这时对温差的要求可以降低些。例如，用内径2mm的U形玻璃管，内装10cm 6201担体，在冰-盐水中低温采集空气中醛类化合物（乙醛、丙烯醛、甲基丙烯醛、丁烯醛等），采样后，加热至140℃解吸，用气相色谱测定。

表4-4 常用制冷剂		单位：℃	
制冷剂名称	制冷温度	制冷剂名称	制冷温度
冰	0	干冰-丙酮	-78.5
冰-食盐	-4	干冰	-78.5
干冰-二氯乙烯	-60	液氮-乙醇	-117
干冰-乙醇	-72	液氧	-183
干冰-乙醚	-77	液氮	-196

用低温冷凝法采集空气样品，比在常温下干燥管填充柱法的采气量大得多，浓缩效果较好，对样品的稳定性更有利。但是用低温冷凝采样时，空气中水分和二氧化碳等也会同时被冷凝，若用液氮或液体空气做制冷剂时，空气中氧也有可能被冷凝阻塞气路。另外，在气化时，水分和二氧化碳也随被测组分同时气化，增大了气化体积，削弱了浓缩效果，有时还会给下一步的气相色谱分析带来困难。所以，在应用低温冷凝法浓缩空气样品时，在进样口须接某种干燥管（如内填过氯酸镁、烧碱石棉、氢氧化钾或氯化钙等的干燥管），以除去空气中的水分和二氧化碳。

3. 被动式采样法

被动式采样器是基于气体分子扩散或渗透原理采集空气中气态或蒸气态污染物的一种采样工具，由于它不用任何电源或抽气动力，所以又称无泵采样器。这种采样器体积小，非常轻便，可制成一支钢笔或一枚徽章大小，用于个体接触剂量评价的监测；也可放在待测场所，连续采样，间接用于环境空气质量评价的监测。目前，此法常用于室内空气污染和个体接触量的评价监测。

（二）颗粒物的采样

空气中颗粒物质的采样方法主要有滤料法和自然

沉降法。自然沉降法主要用于采集颗粒物粒径大于30μm的尘粒；滤料法根据粒子切割器和采样流速等的不同，分别用于采集空气中不同粒径的颗粒物，或利用等速跟踪排气流速的原理，采集烟尘和粉尘。

1. 常用滤纸（膜）及其特性

常用的滤料有定量滤纸、玻璃纤维滤膜、过氯乙烯纤维滤膜、微孔滤膜和浸渍试剂滤纸（膜）等。

1）实验室分析用的定量滤纸（中速和慢速）

此类滤纸价格便宜、灰分低、纯度高、机械强度大，对一些金属尘粒采样效果很好，且易于消解处理，空白值低。但抽气阻力大，有时孔隙不均匀，且吸水性较强，不宜用于重量法测定悬浮颗粒物。

2）玻璃纤维滤膜

此类滤膜机械强度差，但耐高温、阻力小、不易吸水，可用于采集大气中总悬浮颗粒物和可吸入颗粒物。样品可以用酸和有机溶剂提取，用于分析颗粒物中的其他污染物。但由于所用玻璃原料含有杂质，致使某些元素的本底含量较高，限制了它的使用。用石英作为原料的石英玻璃纤维滤膜，克服了玻璃纤维滤膜空白值高的问题，常用于颗粒物中元素的分析。

3）过氯乙烯纤维滤膜

此类滤膜不易吸水、阻力小，由于带静电，采样效率高，广泛用于悬浮颗粒物的采集。由于滤膜易溶于乙酸丁酯等有机溶剂，且空白值较低，可用于颗粒物中元素的分析。缺点是机械强度差，须用带筛网的采样夹托住。

4）有机滤膜

此类滤膜主要有由硝酸纤维素或乙酸纤维素制成的微孔滤膜和由聚碳酸酯制成的直孔滤膜。其质量轻、灰分和杂质含量极低、带静电、采样效率高，并可溶于多种有机溶剂，便于分析颗粒物中的元素。由于颗粒物沉积在膜表面后，阻力迅速增加，采样量受到限制。若其经丙酮蒸熏变透明后，可直接在显微镜下观察颗粒物的特性。

2. 选择滤纸（膜）的注意事项

应保证有足够高的采样效率。用于大流量采样器的滤膜，在线速度为60cm/s时，一张干净滤膜的采样效率应达到97%以上。

滤膜中待测元素的本底值要低且稳定，滤膜应易

处理。通常情况下，做颗粒物中的元素分析时，有机滤膜的空白值是最低的，而玻璃纤维滤膜的本底含量较高。测定颗粒物中的多环芳烃等有机污染物时，不宜用有机材料的滤膜，可选用玻璃纤维滤膜，但要在500℃高温下灼烧处理。一般在使用之前，要做本底值实验，并从分析结果中扣除本底值。

玻璃纤维滤膜和合成纤维滤膜（过氯乙烯纤维滤膜等）的阻力较小，适用于大流量采样。另外，在采样过程中，由于滤膜孔隙不断被颗粒物阻塞，阻力将逐渐增加。当采气流量明显减少时，采气量的计算可用开始时流量和结束时流量的平均值进行近似计算，比较准确的方法是用流量自动记录仪，连续记录采样流量的变化。

用于大流量、长时间采样的滤膜，应尽量选吸水性弱、机械强度高的滤膜，价格也是经常要考虑的一个因素。

（三）两种状态共存的污染物的采样方法

实际上，空气中的污染物大多数都不是以单一状态存在的，往往同时存在于气态和颗粒物中，尤其是部分无机污染物和有机污染物。所谓综合采样法就是针对这种情况提出来的。选择好合适的固体填充剂的填充柱采样管对某些存在于气态和颗粒物中的污染物也有较好的采样效率。若用滤膜采样器后接液体吸收管的方法，可实现同时采样。但这两种方法的主要缺陷是采样流量受到限制，而颗粒物需要在一定的速度下，才能被采集下来。

所谓浸渍试剂滤料法，是将某种化学试剂浸渍在滤纸或滤膜上。这种滤纸适宜采集气态与气溶胶共存的污染物。采样中，气态污染物与滤纸上的试剂迅速反应，从而被固定在滤纸上。所以，它具有物理（吸附和过滤）和化学两种作用，能同时将气态和气溶胶污染物采集下来。浸渍试剂使用较广，尤其是对于以蒸气和气溶胶状态共存的污染物是一个较好的采样方法。如：用磷酸二氢钾浸渍过的玻璃纤维滤膜采集大气中的氟化物；用聚乙烯氧化吡啶及甘油浸渍的滤纸采集大气中的砷化物；用碳酸钾浸渍的玻璃纤维滤膜采集大气中的含硫化合物；用稀硝酸浸渍的滤纸采集铅烟和铅蒸气；等等。

第五章
实验室检测准备

第一节 玻璃器皿的使用与维护

一、常用玻璃器皿

玻璃器皿由于具有透明、耐热、耐腐蚀、易清洗等特点，在水质化验中应用较广。常见的玻璃器皿见表 5-1。

二、玻璃器皿的洗涤、使用及保存

在进行水质化验前，必须将所需用的玻璃器皿仔细洗净。洗净的容器内壁应能被水均匀湿润而无条纹及水珠。

表 5-1 常用玻璃器皿及其主要特征

名 称	规 格	主要用途	注意事项
烧杯	容量/mL：20、50、100、150、200、250、400、500、600、800、1000、2000	配制溶液、煮沸溶液、蒸发溶液、浓缩溶液	加热时须在底部垫石棉网，防止因局部加热而破裂
滴瓶	容量/mL：30、60、125	常用于盛装指示剂，分无色和棕色两种，棕色用于盛装避光试剂	不能加热；磨口滴头要保持原配；放碱性指示剂的滴瓶应改用橡皮塞，以防长时间不用而导致打不开
细口瓶/广口瓶	容量/mL：30、60、125、500、1000、2000	也称试剂瓶，用于盛放各种试剂，有无色和棕色两种，棕色用于盛放避光试剂	不能用火直接加热；瓶塞不能调换，以防漏气；长期不用时应在瓶口与磨塞间衬纸条，以便在需要时顺利打开
玻璃洗瓶	容量/mL：250、500、1000	装纯水洗涤仪器	带磨口塞，也可以自己装配
滴定管	容量/mL：25、50、100 级别：A级、A2级、B级	容量分析、滴定测定时使用	活塞要原配，漏水不能使用；不能加热；非碱式滴定管不能用来装碱性溶液
微量滴定管	容量/mL：1、2、3、4、5、10 级别：A级、A2级、B级	微量分析滴定使用	活塞要原配，漏水不能使用；非碱式滴定管不能用来装碱性溶液
冷凝管	长度/mm：320、370、490 形状：直形、球形、蛇形	用于冷却蒸馏出的液体	装配时从下口进冷却水，从上口出冷凝液；使用时不应骤冷骤热
量筒	容量/mL：5、10、25、50、100、250、500、1000、2000（B）	量取体积不是很准确的液体	不能用于量热溶液，不能直接加热或烘烤
干燥器	直径/mm：160、210、240、300	用于冷却和保存已经烘干的试剂、样品或已恒重的称量瓶坩埚	盖磨口处，涂适量的凡士林，以保证密封；放入的物料器皿冷却至室温后再放入；开启顶盖时不要向上拉，而应向旁边水平错开；取下后要翻过来放稳，经常更换干燥剂
三角瓶	容量/mL：50、100、250、500、1000	用于容量滴定分析加热处理试样	加热时应置于石棉网上，以使之受热均匀，瓶内液体应为容积的1/3左右，磨口三角瓶加热时要打开瓶塞
平底烧瓶	容量/mL：250、500、1000	加热及蒸馏液体	加热时应置于石棉网上
蒸馏烧瓶	容量/mL：50、100、250、500、1000	蒸馏	加热时应置于石棉网上

（续）

名 称	规 格	主要用途	注意事项
容量瓶	容量/mL：5、10、25、50、100、200、250、500、1000、2000 级别：A级、B级	用于配制体积要求准确的溶液，分无色和棕色两种，棕色用于盛放避光溶液	磨塞要保持原配，不要盖错；漏水的容量瓶不能用；不能用火加热，也不能在烘箱内烘烤；不能来长时间放置配好的溶液
漏斗	直径/mm：45、55、60、80、100、120	用于过滤	不可直接用火加热
分液漏斗	容积/mL：50、100、125、150、250、500、1000	用于分开两种密度不同又互不混溶的液体	磨塞保持原配，滴水的不能使用，不能用火加热
研钵	直径/mm：60、80、100、150、190	研磨固体试剂	不能碰撞，不能加热
移液管	容量/mL：1、2、5、10、25、50、100 级别：A级、B级	用于准确量取一定体积的溶液	吸取有毒或挥发性液体时不能用嘴吸而应用洗耳球，移液时移液管尖与承接溶液的容器壁接触，待溶液流尽后，再将移液管拿走，除吹出式移液管外，不能将留在管尖内的液体吹出；不能加热，管尖不能磕坏
吸量管	容量/mL：1、2、5、10、25、50 级别：A级、B级；容量/mL：0.1、0.2、0.25、0.5 级别：A级、A2级、B级	用于准确量取一定体积的溶液	吸取有毒或挥发性液体时不能用嘴吸而应用洗耳球，移液时吸量管尖与承接溶液的容器壁接触，待溶液流尽后，再将吸量管拿走，除吹出式吸量管外，不能将留在管尖内的液体吹出；不能加热，管尖不能磕坏
比色管	容量/mL：10、25、50、100（具塞、不具塞）	比色分析	不可以用火加热
表面皿	直径/mm：45、60、75、90、100、120、150、200	用于盖烧杯及漏斗等，防止灰尘落入或液体沸腾、液体飞溅产生损失，做点滴板	不能用火直接加热
称量瓶	容量/mL：10、20、25、40、60；5、10、15、30、45	称量或烘干样品、基准试剂，测定固体样品中的水分	洗净烘干，置于干燥器中备用；称量时不要用手直接拿取；磨口塞要原配；烘干样品时不能盖紧磨塞

（一）玻璃器皿的洗涤

1. 一般器皿的洗涤

（1）用水洗：根据器皿的种类和规格选择合适的刷子蘸水刷洗，以洗去灰尘和可溶性物质。

（2）用洗涤剂洗：用毛刷蘸取洗涤剂，先反复刷洗，然后边刷边用水冲洗，当倒去水后，如果被刷洗容器壁上不挂水珠，即可用少量蒸馏水分多次（至少3次）涮洗，洗去所沾的自来水后，即可使用或保存。

（3）用洗液洗：对于有些难以洗净的污垢，或不便用刷子刷洗的器皿，可根据污垢的性质选用相应的洗液洗涤。常用的洗液见表5-2。

用洗液洗涤时要注意两点：一是在使用一种洗液时，则一定要洗尽前一种洗液，以免两种洗液互相作用，削弱洗涤效果，或者生成更难洗涤的物质；二是在用洗液洗涤后，仍需先用自来水冲洗，洗尽洗液后，再用蒸馏水涮洗，以除尽自来水。

（4）洗涤时应注意的几个问题：

①一般玻璃器皿（如烧杯、三角瓶）的洗涤可用刷子蘸洗涤剂来刷洗，刷洗后再用自来水冲洗，如果仍有油污可用铬酸洗液来浸泡。使用时，先将洗涤器皿中的水倒尽，再将洗液倒入待洗的器皿中浸泡数

表5-2　常用洗液及使用方法

洗 液	配 方	使用方法
铬酸洗液（尽量不用）	20g研细的重铬酸钾溶于40mL水中，慢慢加入360mL浓硫酸	用于去除器壁残留油污，用少量洗液涮洗或浸泡一夜，洗液可重复使用；洗涤废液经处理解毒方可排放
工业盐酸	浓盐酸或1+1（V/V）盐酸	用于洗去碱性物质及大多数无机物残渣
纯酸洗液	1+1（V/V）或1+2（V/V）的盐酸或硝酸（除去汞、铅等重金属杂质）	用于除去微量的离子将洗净的仪器浸泡于纯酸洗液中24h
碱性洗液	10%的氢氧化钠水溶液	水溶液加热（可煮沸）使用，其去油效果较好；注意，煮的时间太长会腐蚀玻璃
氢氧化钠-乙醇（或异丙醇）洗液	将120g氢氧化钠溶于150mL水中，用95%乙醇稀释至1L	用于洗去油污及某些有机物
碱性高锰酸钾洗液	将4g高锰酸钾溶于水中，加入10g氢氧化钠，用水稀释至100mL	清洗油污或其他有机物质，洗后容器沾污处有褐色二氧化锰析出，再用浓盐酸或草酸洗液、硫酸亚铁、亚硫酸钠等还原剂去除

（续）

洗液	配方	使用方法
草酸洗液	将 5～10g 草酸溶于 100mL 水中，加入少量浓盐酸	洗涤高锰酸钾洗液洗后产生的二氧化锰，必要时加热使用
硝酸-氢氟酸洗液	将 50mL 氢氟酸、100mL 硝酸与 350mL 水混合，贮于塑料瓶中，盖紧	利用氢氟酸对玻璃的腐蚀作用有效地去除玻璃、石英器皿表面的金属离子； 不可用于洗涤量器、玻璃砂芯滤器、吸收池及光学玻璃零件； 使用时要特别注意安全，必须戴防护手套
碘-碘化钾溶液	将 1g 碘和 2g 碘化钾溶于水中，用水稀释至 100mL	洗涤用过硝酸银滴定液后留下的黑褐色沾污物，也可用于擦洗沾过硝酸银的白瓷水槽
有机溶剂	汽油、二甲苯、乙醚、丙酮、二氯乙烷等	可洗去油污或可溶于该溶剂的有机物质，使用时要注意其毒性及可燃性； 用乙醇配制的指示剂溶液的干渣可用盐酸-乙醇（V∶V=1∶2）洗液洗涤
乙醇、浓硝酸（不可事先混合！）	用一般方法很难洗净的少量残留有机物可用此法：于容器内加入不多于 2mL 的乙醇，加入 4mL 浓硝酸	将溶液静置片刻，立即发生激烈反应，放出大量热及二氧化氮，反应停止后再用水冲洗，操作应在通风柜中进行，不可塞住容器，做好防护

分钟至数十分钟（如将洗液预先温热，则效果更好）。洗液对那些不易用刷子刷到的器皿，洗涤更为方便。

②滴定管如无明显油污，可直接用自来水冲洗，再用滴管刷刷洗；若有油污可倒入铬酸洗液，把滴定管横过来，两手平端滴定管转动，至洗液布满全管。碱性滴定管则应先将橡皮管卸下，把橡皮滴头套在滴定管底部，然后倒入洗液，进行洗涤。污染严重的滴定管可直接倒入铬酸洗液浸泡数小时后再用水冲洗。

③容量瓶用水冲洗，如不洁净，可倒入洗液摇动清洗或浸泡，再用水冲洗干净，但不得使用瓶刷刷洗。

④移液管和吸量管可吸取洗液进行清洗。如果污染严重，可放在大量筒内用洗液浸泡，再用水清洗。

⑤滤板漏斗及其他砂芯滤器，由于滤片上的孔隙很小，极易被灰尘、沉淀物堵塞，又不能用毛刷刷洗，应选择适当的洗液浸泡和抽滤，最后用自来水和蒸馏水冲洗干净。

⑥用过的洗液应倒回原瓶贮存备用，不应乱倒，以免造成不必要的麻烦和环境污染。

2. 砂芯玻璃滤器的洗涤

新的滤器在使用前应以热的盐酸或铬酸洗液边抽滤边清洗，再用蒸馏水洗净。可正置或倒置用水反复抽滤清洗。

针对不同的沉淀物采用适当的洗涤剂先溶解沉淀，或反置用水抽滤清洗沉淀物，再用蒸馏水冲洗干净，于 110℃ 环境中烘干，升温和冷却过程都要缓慢进行，以防滤器裂损。然后将砂芯玻璃滤器保存在无尘的柜或有盖的容器中，不然积存的灰尘和沉淀堵塞滤孔很难洗净。表 5-3 列出的洗涤砂芯滤板的洗涤液可供选用。

表 5-3 洗涤砂芯玻璃滤器常用的洗涤液

沉淀物	洗涤液
氯化银	1+1 氨水或 10% 的硫代硫酸钠水溶液
硫酸钡	100℃ 浓硫酸或用 EDTA-NH_3 水溶液（500mL 的 3% EDTA-2Na 与 100mL 的浓氨水混合）加热近沸
汞渣	热浓硝酸
有机物质	用铬酸洗液浸泡或温热洗液抽洗
脂肪	四氯化碳或其他适当的有机溶剂
细菌	5.7mL 化学纯浓硫酸、2g 化学纯硝酸钠和 94mL 纯水充分混匀，抽气并浸泡 48h 后以热蒸馏水洗净

3. 吸收池（比色皿）的洗涤

吸收池（比色皿）是光度分析最常用的器件，要注意保护好透光面，拿取时手指应捏住毛玻璃面，不要接触透光面。

玻璃或石英吸收池在使用前要充分洗净，根据污染情况，可以用冷的或温热的（40～50℃）阴离子表面活性剂的碳酸钠溶液（2%浓度）浸泡，可加热 10min 左右。也可用硝酸、重铬酸钾洗液（测铬和在紫外区间测定时不用）、磷酸三钠、有机溶剂等洗涤。对于有色物质的污染可用盐酸(3mol/L)-乙醇(1+1)溶液洗涤。用自来水、实验室用纯水充分洗净后，将吸收池（比色皿）倒立在纱布或滤纸上控去水；如急用，可用乙醇、乙醚润洗后再用吹风机吹干。经常使用的吸收池可以在洗净后浸泡在蒸馏水中保存。

光度测定前，可用柔软的棉织物或纸吸去光学窗面的液珠，再用擦镜纸轻轻擦拭一下。

4. 特殊的洗涤方法

(1)有的玻璃器皿，主要是成套的组合器皿，可安装起来，用水蒸气蒸馏法洗涤一定时间。如凯氏微量定氮仪，使用前用装置本身发生的蒸气处理 5min。

(2)测定微量元素用的玻璃器皿用 10% 硝酸溶液浸泡 8h 以上，然后用蒸馏水冲净。测磷用的器皿不可用含磷酸盐的商品洗涤剂洗涤。测铬、锰的器皿不可用铬酸洗液、高锰酸钾洗液洗涤。

(3)测定分析水中微量有机物的器皿可用铬酸洗液浸泡 15min 以上，然后用水、蒸馏水洗净。

(4)用于环境样品中痕量物质提取的索氏提取

器，在分析样品前，先用己烷和乙醚分别回流 3~4h。

（5）有细菌的器皿，可于 170℃用热空气灭菌 2h。

（6）严重污染的器皿可置于高温炉中于 400℃环境中加热 15~30min。

（二）玻璃器皿的干燥

玻璃器皿在使用后，要洗净备用。不同实验对玻璃器皿有不同的要求，因此玻璃器皿在洗净后，有的要求无水迹，有的则要求干燥，应根据不同的实验要求来干燥器皿。

1. 晾　干

不急用的要求一般干燥的器皿，可在用蒸馏水涮洗后在无尘处倒置控去水分，然后自然干燥。可用带有透气孔的玻璃柜放置器皿。

2. 烘　干

洗净的器皿控去水分，放在电烘箱或红外灯干燥箱中烘干，烘箱温度为 105~120℃烘 1h 左右。称量用的称量瓶等在烘干后要放在干燥器中冷却和保存。砂芯玻璃滤器、带实心玻璃塞的及厚壁的玻璃器皿烘干时要注意慢慢升温并且温度不可过高，以免烘裂。

3. 吹　干

急需干燥又不便于烘干的玻璃器皿，可以使用电吹风机吹干。

用少量乙醇、丙酮（或最后用乙醚）倒入器皿中润洗，流净溶剂，再用电吹风机吹。开始先用冷风，然后吹入热风至干燥，再用冷风吹去残余的溶剂蒸气。此法要求通风好，要防止中毒，并要避免接触明火。

（三）玻璃器皿的保存

（1）玻璃器皿要分门别类存放：经常使用的玻璃器皿应放在贮存柜明显的地方，以便随时取用；高、大的器皿要放在里面，并尽量倒置，既可以自然控干，又能防尘。柜内隔板上应衬垫干净的白纸，柜门要严密防尘。

（2）移液管除了要贴上专用标签外，还应在用完后（洗净的或正在用的）用干净滤纸包住两端，放在专用架上。

（3）滴定管用完应倒置在滴定管架上，也可以装满蒸馏水，上口加装指形管。正在使用的滴定管也要加盖指形管或用纸筒防尘。

（4）比色皿用完后应洗净，在小瓷盘或塑料盘中垫上滤纸，将比色皿倒置晾干后，存放于比色皿盒或洁净的器皿中。

（5）称量瓶只要用完，就应该立即洗净，烘干后放在干燥器中。

（6）带磨口塞的器皿，如容量瓶、比色管等在清洗后应用线绳或皮筋把塞子和管口拴好，以免打破塞子或互相弄混；需长期保存的磨口器皿要在塞间衬一张纸，以免日久粘住；长期不用的滴定管要除掉凡士林后再垫纸，并用皮筋拴好磨塞保存。

（7）成套的器皿，如气体分析器等在用完后要立即洗净，放在专用盒中保存。

（8）应建立玻璃器皿登记簿，做好器皿的购进、保管、在用、破损的登记工作。

（9）应建立定期查库制度，做到账物相符，落实责任，发现问题，立即处理。

（四）玻璃器皿的使用技巧

1. 打开粘住的磨口塞

磨口活塞打不开时，针对不同的情况可采取以下相应的措施：

（1）如凡士林等油状物质粘住活塞，可以用电吹风或微火慢慢加热，使油类黏度降低，或待凡士林熔化后用木棒轻敲塞子来打开。

（2）活塞长时间不用因尘土等粘住，可把它泡在水中，几小时后便可打开。

（3）被碱性物质粘住的活塞可将器皿在水中加热至沸，再用木棒轻敲塞子来打开。

（4）内有试剂的试剂瓶塞打不开时，若瓶内是腐蚀性试剂，如浓硫酸等，要在瓶外放好塑料圆桶以防瓶破裂，操作者要戴有机玻璃面罩，操作时不要让脸部离瓶口太近。打开有毒蒸气的瓶口（如液溴）要在通风橱内操作。准备工作做好后，可用木棒轻敲瓶盖。也可洗净瓶口，用洗瓶吹洗一点蒸馏水润湿磨口，再轻敲瓶盖。

（5）对于因结晶或碱金属盐沉积及强碱粘住的瓶塞，可把瓶口泡在水中或稀盐酸溶液中，经过一段时间可以打开。

（6）将粘住的活塞部位置于超声波清洗机的盛水清洗槽中，通过超声波的振动和渗透作用打开活塞，此法效果很好。

2. 玻璃磨口塞的修配

有时买来的滴定管或容量瓶等的磨口塞漏水，可以自己进行磨口配合。把塞子和塞孔洗净，沾上水，涂以很细的金刚砂（顺序用 300 号和 400 号金刚砂，禁止用粗颗粒的，因为它擦出的深痕以后很难去掉），把塞子插入塞孔，不断用力转动，使其互相研磨，经过一定时间取出检查是否磨配合适。磨好的塞子不涂润滑油也不应漏水，接触处几乎透明。

3. 在玻璃上编号的方法

成批加工的磨口小瓶应该保持瓶和塞子的配套

性，可以在瓶和塞子上编以相同号码。编号的方法有用氢氟酸腐蚀和用白色涂改液笔写字。

用氢氟酸腐蚀的方法：在要写字的玻璃处刷上蜡，可选用的蜡有蜂蜡和地蜡。用针写上字，滴上50%~60%的氢氟酸或用浸过氢氟酸的纸片敷在刻痕上放置约10min，也可用下面两个配方：①加少许氟化钙粉末，滴1滴浓硫酸；②取10g硫酸钡、10g氟化铵和12g氢氟酸混匀涂于刻痕上，以得出毛玻璃状刻痕。以上刻蚀方法作用几分钟到20min即可，然后用水洗去腐蚀剂，除去蜡层。用水玻璃调和一些钛白或软锰矿粉涂于刻痕上，可使刻痕着色更加明显。

氢氟酸的腐蚀性极大，氟化物遇酸生成氢氟酸，如不慎侵入皮肤可达骨骼，剧痛难治。因此操作时一定要注意安全，穿戴好防护罩及塑料防护手套。如氢氟酸沾到皮肤上，要立即用大量水冲洗，然后泡在70%的冰镇乙醇或冰镇氯化苄烷铵的水或乙醇溶液（按体积比为1：750~1：1000进行配制）中。

第二节　实验用水的制备

水在分析实验中非常重要，是实验室使用最多的试剂，具有量大、易得、无毒、能直接参与实验反应、热传导性好等优良特性，常用于反应溶剂、样品稀释、溶液制备、标准样品制备、容器洗涤、空白试样制备、流动相配制等方面。

但实际上，水中经常存在各类污染物，水的纯度也是不稳定的，如果不对水加以净化，将极大地影响实验的正常反应和结果。水中存在的污染物一般为颗粒、气体、微生物、离子、有机物等，通过纯化技术纯化和监控技术控制，可以得到实验所需的纯水。

一、实验用水的分类

（一）实验用水的级别和规格

国家标准《分析实验室用水规格和试验方法》（GB/T 6682—2008）将适用于化学分析和无机痕量分析等实验的用水分为3个级别：一级水、二级水和三级水。3个级别实验用水的制备与贮存方法及使用范围见表5-4。

以上3种级别的水均可由实验室水净化系统制备得到，实验室常用的制水设备如图5-1所示。实验室应确保试剂水达到规定质量要求，定期检查水净化系统的性能以确保制备的水满足检测要求，并保存此类检查的记录。

表5-4　3个级别实验用水的制备、贮存方法及使用范围

级别	制备与贮存	使用范围
一级水	可用二级水经过石英设备蒸馏或离子交换混合床处理后，再经0.2μm微孔滤膜过滤制取；不可贮存；使用前制备	有严格要求的分析实验，包括对颗粒有要求的实验，如高效液相色谱分析实验
二级水	可用多次蒸馏或离子交换等方法制取，贮存于密闭的专用聚乙烯容器中	无机痕量分析等实验，如原子吸收光谱分析实验
三级水	可用蒸馏或离子交换等方法制取，贮存于密闭的专用聚乙烯容器中，也可使用密闭的专用玻璃容器贮存	一般化学分析实验

（a）超纯水机

（b）纯水机

图5-1　实验室常用制水设备

另外，国家标准《分析实验室用水规格和试验方法》（GB/T 6682—2008）也对各级实验用水的水质规格作出了规定（表5-5）。其中，受实验用水纯度影响，对一级水、二级水的pH范围以及一级水的可氧化物质和蒸发残渣限量不做规定。

表5-5　实验室用水的水质规格

指标	一级水	二级水	三级水
pH(25℃)			5.0~7.5
电导率(25℃)/(mS/m)	≤0.01	≤0.10	≤0.50
可氧化物质含量（以氧计）/(mg/L)		≤0.08	≤0.4
吸光度（254nm，1cm光程）	≤0.001	≤0.01	
蒸发残渣（105℃±2℃）含量/(mg/L)		≤1.0	≤2.0
可溶性硅含量（以二氧化硅计）/(mg/L)	≤0.01	≤0.02	

（二）实验室用水的应用领域

（1）一级水（超纯水）的应用领域：仪器分析实验，包括高效液相色谱、液质联用、气质联用、原子吸收、电感耦合等离子体质谱仪（ICP-MS）、离子色谱等实验；生命科学实验，包括细胞培养实验、流式细胞仪实验、分子生物学实验；部分化学实验；临床分析实验。

（2）二级水（纯水）的应用领域：缓冲液配制、微生物培养、滴定实验、水质分析实验、化学合成、组织培养、动物饮用、颗粒分析、紫外光谱分析、普通化学实验。

（3）三级水的应用领域：楼宇供水、器具冲洗、水浴、生化仪供水。

二、常用特殊实验用水的制备方法

表5-6是常用特殊要求的实验用水及其适用项目，每种实验用水均应使用相应的技术条件处理和检验。

表5-6　常用特殊要求的实验用水及其适用项目

特殊实验用水	适用项目
无氯水	氯化物等无机阴离子实验
无氨水	氨氮、凯氏氮、总氮等实验
无二氧化碳水	碱度、酸度实验
无酚水	挥发酚等酚类化合物实验
无铅（无重金属）水	铅等金属实验
不含有机物的水	有机化合物实验

（一）无氯水的制备

无氯水可在水中加入还原剂后再由蒸馏法制得。

首先在原水中加入亚硫酸钠等还原剂将水中的余氯还原为氯离子，此时用 N,N-二乙基对苯二胺（DPD）检验不显色，然后用带有缓冲球的全玻璃蒸馏器进行蒸馏，得到的水即为无氯水。

（二）无氨水的制备

无氨水可由离子交换法、蒸馏法和纯水机法制备。

（1）离子交换法：让蒸馏水通过强酸性阳离子交换树脂（氢型）柱，将馏出液收集在带有磨口玻璃塞的玻璃瓶内。每升馏出液加10g同样的树脂，以利于保存。

（2）蒸馏法：在1000mL的蒸馏水中，加0.1mL硫酸（浓度为1.84g/mL），将蒸馏水转移至全玻璃蒸馏器中进行重蒸馏，弃去前50mL馏出液，然后将约

800mL馏出液收集在带有磨口玻璃塞的玻璃瓶内。每升馏出液加10g强酸性阳离子交换树脂（氢型）。

（3）纯水机法：临用前，用市售纯水机制备。

（三）无二氧化碳水的制备

无二氧化碳水应贮存在一个附有碱石灰管的橡皮塞盖严的瓶中，可由煮沸法和曝气法制备。

（1）煮沸法：将蒸馏水或去离子水煮沸至少10min（水多时），或使水量蒸发10%以上（水少时），加盖放冷即可。

（2）曝气法：将惰性气体（如高纯氮）通入蒸馏水或去离子水中至饱和即可。

（四）无酚水的制备

无酚水应贮存于玻璃瓶中，取用时应避免其与橡胶制品接触，可由加碱蒸馏法和活性炭吸附法制备。

（1）加碱蒸馏法：加氢氧化钠使水呈碱性，并加入高锰酸钾使其呈紫红色，移入全玻璃蒸馏器中加热蒸馏，取馏出液备用。

（2）活性炭吸附法：于每升水中加入 0.2g 经200℃活化 30min 的活性炭粉末，充分振荡后，放置过夜，用双层中速滤纸过滤。

（五）无铅（无重金属）水的制备

无铅（无重金属）水可用离子交换法制备。

将原水用预处理好的强酸性阳离子交换树脂（氢型）处理，即可得到无铅（无重金属）的纯水。

（六）不含有机物的水的制备

不含有机物的水可在碱性高锰酸钾存在条件下由蒸馏法制备。

向水中加入少量的碱性高锰酸钾溶液后进行蒸馏可得到不含有机物的水。应注意在整个蒸馏过程中须保证水中高锰酸钾的紫红色不消退，否则应及时补加高锰酸钾。

第三节　化学试剂

一、化学试剂的定义

化学试剂是进行化学研究、成分分析的相对标准物质，是在化学实验、化学分析、化学研究及其他实验中使用的各种纯度等级的化合物或单质。

二、化学试剂的分类

我国国家标准根据试剂的纯度和杂质的含量，将

表 5-7　我国化学试剂的等级

项　目	一级品	二级品	三级品	四级品
中文名称	优级纯(保证试剂)	分析纯(分析试剂)	化学纯	实验试剂
英文符号	GR	AR	CP	LR
瓶签颜色	绿色	红色	蓝色	棕色、黄色或其他颜色
纯度	纯度为99.8%，纯度最高，杂质含量最低	纯度为99.7%，纯度很高，干扰杂质很低，略次于优级纯	纯度大于等于99.5%，纯度与分析纯相差较大	纯度较差，杂质含量不做选择，在实验中没有定量关系，也不会引起干扰
适用范围	重要精密的分析工作和科学研究工作，有的可作为基准物质	重要分析及一般研究工作	一般化学实验，如要求较高的无机和有机化学实验，或要求不高的分析检验	一般的实验和要求不高的科学实验，及合成制备实验

化学试剂分为 4 个等级，见表 5-7。此种按试剂纯度分类的方法已在我国通用，且根据标准《化学试剂 包装及标志》(GB 15346—2012)的规定，不同等级的化学试剂分别用不同的颜色来标志。化学试剂除上述 4 个等级外，根据试剂的纯度和杂质含量，还分为基准试剂、高纯试剂、光谱纯试剂、色谱纯试剂、指示剂等。

　　试剂的质量以及使用是否得当，将直接影响实验分析结果的准确性。因此，检验人员应该全面了解试剂的性质、规格和适用范围，才能根据实际需要选用合适的试剂，以达到既能保证分析结果的准确性又能节约经费的目的。

第四节　标准溶液

一、标准溶液与基准物质

(一)标准溶液的定义

　　标准溶液是指具有准确浓度的溶液，在滴定分析过程中常被用作滴定剂。标准溶液在化学分析中也可用于绘制标准曲线或作为定量计算的标准。

(二)基准物质的定义和要求

　　基准物质常作为配制标准溶液或标定标准溶液浓度的物质，在整个标准溶液的配制过程中起着非常重要的作用。

　　1. 基准物质的定义

　　基准物质是指可直接用于配制标准溶液的物质，也可用于测定某一未知浓度溶液的准确浓度，亦叫作基准试剂。

　　2. 基准物质的要求

　　作为基准物质，应满足以下要求：

　　(1)试剂的纯度足够高，要求在 99.9% 以上，还应确保试剂内含杂质对滴定的准确度无影响。

　　(2)试剂的性质稳定。例如，不易吸潮，不易吸收空气中的二氧化碳，不易被氧化，在加热或烘干过程中不易分解，等等。

　　(3)试剂的摩尔质量(相对分子质量)应较大，可减少称量误差。常用的纯金属的基准物质有铜、锌、铁、铝等；常用的纯化合物基准物质有硼砂、碳酸钠、碳酸氢钠、草酸钠、重铬酸钾、碳酸氢钾、溴酸钾、氯化钾、邻苯二甲酸氢钾、二水合草酸、氧化镁等。

　　注意：有些高纯试剂和光谱纯试剂不能作为基准物质，原因是它们的纯度虽很高，但试剂中可能含有不确定杂质，使得物质的实际组成与它的化学式没有完全符合，因此其纯度没有达到 99.9%。

(三)标准溶液浓度的表示方法

　　1. 物质的量浓度

　　物质 B 的物质的量浓度，是指单位体积溶液中所含溶质 B 的物质的量，用符号 c_B 表示，常用单位为 mol/L。

$$c_B = n_B / V \qquad (5-1)$$

式中：n_B——溶液中溶质 B 的物质的量，mol 或 mmol；

　　　　V——溶液的体积，单位可以为 m^3、dm^3 等，在分析化学中，最常用的体积单位为 L 或 mL。

　　例如，每升溶液中含 0.2mol 氢氧化钠(NaOH)，其浓度表示为 $c(NaOH) = 0.2mol/L$。又如，$c(Na_2CO_3) = 0.1mol/L$，即每升溶液中碳酸钠(Na_2CO_3)含量为 0.1mol。

　　由于物质的量 n_B 的数值取决于基本单元的选择，因此，表示物质的量浓度时，必须指明基本单元。如某硫酸溶液的浓度，由于选择不同的基本单元，其摩尔质量就不同，浓度亦不相同。如：

$$c(\mathrm{H_2SO_4}) = 0.1\,\mathrm{mol/L}$$

$$c\left(\frac{1}{2}\mathrm{H_2SO_4}\right) = 0.2\,\mathrm{mol/L}$$

2. 滴定度

在生产部门的例行分析中，由于测定对象比较固定，常使用同一标准溶液测定同种物质，因此还可以采用滴定度表示标准溶液的浓度，使计算简便快速。所谓滴定度，是指每毫升标准滴定溶液相当于被测物质的质量（g 或 mg），以符号 $T(B/A)$ 表示，其中 B、A 分别表示标准溶液中的溶质、被测物质的化学式，单位为 g/mL（或 mg/mL）。例如，1.00mL 硫酸（$\mathrm{H_2SO_4}$）标准溶液恰能与 0.04000g 氢氧化钠完全反应，则此硫酸溶液对氢氧化钠的滴定度 $T(\mathrm{H_2SO_4/NaOH}) = 0.04000\mathrm{g/mL}$。如采用该溶液滴定某烧碱溶液，用去硫酸溶液 22.00mL，则试样中氢氧化钠的质量为：

$$m(\mathrm{NaOH}) = 0.04000\mathrm{g/mL} \times 22.00\mathrm{mL} = 0.8800\mathrm{g}$$

如果同时固定试样的质量，滴定度还可以用每毫升标准溶液相当于被测组分的质量分数（%）来表示。例如：$T(\mathrm{H_2SO_4/NaOH}) = 2.69\%/\mathrm{mL}$，则表明固定试样为某一质量时，滴定中每消耗 1.00mL 硫酸标准溶液，就可以中和试样中 2.69% 的氢氧化钠。测定时如用去硫酸溶液 10.50mL，则试样中氢氧化钠的质量分数为：

$$w(\mathrm{NaOH}) = 2.69\%/\mathrm{mL} \times 10.50\mathrm{mL} = 28.24\%$$

二、标准溶液的配制方法

(一) 直接配制法

标准溶液的直接配制法是指用基准物质直接配制成一定浓度标准溶液的方法（图 5-2），步骤分为溶解、转移、洗涤、定容、摇匀。具体操作步骤为：用分析天平准确称取一定量的纯物质，用水溶解后转移至容量瓶中，定容至标线，摇匀；根据称量质量和定容体积，计算溶液的准确浓度。配制维生素类、葡萄

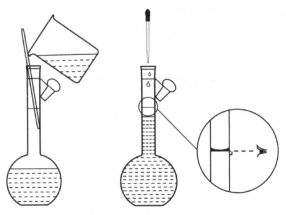

图 5-2　直接配制法

糖、三聚氰胺、苯甲酸、氯化钠、重铬酸钾等标准溶液时，可用直接配制法。

注意：在没有明确规定的情况下，配制标准溶液所用的水应为满足实验要求的蒸馏水或离子交换水。

(二) 间接配制法 (标定法)

现实中很多物质不满足上述配制标准溶液的必备条件，不适合直接配制标准溶液，如：高锰酸钾不易提纯、不稳定、易分解，氢氧化钠在空气中易吸潮，购买的盐酸无法确定其浓度。因此，只能用间接配制法（图 5-3）配制此类标准溶液，即先将这些物质配制成接近于所需浓度的溶液，再用基准物质（或其他一种已知浓度的标准溶液）来测定其准确浓度。这种用已知浓度的溶液来确定未知浓度标准溶液的准确浓度的操作称为标定。

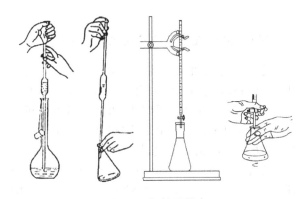

图 5-3　间接配制法

标定的方法有如下 3 种：

1. 用基准物标定

准确称取一定量的基准物，溶于水后用待标定的溶液滴定，然后根据所消耗待标定溶液的体积和基准物的质量，计算出待标定溶液的准确浓度，计算公式为

$$c_B = \frac{m_A}{V_B M_A} \times 1000 \tag{5-2}$$

式中：c_B —— 待标定溶液的浓度，mol/L；

m_A —— 基准物的质量，g；

M_A —— 基准物的摩尔质量，g/mol；

V_B —— 消耗待标定溶液的体积，mL。

例如，标定盐酸或硫酸，可用基准物无水碳酸钠，在 270~300℃ 环境中烘干至质量恒定，用不含二氧化碳的水溶解，选用溴甲酚绿-甲基红混合指定剂指示终点。

2. 与已知准确浓度的标准溶液进行比较（比较法）

有一部分标准溶液，没有合适的用以标定的基准试剂，只能用另一已知浓度的标准溶液来标定。例

如，乙酸溶液用氢氧化钠标准溶液来标定，草酸溶液用高锰酸钾标准溶液来标定，等等。标定时，准确吸取一定量的待测的标准溶液，用已知准确浓度的标准溶液滴定；或是准确吸取一定量的标准溶液，用待标定的溶液滴定。根据两种溶液的消耗量及标准溶液的浓度，即可算出待标定溶液的准确浓度。

用比较法标定时，所用的标准溶液为二级标准，用二级标准标定溶液浓度的方法，不及直接用基准物标定效果好。对于准确度要求高的分析测定，标准溶液多用基准物标定。

3. 用标准物质标定

在滴定分析中，除了上述两种标定方法之外，还有用标准物质来标定标准溶液的。这样做的目的是使标定与测定的条件基本相同，消除共存元素的影响，更符合实际情况。目前我国已有上千种标准物质在出售。

（三）配制标准滴定溶液时的注意事项

《化学试剂 标准滴定溶液的制备》（GB/T 601—2016）对配制标准滴定溶液的注意事项作出如下规定：

（1）除另有规定外，所用试剂的纯度应在分析纯（含分析纯）以上，所用制剂及制品应按《化学试剂试验方法中所用制剂及制品的制备》（GB/T 603—2002）的规定制备，实验用水应符合《分析实验室用水规格和试验方法》（GB/T 6682—2008）中三级水的规格。

（2）制备的标准滴定溶液的浓度，除高氯酸标准滴定溶液、盐酸-乙醇标准滴定溶液、亚硝酸钠标准滴定溶液（浓度为 0.5mol/L）外，均指 20℃时的浓度。在标准滴定溶液标定、直接制备和使用时若温度有差异，应对标准滴定溶液体积进行补正（见《化学试剂 标准滴定溶液的制备》（GB/T 601—2016）附录 A）。规定"临用前标定"的标准滴定溶液，若标定和使用时的温度差异不大，可以不进行补正。标准滴定溶液标定、直接制备和使用时所用分析天平、滴定管、单标线容量瓶、单标线吸管应有容量校正因子。

（3）在标定和使用标准滴定溶液时，滴定速度一般应保持在 6~8mL/min。

（4）称量工作基准试剂的质量的数值≤0.5g 时，按精确至 0.01mg 称量；数值>0.5g 时，按精确至 0.1mg 称量。

（5）制备标准滴定溶液的浓度值应在规定浓度值的±5%范围以内。

（6）除另有规定外，标定标准滴定溶液的浓度时，须两人进行实验，分别各做四平行，每人四平行测定结果的相对极差不得大于重复性临界极差

的相对值 0.15%，两人共八平行测定结果的相对极差不得大于重复性临界极差 $[CR_{0.95}(8)_r]$ 的相对值 0.18%。在运算过程中保留 5 位有效数字，取两人八平行标定结果的平均值作为标定结果，报出结果取 4 位有效数字。需要时，可采用比较法对部分标准滴定溶液的浓度进行验证，见《化学试剂 标准滴定溶液的制备》（GB/T 601—2016）附录 C。

（7）标准滴定溶液浓度平均值的扩展不确定度一般不应大于 0.2%（包含因子 $k=2$），其评定方法参见《化学试剂 标准滴定溶液的制备》（GB/T 601—2016）附录 D。

（8）使用工作基准试剂标定标准滴定溶液的浓度。当对标准滴定溶液浓度值的准确度有更高要求时，可使用标准物质（扩展不确定度应小于 0.05%）代替工作基准试剂进行标定或直接制备，并在计算标准滴定溶液浓度值时，将其质量分数代入计算式中。

（9）标准滴定溶液的浓度小于或等于 0.02mol/L 时（除 0.02mol/L EDTA-2Na、氯化锌标准滴定溶液外），应于临用前将浓度高的标准滴定溶液用煮沸并冷却的水稀释（不含非水溶剂的标准滴定溶液），必要时重新标定。

（10）贮存：①除另有规定外，标准滴定溶液在 10~30℃ 环境中，密封保存时间一般不超过 6 个月；碘标准滴定溶液、亚硝酸钠标准滴定溶液（浓度为 0.1mol/L）密封保存时间为 4 个月；高氯酸标准滴定溶液、氢氧化钾-乙醇标准滴定溶液、硫酸铁（Ⅲ）铵标准滴定溶液密封保存时间为 2 个月。超过保存时间的标准滴定溶液进行复标定后可以继续使用。②在 10~30℃ 环境中，开封使用过的标准滴定溶液保存时间一般不超过 2 个月（倒取溶液后立即盖紧）；碘标准滴定溶液、氢氧化钾-乙醇标准滴定溶液一般不超过 1 个月；亚硝酸钠标准滴定溶液（浓度为 0.1mol/L）一般不超过 15d；高氯酸标准滴定溶液开封后应在当天使用。③当标准滴定溶液出现混浊、沉淀、颜色变化等现象时，应重新制备。

（11）贮存标准滴定溶液的容器，其材料不应与溶液起理化作用，壁厚最薄处不小于 0.5mm。

三、常见标准滴定溶液的配制与标定

（一）氢氧化钠标准滴定溶液

1. 配制

称取 110g 氢氧化钠，溶于 100mL 无二氧化碳的水中，摇匀，注入聚乙烯容器中，密闭放置至溶液清亮。按表 5-8 的规定，用塑料管量取上层清液，用无二氧化碳的水稀释至 1000mL，摇匀。

表 5-8　氢氧化钠标准溶液的浓度和体积对照

氢氧化钠标准溶液的浓度 $c(NaOH)/(mol/L)$	氢氧化钠标准溶液的体积 V/mL
1	54
0.5	27
0.1	5.4

2. 标 定

按表 5-9 的规定，称取于 105～110℃电烘箱中干燥至恒重的工作基准试剂邻苯二甲酸氢钾，加无二氧化碳的水溶解，加 2 滴酚酞指示液（10g/L），再用配制好的氢氧化钠溶液滴定至溶液呈粉红色，并保持 30s。同时做空白试验。

表 5-9　氢氧化钠标准溶液的标定

氢氧化钠标准滴定溶液的浓度 $c(NaOH)/(mol/L)$	工作基准试剂邻苯二甲酸氢钾的质量 m/g	无二氧化碳水的体积 V/mL
1	7.5	80
0.5	3.6	80
0.1	0.75	50

氢氧化钠标准滴定溶液的浓度 $c(NaOH)$，数值以摩尔每升（mol/L）表示，按下式计算

$$c(NaOH) = \frac{m \times 1000}{(V_1 - V_2)M} \qquad (5-3)$$

式中：m——邻苯二甲酸氢钾的质量的准确数值，为 g；

V_1——氢氧化钠溶液的体积，mL；

V_2——空白试验中氢氧化钠溶液的体积，mL；

M——邻苯二甲酸氢钾的摩尔质量，g/mol

$[M(KHC_8H_4O_4) = 204.22g/mol]$。

（二）盐酸标准滴定溶液

1. 配 制

按表 5-10 的规定量取盐酸，注入 1000mL 水中，摇匀。

表 5-10　盐酸标准溶液的浓度和体积对照

盐酸标准溶液的浓度 $c(HCl)/(mol/L)$	盐酸标准溶液的体积 V/mL
1	90
0.5	45
0.1	9

2. 标 定

按表 5-11 的规定，称取于 270～300℃高温炉中灼烧至恒重的工作基准试剂无水碳酸钠，溶于 50mL 水中，加 10 滴溴甲酚绿-甲基红指示液，用配制好的盐酸标准溶液滴定至溶液由绿色变为暗红色，煮沸 2min，冷却后继续滴定至溶液又呈暗红色。同时做空白试验。

表 5-11　盐酸标准溶液的标定

盐酸标准滴定溶液的浓度 $c(HCl)/(mol/L)$	工作基准试剂无水碳酸钠的质量 m/g
1	1.9
0.5	0.95
0.1	0.2

盐酸标准滴定溶液的浓度 $c(HCl)$，数值以摩尔每升（mol/L）表示，按下式计算

$$c(HCl) = \frac{m \times 1000}{(V_1 - V_2)M} \qquad (5-4)$$

式中：m——无水碳酸钠的质量的准确数值，g；

V_1——盐酸溶液的体积，mL；

V_2——空白试验盐酸溶液的体积，mL

M——无水碳酸钠的摩尔质量，g/mol

$\left(M\left(\frac{1}{2}Na_2CO_3\right) = 52.994g/mol\right)$。

（三）硫酸标准滴定溶液

1. 配 制

按表 5-12 的规定量取硫酸，缓缓注入 1000mL 水中，冷却，摇匀。

表 5-12　硫酸标准溶液的浓度和体积对照

硫酸标准溶液的浓度 $c\left(\frac{1}{2}H_2SO_4\right)/(mol/L)$	硫酸标准溶液的体积 V/mL
1	30
0.5	15
0.1	3

2. 标 定

按表 5-13 的规定，称取于 270～300℃高温炉中灼烧至恒重的工作基准试剂无水碳酸钠，溶于 50mL 水中，加 10 滴溴甲酚绿-甲基红指示液，用配制好的硫酸溶液滴定至溶液由绿色变为暗红色，煮沸 2min，冷却后继续滴定至溶液再呈暗红色。同时做空白试验。

表 5-13　硫酸标准溶液的标定

硫酸标准滴定溶液的浓度 $c\left(\frac{1}{2}H_2SO_4\right)/(mol/L)$	工作基准试剂无水碳酸钠的质量 m/g
1	1.6
0.5	0.8
0.1	0.2

硫酸标准滴定溶液的浓度 $c\left(\frac{1}{2}H_2SO_4\right)$ 数值以摩尔每升（mol/L）表示，按下式计算

$$c\left(\frac{1}{2}H_2SO_4\right)=\frac{m\times1000}{(V_1-V_2)M} \quad (5\text{-}5)$$

式中：m——无水碳酸钠质量的准确数值，g；

V_1——硫酸溶液的体积，mL；

V_2——空白试验硫酸溶液的体积，mL；

M——无水碳酸钠的摩尔质量，g/mol

$\left(M\left(\frac{1}{2}Na_2CO_3\right)=52.994g/mol\right)$。

（四）碳酸钠标准滴定溶液

1. 配 制

按表 5-14 的规定称取无水碳酸钠，溶于 1000mL 水中，摇匀。

表 5-14　碳酸钠标准溶液的浓度和体积对照

碳酸钠标准溶液的浓度 $c\left(\frac{1}{2}Na_2CO_3\right)/$(mol/L)	无水碳酸钠标准溶液的质量 m/g
1	53
0.1	5.3

2. 标 定

量取 35.00～40.00mL 配制好的碳酸钠溶液，加表 5-15 规定体积的水，加 10 滴溴甲酚绿–甲基红指示液，用表 5-15 规定的相应浓度的盐酸标准滴定溶液滴定至溶液由绿色变为暗红色，煮沸 2min，冷却后继续滴定至溶液呈暗红色。

表 5-15　碳酸钠标准溶液的标定

碳酸钠标准滴定溶液的浓度 $c\left(\frac{1}{2}Na_2CO_3\right)/$(mol/L)	加入水的体积 V/mL	盐酸标准滴定溶液的浓度 c(HCl)/(mol/L)
1	50	1
0.5	20	0.1

碳酸钠标准滴定溶液的浓度，数值以摩尔每升（mol/L）表示，按下式计算

$$c\left(\frac{1}{2}Na_2CO_3\right)=\frac{V_1c_1}{V} \quad (5\text{-}6)$$

式中：V_1——盐酸标准滴定溶液的体积，mL；

c_1——盐酸标准滴定溶液浓度的准确数值，mol/L；

V——碳酸钠溶液体积的准确数值，mL。

（五）重铬酸钾标准滴定溶液

1. 配 制

称取 5g 重铬酸钾，溶于 1000mL 水中，摇匀。

2. 标 定

量取 35.00～40.00mL 配制好的重铬酸钾溶液，置于碘量瓶中，加 2g 碘化钾及 20mL 硫酸溶液（浓度为 20%），摇匀，于暗处放置 10min。加 150mL 水（15～20℃）中，用硫代硫酸钠标准滴定溶液 $\left(c\left(\frac{1}{2}Na_2CO_3\right)=0.1mol/L\right)$ 滴定，近终点时加 2mL 淀粉指示液（10g/L），继续滴定至溶液由蓝色变为亮绿色。同时做空白试验。

重铬酸钾标准滴定溶液的浓度 $c\left(\frac{1}{6}K_2Cr_2O_7\right)$，数值以摩尔每升（mol/L）表示，按下式计算

$$c\left(\frac{1}{6}K_2Cr_2O_7\right)=\frac{(V_1-V_2)c_1}{V} \quad (5\text{-}7)$$

式中：V_1——硫代硫酸钠标准滴定溶液的体积，mL；

V_2——空白试验硫代硫酸钠标准滴定溶液的体积，mL；

c_1——硫代硫酸钠标准滴定溶液浓度的准确数值，mol/L；

V——重铬酸钾溶液体积的准确数值，mL。

第五节　实验室废液和废渣的知识

在检测实验过程中经常会产生一些有毒的气体、液体和固体等危险废物，对工作环境和人员身体健康存在较大的威胁，特别是某些剧毒物质，如果直接排出可能污染周围空气和水源，损害人体健康。因此，对实验室产生的废液和废气、废渣等危险废物，均应按相关规定收集、存放和处理。

一、危险废物的分类

实验室中的危险废物主要包括废气、废液和废渣（固体废物），统称"三废"。其中废气指的是实验中产生的气体，如硫、磷等酸性蒸气；废液指的是实验过程中产生的含有多种化学物质的液体或废弃的各种有机溶剂，如果直接排入管道会对人们生活和生产产生不利影响；固态废物指的是废弃化学试剂、废弃包装物、废弃容器及其他固态废物。

二、危险废物的收集与贮存

为防止实验室的污染扩散，实验室危险废物收集

与存放的原则为：分类收集存放。在收集危险废物时，应使其对实验室工作人员、危险废物收集人员以及环境可能存在的危害降至最小。对于危险废物中的化学废物，应使用合适的容器收集贮存，该容器应根据废物类型明确标志，同时在使用前对容器进行净化去污处理，并且应考虑化学废物贮存的兼容性，如有必要应分开存放。

危险废物收集后，应将化学废弃物清楚标志，表明其特性和来源，并将贮存化学废物的容器置于通风良好且便于运送的区域。存放危险废物的区域应配备相应的贮存设施，包括通信设备、照明设施、安全防护服装与工具，并设有应急防护措施。此外，还应具有防烟、防火等设施，并根据贮存需要增加防火隔离设施。

三、危险废物的处置

实验室产生的废气、废液、废渣（固体废物）大多数是有毒物质，有些是剧毒物质或致癌物质，必须经过处理才能排放。处置实验室危险废物应尽可能减少废物量，尤其注意溶剂的回收和重复利用。对于难处理的废物，特别是含重金属的废物，不能直接排放到环境中。化学废物应及时收集并委托持有危险废物经营许可证的单位进行利用处置。对于部分实验废物，实验室可按照一定方法处理或进行简单处理后交付有资质的废物处置公司处置，下面分别介绍实验室常见废气、废液和废渣（固体废物）的处置方法。

（一）废气的处置

（1）对产生毒害可能性较小的气体的实验，应在通风橱内操作，通过排风设备将废气稀释可排放到室外，以免污染室内空气。

（2）对产生毒害可能性较大的气体的实验，必须有吸收或处理装置，废气通过过滤吸收处理后才能排到室外。如二氧化氮、二氧化硫、氯气、硫化氢等酸性气体应用碱液吸收。

（3）对化学检测过程产生的废蒸气，如样品的强酸消解、挥发浓缩处理等过程产生的有害气体，须经专用通风橱排出室外。

（二）废液的处置

废液是实验室中产生最多的有害物质，此处作重点介绍。

（1）含有高浓度有机物的废液（如废甲醇、废酒精、废油等）应建立贮存桶，集中贮存，桶满后按规定处理。

（2）含高浓度的酸碱废液应存入有明显标志的酸碱中和缸作无害化处理后排放。

（3）含有重金属的废液（汞、镉、铅、银等）应建立废液桶，集中处理后排放，最有效和最经济的处理方法是加碱或硫化钠把重金属离子变成难溶性的氢氧化物或硫化物沉淀，过滤分离；少量残渣可埋于地下。如对含汞盐废液，应先调 pH 至 8~10 后，加适当过量的硫化钠，生成硫化汞沉淀，再加硫酸亚铁生成硫化亚铁沉淀，从而吸附硫化汞沉淀下来。静置后分离，再离心，过滤，清液含汞量可降到 0.02mg/L 以下，随后排放。少量残渣可埋于地下，大量残渣可用焙烧法回收汞，但一定要在通风橱内进行。对含铅、镉废液，用氢氧化钙将 pH 调至 8~10，使铅离子、镉离子生成氢氧化钙和氢氧化镉沉淀，加入硫酸亚铁作为共沉淀剂。

（4）含砷废液可加入氧化钙，调节 pH 为 8，生成砷酸钙和亚砷酸钙沉淀；或调节 pH 至 10 以上，加入硫化钠与砷反应，生成难溶、低毒的硫化物沉淀。

（5）混合废液用铁粉法处理，调节 pH 为 3~4，加入铁粉，搅拌半小时，加碱调节 pH 至 9 左右。继续搅拌 1min，加入高分子混凝剂，混凝后沉淀，清液排放，沉淀物以废渣形态处理。

（6）氰化物是剧毒物质，含氰废液必须认真处理。少量的含氰废液可先加氢氧化钠调节 pH 至 8~10，再加入几克高锰酸钾使 CN^- 氧化分解。大量的含氰废液可用碱性氯化法处理：先用碱调至 pH 大于 10，再加入漂白粉，使 CN^- 氧化成氰酸盐，并进一步分解为二氧化碳和氮气。

（7）有机实验中用过的有机溶剂可以回收利用。如：废乙醚溶液置于分液漏斗中，用水洗一次，中和，用 0.5%高锰酸钾洗至紫色不褪，再用水洗；用 0.5%~1%硫酸亚铁铵溶液洗涤，除去过氧化物，再用水洗；用氯化钙干燥、过滤、分馏、收集，于 33.5~34.5℃环境中馏分。乙酸乙酯废液先用水洗几次，再用硫代硫酸钠稀溶液洗几次，使之褪色再用水洗几次；蒸馏，用无水碳酸钾脱水，放置几天，过滤后蒸馏、收集，于 76~77℃环境中馏分。氯仿废溶剂、乙醇废溶液、四氯化碳废溶液等都可以通过水洗废液再用试剂处理，最后通过蒸馏收集沸点左右馏分，最终得到被回收的溶剂。

（8）废液通过集中处理后得到的固体废物，应将该危险物品进行安全处置或统一妥善保管。

（三）废渣（固体废物）的处置

在分析实验过程中，产生的固体废弃物不能随便乱放，以免发生事故。如：能放出有毒气体或能自燃的危险废料不能丢进废品箱内或排进废水管道中；不溶于水的废弃化学药品严禁倒入废水管道中，必须将其在适当的地方烧掉或用化学方法处理成无害物。实验室常见固体废物处理方法如下：

（1）对环境无污染、无毒害的固体废弃物按一般垃圾处理。

（2）分析实验产生的一般固体废物（如纸屑、木片、碎玻璃、废塑料等）可直接倒入实验室垃圾桶。

（3）易于燃烧的固体有机废物应焚烧处理。

（4）对环境有害的固体废物应统一收集，如有害固体药品，然后交给有资质的废物处置公司进行处置。

第六节　实验室计量器具管理

一、《中华人民共和国计量法（2018 年修正）》部分条款摘选

《中华人民共和国计量法（2018 年修正）》于 2018 年 10 月 26 日由全国人大常委会正式发布并实施。其中对于排水监测用计量器具的相关条款有：

第九条　县级以上人民政府计量行政部门对社会公用计量标准器具，部门和企业、事业单位使用的最高计量标准器具，以及用于贸易结算、安全防护、医疗卫生、环境监测方面的列入强制检定目录的工作计量器具，实行强制检定。未按照规定申请检定或者检定不合格的，不得使用。实行强制检定的工作计量器具的目录和管理办法，由国务院制定。对前款规定以外的其他计量标准器具和工作计量器具，使用单位应当自行定期检定或者送其他计量检定机构检定。

第十条　计量检定必须按照国家计量检定系统表进行。国家计量检定系统表由国务院计量行政部门制定。计量检定必须执行计量检定规程。国家计量检定规程由国务院计量行政部门制定。没有国家计量检定规程的，由国务院有关主管部门和省、自治区、直辖市人民政府计量行政部门分别制定部门计量检定规程和地方计量检定规程。

第二十二条　为社会提供公证数据的产品质量检验机构，必须经省级以上人民政府计量行政部门对其计量检定、测试的能力和可靠性考核合格。

二、实验室计量器具的分类及管理

（一）计量器具的定义

计量器具是指单独地或连同辅助设备一起用以进行测量的器具，是能用以直接或间接测出被测对象量值的装置、仪器仪表、量具和用于统一量值的标准物质。计量器具广泛应用于生产、科研领域和人民生活等各方面，在整个计量立法中处于相当重要的地位。计量器具是计量学研究的一个基本内容，是测量的物质基础。计量器具包括计量基准器具、计量标准器具、普通计量器具。

1. 计量基准器具

计量基准就是在特定领域内，具有当代最高计量特性，其值不必参考相同量的其他标准，而被指定的或普遍承认的测量标准。经国际协议公认，在国际上作为给定量的其他所有标准定值依据的标准称为国际基准；经国家正式确认，在国内作为给定量的其他所有标准定值依据的标准称为国家基准。

2. 计量标准器具

计量标准是指为了定义、实现、保存或复现量的单位或一个或多个值的用作参考的实物量具、参考物质或测量系统。我国习惯为基准高于标准，这是从计量特性来考虑的，各级计量标准器具必须直接或间接地接受国家基准的量值传递而不能自行定度。

3. 普通计量器具

普通计量器具是指一般日常工作中所用的计量器具，它可获得某给定量的计量结果。

（二）计量器具的分类

按等级分类，计量器具可以分为以下 3 类。

1. A 类计量器具

（1）A 类计量器具范围

①最高计量标准和计量标准器具。

②用于贸易结算、安全防护、医疗卫生和环境监测方面，并列入强制检定工作计量器具范围的计量器具。

③生产工艺过程中和质量检测中关键参数用的计量器具。

④进出厂物料核算用计量器具。

⑤精密测试中准确度高或使用频繁而量值可靠性差的计量器具。

（2）实验室 A 类计量器具范围

实验室 A 类计量器具指国家强制检定的计量器具，一般包括：

①玻璃液体温度计（用于水温检测）。

②天平（砝码）。

③压力表。

④有害气体分析仪：一氧化碳分析仪、二氧化碳分析仪、二氧化硫分析仪、测氢仪、硫化氢测定仪等。

⑤分光光度计：可见光分光光度计、紫外分光光

度计、红外分光光度计、荧光分光光度计、原子吸收分光光度计等。

⑥水质污染监测仪：水质监测仪、水质综合分析仪、测氰仪、溶氧测定仪、酸度计等。

2. B类计量器具

（1）B类计量器具范围

①安全防护、医疗卫生和环境监测方面，但未列入强制检定工作计量器具范围的计量器具。

②生产工艺过程中非关键参数用的计量器具。

③产品质量的一般参数检测用计量器具。

④二、三级能源计量用计量器具。

⑤企业内部物料管理用计量器具。

（2）实验室B类计量器具

实验室B类计量器具指与检测数据质量有关，对检测数据质量有影响的计量器具，一般包括：

①除强制检定的大型仪器设备外的仪器设备：如光谱仪等。

②移液枪。

③温湿度计（BOD室、天平室用）。

④生物发光仪。

⑤COD快速测定仪。

3. C类计量器具

（1）C类计量器具范围

①低值易耗的、非强制检定的计量器具。

②生活区内部能源分配用计量器具，辅助生产用计量器具。

③在使用过程中对计量数据无精确要求的计量器具。

④国家计量行政部门明令允许一次性检定的计量器具。

（2）实验室C类计量器具范围

①瓶口分液器。

②温湿度计（除BOD室、天平室外）。

③温度表（冰箱、培养箱、烘箱等）。

④压力表（高压锅用）。

（三）计量器具的管理

1. A类计量器具的管理

（1）A类中凡列为强制检定的计量器具，应一律向其指定的质量技术监督局申请周期检定，并建立计量台账，及时对检定结果进行登记。

（2）凡A类强制检定计量器具管理，应严格执行实验室制定的相关管理要求，其检定周期应遵守其中规定的周期。

（3）严格执行计量检定规程，使用频率较高、性能不稳定、质量影响较大的设备应制定严格的期间核

查方法，并经实验室技术负责人批准。

（4）实验室计量管理人员应做好本单位计量工作的监督检查，保证严格按照规程实施周期检定，周检率应达到100%。

（5）检定证书应放置在实验室现场。

2. B类计量器具的管理

（1）B类计量器具根据类别及实际情况，由实验室制定检定周期，并应在检定规程或在内控校准方法规定的检定（校准）周期内对计量器具进行检定（校准）。计量器具的检定（校准）周期，需经实验室技术负责人批准。

（2）对于外部无法检定或校准的设备可进行内部核查，如生物发光仪和COD快速测定仪等，需制定详细的内部核查规程，包括核查方法和核查周期等。经实验室技术负责人批准后执行。

（3）通用计量器具做专用器具使用时，可按其实际使用需要适当减少检定项目，但需在检定证书上作出说明，并在计量器具上标上醒目的限用标志。

（4）对计量性能稳定、耐用、使用又不频繁的计量器具，其检定周期可酌情延长。延长时间的长短要以此期间内保证计量器具提供可靠数据为依据。

（5）建立B类计量器具台账，检定（校准）证书放置在实验室现场。

3. C类计量器具的管理

（1）C类计量器具的检定可根据其类别和使用情况，由实验室制定检定周期，可进行一次性检定或自校准，验收后投入使用。需要注意的是，修理后必须进行检定或核查。

（2）要建立C类计量器具台账，检定（校准）证书或自校准记录应放置在实验室现场。

（3）对C类计量器具要加强监督和日常维护保养，进行定期或不定期的检验、比对，做到随坏、随修、随换。

三、仪器设备的管理

（一）仪器设备的安装

（1）设备到货后须进行验收。查看是否有检验合格证、使用说明书及装箱单，并将说明书原件、采购合同、验收报告等相关资料存档。然后，清点备件是否按合同规定备齐。

（2）确定仪器责任人，由仪器管理人员填写验收记录、仪器登记表。

（3）仪器的安装调试工作应在厂方专业技术人员的指导下进行，严格按照仪器说明书进行安装调试，仪器设备责任人和厂方安装人员应及时记录仪器的各

项工作性能，审查仪器的工作性能是否符合规定的要求，并递交调试、性能检验报告。

（4）仪器安装调试完毕后，仪器设备责任人和使用人负责写出书面调试报告，进口仪器说明书通常应译成中文后与仪器的原始资料一起存档。

（二）仪器设备的使用与保养

（1）所有仪器使用人员须熟悉仪器的工作性能，掌握仪器的工作原理，理解仪器说明书，认真操作。

（2）重要、关键的仪器设备以及技术复杂的大型仪器设备应由授权的人员进行操作；授权操作人员应通过培训、考核，持证上岗；未经指定的人员不得操作该设备。

（3）仪器使用前后要记录仪器的工作情况、使用时间、使用人员，有无异常现象发生等，填写仪器使用记录表。仪器使用完毕后，要做好现场清理工作，切断电源、热源、气源等，盖上防尘罩。

（4）仪器室内要穿工作服，不准吃零食，不准吸烟，保持室内整洁、卫生、干燥，一切有腐蚀性的物质不得存放在仪器室内。

（5）实习、进修、在培等没有授权的人员操作仪器时，应在有证人员的指导下，按现行、有效、最新版本的作业指导书或仪器设备制造商提供的有关手册（如说明书等）中的规定进行操作。这些文件应易于获得，便于现场使用。

（6）实验室应对所有在用仪器设备及其软件统一编号，仪器编号应张贴在仪器设备的醒目处，作为唯一性标志；对每台仪器应有固定标志牌，可包括仪器名称、仪器型号、固定资产号等。

（7）所有仪器设备应配备相应的设施与操作环境，保证仪器设备的安全处置、使用和维护，确保仪器设备正常运转，避免仪器设备损坏或污染。

（8）所有仪器在使用过程中发现有异常现象发生时，应立即停止使用，终止实验。由仪器责任人向使用部门负责人和仪器管理人员汇报，按仪器设备的维护和维修程序申请维修。在维修期间应粘贴"停用"标志，避免其他使用人员误用。

（9）借用（包括借进、借出）仪器设备时，双方必须填写借用登记或索取借据，交接时进行功能和校准状态检查，必要时附带相关资料，借用的仪器设备必须在确认能满足检测要求后方可使用，借用仪器设备的确认由相关部门负责。

（10）仪器设备不得随意搬动。若仪器搬动返回后，在使用前须对其性能进行核查，显示满意结果方可使用。

（11）实验室应制定仪器设备的维护保养计划，由仪器责任人负责按计划执行仪器的日常维护。有特殊要求的仪器要按特殊要求进行维护。

（12）不经常使用的仪器要定期通电检查和更换防潮硅胶等，并且登记备查。

（13）与仪器配套使用的电脑不得安装与仪器使用无关的软件。

（三）仪器设备的故障与维修

（1）出现故障后，仪器责任人须进行故障分析，同时评估故障对先前检测工作的影响。

（2）仪器的一般故障，由仪器使用人员和责任人自行排除，并在仪器使用记录表上登记。同时报告使用部门负责人和设备管理员。

（3）当仪器出现使用人员不可解决的故障时，必须填写仪器维修申请单，由专业技术人员维修。大、中型精密贵重仪器未经维修人员同意，不得私自拆卸。

（4）维修完毕，使用人员应进行性能检验（检定、校准或核查）并上交报告。检验证明其功能指标已恢复后，该仪器方可投入使用。

（5）当仪器的故障无法得到修复或修复后部分性能指标下降，应申请仪器设备降级或报废。

（四）仪器设备的降级、报废

（1）仪器的部分性能指标下降，且无法改善的情况下，由仪器责任人向使用部门负责人提出书面申请，报设备管理人员审批。

（2）仪器管理员组织仪器责任人、仪器使用人及使用部门和管理部门负责人共同参加鉴定。鉴定必须降级使用的仪器，由技术负责人批准。

（3）降级使用的仪器包括：

①按照仪器规定的指标，经调试达不到要求的。

②有某项指标不稳定的。

③经过改装、大修和超年限使用的。

（4）需要做报废处理的仪器包括：

①仪器性能达不到现行的检测标准的。

②仪器损坏，无法修复的。

（5）需要报废处理的仪器，必须履行以下程序：

①经仪器责任人员和操作人员查明原因并提出书面报告上报部门负责人，报给仪器管理员。

②必要时，仪器管理员组织仪器责任人、使用人及使用部门和管理部门负责人共同参加鉴定。

③鉴定需报废的仪器，应由专家级技术工程师建议或相关技术人员评估，确定不能再用的，由仪器管

理员填写仪器报废申请表，报上级审核批准。

④批准后，相关部门应核销固定资产并更新仪器档案。

四、量值溯源管理

(一)仪器设备检定和校准

(1)按照强制计量检定规定和实际情况编制仪器设备器具计量检定周期，根据仪器、设备、器具的检定周期和具体使用情况，确定检定日期，编制计量台账。

(2)属于国家法定计量检定范围的仪器设备，应按有关文件规定，送计量部门定期检定，经检定合格方可使用。

(3)新仪器设备投入使用前，按要求列入检定/校准计划并组织实施，确定符合规定要求后方可使用；当检定/校准产生一组修正值时，应确保所有备份得到更新。

(4)对检定有效期内的仪器设备在有效期之前1个月送检或联系检定部门上门检定，对使用频次多的校准仪器设备可每年校准1次，使用频次少的大型仪器可2年校准1次。

(5)仪器、设备的检定/校准证书(或测试报告)取回后，检定报告要及时归档。检定合格的仪器设备，应及时将检定证书复印件发放到实验现场，并按检定结果在仪器醒目位置贴上仪器使用"三色标志"。即"合格""准用""停用"，颜色分别用"绿""黄""红"三色表示，标志上注明仪器设备的编号、检定日期、有效期、检定单位。禁止使用超过检定有效期的仪器。对校准或检定不合格的仪器，一律不准使用。

(6)对不需要检定、校准，但功能必须正常的仪器设备每季度核查1次；对于纳入设备设施管理范围的软件应定期验证。由使用人员进行核查，并做好核查记录。

(7)大型仪器一经搬动都必须进行校准或检定，并记录位置变化。

(二)仪器设备的自校

(1)对于无法溯源的仪器设备，应组织协调相关的实验室人员编制设备自校准计划和自校准作业指导书。通过自校准的方法和实验室间比对的方法实现量值的可靠性和统一性。仪器设备进行自校准操作时，应有相应的实施记录。

(2)实验室间比对报告和自校准报告经过技术负责人的确认后，自校的设备方可启用。

五、期间核查管理

(一)期间核查的意义

实验室中使用频率高、易损坏、性能不稳定的仪器在使用一段时间后，由于操作方法、环境条件(电磁干扰、辐射、灰尘、温度、湿度、供电、声级)，以及移动、震动、样品和试剂溶液污染等因素的影响，并不能保证检定或校准状态的持续可信度。因此，实验室应对这些仪器进行期间核查。

例如，分析天平是实验室称取物质质量的常用仪器，使用频率最高，容易受到被称量物质的污染，过载、使用不当还会造成刀口损坏，影响天平的灵敏度和准确度。又如，分光光度计对光波长的要求很高，在叶绿素的测定中波长偏差1~2nm可造成叶绿素浓度测定结果10%~20%的相对误差。此外，仪器的信噪比、单色光带宽、杂色光强度以及样品室和比色皿的污染等都可能影响仪器的灵敏度和准确度。实验室应针对具体的仪器进行分析研究，掌握仪器分析原理和性能特性，以及可能影响检验结果准确性和稳定性的因素，确定需要进行期间核查的仪器名称，应编制相应的期间核查方法。

仪器的期间核查并不等于检定周期内的再次检定，而是核查仪器的稳定性、分辨率、灵敏度等指标是否持续符合仪器本身的检测/校准工作的技术要求。针对不同仪器的特性，可使用不同的核查方法，如仪器比对、方法比对、标准物质验证、回收率测定等。条件允许时，也可以按检定规程进行自校。期间核查的时间间隔一般以在仪器的检定或校准周期内进行1~2次为宜。对于使用频率比较高的仪器，应增加核查的次数。

(二)期间核查的内容和要求

实验室应根据仪器的性能和使用情况，在规定的时间间隔内，使用相应的核查方法对仪器进行期间核查，只要检查方法有效、周期稳定，就一定能及时预防和发现不合格的仪器并避免误用，保证检验结果持续的准确性、有效性，为顾客和社会提供可信的数据和满意的服务。

1. 期间核查的原因

期间核查通常在下述情况下进行：

(1)仪器设备使用频繁。

(2)仪器设备导出数据异常。

(3)仪器设备故障维修或改装后。

(4)长期脱离实验室控制的仪器设备在恢复使用前(如外界)。

(5)仪器设备经过运输和搬迁。

(6)使用在控制范围以外的仪器设备。

2. 期间核查的内容

核查内容一般为：

(1)仪器设备的基线漂移、本底水平、信噪比、零点稳定度检测。

(2)光学仪器设备的波长重现性和灵敏度检测。

(3)采用有证标准物质，对仪器设备进行准确度和精密度的检测；也可将以前做过的工作再做一次（留样再测）、使用标准样再测（作质控图）。

(4)制作测量工作校准曲线，根据线性回归方程，获得修正因子，确认仪器设备的检测范围和检出限量。

3. 期间核查的方法

大中型检测仪器设备（如原子吸收光谱仪、原子荧光光谱仪、离子色谱仪、总有机碳分析仪、气相色谱仪等）以标准曲线或标准样品方式进行核查。核查结果记录在标准样品和标准曲线记录单中。若发现标准样品或者标准曲线检测结果不合格或有不合格的趋势，应认真分析并查找原因，必要时请厂家工程师进行维修。在核查的过程中，若发现标准曲线或标准样品的核查方式不满足技术要求，应由使用人员制订详细的期间核查方法，批准后执行。

检测实验室常用设备的期间核查方法如下：

(1)溶解氧仪

可采取仪器比对的方式进行期间核查，填写期间核查记录。仪器比对的核查标准如下：两台设备同时对1份样品进行平行7次测定，计算各设备的测定结果的平均值和标准偏差，若小于5%，则结果合格。

(2)电子天平

①重复性：天平在相同条件下多次称量同一物体所得结果之间的一致性程度。使用检定过的砝码重复称量7次，极差小于等于5分度(0.5mg)，与砝码的误差小于等于5分度(0.5mg)，则结果合格。

②空载测定：空载时，重复称量7次，极差小于等于5分度(0.5mg)，则结果合格。

③满载测定：使用检定过的砝码（满载重量）重复称量7次，极差小于等于5分度(0.5mg)，则结果合格。

(3)移液器

依据《移液器检定规程》(JJG 646—2018)可有选择地对重点在用的各个点进行核查。

4. 期间核查的结果

期间核查结果应记录并归档。期间核查中发现设备运行有问题时，应停用报修。对运行有问题的设备所涉及检测结果有效性有影响时，应对检测项目进行重新检测。对已出具的检测报告如需修改，应以书面形式通知客户。

第六章
直接量测指标检测

第一节 感官和物理性状指标的测定原理和方法

水的感官指标是对应人的 4 种感觉器官而言的。眼、鼻、舌、身分别对应视觉指标、嗅觉指标、味觉指标和触觉指标。水的感官指标体系如图 6-1 所示。

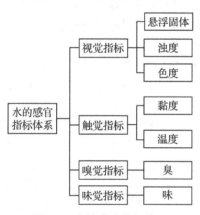

图 6-1 水的感官指标体系

水的感官性状十分重要。感官性状不良的水，会使人产生厌恶感和不安全感。例如，我国的《生活饮用水卫生标准》（GB 5749—2006）规定，饮用水的色度不应超过 15 度，也就是说，一般饮用者不应察觉水有颜色。而且饮用水也应无异常的气味和味道，呈透明状，不混浊，没有肉眼可以看到的异物。如果饮用水出现混浊，有颜色或异常味道，就说明水被污染，应立即进行调查和处理。

一、悬浮固体的测定原理和方法

(一)悬浮固体的测定意义和原理

悬浮固体是指悬浮于水中不能通过过滤器的固体物质。主要包括不溶于水的淤泥、黏土、有机物、微生物等细微物质。悬浮固体（SS）是造成水质混浊的主要原因，是衡量水污染程度的指标之一。悬浮物沉积在河床会影响水生生物的发育成长。有机悬浮物沉积后，易产生厌氧发酵，使生物需氧量增高，影响水质。

悬浮固体是水质研究中使用频率较高的一项固相物质指标，其他固相物质指标还包括总固体（TS）、溶解性总固体（TDS）、挥发性悬浮固体（VSS）和非挥发性悬浮固体（NVSS）等。这些指标的定义十分类似，但其表征的固相物质的种类有明显区别。测定和使用这些指标时，要注意它们之间的区别和联系（表 6-1）

表 6-1 不同固相物质指标的关系

指 标	其他名称	与其他指标的关系
悬浮固体	不可滤残渣	$c_{SS} = c_{TS} - c_{TDS}$
总固体	蒸发总残留物	$c_{TS} = c_{TDS} + c_{SS}$
溶解性总固体	过滤性残渣	$c_{TDS} = c_{TS} - c_{SS}$
挥发性悬浮固体	生物量浓度	$c_{VSS} = c_{SS} - c_{NVSS}$
非挥发性悬浮固体	固定悬浮固体/灰分	$c_{NVSS} = c_{SS} - c_{VSS}$

注：c 代表水中不同物质的含量，单位为 mg/L。

(二)悬浮固体的测定方法

总固体的主要测定方法是烘干称重。烘干时温度的选择非常重要，常用的两种烘干温度为 $(104 \pm 1)\,℃$ 和 $(180 \pm 2)\,℃$。由于烘干温度较高，在保证将水分子去除的前提下，还应尽量减少易分解有机物和无机盐的热损失。烘干后应迅速放入干燥器中冷却，冷却至常温后进行快速称重。

$(104 \pm 1)\,℃$ 烘干时，自由水全部蒸发，结晶水会保留在残留物中，有机物挥发损失很少。但该温度范围不易去除吸附水，因此恒重时间较长。

$(180 \pm 2)\,℃$ 烘干时，吸附水全部蒸发，有机物挥发逸失，某些结晶水可能存留在样品中；重碳酸盐均转为碳酸盐，部分碳酸盐可能分解为氧化物或碱式盐，某些氯化物和硝酸盐可能损失。

溶解性总固体可粗略反映水中溶解性物质的含量，也可能包括胶态物质。实际上，溶解性"固体"溶解在水中，不表现为凝聚固态，所以称其溶解性物质更贴切些。之所以称为溶解性"固体"，是因为它在水蒸发烘干之后以固体的形态残留下来，其定义的内涵来源于测定方法。

挥发性悬浮固体是指悬浮固体(过滤后)在600℃加热灼烧下的减重[与(104±1)℃条件下烘干的数据进行对比]，代表了悬浮固体的有机部分。

非挥发性悬浮固体是指悬浮固体灼烧后的残留部分，又称灰分，代表了悬浮固体的无机部分。

值得注意的是，挥发性的判断需要借助灼烧这一手段，但是严格来说，灼烧带来的质量损失并不完全代表挥发性有机物的含量。很多含有碳酸盐(重碳酸盐)的固体在高温下可分解，释放出二氧化碳而成为氧化物，一些硝酸盐和铵盐也可受热分解。

挥发性与非挥发性并不能准确反映水样中有机物和无机物含量的实际情况。全面研究水样所含有机物的情况，还需结合总有机碳、各种有机氮化合物、BOD和COD等多项指标进行解析。

悬浮固体的测量方法比较简单，包括过滤、烘干、称重3个步骤，水样经过过滤后留在过滤器上的固体物质，于(104±1)℃烘干至恒重便可得出测量值。悬浮固体包括不溶于水的各种泥沙和各种污染物、微生物以及无机物等。

过滤器的材质不同，其对应的过滤类别和过滤特性也不同，应依据后续处理的要求与自身实验的目的，选择合适的过滤器。常用的过滤器有滤纸、滤膜、石棉坩埚等，其中石棉坩埚通常用于过滤酸或碱浓度高的水样。

二、浊度的测定原理和方法

(一) 浊度的测定原理和意义

浊度是指由水中所含泥沙、黏土、有机物、无机物、浮游生物和微生物等悬浮物质所造成的光散射或吸收的程度，是对水中混浊程度的度量。

一般来说，光量子照射水体，会发生折射、反射、透射、散射和吸收等多个过程。浊度的概念是利用散射损失量来表征浊度的大小。通常用光线穿透样品后，在90°方向上的散射光强，来表征样品的浊度。散射现象与溶液中的悬浮颗粒物、胶体粒子等相关；吸收现象主要和溶液中可溶分子的特定吸收峰性有关。

因此，浊度是和溶液中的悬浮颗粒物悬浮固体直接相关的。但由于悬浮固体并不是均匀的纯物质，所以并不是悬浮固体高就一定导致浊度高，反之亦然。除非限定某种特定的水样，否则浊度与悬浮固体之间很难有明确的相关性。

(二) 浊度的测定方法

浊度的测量方法主要有分光光度法、目视比浊法和浊度计法。由于浊度主要是水中悬浮物造成的，而悬浮物不能在溶液中稳定存在，所以在测定浊度前要剧烈振摇水样使其均匀。

1. 分光光度法

分光光度法是福尔马肼浊度(FNU)单位制的来源，主要原理是：在适宜温度条件下，一定量的硫酸肼与乌洛托品反应，生成白色高分子聚合物(福尔马肼)，以此作为浊度标准储备液。将此浊度储备液逐级稀释成系列浊度标准液，在波长680nm条件下测定吸光度，并绘制关系曲线。吸取适量水样测定吸光度，在标准曲线上查得水样浊度。严格地说，分光光度法所测得的并不是散射光强，而是吸收光强。对于实际水样，这两者有很好的相关性，因此在没有专用浊度仪的情况下，可以使用分光光度法代替。

2. 目视比浊法

目视比浊法的主要原理是：硅藻土(或白陶土)经过处理后，配制成标准浊度原液，并规定1mg一定粒度的硅藻土(白陶土)在1L水中的浊度为1度。将浊度标准原液逐级稀释为一系列浊度标准液(其浊度范围应参照待测水样的浊度)，置于比色管中。取相同体积的待测水样置于比色管中，与标准浊度液进行目视比较，取与水样产生视觉效果相近的标准液的浊度，即为水样的浊度。若水样浊度超过100度，需先稀释再测定，最终结果要乘上其稀释倍数。

3. 浊度仪法

浊度仪是应用光的散射原理制成的，测定的是散射浊度(NTU)单位制下的浊度，即与光线传播方向呈90°的散射光强。NTU单位制使用的标准溶液也是福尔马肼。散射光强度与水中悬浮颗粒物的大小和总数成比例，即与浊度成正比。散射浊度仪可以实现水的浊度的在线监测。

三、色度的测定原理和方法

(一) 色度的测定原理和意义

色度即颜色深浅的度量。水中由于存在着各种致色物质而呈现出综合的颜色。色度的大小反映了水溶液颜色的深浅，也间接地表征了显色物质的浓度。

颜色是眼睛对多种波长的光的一个综合性反射。

色度是一个和光相关的物理性指标。水中的悬浮物和溶解性物质均可能对光造成折射、散射、反射、吸收等，自然会给水溶液带来颜色上的变化。

水中的颜色可分为真色和表色两种。去除（离心去除）水中悬浮物后的水色称为真色，未去除悬浮物的水色称为表色。在水质分析中，用到的色度指标大多是指过滤掉悬浮物之后的真色。

通常来说，在污水排放中，致色物质要比引起浊度的物质对人的身体更加有害。工业上常用偶氮类分子、大环类分子作为染料，这类物质排放入水中可造成较高的色度。电镀冶金行业使用的很多重金属离子和复杂酸根离子，也都带有各自特殊的颜色。

（二）色度的测定方法

色度的测定方法一般分为铂钴比色法和稀释倍数法。同一种水样，采用不同的色度测量方法，得出的色度结果也不尽相同。铂钴比色法和稀释倍数法是两种独立使用的色度测量方法，两个结果之间一般不具有可比性。对于混浊的水样，进行真色测定时，可用沉淀或离心的方法去除悬浮物，也可用直径为0.45μm的水系滤膜进行过滤，但一定不能使用滤纸过滤。因为滤纸可以吸附一部分溶解于水中的致色物质。

由于pH会对色度的测定结果造成较大影响，因此在测定色度时，还要同时测定样品pH。

1. 铂钴比色法

铂钴比色法是将样品稀释后与标准比色液进行对比的一种方法。测定较清洁的、带有黄色色调的天然水或饮用水的色度，可用铂钴比色法，以度数表示结果，此法操作简单，标准色列的色度稳定。当水体被污水或工业污水污染，色度很深或其颜色与标准色列不一致时，可用文字描述。

铂钴比色法的原理是用氯铂酸钾与氯化钴配成一系列色度标准溶液，与水样进行目视比色，如果水样混浊，则应放置澄清，可用离心的方法或用孔径为0.45μm滤膜过滤，以去除悬浮物。

2. 稀释倍数法

稀释倍数法主要用于生活污水和工业污水色度的测定。将经预处理去除悬浮物后的水样用无色水逐级稀释，当稀释到接近无色时，记录其稀释倍数，以此作为水样的色度，单位是"倍"。同时用文字描述污水颜色的种类，如棕黄色、深绿色、浅蓝色等。

四、臭和味的测定原理和方法

（一）臭和味的测定原理和意义

臭和味是两种不同的指标。"臭"主要是人体嗅觉系统通过鼻子对挥发性物质的响应而产生的感觉。"味"是由人体味觉系统通过舌头上的味蕾对溶解物质的响应而产生的感觉。臭和味是重要的水质指标。

纯净的水是无臭无味的。天然水体中产生臭和味的物质，主要来自水中动植物和微生物的繁殖、死亡和腐败，以及生活污水或工业污水的污染等。另外，生产饮用水时加氯消毒也会产生让人不愉快的臭和味。皮革、屠宰等行业的污水和一些有机污染严重的水体（流动性差、溶解氧低）会伴随产生强烈的异臭和异味。无臭无味水虽然不能保证不含污染物，但有助于提高使用者对水质的信任程度。

（二）臭的测定方法

臭是一个综合性的感官指标，一般采用文字来进行定性的描述。也可以采用臭强度等级来进行划分。臭的另一个经常采用的指标是臭阈值，是指使用无臭水（活性炭过滤的自来水）稀释水样，直至闻出可辨别臭气的最低浓度，以此来表征臭的阈值。

臭强度和臭阈值的检测方法不同。臭强度是直接得出，臭阈值是通过稀释后得出，两者类似于色度指标体系中的铂钴比色法和稀释倍数法的原理。这两种臭检测方法得到的结果都有很强的主观性。除了受检测员个人体质差异影响外，睡眠多少、是否感冒，甚至心情的好坏等身体状况都会对检测结果造成一定的影响。

臭的检测由专业的嗅辨员进行。由于不同检验人员的嗅觉敏感性存在差异，因此对某一水样并无绝对的臭阈值。而且，同一个检验人员在过度工作中嗅觉敏感性也会产生变化，甚至一天之内的不同时段也不一样。一般情况下，水样臭阈值检测的人数至少为5人，最好10人或更多，取几何平均值（非算数平均值）作为最终的检测结果。

（三）味的测定方法

味的检验方法是分别取少量煮沸后冷却的去离子水和水样放入口中，品尝其味道，然后用适当的词语（酸、甜、苦、辣、咸、涩等）对水样进行描述，并记录味强度。

五、温度的测定原理和方法

(一)温度的测定原理和意义

温度是表示物体冷热程度的物理量。物体温度的升高或降低，标志着物体内部分子热运动平均动能的增加或减少。

温度，在宏观上表现为人类可以感知的冷热程度，在微观上表现为大量分子无规则运动的剧烈程度（即分子平均动能的大小）。对单个分子而言，温度是没有意义的。在物理学上，温度作为基本的热力学参量，是由热力学第零定律（因为其在逻辑上，比热力学三大定律更为基础）导出的，即"分别与第三个物体达到热平衡的两个物体，它们彼此也一定互呈热平衡"。

水的物理化学性质与温度密切相关。水的黏度、密度、水中溶解性气体（如氧气、二氧化碳等）的溶解度、游离氨和离子态氨的比例、难溶盐的溶解平衡、pH等，都会受到水温变化的影响。同时，温度可以严重地影响水环境中微生物的生存状态和生物活性。长期的温度变化甚至可能改变微生物的群落结构，从而影响整个水体的水质。

在冬季北方的污水处理厂，由于水温的降低，其硝化效果下降，导致总氮去除变差。检测春秋季湖泊和水库的不同深度温度分层现象，可以预测并控制"翻池"现象（当表层水的温度降低到4℃左右的时候，会因为密度变大而下沉，从而带动底部的湖水上翻，这种现象称为"翻池"）。海洋水温的变化检测与统计，甚至可以用于预测和验证全球气候变暖的假设。

特殊情况下，温度可以作为一种污染指标，如电厂的温排水。温排水中并不含有很多污染物质，但排入自然水体后导致的温升可能会破坏当地的生态环境。

温度也是水质研究中较为常见和便利的控制手段。温度会影响各物质的存在状态、自由能和反应的速率常数等，从而改变反应过程和反应结果。所以温度作为控制变量或反应参数，是水质研究中的重要指标。

城镇污水处理厂一般采用生物处理法，而生物化学反应是酶促反应。显然，温度可以对酶促反应产生显著的影响。一般来说，城镇污水处理厂的来水经过在地下管道中长时间的流动，温度接近常温。夏天时水温略微升高，可促进生物活动，有利于有机质降解，降低污染物的出水浓度；冬天时水温降低，生物活动减弱，不利于有机质降解，则污染物的出水浓度

会升高。

目前，国际上常见的温度单位有3种：摄氏度（℃）、华氏度（F）和热力学温度（K）。1742年，瑞典天文学家Celsius把冰的正常熔点定为0℃，水的正常沸点定为100℃，从而建立了摄氏度的单位制。在摄氏温标建立以前的1714年，德国物理学家Fahrenheit将氯化铵、冰、水混合物的熔点定为0F，冰的正常熔点定为32F，从而建立了华氏度的单位制。华氏温标在英美等英语国家较为通用。热力学温度以绝对零度作为基准，是国际单位制的7个基本量之一。3种温度单位之间的对应关系见表6-2。

表6-2 不同温度单位之间的对应关系

温 标	单位	符号	固定点的温度值			通用情况
			绝对零度	冰 点	沸 点	
热力学温标	K	T	0	273.15	373.15	国际通用
摄氏温标	℃	t	-273.15	0	100	国际通用
华氏温标	F	tF	-495.67	32	212	英美通用

(二)温度的测定方法

温度必须在现场进行测量，温度计是测量温度的主要工具。目前，我国环境领域涉及的温度测定方法有2个。

《海洋调查规范》（GB 12763—2007）的第二部分（海水水文观测），规定了海洋中水温的测定方法。《水质 水温的测定 温度计和颠倒温度计测定法》（GB 13195—1991），规定了温度测量范围，不同水深对应不同温度计的种类和测定方法。其中，表层水温测定时，感温5min，迅速上提读数即可；深层（≥40m）水温测定时，需使用颠倒温度计。颠倒温度计的"撞击结构"可以使温度计在测定深水温度后颠倒断开，保留深水的温度值，避免上提过程中经过表层水体而产生的干扰。

第二节　无机物综合指标的测定原理和方法

天然水和污水中含有种类繁多的无机离子和无机化合物，掌握水中无机物的种类、存在形式和浓度是水质研究的重要内容。水中的无机物综合指标包括酸碱指标、理化指标和氧平衡指标3类。酸碱指标包括pH、酸度和碱度。理化指标包括硬度、电导率和溶解性总固体等。

一、pH 的测定原理和方法

（一）pH 的测定原理和意义

pH 也称氢离子浓度指数、酸碱值，是溶液中氢离子活度的一种标度，也就是通常意义上溶液酸碱程度的衡量标准。水的 pH 是指水中氢离子活度的负对数值，表示为：$pH = -\lg\alpha(H^+)$。在稀溶液中，H^+ 活度约等于 H^+ 的浓度，可以用 H^+ 浓度来近似计算。

H^+ 是无机离子，而某些有机物，如有机酸等，在水中也会解离出 H^+，所以 pH 并不是严格意义上的无机物综合指标。但 H^+ 浓度（活度）是水的酸碱值的综合表现。

pH 是衡量水溶液酸碱性尺度的判断指标，其取值范围为 0～14。在标准温度（25℃）和压力（100kPa）下，pH＝7 的水溶液（如纯水）为中性；pH<7 时，水溶液中 H^+ 的浓度大于 OH^- 的浓度，水溶液呈酸性，且 pH 越小，水溶液酸性越强；当 pH>7 时，水溶液中 H^+ 的浓度小于 OH^- 的浓度，水溶液呈碱性，且 pH 越大，水溶液碱性越强。

pH 可以表示水的最基本性质，凡涉及水溶液的自然现象、化学变化以及生物过程都与 pH 有关。pH 对水质的变化、水生生物生长繁殖、金属腐蚀性、水处理效果以及农作物生长等均有影响，是一个重要指标。在工业、农业、医学、环保和科研领域都需要测量 pH。

（二）pH 的测定方法

水的 pH 测定方法通常采用电极法和比色法。电极法准确、干扰少，特别适于工业废水及生活污水等复杂水样的测定。比色法操作简单，但受到水的颜色、浊度、含盐量、胶体物、游离氯及各种氧化剂或还原剂的干扰。

1. 电极法

电极法分为玻璃电极法和复合电极法。玻璃电极法（电位法）是指用 pH 计和玻璃电极测定溶液的 pH。测定时，玻璃电极为指示电极（正极），饱和甘汞电极为参比电极（负极），将两电极放入被测溶液中组成原电池。而复合电极法是将指示电极和参比电极及电解液组装在一起，构成复合电极，使用更便捷。

用已知 pH 的标准缓冲溶液进行 pH 计的定位。通常选择与待测液 pH 相近的标准缓冲溶液对 pH 计进行定位。

测定应注意：电极法适用于生活饮用水及其水源水 pH 的测定，pH 可准确到 0.01，基本上不受色度、浊度、游离氯、氧化剂、还原剂以及高含盐量的影响；温度影响 pH 的测定，测定时应进行温度补偿；不可在含油脂的溶液中使用玻璃电极，可用过滤法除去油脂。

2. 标准缓冲溶液比色法

比色法基于各种酸碱指示剂在不同 pH 的水溶液中显示不同的颜色，而每种指示剂都有一定的变色范围。向一系列已知 pH 的缓冲溶液中加入适当的指示剂制成标准色溶液，并将其封装在小安瓿瓶内。测定时，取与缓冲溶液同样的水样，加入与标准色溶液相同的指示剂，然后进行比色，以确定水样的 pH。

标准缓冲溶液比色法适用于色度和浊度低的生活饮用水及其水源水 pH 的测定，pH 可准确到 0.1。水样带有颜色、混浊或含有较多的游离余氯、氧化剂还原剂时，用此法测定均有干扰。粗略测定水样可使用 pH 试纸。

二、酸度的测定原理和方法

（一）酸度的测定原理和意义

水的酸度是水中所有能与强碱相互作用的物质的总量，包括强酸、弱酸、强酸弱碱盐等。构成水酸度的物质主要为盐酸、硫酸和硝酸等强酸，碳酸、氢硫酸和各种有机酸等弱酸，以及三氯化铁、硫酸铝等强酸弱碱盐等。

多数天然水、生活污水和污染不严重的工业废水中只含弱酸，主要是碳酸，即二氧化碳，是酸度的基本成分。地表水中弱酸、碳酸来源于二氧化碳在水中的平衡，强酸主要来源于工业废水。含酸废水可腐蚀管道、破坏建筑物。因此，酸度是衡量水体水质变化的一项重要指标。

（二）酸度的测定方法

测定酸度的方法有酸碱指示剂滴定法和电位滴定法。

1. 酸碱指示剂滴定法

此方法用标准氢氧化钠溶液滴定水样至一定 pH，用指示剂指示滴定终点，根据其所消耗氢氧化钠溶液的量计算酸度。终点指示剂有两种：一是用酚酞做指示剂（变色 pH 为 8.3），测得的酸度称为总酸度或酚酞酸度，包括强酸和弱酸；二是用甲基橙做指示剂（变色 pH 约为 3.7），测得的酸度称强酸酸度或甲基橙酸度，此法适用于天然水和较清洁水样的酸度测定。

2. 电位滴定法

此方法以玻璃电极为指示电极，甘汞电极为参比电极，与被测水样组成原电池并接入 pH 计，用氢氧化钠标准溶液滴定至 pH 计指示 3.7 和 8.3，根据其相应消耗的氢氧化钠溶液量分别计算甲基橙酸度和酚酞酸度。此法适用于各种水体酸度的测定，不受水样有色、混浊的限制。但测定时应注意温度、搅拌状态、响应时间等因素的影响。

测定时，应注意以下几点：

（1）水样应采集在聚乙烯瓶或玻璃瓶内，样品应充满瓶子并盖紧，避免因接触空气而引起水样中二氧化碳含量的改变。水样采集后应及时进行测定，否则应低温保存。

（2）进行滴定时，水样中的一些共存成分可能会干扰测定。如水样中含有硫酸铁、铝等盐类，以酚酞作为指示剂滴定时，生成的沉淀会使终点褪色。由于在高温下可加速铁和铝的水解，使滴定过程完成较快，因而可在沸腾时进行滴定，也可用 F^- 将铁和铝掩蔽后再滴定。水中余氯可使甲基橙褪色。

（3）水样有色时会影响终点观察，若有色物含量高则宜改用电位滴定法测定。与指示剂法相比，电位滴定法更准确，而且不受余氯、有色物、混浊等因素的干扰。

三、碱度的测定原理和方法

（一）碱度的测定原理和意义

水的碱度是指水中能够接受 H^+ 与强酸进行中和反应的物质总量，包括强碱、弱碱、强碱弱酸盐等。

天然水中的碱度主要由碱土金属钙和镁以及碱金属钠和钾等的碳酸氢盐组成，个别水中也可能含有强碱、硼酸盐、磷酸盐等，工业污水中则还可能含有氨、苯胺、吡啶等。天然水中大都有钙、镁的重碳酸盐或/和碳酸盐存在，因此通常都呈弱碱性。

天然水的碱度基本上是碳酸盐、重碳酸盐及氢氧化物含量的函数，所以总碱度被当作这些成分浓度的总和。当水中含有硼酸盐、磷酸盐或硅酸盐等物质时，总碱度的测定值也包含它们所起的作用。工程应用中一般使用总碱度，通常表征为相当于碳酸钙的浓度值。污水及其他复杂体系的水体中，还含有有机碱类、金属水解性盐类等，均为碱度的组成部分。在这些情况下，碱度就成为一种水的综合性指标，代表能被强酸滴定物质的总和。

碱度指标常用于评价水体的缓冲能力及金属在其中的溶解性和毒性，是对水和污水处理过程控制及水质稳定和管道腐蚀控制的判断性指标。若碱度是由过量的碱金属盐类所形成，则碱度又是确定这种水是否适于灌溉的重要依据。

（二）碱度的测定方法

水的碱度测定最常用的有两种方法，即酸碱指示剂滴定法和电位滴定法，大致过程与酸度测定方法相似。

1. 酸碱指示剂滴定法

此法适用于不含有使指示剂褪色的氧化还原性物质的水样的测定。用指示剂判断滴定终点的方法简便快速，适用于控制性试验及例行分析。

2. 电位滴定法

当水样混浊、有色时，可用电位滴定法测定。此法适用于饮用水、地表水、含盐水及生活污水和工业废水碱度的测定。电位滴定法根据电位滴定曲线在终点时的突跃，确定特定 pH 下的碱度，它不受水样浊度、色度的影响，适用范围较广。

四、硬度的测定原理和方法

（一）硬度的测定原理和意义

水的硬度是指水中离子沉淀肥皂的能力。水的硬度取决于水中钙、镁盐的总含量，即水的硬度大小，通常指的是水中钙离子和镁离子盐类的含量。

水的硬度分为碳酸盐硬度和非碳酸盐硬度两种。碳酸盐硬度主要是由钙、镁的碳酸氢盐（碳酸氢钙、碳酸氢镁）所形成的硬度，还有少量的碳酸盐硬度。碳酸氢盐硬度经加热之后分解成沉淀物可从水中除去，故亦称暂时硬度。非碳酸盐硬度主要是由钙镁的硫酸盐、氯化物和硝酸盐等盐类所形成的硬度。这类硬度不能用加热分解的方法除去，故也称为永久硬度，如硫酸钙、硫酸镁、氯化钙、氯化镁、硝酸钙、硝酸镁等。

水的总硬度是碳酸盐硬度和非碳酸盐硬度之和，水中 Ca^{2+} 的含量称为钙硬度，水中 Mg^{2+} 的含量称为镁硬度。

在我国，主要采用两种表示方法水的硬度：①以度（°）计，以每升水中含 10mg 氧化钙为 1 度（°），也称为德国度；②用碳酸钙含量表示，单位为 mg/L。

（二）硬度的测定方法

硬度的测定方法主要有 EDTA 络合滴定法、原子吸收法、电感耦合等离子发射光谱法、离子色谱法和离子选择性电极法。

1. EDTA 络合滴定法

EDTA 络合滴定法简单快速，一般是最常选用的方法。其原理是用 EDTA 测定钙、镁总量，一般是在 pH=10 的氨性缓冲溶液中进行。以铬黑 T（EBT）做指示剂，用 EDTA 标准溶液滴定，在计量点时 Ca^{2+} 和 Mg^{2+} 与铬黑 T 形成酒红色络合物，滴至计量点后游离出的指示剂使溶液呈纯蓝色。EDTA 络合滴定法不适用于含盐量高的水，测定的最低检出浓度为 0.05mmol/L。

2. 原子吸收法

原子吸收法测定钙、镁具有简单、快速、灵敏、准确、选择性好、干扰易消除等优点。其方法原理是将试液喷入空气-乙炔火焰中，使钙、镁原子化，并选用 422.7nm 共振线的吸收定量钙和 285.2mm 共振线的吸收定量镁。原子吸收法适用于地下水、地表水和废水中的钙、镁测定。

3. 离子色谱法

离子色谱法是液相色谱法的一种，是分析离子的一种液相色谱方法。用离子色谱法测定水中硬度能有效避免有机物干扰，并且不用考虑镁离子的影响，在镁含量过低时仍可直接测定。此法具有用量少、简便、快速、准确的特点。

4. 离子选择性电极法

离子选择性电极是一种对某种特定的离子具有选择性的指示电极。该类电极有一层特殊的电极膜，电极膜对特定的离子具有选择性响应，电极膜的点位与待测离子含量之间的关系符合能斯特公式。此法具有选择性好、平衡时间短、设备简单、操作方便等特点。

五、电导率的测定原理和方法

(一) 电导率的测定原理和意义

电导率的物理学概念以欧姆定律定义为电流密度和电场强度的比率，水质电导率是指以数字表示的溶液传导电流的能力。电导率是电阻率的倒数。国际单位制中的单位为西门子每米 (S/m)。

水的电导率是衡量水质的一个很重要的常用指标，电导率大小反映了水中电解质的浓度水平。水溶液中电解质的浓度不同，溶液导电的程度也不同，当水中含无机酸、碱或盐时，电导率上升。水中的电导率与其所含离子的种类和浓度、溶液的温度和黏度等有关，电导率常用于间接推测水中离子成分的总浓度。

电导率也可以间接反映出水中溶解性盐类的总量。在实际中，电导率的测定值可作为溶解性总固体浓度的代用测量值。对于多数天然水来说，溶解性总固体与电导率的比值基本为 0.55~0.70，比值随水质不同也有所差异。

电导率还可用于计算溶液的离子强度，通常离子

强度与电导率的比值为 1.6×10^{-5}，根据该比例关系可计算出用于地下水回灌的再生水的离子强度。

(二) 电导率的测定方法

电导率的测定方法主要是电导率仪法，电导率仪有实验室内使用的仪器和现场测试仪器两种。而现场测试仪器通常可同时测量 pH、溶解氧、浊度、电导率 4 个参数。

1. 便携式电导率仪法

水样中含有粗大悬浮物质、油脂等干扰测定的物质时，可先测水样，再测校准溶液，以了解干扰情况。若有干扰，应经过滤或萃取除去。

测量仪器为各种型号便携式电导率仪。使用注意事项如下：

(1) 确保测量前仪器已经过校准。

(2) 将电极插入水样中，注意电极上的小孔必须浸泡在水面以下。

(3) 最好使用塑料容器盛装待测水样。

(4) 仪器必须保证每月校准 1 次，更换电极或电池时也须校准。

2. 实验室电导率仪法

水样采集后应尽快分析。如果不能在采样后及时进行分析，样品应贮存于聚乙烯瓶中，并满瓶封存，于 4℃ 冷暗处保存，在 24h 之内完成测定。

水样中含有粗大悬浮物质、油脂等干扰测定的物质时，可先测水样，再测校准溶液，以了解干扰情况。若有干扰，应经过滤或萃取除去。

注意事项如下：

(1) 最好使用和水样电导率相近的氯化钾标准溶液测定电导池常数。

(2) 如使用已知电导池常数的电导池，无须测定电导池常数，可调节好仪器直接测定，但要经常用标准氯化钾溶液校准仪器。

六、溶解氧的测定原理和方法

(一) 溶解氧的测定原理和意义

溶解氧是指溶解于水中的分子态氧。水中溶解氧的含量与大气压力、水温及含盐量等因素有关。大气压力降低、水温升高、含盐量增加，都会导致溶解氧含量降低。水源水的溶解氧含量一般为 5~10mg/L，如降低到 5mg/L 以下时，作为饮用水已不合适。溶解氧小于 1mg/L 时，有机物的缺氧或厌氧分解，可使水源水开始散发恶臭。又如：当水源水的 BOD$_5$ 小于 3mg/L 时，水质较好；到 7.5mg/L 时，水质较差；超过 10mg/L 时，水质极差，此时溶解氧含量已接近

于 0mg/L。

溶解氧是衡量地表水质的一个重要指标，是污水生化处理过程中的重要参数，同时也是有机污染测定的基础。

(二)溶解氧的测定方法

溶解氧的测定方法主要有碘量法及其修正法和膜电极法。

1. 碘量法

碘量法是基于溶解氧的氧化性质，采用容量滴定法进行定量测定的方法，适用于清洁水的测定。受污染的地表水和工业废水必须用修正的碘量法或膜电极法进行测定。

在水样中加入硫酸锰和碱性碘化钾溶液，水中的溶解氧将二价锰氧化成四价锰，并生成氢氧化物沉淀。加酸后，沉淀溶解，四价锰又可氧化碘离子而释放出与溶解氧量相当的游离碘。

需要注意的是，采样时要同时记录水温和气压。如果水样中含有大于 0.1mg/L 的游离氯，则应预先加硫代硫酸钠去除。如果含有藻类、悬浮物或活性污泥之类的生活絮凝体，则必须经预处理，否则会干扰测定的准确性。

碘量法中，普通法适用于比较清洁的水，叠氮化钠修正法用于消除亚硝酸盐的干扰，高锰酸盐修正法用于消除亚硝酸盐、铁及有机物的干扰。

2. 膜电极法

膜电极法是指将两个金属电极浸没在一个电解质溶液中，电极和电解质溶液装在一个用氧半透膜(仅氧等气体可以通过)包围的容器内的测定方法。当外加电压时，发生电极反应产生一个扩散电流，该电流在一定温度下与水中氧的浓度成正比。

该方法适用于天然水、污水和盐水的测定，干扰少，可用于现场测定和自动在线连续监测。

第七章

化学分析方法

第一节 沉淀分析法和沉淀滴定法

一、沉淀分析法

重量分析法是根据反应产物的重量来确定待测组分含量的一种化学分析方法。

重量分析法直接用天平称量而获得分析结果。不需要与基准试剂或基准物质进行比较，并且称量误差较小，因而可以获得准确的分析结果，相对误差约为0.1%~0.5%。但是重量分析法也有操作烦琐、耗时较长、不适于微量和痕量组分的测定等问题。

在重量分析法中，最常用的是沉淀分析法。沉淀分析法是指将被测组分以微溶化合物的形式沉淀出来，再将沉淀进行过滤、洗涤、烘干或灼烧等一系列处理，最后再称量，并计算出待测组分的含量(图7-1)。

$$试液 \xrightarrow{沉淀} 沉淀式 \xrightarrow[\text{或灼烧}]{过滤、洗涤、烘干} 称量式 \xrightarrow{恒重} 称量 \longrightarrow 计算待测组分含量$$

图7-1 沉淀分析法流程

(一)重量分析对沉淀的要求及沉淀剂的选择

1. 对沉淀形式的要求

(1)沉淀的溶解度必须很小，这样才能保证被测组分沉淀完全。生产实践表明，对于一般难溶电解质而言(如硫酸钡、氯化银等)，其溶度积小于10^{-8}，在实用中就可以认为沉淀完全了。

(2)沉淀应易于过滤和洗涤。因此，在沉淀过程中应选择颗粒粗大的晶形沉淀形式。如果是无定形沉淀则应注意掌握沉淀条件，改善沉淀性质。

(3)沉淀要纯净，尽量避免其他杂质的污染。

(4)沉淀应易于转化为称量形式。

2. 对称量形式的要求

(1)称量形式必须有确定的化学组成，以便于正确计算分析结果。

(2)称量形式必须十分稳定。

(3)称量形式的相对分子质量要大，而被测组分在称量形式中所占的百分含量要小，这样可以提高分析的准确性。

3. 沉淀剂的用量

在沉淀分析中，沉淀剂用量一般需过量。但也不是说沉淀剂加得越多越好。沉淀剂的过量加入，有时可能引起盐效应、酸效应及络合效应等诸多副反应，反而使沉淀的溶解度增大。

因此，在通常情况下，沉淀剂过量50%~100%是合适的。如果沉淀剂不是易挥发的，则以过量20%~30%为适宜。

4. 沉淀物质量

沉淀物的质量应适宜。沉淀量过大，过滤、洗涤等操作不方便；沉淀物质量过小，则容易由于误操作使沉淀流失而造成称量误差过大。依照沉淀性质的不同，一般认为：

(1)无定形轻沉淀：沉淀灼烧后质量为0.07~0.10g较为适宜。

(2)轻晶形沉淀：沉淀灼烧后质量为0.10~0.15g较为适宜。

(3)重晶形沉淀：沉淀灼烧后质量为0.10~0.15g较为适宜。

5. 溶度积原理

(1)溶度积常数

任何物质都会溶解在水中，但其溶解度却有大有小。在习惯中，将溶解度小于0.01g的物质称为难溶物。

在一定温度下，把硫酸钡($BaSO_4$)固体放在水中，由于水分子是一种极性分子，有些分子正极朝着固体表面上的SO_4^{2-}取向，有的水分子负极朝着硫酸钡固体表面上的Ba^{2+}取向。这样由于水分子同Ba^{2+}和SO_4^{2-}的相互作用，减弱了Ba^{2+}和SO_4^{2-}离子之间的吸引力，因而使一部分 Ba^{2+} 和 SO_4^{2-} 脱离固体硫酸钡表面，成为水合离子进入水中。这个过程就是"溶解"。同时，在水中的水合 Ba^{2+} 和 SO_4^{2-} 在运动中碰到固体硫酸钡的表面时，会重新回到固体表面上去。这个过程称为"沉淀"。这样在硫酸钡的饱和溶液中，在一定条件下会产生以下平衡关系

$$BaSO_4(固) \rightleftharpoons Ba^{2+} + SO_4^{2-}$$

按照质量作用定律

$$\frac{c(Ba^{2+})c(SO_4^{2-})}{c(BaSO_4)} = K \tag{7-1}$$

式中：$c(Ba^{2+})$——Ba^{2+} 的浓度，mol/L；

$c(SO_4^{2-})$——SO_4^{2-} 的浓度，mol/L；

$c(BaSO_4)$——硫酸钡的浓度，mol/L；

K——在一定温度下，为一个常数。

固体硫酸钡的"浓度"也是一个常数，合并这两个常数，得：

$$K_{sp} = c(Ba^{2+})c(SO_4^{2-}) \tag{7-2}$$

式中：K_{sp}——溶度积常数，其物理意义是难溶电解质其离子浓度的乘积，是一个与温度有关的常数。

（2）分步沉淀

在分析实践中，溶液中常常同时含有几种离子。当加入某种试剂时，该试剂又可以和这些离子生成难溶化合物，这种情况下的沉淀作用将按照溶度积原理顺序进行。

例如，含有浓度为 0.10mol/L 的 Cl^- 和浓度为 0.10mol/L 的 CrO_4^{2-} 溶液中，逐滴加入硝酸银（$AgNO_3$）溶液，可能发生下述反应

$$Ag^+ + Cl^- \longrightarrow AgCl \downarrow$$
$$2Ag^+ + CrO_4^{2-} \longrightarrow Ag_2CrO_4 \downarrow$$

在这两种化合物中，显然是首先达到溶度积的化合物先沉淀下来，这可以由上述两种化合物的溶度积计算出来，氯化银（AgCl）的溶度积 $K_{sp}(AgCl) = 1.56 \times 10^{-10}$，铬酸银（$Ag_2CrO_4$）的溶度积 $K_{sp}(Ag_2CrO_4) = 9.0 \times 10^{-12}$。

所以使 Cl^- 产生沉淀的 Ag^+ 浓度为

$$c(Ag^+) = \frac{K_{sp}(AgCl)}{c(Cl^-)} = \frac{1.56 \times 10^{-10}}{10^{-1}} \tag{7-3}$$
$$= 1.56 \times 10^{-9} \text{mol/L}$$

而使 CrO_4^{2-} 产生沉淀所需的 Ag^+ 浓度则为

$$c(Ag^+) = \sqrt{\frac{K_{sp}(Ag_2CrO_4)}{c(Cl^-)}} = \sqrt{\frac{9.0 \times 10^{-12}}{0.1}} \tag{7-4}$$
$$= 9.5 \times 10^{-6} \text{mol/L}$$

式中：$c(Ag^+)$——Ag^+ 的浓度，mol/L；

$c(Cl^-)$——Cl^- 的浓度，mol/L。

显然，使 Cl^- 开始沉淀时所需要的 Ag^+ 浓度比 CrO_4^{2-} 开始沉淀时所需要的 Ag^+ 浓度要小得多，即氯化银首先达到溶度积，并开始沉淀。

显然，随着硝酸银溶液的不断加入，氯化银沉淀不断析出，溶液中的 Cl^- 浓度不断降低。当溶液中 Ag^+ 浓度增加到 9.5×10^{-6} mol/L 时，即达到了铬酸银开始沉淀的 Ag^+ 浓度，氯化银和铬酸银同时沉淀，此时溶液中的 Cl^- 浓度为

$$c(Cl^-) = \frac{K_{sp}(AgCl)}{c(Ag^+)} = \frac{1.56 \times 10^{-10}}{9.5 \times 10^{-6}} \tag{7-5}$$
$$= 1.6 \times 10^{-5} \text{mol/L}$$

也就是说，当 Ag_2CrO_4 开始沉淀时，溶液中的 Cl^- 已基本沉淀完全了。这种利用溶度积的大小不同进行先后沉淀的方法叫分步沉淀法。

3. 影响沉淀溶解度的因素

（1）同离子效应

组成沉淀的离子称为构晶离子。当沉淀反应达到平衡时，向溶液中加入含有某一种构晶离子的试剂或溶液，则会使沉淀的溶解度减小，这种现象就叫同离子效应。

例如，在 25℃ 时，氯化银在水中的溶解度 $S(AgCl)$ 为

$$S(AgCl) = c(Ag^+) = c(Cl^-) = \sqrt{K_{sp}(AgCl)} \tag{7-6}$$
$$= \sqrt{1.6 \times 10^{-10}} \approx 1.26 \times 10^{-5} \text{mol/L}$$

如果使溶液中的 Cl^- 增至 0.1mol，则此时氯化银的溶解度为

$$S(AgCl) = c(Ag^+) = \frac{K_{sp}(AgCl)}{c(Cl^-)} = \frac{1.6 \times 10^{-10}}{0.1} \tag{7-7}$$
$$= 1.6 \times 10^{-9} \text{mol/L}$$

则氯化银的溶解度由原来的 1.26×10^{-5} mol 降低至 1.6×10^{-9} mol。

在实际的分析化验中，通常利用同离子效应，即加大沉淀剂的用量，使被测组分沉淀完全。

（2）盐效应

实验表明：在强电解质（如硝酸钾、硝酸钠等）存在的情况下，难溶电解质硫酸铅、氯化银等的溶解度比在纯水中大，而且其溶解度会随着这些强电解质浓度的增大而增大。这种由于加入强电解质而使沉淀物溶解度变大的现象称为盐效应。

发生盐效应的原因，通常认为是：随着溶液中强电解质浓度的增加，溶液的离子强度增大，这将导致沉淀物构晶离子活度系数的减小。由于在一定温度下，K_{sp} 是一个常数，则构晶离子的浓度必须增大，才能使构晶离子的浓度乘积仍等于常数 K_{sp}，而构晶离子的浓度的变大，则必然导致沉淀物溶解度增大。

应该指出的是，由于沉淀本身的溶解度很小，如

许多水合氧化物沉淀和某些金属螯合物沉淀等，其盐效应的影响实际上是非常小的，可以忽略不计。

（3）酸效应

溶液的酸度对沉淀物溶解度的影响，称为酸效应。酸效应可以用草酸钙（CaC_2O_4）为例加以说明。

在草酸钙饱和溶液中

$$c(Ca^{2+})c(C_2O_4^{2-}) = K_{sp}(CaC_2O_4) \qquad (7\text{-}8)$$

式中：$c(Ca^{2+})$——Ca^{2+}的浓度，mol/L；

$c(C_2O_4^{2-})$——$C_2O_4^{2-}$的浓度，mol/L；

$K_{sp}(CaC_2O_4)$——草酸钙的溶度积。

草酸（$H_2C_2O_4$）是二元酸，在溶液中存在下述平衡

$$H_2C_2O_4 \underset{+H^+}{\overset{-H^+}{\rightleftharpoons}} HC_2O_4^- \underset{+H^+}{\overset{-H^+}{\rightleftharpoons}} C_2O_4^{2-}$$

和 EDTA 的离解平衡一样，在不同的酸度下，溶液中存在的沉淀剂的总浓度 $c_总$ 应为

$$c_总 = c(C_2O_4^{2-}) + c(HC_2O_4^-) + c(H_2C_2O_4) \qquad (7\text{-}9)$$

于是

$$\frac{c_总}{c(C_2O_4^{2-})} = \alpha_H \qquad (7\text{-}10)$$

式中：α_H——草酸的酸效应系数，其意义与 EDTA 的酸效应系数类似。

进而可得

$$c(Ca^{2+})c_总 = K_{sp}(CaC_2O_4)\alpha_H \qquad (7\text{-}11)$$
$$= K_{sp}'(CaC_2O_4)$$

式中：$K_{sp}'(CaC_2O_4)$——草酸钙的条件溶度积。

在一些资料中称 K_{sp} 为条件溶度积。即在一定酸度条件下的草酸钙溶度积，通过此式可以求出保证沉淀物溶解度适宜的 pH 范围

$$S(CaC_2O_4) = c(Ca^{2+})c_总 \qquad (7\text{-}12)$$
$$= \sqrt{K_{sp}'} = \sqrt{K_{sp}\alpha_H}$$

式中：$S(CaC_2O_4)$——草酸钙在水中的溶解度，mol/L。

计算表明：在 pH = 2 时，草酸钙的溶解损失已超过沉淀分析的要求，此时沉淀应在 pH = 4~6 的溶液中进行。

（4）络合效应

由于溶液中存在络合剂，影响沉淀形成的完全程度，甚至不产生沉淀。这种现象称络合效应。

例如，在氯化银沉淀的溶液中加入氨水，Ag^+ 能与氨气（NH_3）生成 $Ag(NH_3)_2^+$，使氯化银的溶解度增大。

络合效应对沉淀溶解度的影响，与络合剂的浓度及络合物的稳定性有关：络合剂浓度越大，生成的络合物越稳定，则沉淀的溶解度也越大。

在进行沉淀反应时，有时沉淀剂本身就是络合剂。此时沉淀反应体系中，既存在同离子效应，降低沉淀的溶解度；又存在络合效应，增大沉淀的溶解度。这种情况需要具体分析：如果沉淀剂适当过量，同离子效应起主导作用。此时沉淀的溶解度降低，有利于沉淀反应；如果沉淀剂过量太多，则络合反应起主导作用，反而使沉淀的溶解增大，不利于沉淀反应。这就是为什么在沉淀反应中，沉淀剂通常不宜过量太多的原因。

（5）温度

由于沉淀的溶解度，常随溶液温度的升高而增大。通常对于一些在热溶液中溶解较大的沉淀，如一水合草酸钙（$CaC_2O_4 \cdot H_2O$）等，为了减少因沉淀溶解太多而引起的损失，其过滤、洗涤等操作宜在室温下进行。

而对无定形沉淀，如三氧化二铁水合物（$Fe_2O_3 \cdot nH_2O$）、胶体氧化铝（$Al_2O_3 \cdot nH_2O$）等，由于其溶解度很小，而且溶液冷却后很难过滤，也难洗涤干净。所以一般应趁热过滤，并采用热的洗涤液洗涤沉淀。

（二）沉淀条件

1. 沉淀的类型

沉淀的形成一般经历的过程为：构晶离子成核作用→晶核成长沉淀→微粒聚集无定形沉淀→晶形沉淀定向排列。

（1）晶核的形成

构晶粒子在过饱和溶液中，通过离子的缔合作用而形成结晶核心，这个结晶核心称为晶核。晶核的形成与溶液的相对饱和程度有关。

（2）晶形沉淀和无定形沉淀的生成

在沉淀过程中，由于晶核的形成，溶液中的构晶离子向晶核表面扩散，并沉积在晶核上，使晶核逐渐长大，到一定程度，沉淀微粒形成。这种沉淀微粒有聚集成更大聚集体的倾向，这个过程称为聚集过程。同时，构晶离子又具有按一定的晶格排列而形成大晶粒的倾向，这个过程叫定向过程。生成沉淀物的类型与上述两个过程的速度有关：如果定向速度快，此时就有足够的离子按一定顺序排列于晶格内，使晶体长大，这时得到的是晶形沉淀；反之，则离子会很快地聚集起来形成晶核，但却又来不及按一定顺序排列于晶格内，就会得到无定形沉淀。

定向速度主要与物质的性质有关。极性较强的盐类，如硫酸钡、磷酸铵镁（$MgNH_4PO_4$）等，一般都具有较快的定向速度，所以常生成晶形沉淀；高价金属离子的水合氧化物、硫化物等，由于其溶解度很小，沉淀时溶液的相对过饱和度较大，加之定向速度较慢，所以一般都会形成无定形沉淀。

2. 沉淀条件的选择

（1）形成晶形沉淀的条件

①沉淀作用要在适当稀的条件中进行。这样结晶核生成的速度就慢，容易形成较大的晶体颗粒。

②应该在不断搅拌的情况下，缓慢地加入沉淀剂，尤其是在沉淀操作开始阶段。这样做有助于避免溶液由于局部形成过饱和而生成过多的结晶核。

③沉淀应在热溶液中进行。由于在热溶液中，沉淀的溶解度一般都较大，这样可以使溶液的过饱和度相对降低，从而使晶核生成得较少。同时在较高的温度下晶体吸附的杂质量也较少。

④沉淀析出完全后，让形成的沉淀与沉淀液一起放置一段时间。这个过程称为陈化。陈化过程不仅有助于小晶粒转化为大颗粒，而且可以使不完整的晶粒转化为完整的晶粒，也有助于使亚稳态的沉淀转化为稳定态的沉淀。

（2）形成无定形沉淀的条件

①沉淀应在较浓的溶液中进行。在较浓的溶液中，离子的水化程度较低。因此，在较浓的溶液中进行沉淀，得到的沉淀物含水量少，因而体积较小，结构也较紧密。

②沉淀应在热溶液中进行。在热溶液中，离子的水化程度大大降低，有利于形成含水量少、结构紧密的沉淀。在热溶液中进行沉淀，还可以促进沉淀微粒的凝聚，防止形成胶体溶液。而且可以减少沉淀表面对杂质的吸附，有利于提高沉淀物质的纯度。

③沉淀时，可加入大量电解质。电解质可以防止胶体溶液的形成，从而有利于沉淀微粒的凝聚。

④不必陈化。沉淀反应完毕，应趁热过滤，以防由于放置使无定形沉淀因逐渐失水而更加紧密，使已吸附的杂质难以洗去。

⑤沉淀中不断搅拌，对无定形沉淀有利。

（三）沉淀剂

合适的沉淀剂应具备下述条件：

（1）能获得溶解度小的沉淀。

（2）沉淀剂应易挥发或易分解，以便在沉淀处理的过程中，易于将沉淀吸附的过量沉淀剂完全除去。例如，在沉淀 Fe^{3+} 时，宜选用氨水（$NH_3 \cdot N_2O$），而不选用氢氧化钠，就是因为氨气在加热时易于除去，而氢氧化钠则难以完全除去。

（3）沉淀剂本身的溶解度要尽可能大，以减少沉淀对它的吸附。

（4）沉淀剂应有良好的选择性，既与待测离子生成沉淀，又不与共存的其他离子发生作用。这样有利于减少干扰，也省去了需事先分离或掩蔽以消除共存

离子干扰的麻烦。

（四）换算因数

在沉淀分析中，通常按下式计算被测组分的百分含量

$$被测组分的百分含量（\%）= \frac{被测组分的质量}{试样质量}$$

$$(7-13)$$

如果最后得到的称量形式就是被测组分的形式，则分析结果的计算就比较简单了。例如，用沉淀分析法测定垢样中的氧化铁（Fe_2O_3），称样 0.2000g，析出氢氧化铁[$Fe(OH)_3$]沉淀后灼烧成氧化铁的形式称量，得 0.1364g，则垢样中氧化铁的百分含量为

$$w(Fe_2O_3) = \frac{0.1364}{0.2000} \times 100\% = 68.20\% \quad (7-14)$$

但是在很多情况下，沉淀的称量形式与要求的被测组分的表示形式不一样，这就需要由称量形式的量来计算出被测组分的质量。

二、沉淀滴定法

沉淀滴定法是基于沉淀反应的滴定分析法。沉淀反应虽然很多，但是能用于沉淀滴定的反应并不多，应用于沉淀滴定法的沉淀反应应符合下述条件：

（1）沉淀反应速度快，生成的沉淀溶解度很小。

（2）能够用适当的指示剂（或其他方法）指示滴定时的反应终点。

（3）沉淀产生的吸附现象应不妨碍滴定终点的确定。

目前，比较有实用意义的是生成微溶性银盐的沉淀反应，以这类反应为基础的沉淀滴定法称为银量法。本节将着重介绍银量法。银量法根据所用指示剂不同，分为莫尔法、佛尔哈德法和法扬司法 3 种，以下分别进行介绍。

（一）指示剂的变色原理

1. 形成有色的第二种沉淀

利用铬酸钾（K_2CrO_4）做指示剂的银量法——莫尔法，就是利用这一原理。

由于氯化银（白）和铬酸银（砖红）溶解度的不同。当用硝酸银滴定含有 Cl^- 的水样时，由于氯化银的溶解度比铬酸银小，根据分步沉淀原理，水样中首先析出氯化银沉淀。当氯化银定量沉淀后，过量一滴硝酸银溶液与 CrO_4^{2-} 生成砖红色的铬酸银沉淀时，即为滴定终点。滴定反应和指示剂的反应分别为

$$Ag + Cl^- \longrightarrow AgCl（白）\downarrow$$

$$2Ag^+ + CrO_4^{2-} \longrightarrow Ag_2CrO_4（砖红）\downarrow$$

通过控制水样的 pH 和指示剂铬酸钾的加入量，可以使当氯化银沉淀完全时，恰好铬酸银出现。

2. 形成可溶性有色化合物

用铁铵矾[$NH_4Fe(SO_4)_2 \cdot 12H_2O$]做指示剂的银量法——佛尔哈德法，就是利用这一原理。

在含有银的水样中，以铁铵矾做指示剂，用硫氰酸铵（NH_4SCN）标准溶液滴定，溶液中首先析出硫氰酸银（$AgSCN$）沉淀。当银定量沉淀后，过量的一滴硫氰酸铵溶液与指示剂中的 Fe^{3+} 生成红色络合物，即为滴定终点。反应在酸性条件下进行，以免 Fe^{3+} 发生水解。同时滴定要剧烈摇动，以避免生成的硫氰酸银沉淀表面吸附银而使终点提前。

3. 使用吸附指示剂

利用吸附指示剂指示反应终点的沉淀滴定反应称为法扬司法。这一原理基于胶体沉淀能选择性地吸附溶液中的离子，而使其在滴定终点前后，对具有同电荷的离子吸附能力不同；而吸附指示剂是一类有色有机化合物。当其被吸附在胶体沉淀表面后，由于胶体吸附离子的改变，而致指示剂分子结构发生变化，从而引起颜色的变化。沉淀滴定正是利用上述原理来确定滴定终点的。

例如，指示剂荧光黄为一种有机弱酸（以 HIn 表示），在水溶液中可离解为荧光黄阴离子 In⁻，呈黄绿色。当用硝酸银滴定 Cl⁻ 时，在终点以前，溶液中 Cl⁻ 过量，氯化银胶粒带负电荷，故 In⁻ 不能吸附；当到达滴定终点后，Cl⁻ 被定量滴定完毕，过量一滴的硝酸银可使氯化银胶粒表面带正电荷。此时，带正电荷的氯化银胶粒能吸附 In⁻，致使 In⁻ 结构发生变化（例如，可能生成荧光黄银化合物）而导致颜色发生变化，使沉淀表面呈淡红色，从而指示了滴定终点。

(二) 使用吸附指示剂应注意的问题

（1）由于颜色变化发生在沉淀的表面，因此应尽量使沉淀的比表面大一些，即沉淀颗粒要小一些。同时，在滴定的过程中，要采取措施防止沉淀物的凝聚。例如，氯化银沉淀在滴定反应达到反应终点时，由于此时溶液中 Ag^+ 和 Cl^- 浓度都小，氯化银沉淀极易凝聚，可加入糊精作为保护胶体。

（2）水样中被测离子含量不应太低。由于被测离子含量过低时，观察终点比较困难，用荧光黄做指示剂，以硝酸银滴定 Cl⁻，Cl⁻ 的浓度应不低于 0.005mol/L；水样中 Cl⁻ 浓度过低，应采用其他方法。

（3）避免在强阳光下进行滴定。因为卤化银沉淀对光敏感，很快会转变为灰黑色，影响终点的观察。

（4）正确选择吸附指示剂。各种吸附指示剂的差别很大，对滴定条件的要求不同，适用范围也不相同。例如曙红，它虽然是滴定 Br⁻、I⁻、SCN⁻ 的良好指示剂，但不适于滴定 Cl⁻，因为 Cl⁻ 的吸附性较差，在滴定终点前，就有一部分指示剂的阴离子取代 Cl⁻ 进入吸附层，以致无法指示终点。

三、分析天平

称量中最重要的仪器是分析天平，需要首先掌握分析天平的构造、使用方法和注意事项，才能准确称量。

(一) 分析天平的定义

分析天平是化学实验中进行准确称量的最重要的仪器。分析天平是精密仪器，使用时要按照天平的使用规则认真、仔细操作，做到准确、快速完成称量而又不损坏天平。常用分析天平（电子天平）的构造如图 7-2 所示。

1—秤盘；2—秤盘座（在秤盘下）；3—防风圈；
4—水平指示器；5—显示窗；6—T 形水平调节脚；
7—防风门的操作手柄；8—玻璃防风罩。

图 7-2　分析天平（电子天平）的构造

通常根据构造原理不同，将分析天平分为机械式天平和电子天平两大类。机械式天平利用杠杆原理工作，具有结构直观的优点，但缺点是天平零件复杂，操作要求高且费时。电子天平采用电磁力平衡原理工作，其特点是称量准确、结果显示快速清晰，且具有自动检测系统、简便的自动校准装置和超载保护装置。在分析化学实验中，通常用电子天平来称量物体质量。因此，本小节内容以电子天平为例对分析天平进行详细介绍。

(二) 分析天平的使用方法

1. 称量前的检查与准备

称量前，拿下天平的防尘罩，接通电源，打开电源开关和天平开关，并预热 30min。

2. 调 平

电子天平一般有 2 个水平调节脚，有的位于天平后部，也有的位于天平前部，如图 7-3 所示。旋转这 2 个水平调节脚，就可以调节天平水平。电子天平有一个水平指示器，水平指示器中的气泡位于液腔中央时，称量才准确。调平前，先确认天平是否处于水平状态。调平时，观察水平指示器中气泡的位置，旋转天平的 2 只水平调节脚，将气泡调整至水平指示器中央，如图 7-4 (a) 所示。调好之后，应尽量不要搬动天平，否则，水平指示器中的气泡可能会发生偏移，如图 7-4 (b) 所示。水平指示器中的气泡一旦发生偏移，天平须重新调平。

（a）后脚调节　　　　（b）前脚调节

图 7-3　天平的水平调节

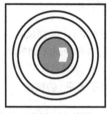 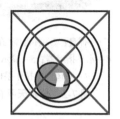

（a）气泡位于中央　　（b）气泡偏移

图 7-4　水平指示器中的气泡位置

3. 校 准

为获得准确的称量结果，天平必须进行校准，以使天平达到最佳工作状态。校准天平也视环境条件而定，在以下场合必须进行校准天平操作：首次使用天平称量之前；已断开天平电源或出现电源故障；环境发生巨大变化（如温度、湿度、气流发生变化或产生

振动）后；称量了一段时间。校准时，应按照电子天平说明书，使用内装校准砝码或外部自备有修正值的校准砝码进行操作。

4. 称 量

将称量物放在秤盘上，当稳定标志 "g" 出现于显示窗上时，表示天平的读数已稳定，此时天平的显示值即为该物品的质量。

5. 记 录

称量完毕后，要清洁天平，并填写天平使用记录，记录天平的使用日期、使用时间、温度、湿度、样品名称、天平状态以及使用人员等信息。

(三) 使用分析天平的注意事项

分析天平是精密的称量仪器，其称量结果是否准确对分析实验结果有重要影响。为保证分析天平称量结果准确无误，在使用时应注意以下几点：

（1）开、关天平的动作都要轻、缓，切不可用力过猛、过快，以免造成天平部件脱位或损坏。

（2）调节零点和读取称量读数时，要留意天平侧门是否已关好。要准确快速地将称量读数记录在实验报告本或实验记录本上。

（3）称量热的或冷的称量物时，应将其置于干燥器内，直至其温度同天平室温度一致后，才能进行称量。

（4）天平的前门仅供安装、检修和清洁时使用，平时不要打开。

（5）在天平箱内放置变色硅胶作为干燥剂，当变色硅胶变红后，应及时更换。

（6）注意保持天平、天平台、天平室的安全、整洁和干燥。天平室的温度应为 10～30℃，湿度应为 15%～80%。

（7）天平箱内不可有任何遗落的药品。如有遗落的药品，应用毛刷及时清理干净。

（8）用完天平后，应罩好天平罩。最后在天平使用记录簿上登记。

四、称量的操作方法

常用的称量方法有直接称量法、固定质量称量法和递减称量法。下面分别介绍这 3 种称量方法：

(一) 直接称量法

直接称量法是将称量物直接放在天平秤盘上称量物体质量的方法。例如：称量小烧杯的质量，容量器皿校正中称量某容量瓶的质量，重量分析实验中称量某坩埚的质量，等等，都使用直接称量法。

(二)固定质量称量法

固定质量称量法又称增量法,此法用于称量某一固定质量的试剂(如基准物质)或试样。这种称量操作的速度很慢,适于称量不易吸潮、在空气中能稳定存在的粉末状或小颗粒(最小颗粒质量应小于0.1mg,以便精细地调节其质量)样品。注意:若不慎加入试剂超过指定质量,可以用牛角匙取出多余试剂。重复多次上述操作,直至试剂质量符合指定要求为止。严格要求时,取出的多余试剂应弃去,不要放回原试剂瓶中。操作时,不能将试剂洒落于天平秤盘等容器以外的地方,称好的试剂必须定量地由表面皿等容器直接转入接受容器,此即所谓的定量转移。固定质量称量法的操作如图7-5所示。

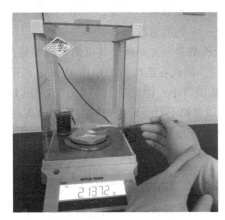

图7-5　固定质量称量法的操作示意图

(三)递减称量法

递减称量法又称减量法,此法用于称量一定质量范围的样品或试剂。在称量易吸水、易氧化或易与二氧化碳等反应的样品时,可选择此法。由于称取试样的质量由两次称量之差求得,故也称为差减法。递减称量法的称量步骤(图7-6)如下。

（a）取出称量瓶　　　（b）用称量瓶瓶盖轻敲瓶口

图7-6　递减称量法的重点步骤

(1)用纸带(或纸片)夹住称量瓶后,从干燥器中取出称量瓶(注意:不要让手指直接触及称量瓶和瓶盖)。然后,用纸带(或纸片)夹住称量瓶盖柄,打开瓶盖。再用牛角匙向称量瓶中加入适量试样(一般为称一份试样量的整数倍),盖上瓶盖,将称量瓶放在天平上,称出称量瓶加入试样后的准确质量。

(2)将称量瓶从天平上取出,在承接试样的容器的上方倾斜瓶身,用称量瓶瓶盖轻敲瓶口右上部,使试样缓缓落入容器中,瓶盖始终不要离开容器上方。当倾出的试样接近所需量(可从体积上估计或试重得知)时,一边继续用瓶盖轻敲瓶口,一边逐渐将瓶身扶正,使黏附在瓶口上的试样落回称量瓶,然后盖好瓶盖,将称量瓶从容器上方移开,再准确称量其质量。

(3)用前一次称量的称量瓶加试样的质量减去后一次称量的质量,即为所需试样的质量。按上述方法连续操作,可称量多份试样。有时很难一次性得到合乎质量范围要求的试样,可重复上述称量操作1~2次。

第二节　容量分析法

容量分析法又称滴定分析法,是化学分析中最常用的方法。滴定分析法是在被测物质溶液中,滴加一种可以和被测物质作用的已知准确浓度的试剂溶液,直到所加试剂溶液与被测物质按化学计量关系定量反应为止。然后,根据所加试剂溶液的浓度和体积,求出被测物质的含量。在滴定过程中滴加的已知准确浓度的试剂溶液叫作标准溶液,或称滴定剂。

一般来说,在实际滴定中,由于许多滴定反应通常都没有明显的外观特征,所以,滴定剂与被测物质是否按化学计量关系完全反应要借助某种化学试剂的颜色变化来确定,这种为便于观察滴定终点而加入的化学试剂称为指示剂。指示剂变色而终止滴定的这一点称为滴定终点,简称终点。

当滴定到所加的滴定剂与被测物质按化学计量关系完全反应时为止,此时称为化学计量点,简称等量点。

等量点和终点的含义是不同的,等量点是根据化学计量关系求得的理论值,而终点是实际滴定时指示剂指示的实验值,这两者往往并不相同。由此引起测定结果的误差称为终点误差,或称滴定误差。

一、容量分析法的特点

容量分析是定量分析中的重要方法之一,具有以下特点：

(1)加入标准溶液物质的量与被测物质的量恰好是化学计量关系。

(2)滴定分析具有快速、准确、仪器设备简单、操作方便、价廉等优点，可适用于多种化学反应类型的测定。

(3)分析结果比较准确，测定的相对误差通常为 0.1% ~ 0.2%。

(4)适于组分含量在 1% 以上各种物质的测定，有时也用于测定微量组分。

(5)用途广泛，在生产和科研中具有很高的实用价值。

二、容量反应条件

容量分析虽然能应用于各种类型的反应，但不是所有的化学反应都可用于容量分析，适用于容量分析的化学反应必须具备下列条件：

(1)反应按一定的化学反应式进行，即反应具有确定的计量关系。

例如，待测物 A 与滴定剂 B 按下式反应

$$aA + bB \Longrightarrow cC + dD$$

式中，a、b 表示 A 与 B 是按物质的量比 $a:b$ 的关系反应的，这是反应的计量关系，到达化学计量点时

$$n_A : n_B = a : b \qquad (7\text{-}15)$$

式中：n_A——待测物质 A 的物质的量，mol；

n_B——滴定剂 B 的物质的量，mol。

(2)反应必须定量地进行完全，通常要求达到 99.9% 以上。

(3)反应速度要快。对于反应速度慢的反应，应采取措施加快反应速度，如加热、提高反应物的浓度、加入催化剂等。

(4)有比较简便、可靠的确定滴定终点的方法，如加入合适的指示剂。

三、容量分析法的原理

(一)酸碱滴定法的原理

利用酸标准溶液或碱标准溶液以中和反应为基础的滴定分析法，称为酸碱滴定法，又称中和法。

1. 酸碱平衡中有关浓度的计算

(1)一元弱酸弱碱溶液

以一元弱酸乙酸(HAc)为例，其在水溶液中存在下述平衡

$$HAc \Longrightarrow H^+ + Ac^-$$

$$K(HAc) = \frac{c(H^+) c(Ac^-)}{c(HAc)} \qquad (7\text{-}16)$$

式中：$K(HAc)$——乙酸的电离常数；

$c(H^+)$——水溶液中 H^+ 的浓度，mol/L；

$c(Ac^-)$——水溶液中 Ac^- 的浓度，mol/L；

$c(HAc)$——水溶液中乙酸的浓度，mol/L。

设乙酸溶液的浓度为 $c_{溶1}$，单位为 mol/L。由于 HAc 电离时，一个乙酸分子会电离产生一个 H^+ 和一个 Ac^-，因此溶液中 H^+ 浓度和 Ac^- 浓度相等，即 $c(H^+) = c(Ac^-)$，而未电离的 HAc 分子的浓度应为溶液中乙酸的浓度减去 H^+(或 Ac^-)的浓度，即 $c(HAc) = c_{溶1} - c(H^+)$。于是，乙酸溶液的电离平衡反应式为

$$HAc \Longrightarrow H^+ + Ac^-$$

平衡时浓度对应为 $c_{溶1} - c(H^+)$、$c(H^+)$、$c(Ac^-)$。将平衡时各物质的浓度代入式(7-16)中，得

$$\frac{c(H^+) c(Ac^-)}{c(HAc)} = \frac{c(H^+)^2}{c_{溶1} - c(H^+)} = K_a \qquad (7\text{-}17)$$

式中：K_a——电离常数。

由于乙酸是一元弱酸，其电离常数非常小，$K_a = 1.76 \times 10^{-5}$，因此在乙酸溶液中由 HAc 电离所产生的 H^+ 浓度也相当小。因此在计算时，$c_{溶1} - c(H^+)$ 中的 $c(H^+)$ 可以忽略不计，即平衡时溶液中电离的 HAc 分子浓度可以认为等于溶液中的乙酸浓度，即 $c(HAc) = c_{溶1}$，于是式(7-17)可简化为

$$\frac{c(H^+) c(Ac^-)}{c(HAc)} = \frac{c(H^+)^2}{c_{溶1}} = K_a \qquad (7\text{-}18)$$

这时计算弱酸溶液中 $c(H^+)$ 的简化公式

$$c(H^+) = \sqrt{K_a c_{溶1}} \qquad (7\text{-}19)$$

同理，对于弱碱溶液，如氨水($NH_3 \cdot H_2O$)溶液，可以根据它的电离常数 K_b 和其浓度 $c_{溶2}$，推导出计算弱碱溶液中 OH^- 浓度 $c(OH^-)$ 的公式

$$c(OH^-) = \sqrt{K_b c_{溶2}} \qquad (7\text{-}20)$$

(2)多元弱酸弱碱溶液

多元弱酸在水溶液中是分级电离的。以二元弱酸碳酸(H_2CO_3)为例，它在水中的二级电离如下

①第一级电离

$$H_2CO_3 \Longrightarrow H^+ + HCO_3^-$$

$$K_{a_1} = \frac{c(H^+) c(HCO_3^-)}{c(H_2CO_3)} = 4.30 \times 10^{-7} \qquad (7\text{-}21)$$

②第二级电离

$$HCO_3^- \Longrightarrow H^+ + CO_3^{2-}$$

$$K_{a_2} = \frac{c(H^+) c(CO_3^{2-})}{c(HCO_3^-)} = 5.6 \times 10^{-11} \qquad (7\text{-}22)$$

式中：K_{a_1}——碳酸的第一级电离常数；

K_{a_2}——碳酸的第二级电离常数；

$c(CO_3^{2-})$——水溶液中 CO_3^{2-} 的浓度，mol/L；

$c(HCO_3^-)$——水溶液中 HCO_3^- 的浓度，mol/L。

由于 K_{a_1} 要远远大于 K_{a_2}，所以碳酸溶液中的 H^+ 主要是由第一级电离所产生的。第二级电离所产生的 H^+ 可以忽略不计。因此可以把这种多元酸当作一元弱酸来处理。溶液中的 $c(H^+)$，可以根据 K_{a_1} 和碳酸浓度 $c_{溶3}$ 来计算。

根据碳酸的第一级电离平衡

$$H_2CO_3 \rightleftharpoons H^+ + HCO_3^-$$

平衡时，浓度对应为 $c_{溶3} - c(H^+)$、$c(H^+)$、$c(HCO_3^-)$。

由于碳酸的第二级电离远小于第一级（$K_{a_2} < K_{a_1}$），因此第二级电离与第一级相比可以忽略。因此 $c(H^+) \approx c(HCO_3^-)$，于是

$$\frac{c(H^+)c(HCO_3^-)}{c(H_2CO_3)} = \frac{c(H^+)^2}{c_{溶3}-c(H^+)} = K_{a_1} \quad (7\text{-}23)$$

由于碳酸的 K_{a_1} 也很小，与碳酸溶液的浓度 $c_{溶3}$ 相比要小得多，由它电离产生的 $c(H^+)$ 也很低，与 $c_{溶3}$ 相比可以忽略，即

$$c(H_2CO_3) = c_{溶3} - c(H^+) = c_{溶3} \quad (7\text{-}24)$$

于是上式可以简化为

$$\frac{c(H^+)c(HCO_3^-)}{c(H_2CO_3)} = \frac{c(H^+)^2}{c_{溶3}} = K_{a_1} \quad (7\text{-}25)$$

$$c(H^+) = \sqrt{K_{a_1} c_{溶3}} \quad (7\text{-}26)$$

同理，对于多元弱碱也可以推导出

$$c(OH^-) = \sqrt{K_b c_{溶3}} \quad (7\text{-}27)$$

（3）多元酸的酸式盐溶液

多元酸的酸式盐，如碳酸氢钠（$NaHCO_3$）、磷酸二氢钠（NaH_2PO_4）等，在水溶液的电离情况较为复杂，下面以碳酸氢钠为例加以说明。

碳酸氢钠在水溶液中完全电离为 Na^+ 和 HCO_3^-

$$NaHCO_3 \rightleftharpoons Na^+ + HCO_3^-$$

由于 HCO_3^- 在水溶液中既能部分地电离为 H^+ 和 CO_3^{2-}，又能部分地与 H^+ 结合成 H_2CO_3 分子

$$HCO_3^- \rightleftharpoons H^+ + CO_3^{2-}$$
$$H^+ + HCO_3^- \rightleftharpoons H_2CO_3$$

由于 HCO_3^- 的上述反应，因此溶液中 $c(H^+)$ 和 $c(CO_3^{2-})$ 并不相等，而是 $c(H^+)$ 与 $c(H_2CO_3)$ 之和才等于 $c(CO_3^{2-})$，即

$$c(H^+) + c(H_2CO_3) = c(CO_3^{2-}) \quad (7\text{-}28)$$

由于这些离子存在于同一个水溶液中，它们之间的浓度关系必须符合碳酸的二级电离平衡，即

$$\frac{c(H^+)c(HCO_3^-)}{c(H_2CO_3)} = K_{a_1} \quad (7\text{-}29)$$

$$c(H_2CO_3) = \frac{c(H^+)c(HCO_3^-)}{K_{a_1}} \quad (7\text{-}30)$$

$$\frac{c(H^+)c(CO_3^{2-})}{c(HCO_3^-)} = K_{a_2} \quad (7\text{-}31)$$

$$c(CO_3^{2-}) = \frac{K_{a_2}c(HCO_3^-)}{c(H^+)} \quad (7\text{-}32)$$

从而可得

$$c(H^+) + \frac{c(H^+)c(HCO_3^-)}{K_{a_1}} = \frac{K_{a_2}c(HCO_3^-)}{c(H^+)} \quad (7\text{-}33)$$

整理上式得

$$K_{a_1}c(H^+)^2 + c(HCO_3^-)c(H^+)^2 = K_{a_1}K_{a_2}c(HCO_3^-) \quad (7\text{-}34)$$

$$c(H^+)^2 = \frac{K_{a_1}K_{a_2}c(HCO_3^-)}{K_{a_1}+c(HCO_3^-)} \quad (7\text{-}35)$$

由于 $K_{a_1} < c(HCO_3^-)$，于是上式可变为

$$c(H^+) = \sqrt{\frac{K_{a_1}K_{a_2}c(HCO_3^-)}{c(HCO_3^-)}} \quad (7\text{-}36)$$

于是

$$c(H^+) = \sqrt{K_{a_1}K_{a_2}} \quad (7\text{-}37)$$

当多元酸酸式盐的浓度 $> K_{a_1} > K_{a_2}$ 时，多元酸酸式盐溶液的 H^+ 浓度可由此式计算出。

（4）缓冲溶液

许多化学反应必须在一定的 pH 范围内进行，或者必须在一定的 pH 范围内才能进行完全。例如，水质分析中的络合滴定反应、氧化还原反应、比色反应等，都需要严格地控制溶液的 pH，这就需要缓冲溶液。

所谓缓冲溶液，是指由弱酸和弱酸盐[如乙酸-乙酸钠缓冲溶液（$HAc-NaAc$）]或弱碱和弱碱盐[如氢氧化铵-氯化铵缓冲溶液（NH_4OH-NH_4Cl）]所组成的溶液，不因加入少量酸、碱或者被稀释而使溶液 pH 发生改变的特性称为缓冲性。这种溶液被称为缓冲溶液。

缓冲溶液具有调节控制溶液 pH 的能力。可用由乙酸和乙酸钠所组成的缓冲溶液为例加以解释：

在上述溶液中，乙酸钠被完全电离成 Na^+ 和 Ac^-；乙酸则部分地电离为 H^+ 和 Ac^-，其反应如下

$$NaAc \longrightarrow Na^+ + Ac^-$$
$$HAc \rightleftharpoons H^+ + Ac^-$$

于是

$$K_a = \frac{c(H^+)c(Ac^-)}{c(HAc)} \quad (7\text{-}38)$$

如果在这种溶液中加入少量强酸盐酸（HCl），盐酸全部电离，但电离产生的 H^+ 立即与存在于溶液中的 Ac^- 结合成不易电离的乙酸，即上述乙酸的电离平衡向左移动，使溶液中的 $c(H^+)$ 增加不多，pH 变化

很小。同理，当在上述缓冲溶液中加入少量的强碱氢氧化钠时，则加入的 OH^-，与溶液中的 H^+ 结合成水分子，引起 HAc 分子的电离，即平衡向右移动，以补充消耗了的 H^+，使溶液中 $c(H^+)$ 的降低也不多，pH 的变化仍很小，因而使缓冲溶液具有调节控制溶液酸度的能力。

对于酸性缓冲溶液 pH，可按下式计算

$$c(H^+) = K_a \frac{c(HAc)}{c(Ac^-)} = K_a \frac{c_酸}{c_盐} \qquad (7\text{-}39)$$

则

$$-\lg c(H^+) = -\lg K_a - \lg \frac{c_酸}{c_盐} \qquad (7\text{-}40)$$

$$pH = pK_a - \lg \frac{c_酸}{c_盐} \qquad (7\text{-}41)$$

式中：$c_酸$——缓冲溶液中弱酸的浓度，mol/L；

$c_盐$——缓冲溶液中弱式盐的浓度，mol/L。

根据同样道理，对于弱碱及弱酸盐所组成的缓冲溶液，同理可以推导

$$c(OH^-) = K_b \frac{c_碱}{c_盐} \qquad (7\text{-}42)$$

于是

$$pOH = pK_b - \lg \frac{c_碱}{c_盐} \qquad (7\text{-}43)$$

即

$$pH = 14 - \lg K_b + \lg \frac{c_碱}{c_盐} \qquad (7\text{-}44)$$

式中：$c_碱$——缓冲溶液中弱碱的浓度，mol/L；

$c_盐$——缓冲溶液中弱酸盐的浓度，mol/L。

2. 酸碱滴定曲线的计算和指示剂的选择

在酸碱滴定过程中，溶液的 pH 不断变化，通过计算滴定各阶段溶液的 pH，绘制滴定曲线，以此作为选择合适指示剂的依据。

1）强碱滴定强酸溶液

为方便计算，以浓度为 0.1000mol/L 的氢氧化钠溶液，滴定 20.00mL 浓度为 0.1000mol/L 的盐酸溶液为例。整个滴定可以分为 4 个阶段：

（1）滴定前：溶液为盐酸溶液，溶液的 pH 取决于盐酸溶液的原始浓度，即 $c(H^+) = 0.1000$mol/L

$$pH = -\lg c_a = -\lg 0.1000 = 1 \qquad (7\text{-}45)$$

式中：c_a——盐酸溶液的原始浓度，mol/L。

（2）终点前：由于在滴定过程中，滴加氢氧化钠溶液，部分盐酸被中和，溶液中的 $c(H^+)$ 取决于剩余的盐酸溶液，即

$$c(H^+) = \frac{c_a V_a}{V} \qquad (7\text{-}46)$$

式中：V_a——滴定过程中剩余盐酸溶液的体积，mL；

V——滴定过程中溶液的体积，mL。

①当加入 18.00mL 氢氧化钠溶液时，滴定溶液中还有 2.00mL 盐酸未被中和，则 $c(H^+) = \frac{0.1000 \times 2.00}{20.00 + 18.00} \approx 5.26 \times 10^{-3}$mol/L，则 pH = 2.28。

②当加入 19.98mL 氢氧化钠溶液时，则 $c(H^+) = \frac{0.1000 \times 0.02}{20.00 + 19.98} \approx 5.00 \times 10^{-5}$mol/L，则 pH = 4.30。

（3）理论终点：由于滴入 20.00mL 氢氧化钠溶液，中和反应达到理论终点，此时 $c(H^+) = c(OH^-) = 10^{-7}$mol/L，pH = 7.00。

（4）终点后：溶液的 pH 取决于过量氢氧化钠溶液的浓度，此时溶液 $c(OH^-)$ 可由下式求取

$$c(OH^-) = \frac{c_b V_b}{V} \qquad (7\text{-}47)$$

式中：V_b——滴定终点后，过量的氢氧化钠溶液的体积，mL；

c_b——氢氧化钠溶液的原始浓度，mol/L。

如加入 20.02mL 氢氧化钠溶液，则 $c(OH^-) = \frac{0.1000 \times 0.02}{20.00 + 20.02} \approx 5.00 \times 10^{-5}$mol/L，pOH = 4.30，pH = 14 - 4.30 = 9.70。

强碱滴定强酸溶液的突跃范围为 pH = 4.30 ~ 9.70。这个范围内变色的指示剂，如溴百里酚蓝、苯酚红、甲基橙、甲基红、酚酞、中性红、溴酚蓝等都可以选用。

2）强碱滴定弱酸溶液

强碱滴定弱酸溶液时，一般来讲，弱酸溶液应具备下述条件，即 $c_a K_a \geqslant 10^{-8}$ 时，滴定才能进行（c_a 代表弱酸溶液的浓度）；同样为方便计算，以浓度为 0.1000mol/L 的氢氧化钠溶液，滴定 20.00mL 浓度为 0.1000mol/L 的乙酸溶液为例介绍。

（1）滴定前：溶液为乙酸溶液，其 pH 取决于乙酸溶液中的 $c(H^+)$，即 $c(H^+) = \sqrt{c_a K_a} = \sqrt{0.1000 \times 1.8 \times 10^{-5}} = 10^{2.87}$mol/L，即 pH = 2.87。

（2）终点前：滴定开始至理论终点前，由于氢氧化钠溶液的不断加入，生成的乙酸钠与未反应的乙酸组成缓冲体系，则溶液的 pH 按下式计算

$$pH = pK_a - \lg \frac{c_a}{c_盐} \qquad (7\text{-}48)$$

①加入 18.00mL 氢氧化钠溶液时，剩余乙酸溶液为 2.00mL，则 $c_a = \frac{0.1000 \times 0.02}{20.00 + 18.00} \approx 5.26 \times 10^{-3}$mol/L，$c_盐 = \frac{0.1000 \times 18.00}{20.00 + 18.00} \approx 4.74 \times 10^{-2}$mol/L，pH = 4.74 - lg

$$\frac{5.26\times10^{-3}}{4.74\times10^{-2}}\approx5.69$$

②同理，当加入 19.98mL 氢氧化钠溶液时，溶液的 pH = 7.74。

（3）滴定到达理论终点：乙酸全部被中和成乙酸钠，由于乙酸钠水解，则溶液的 pH 应根据乙酸钠的水解公式来计算，即

$$c(\mathrm{OH^-})=\sqrt{c(\mathrm{NaAc})\frac{K_w}{K_a}} \quad (7\text{-}49)$$

式中：$c(\mathrm{NaAc})$——乙酸钠溶液的浓度，mol/L；

K_w——水的离子积常数，无量纲；

K_a——乙酸的电离常数，无量纲。

$$c(\mathrm{OH^-})=\sqrt{5.00\times10^{-2}\times\frac{10^{-14}}{10^{-4.74}}}\approx5.27\times10^{-6}\mathrm{mol/L}，因此，$$

pOH = 5.28，pH = 14.00 - 5.28 = 8.72。

（4）终点后：由于氢氧化钠溶液的过量加入，抑制了乙酸钠水解，溶液的 pH 取决于过量碱浓度，即

$$\mathrm{pH}=14+\lg c_b+\lg\frac{V_b}{V} \quad (7\text{-}50)$$

如加入 20.02mL 氢氧化钠溶液时，过量 0.02mL，则 pH = 14 - 4.30 = 9.70。由计算可知：强碱滴定弱酸溶液的突跃范围为 7.74~9.70，处于碱性范围，用酚酞、百里酚酞或百里酚蓝指示剂是合适的。

3）强碱滴定多元酸溶液

用强碱滴定多元酸溶液时，要注意两点：第一，当 $c_aK_{a_1}>10^{-8}$ 且 $K_{a_1}/K_{a_2}\geqslant10^4$ 时，在第一滴定终点时会出现 pH 突跃；当 $c_aK_{a_2}>10^{-8}$，则 $K_{a_2}/K_{a_3}\geqslant10^4$ 时，会在第二个滴定终点时出现 pH 突跃，可依此类推。第二，若 $K_{a_1}/K_{a_2}<10^4$，两步中和反应交叉进行，突跃不明显。因此，在实际化验工作中，一般只计算反应终点时的 pH，以便选择合适的指示剂。

方便计算，以浓度为 0.1000mol/L 的氢氧化钠溶液滴定 20.00mL 浓度为 0.1000mol/L 的磷酸（H_3PO_4）为例，加以说明。由于对磷酸而言

$$\left.\begin{array}{l}\dfrac{K_{a_1}}{K_{a_2}}=\dfrac{7.6\times10^{-3}}{6.3\times10^{-8}}\approx1.2\times10^5>10^4\\[3mm]\dfrac{K_{a_2}}{K_{a_3}}=\dfrac{6.3\times10^{-8}}{4.4\times10^{-13}}\approx1.4\times10^5>10^4\end{array}\right\} \quad (7\text{-}51)$$

所以滴定过程有两个突跃，由于 $K_{a_3}=4.4\times10^{-13}<10^{-8}$，第三个突跃不能直接滴定。

（1）滴定反应产生第一个滴定突跃时，反应按下式计算

$$H_3PO_4+NaOH\longrightarrow NaH_2PO_4+H_2O$$

由于反应中有酸式盐，所以理论终点时的 pH 按

多元酸酸式盐溶液计算

$$c(\mathrm{H^+})=\sqrt{K_{a_1}K_{a_2}} \quad (7\text{-}52)$$

$$\mathrm{pH}=\frac{1}{2}\mathrm{p}K_{a_1}+\frac{1}{2}\mathrm{p}K_{a_2} \quad (7\text{-}53)$$

$$=\frac{1}{2}(2.12+7.20)=4.66$$

可以选用甲基橙、甲基红为指示剂。也可以选用 pH=4.3 变色的溴甲酚绿-甲基橙混合指示剂。

（2）滴定反应产生第二个突跃时，反应如下

$$NaH_2PO_4+NaOH\longrightarrow Na_2HPO_4+H_2O$$

同理，由于反应产物中有酸式盐，于是

$$c(\mathrm{H^+})=\sqrt{K_{a_2}K_{a_3}} \quad (7\text{-}54)$$

$$\mathrm{pH}=\frac{1}{2}\mathrm{p}K_{a_2}+\frac{1}{2}\mathrm{p}K_{a_3} \quad (7\text{-}55)$$

$$=\frac{1}{2}(7.20+12.36)=9.78$$

显然选用 pH=9.9 变色的酚酞-百里酚酞混合指示剂可以较好地指示反应终点。

4）强酸滴定弱碱溶液

用强酸滴定弱碱溶液，与强碱滴定弱酸情况相类似，对于弱碱，$c_bK_b>10^{-8}$ 时才能被强酸直接滴定。

同样，为说明问题，以浓度为 0.100mol/L 的盐酸溶液滴定 20.00mL 浓度为 0.1000mol/L 的氨水（NH_4OH）溶液。

（1）滴定前：溶液为 0.1000mol/L 氨水（NH_4OH）溶液，于是溶液

$$\mathrm{pH}=14.0-\frac{1}{2}\mathrm{p}K_b+\frac{1}{2}\lg c_b=14.00-2.87=11.13$$

（2）终点前：由于不断加入的盐酸溶液，使生成的氯化铵与氨水（NH_4OH）组成缓冲体系，所以溶液的 pH 应按下式计算

$$\mathrm{pOH}=\mathrm{p}K_b-\lg\frac{c_b}{c_{盐}} \quad (7\text{-}56)$$

即

$$\mathrm{pH}=14-\lg K_b+\lg\frac{c_b}{c_{盐}}=14.00-7.74=6.26 \quad (7\text{-}57)$$

（3）到达理论终点：氨水（NH_4OH）全部被中和成氯化铵，由于氯化铵的水解，溶液的 pH 按下式计算

$$c(\mathrm{H^+})=\sqrt{c_{盐}\frac{K_w}{K_b}}\approx\sqrt{5.00\times10^{-2}\times\frac{10^{-14}}{1.8\times10^{-5}}} \quad (7\text{-}58)$$

$$=5.27\times10^{-6}\mathrm{mol/L}$$

$$\mathrm{pH}=\lg c(\mathrm{H^+})=5.28 \quad (7\text{-}59)$$

（4）终点后：由于盐酸溶液过量，则溶液的 pH 应根据加入的盐酸溶液来计算，如加入 20.02mL 盐酸溶液时，则 $c(\mathrm{H^+})=\dfrac{0.1000\times0.02}{20.00+20.02}\approx5.00\times10^{-5}\mathrm{mol/L}，$

pH=4.30。

由于该滴定的突跃范围为6.26~4.30，则指示其反应适宜的指示剂为甲基红、溴甲酚绿等。

以上给出了酸碱滴定中4种主要滴定形式的计算过程和计算公式。从这个计算过程中，可以得出下述结论，即滴定曲线突跃范围的大小与位置和下述因素有关：

①与被滴定组分离解度有关。被滴定组分离解度不同，滴定曲线的突跃不同：被滴定组分为强酸（或强碱）突跃就大，被滴定组分为弱酸（或弱碱）突跃就小；被滴定组分的离解常数不同，其突跃范围也不同。

②与被滴定组分的浓度有关。滴定分析时，被滴定组分的浓度越大，其滴定突跃越大；被滴定组分的浓度越小，则其滴定突就越小；如果被滴定组分不能满足 $c_aK_a \geq 10^{-8}$（或 $c_bK_b \geq 10^{-8}$），则被滴定组分无法被滴定检出。

③与被滴定组分性质有关。当被滴定组分为多元酸（或多元碱）则 $K_{a_1}/K_{a_2} \geq 10^4$（或 $K_{b_1}/K_{b_2} \geq 10^4$）时，则被滴定弱酸（或弱碱）的第一个理论终点附近才会出现pH突跃；同理，当 $K_{a_2}/K_{a_3} \geq 10^4$（或 $K_{b_2}/K_{b_2} \geq 10^4$）时，被滴定组分的第二个理论终点附近才会出现pH突跃。

④需要注意的是，当多元酸（或多元碱）的滴定终点附近，pH突跃范围较小，指示剂变色不够明显时，为了减少滴定误差，除了可采用混合指示剂使其变色点接近突跃范围外，还可以采用较浓的试液和标准溶液。这样也可以获得较为满意的分析结果，但由于分析反应的交叉进行，易使滴定过程复杂化。

3. 酸碱指示剂

(1)指示剂的变色原理

常用的酸碱指示剂一般是弱的有机酸或有机碱，或既呈弱酸性又呈弱碱性的两性物质。在溶液pH改变时，由于结构上的变化而引起溶液颜色的改变。下面以甲基橙为例加以说明。

当甲基橙滴加到溶液中后，会发生下述离解

$$HIn \rightleftharpoons H^+ + In^-$$

红色分子　黄色离子

酸式色　碱式色

当其达到反应平衡时，存在下述关系

$$K(HIn) = \frac{c(H^+)c(In^-)}{c(HIn)} \qquad (7-60)$$

式中：$c(H^+)$、$c(In^-)$——分别表示甲基橙在溶液中达到平衡时，在溶液中的 H^+、In^- 的浓度，mol/L。

$K(HIn)$——指示剂电离常数，简称指示剂常数，其数值取决于指示剂的性质和温度。

由于甲基橙的酸式是红色的，所以甲基橙在酸溶液中显红色。当加入碱后，由于 OH^- 与 H^+ 结合生成非电离的水，使平衡向右移，此时溶液则显黄色。由于这一类指示剂的颜色改变是随溶液pH的改变而发生变化，故称为酸碱指示剂。

(2)指示剂的变色范围

如前所述，酸碱指示剂颜色的改变，是随溶液pH的改变而改变。但是由于人的视觉对颜色辨别能力是有局限的。实践表明：当指示剂的一种颜色为另一种颜色的10倍时，我们才能看出前一种颜色的变化。把用眼睛看到指示剂明显地由一种颜色变成另一种颜色的pH范围称为指示剂的变色范围，所以pH=$pK_a \pm 1$ 就是指示剂变色的pH范围，称为指示剂的变色范围。

但是指示剂的变色是靠肉眼观察出来的，由于肉眼对于各种颜色的敏感不同，加上两种颜色在变化中的互相遮掩，所以实际观察结果与理论计算之间有一定的差别。

例如，甲基橙 $pK_a = 3.4$，根据理论计算，其变色范围应在 2.4~4.4，但实测结果为 3.1~4.4，产生这种偏差的结果，估计是肉眼对红色较黄色更为敏感的缘故。

此外，溶液的温度，溶液的离子强度及状况（如胶体会对某些指示剂产生吸附作用）等均会使肉眼观察指示剂变色产生影响。

4. 混合指示剂

在酸碱滴定中，有时需要将滴定终点限制在很窄的pH范围内。这时可采用混合指示剂。混合指示剂有两种：一种是由两种或两种以上的指示剂混合而成，利用颜色之间的互补作用，使变色更加敏锐。如溴甲酚蓝（$pK_a = 4.97$）和甲基红（$pK_a = 5.20$），前者的酸式色为黄色，碱式色为蓝色；而甲基红的酸式色为红色，碱式色为黄色。当它们混合后，由于颜色的互补作用，溶液在酸性条件下显橙红色（黄+红）；而在碱性下则显绿色（蓝+黄）。而在pH约为5.1时，溴甲酚蓝的碱性成分较多，呈绿色；甲基红的酸性成分较多，呈橙红色；这两种颜色互补，产生灰色，因而使颜色在这个时候发生突变，变色非常明显，利于终点的捕捉。

混合指示剂的另一种组合，是由某种指示剂（如甲基橙）和一种惰性染料（如靛蓝二磺酸钠）组成。同前面讲过的一样，利用颜色的互补作用来提高颜色变化的敏锐性，便于终点的观察。

(二)络合滴定法的原理

利用络合反应进行的滴定分析称为络合滴定。利

用无机络合反应来进行滴定分析已有多年的历史。例如，用硝酸银标准溶液测定电镀液中的 CN^- 含量

$$Ag^+ + 2CN^- \longrightarrow [Ag(CN)_2]^-$$

当达到滴定终点时，稍过量的硝酸银标准溶液与 $[Ag(CN)_2]^-$ 反应生成白色的 $Ag[Ag(CN)_2]$ 沉淀物，指示终点到达

$$Ag^+ + [Ag(CN)_2]^- \longrightarrow Ag[Ag(CN)_2]\downarrow（白色）$$

虽然能够生成无机络合物的反应很多，但能用于滴定分析的并不多，这主要是因为有些络合物不够稳定，不能满足络合滴定的要求。在络合反应中有分级络合的现象出现，因此在络合过程中，各级络合物同时存在，只有在过量络合剂存在时，才能完全形成配位数最多的络合物。因此在滴定过程中，金属离子浓度不可能发生突跃的变化等。所有这些都限制了无机络合滴定的发展。20 世纪中叶，随着有机络合剂的发展，有机络合滴定在生产和科研中得到广泛应用，其中 EDTA 应用最广泛。本小节讨论 EDTA 络合滴定。

1. 络合物的稳定常数

（1）绝对稳定常数

金属离子与 EDTA 形成络合物的稳定性，可用该络合物的稳定常数 $K_稳$ 来表示。以 Ca^{2+} 与 EDTA 的络合反应为例

$$Ca^{2+} + Y^{4-} \longrightarrow CaY^{2-}$$

按质量作用定律，其平衡常数为

$$K(CaY) = \frac{c(CaY^{2-})}{c(Ca^{2+})c(Y^{4-})} \tag{7-61}$$

式中：$K(CaY)$——绝对稳定常数，通称为稳定常数，这个数值越大，则络合物越稳定；

$c(Ca^{2+})$——水溶液中 Ca^{2+} 的浓度，mol/L；

$c(Y^{4-})$——水溶液中 Y^{4-} 的浓度，mol/L。

（2）酸效应系数

EDTA 是一种四元酸，其 4 级电离有如下平衡关系

$$H_4Y \rightleftharpoons H_3Y^- + H^+ \rightleftharpoons H_2Y^{2-} + H^+ \rightleftharpoons HY^{3-} + H^+ \rightleftharpoons Y^{4-} + H^+$$

其中 $c(Y^{4-})$ 表示能与金属离子相络合的 Y^{4-} 离子的浓度，称为有效浓度。$c(Y^{4-})$ 与 EDTA 总浓度 $c_总$ 有如下关系：

$$\frac{c_总}{c(Y^{4-})} = \alpha_H \tag{7-62}$$

式中：α_H——络合剂的酸效应系数，其值随溶液 pH 的增大而减小，即 EDTA 的总浓度与有效浓度之比是与酸度有关的。

经推导，考虑了酸效应后的 EDTA 金属络合物的稳定常数 $K_稳'$ 称为条件稳定常数，即在一定酸度条件下，用 EDTA 溶液总浓度表示的稳定条件；它的大小

说明了在不同 pH 影响下络合物的实际稳定程度。也即

$$K_稳' = \frac{K_稳}{\alpha_H} \tag{7-63}$$

$$\lg K_稳' = \lg K_稳 - \lg \alpha_H \tag{7-64}$$

研究实践表明，要使络合滴定能够定量完成，并且其误差小于 0.1%，条件稳定常数 $K_稳' \geqslant 10^8$，也即 $\lg \alpha_H < \lg K_稳 - 8$。

（3）混合络合效应系数

酸度对络合反应还有其他方面的影响。如酸度太低时，某些金属离子会产生水解生成 MOH、$M(OH)_2$ 等水解产物，使金属离子浓度降低，参加络合反应的能力减弱，这种副反应称为水解效应；在酸度偏低时，可能形成 MOHY 型的碱式络合物，而酸度偏高则可能形成 MHY 型酸式络合物，这种副反应称为混合络合效应。这些反应的结果，会在主要络合反应的基础上，多生成一些络合物，影响主络合物的络合能力。

因此，在络合滴定中，除了应校正 EDTA 的酸效应以外，还要校正由于金属离子水解或形成混合络合物等的混合络合效应，以 α_L 表示。

把酸效应、混合络合效应等对稳定常数的影响都加以校正后，所得到的络合物稳定常数，称为表观稳定常数，以 $\lg K_稳''$ 表示。即

$$\lg K_稳'' = \lg K_稳 - \lg \alpha_H - \lg \alpha_L \tag{7-65}$$

凡是 $\lg K_稳'' \geqslant 8$ 的情况，表示该离子与 EDTA 定量络合，可被用于滴定。某些离子在 pH 很高的水溶液中，由于水解反应较强，不论其 $\lg K_稳''$ 数值多大，都不能进行滴定。例如，可滴定 Zn^{2+} 的 pH 范围为 4～10，在 pH = 11～12 时，由于形成氢氧化锌 $[Zn(OH)_2]$，ZnO_2^{2-} 的反应占优势，虽然此时其 $\lg K_稳''$ 数值很大，也不宜于滴定。

2. 金属指示剂

在络合滴定中，通常要利用一种能与金属离子生成有色络合物的显色剂来指示滴定过程中金属离子的浓度变化，这种显色剂称为金属离子指示剂，简称金属指示剂。

1）金属指示剂的变色原理

金属指示剂多数是有机染料，在适当的条件下，能与待测金属离子形成有色络合物。这个络合物的颜色与金属指示剂本身的颜色不同。当滴加 EDTA 时金属离子逐步被络合，当达到反应终点时，已与指示剂络合的金属离子被 EDTA 夺走，释放出指示剂，从而引起溶液颜色的变化。下面以 EDTA 滴定 Mg^{2+} 时，用铬黑 T 做指示剂加以说明：

铬黑 T 作为金属指示剂，其本身是一种弱酸，它

在溶液中的存在形式和显示的颜色受 pH 的影响，在溶液中有以下平衡

$$\underset{(\text{紫红})}{H_2In^-} \xrightarrow{pK_{a_2}=6.3} \underset{(\text{蓝})}{HIn^-} \xrightarrow{pK_{a_3}=11.6} \underset{(\text{橙})}{In^{3-}}$$
$$\quad pH<6 \qquad\quad pH=8\sim11 \qquad pH>12$$

铬黑 T 第一级离解极容易进行，第二、三级离解则较难（$pK_{a_2}=6.3$，$pK_{a_3}=11.6$）。铬黑 T 与许多金属离子如 Ga^{2+}、Mg^{2+}、Zn^{2+} 和 Cd^+ 等形成酒红色的络合物。显然，铬黑 T 在 pH<6 或 pH>12 时，游离指示剂的颜色与所生成的金属离子络合物的颜色没有显著的差别。只有在 pH=8～11 时，滴定终点由络合物的酒红色变成游离指示剂的蓝色，呈现明显的颜色变化。因此，选择金属指示剂必须注意其适用的 pH 范围。

2）金属指示剂的选择

（1）金属指示剂应具备的条件：

①金属指示剂本身的颜色，与金属指示剂与待测离子形成的有色络合物的颜色应有明显的区别，以利于辨认。

②指示剂与待测离子形成的有色络合物，其稳定性要适当。即第一要有足够的稳定性，如果稳定性太低，会使反应终点提前，而且变色不敏锐；第二，它的稳定性又要小于该金属离子与 EDTA 形成的络合物的稳定性，因为如果其稳定性过高，会使 EDTA 从有色络合物中络合被测离子过于困难，使反应终点拖后。因此，一般说来被测离子与指示剂所形成络合物的稳定常数 K_{MD} 应符合下列关系，即 $lgK_{MD}\geq4$；而它与被测离子与 EDTA 络合物的稳定性差别为：$lgK_{MY}'-lgK_{MD}'\geq2$，其中，K_{MY}' 表示被测离子与 EDTA 络合物的稳定条件常数，K_{MD}' 表示被测离子与指示剂形成络合物的条件稳定常数。

③指示剂与被测离子形成的络合物应易溶于水。如果生成胶体溶液或沉淀，则会使在滴定时与 EDTA 的置换作用缓慢而拖长终点（这种现象称为指示剂的僵化，如使用茶酚做指示剂，在温度低时易发生僵化）或影响反应的可逆性，使变色不明显。

④指示剂应具有一定选择性，即在一定条件下只对一种（或几种）金属离子发生显色反应。

⑤指示剂本身化学稳定性应好，便于贮存和使用。

3. 络合滴定分析时应注意的问题

1）共存离子对被测离子干扰情况的判断

当用 EDTA 滴定单独一种离子时，$lgK_稳''\geq8$ 时，表示该离子与 EDTA 定量络合，可以用于滴定分析，其滴定误差≤0.1%，可以满足一般化验分析工作的要求。$K_稳''$ 表示共存离子络合物稳定常数。

但是当溶液中有两种以上的阳离子共存时，情况就有不同。研究表明：共存离子 N 对被测定离子 M 的干扰情况，与下述两个因素有关：

（1）与两种离子的浓度有关。如果被测离子浓度大，共存离子浓度小，则这种干扰就小。

（2）与两种离子形成络合物的稳定常数 $K_稳''$ 有关。被测离子络合物的条件稳定常数 $K_{稳M}''$ 越大，共存离子络合物的条件稳定常数 $K_{稳N}''$ 越小，则这种干扰也就小。换言之，被测离子与共存离子之间的存在，符合 $\frac{c_M K_{稳M}''}{c_N K_{稳N}''}\geq10^5$ 时，共存离子 N 的存在将不干扰被测离子 M 的测定，而且 $c_N K_{稳N}''\leq10$。c_M、c_N 分别表示金属离子 N、M 的浓度。

在络合滴定中，通常利用酸效应或络合效应，使 $c_M K_{稳M}''\geq10^5$，$c_N K_{稳N}''\leq10$，来排除 N 离子的干扰，达到准确滴定 M 离子的目的。

2）控制酸度消除干扰

不同金属离子的 EDTA 络合物的稳定常数不同，因而其在滴定分析时的最小 pH 也不同。对于被测溶液中同时有两种或两种以上的离子时，控制溶液的酸度，使其只能满足其中某一种离子的最小 pH，则因此只有一种离子形成稳定络合物，而其他离子不易被络合，这样就可避免干扰了。

在控制酸度滴定时，实际控制的 pH 范围应该比允许的最小 pH 稍大一些。这是因为 EDTA 的一些离子中本身结合有 $H^+<H_2Y^{2-}$，在络合的过程中主要析出 H^+，使溶液酸度增大。因此，要控制溶液 pH 稍大一些，并要求溶液有一定缓冲能力，就可抵消这些影响。

为此，在调整溶液 pH 时，常是先加入强酸或强碱，调至近于所需的 pH，然后再加入少量适宜的缓冲溶液，以调节所需的 pH。需要指出的是：在考虑滴定的 pH 范围时，还应注意所选的指示剂适合的 pH 范围。以滴定 Fe^{3+} 为例：用磺基水杨酸做指示剂，它显红色的 pH 范围是 1.5～2.5。因此，实际上控制这个 pH 范围就可以用 EDTA 直接滴定 Fe^{3+}，Al^{3+}、Ca^{2+}、Mg^{2+} 均不会产生干扰。

3）利用掩蔽剂消除干扰

常用的掩蔽方法有络合掩蔽法、沉淀掩蔽法和氧化还原掩蔽法。

（1）络合掩蔽法

作为络合掩蔽剂，必须符合下述条件：

①能与待掩蔽的离子生成更稳定的络合物。即 $lgK_{稳N掩}'>lgK_{NY}'$，同时与待测离子不应有明显的掩蔽作用。$K_{稳N掩}'$ 表示掩蔽剂与干扰离子 N 生成络合物的稳定常数，K_{NY}' 表示干扰离子 N 与 EDTA 生成的络合

物的稳定常数。

②该络合物应当无色，易溶。

③掩蔽剂的应用有一定的 pH 范围，同时要有符合测定要求的 pH 范围。

（2）沉淀掩蔽法

利用干扰离子与掩蔽剂形成沉淀来达到掩蔽目的的方法，称为沉淀掩蔽。沉淀掩蔽剂要满足两个条件：

①沉淀的溶解度要小，这样反应才能完全，掩蔽作用才能明显。

②生成的沉淀应是无色或浅色致密的，这样才不至于吸附金属指示剂，并影响终点观察。

（3）氧化还原掩蔽法

利用氧化还原反应，改变干扰物质的离子价态以消除干扰的方法，称为氧化还原掩蔽法。常用的氧化还原剂有抗坏血酸、羟胺、硫脲、半胱氨酸等。

（三）氧化还原滴定法的原理

氧化还原滴定法是以氧化还原反应为基础的滴定分析方法。它是以氧化剂或还原剂为标准溶液来测定还原性物质或氧化性物质含量的方法。

1. 概 述

1）氧化还原反应与电极电位

氧化还原反应本质是电子的转移或共用电子对的偏移。而这个偏移的条件是氧化还原反应中两个电对电极电位高低的不同，即两个电对之间存在着一定的电位差。如下述反应

$$2Fe^{3+}+Sn^{2+}\rightleftharpoons 2Fe^{2+}+Sn^{4+}$$

该反应方程式应由两个半电池反应组成

$$Fe^{3+}+e\longrightarrow Fe^{2+}$$
$$E^{\ominus}(Fe^{3+}/Fe^{2+})=0.77V \qquad (7-66)$$
$$Sn^{4+}+2e\longrightarrow Sn^{2+}$$
$$E^{\ominus}(Sn^{4+}/Sn^{2+})=0.15V \qquad (7-67)$$

式中：$E^{\ominus}(Fe^{3+}/Fe^{2+})$——电对 Fe^{3+}/Fe^{2+} 的电极电位，V；

$E^{\ominus}(Sn^{4+}/Sn^{2+})$——电对 Sn^{4+}/Sn^{2+} 的电极电位，V。

每个半电池反应中，都有氧化型（如 Fe^{3+}、Sn^{4+}）和还原型（Fe^{2+}、Sn^{2+}）离子，它们组成电对。上述两电对的标准电极电位之差 E 为

$$E=E^{\ominus}(Fe^{3+}/Fe^{2+})-E^{\ominus}(Sn^{4+}/Sn^{2+}) \qquad (7-68)$$
$$=0.77-0.15=0.62V$$

这样由于存在电位差而发生电子转移，这就是能够发生氧化还原反应的本质。

这里需要指出的是：半电池的电极电位常简称为电对的电极电位。电极电位的高低表示电对的氧化型获得电子（或还原型失去电子）倾向的大小；同时在不同条件下，电对的氧化型或还原型不同，其标准电极电位也不同。例如

$$MnO_4^-+8H^++5e\longrightarrow Mn^{2+}+4H_2O$$
$$E^{\ominus}(MnO_4^-/Mn^{2+})=+1.491V \qquad (7-69)$$
$$MnO_4^-+4H^++3e\longrightarrow MnO_2+2H_2O$$
$$E^{\ominus}(MnO_4^-/Mn^{2+})=+1.679V \qquad (7-70)$$

式中：$E^{\ominus}(MnO_4^-/Mn^{2+})$——电对 MnO_4^-/Mn^{2+} 的电极电位，V。

2）标准电极电位和式量电极电位

（1）标准电极电位：指在给定的温度下（通常为25℃），半电池反应中的各物质都处于标准状况，即离子或分子的浓度为 1mol，气体的分压力等于 0.1MPa 时的电极电位。

（2）条件电极电位：由于在半电池溶液中可能存在其他物质，虽然它们本身不发生电子转移，但对氧化还原反应过程可能存在影响。例如，溶液中大量强电解质的存在；H^+ 或 OH^- 参与半电池反应；能与电对的氧化型或还原型物质形成络合剂的存在；等等。这些外界因素存在时的电极电位，称为条件电极电位。即氧化型和还原型的总浓度相等，并且等于 1mol 时校正了各种外界因素影响后的电极电位。这与络合反应中校正了酸效应、络合效应等因素后，使用的表观稳定常数代替绝对稳定常数的情况相似。

3）氧化还原反应的方向

根据氧化还原反应中两个电对标准电极电位的大小，可以大致判断氧化还原反应的方向。如下面反应

$$2Fe^{3+}+Sn^{2+}\rightleftharpoons 2Fe^{2+}+Sn^{4+}$$

电对的标准电极电位分别为

$$E^{\ominus}(Fe^{3+}/Fe^{2+})=+0.77V \qquad (7-71)$$
$$E^{\ominus}(Sn^{4+}/Sn^{2+})=0.15V \qquad (7-72)$$

显然 $E^{\ominus}(Fe^{3+}/Fe^{2+})>E^{\ominus}(Sn^{4+}/Sn^{2+})$。

电极电位较大的电对，其氧化型获得电子的倾向较大，是较强的氧化剂。在反应中将获得电子而变成还原型

$$Fe^{3+}+e\longrightarrow Fe^{2+}$$

电极电位较小的电对，其还原型给出电子的倾向较大，是较强的还原剂，在反应中将给出电子而变成氧化型

$$Sn^{2+}\longrightarrow Sn^{4+}+2e$$

因此，反应将向右进行，也就是说，氧化还原反应是由较强的氧化剂与较强的还原剂相互作用，转化为较弱的还原剂和较弱的氧化剂的过程。

对于可逆氧化还原反应电对的电位，则可由能斯特方程求得。例如，金属-金属离子电对而言

$$M^{n+}+ne\longrightarrow M$$
$$E=E^{\ominus}+\frac{RT}{nF}\ln c(M^{n+}) \qquad (7-73)$$

式中：E ——电对的电位，V；

$\qquad E^{\ominus}$ ——电对的标准电位，V；

$\qquad R$ ——气体常数，8.314J；

$\qquad T$ ——绝对温度，K；

$\qquad F$ ——法拉第常数，96500C；

$\qquad n$ ——反应中的电子转移数。

将以上常数代入式中，取常用对数，在25℃时，得

$$E = E^{\ominus} + \frac{0.059}{n} \lg c(\mathrm{M}^{n+}) \qquad (7\text{-}74)$$

应该注意的是：对于同一种物质而言，对不同的氧化还原电对，其每一个电对的标准电极电位又有不同。例如

$$\mathrm{Ag}^+ + e \longrightarrow \mathrm{Ag}$$
$$E^{\ominus}(\mathrm{Ag}^+/\mathrm{Ag}) = 0.7995\mathrm{V} \qquad (7\text{-}75)$$
$$\mathrm{AgCl}(固) + e \longrightarrow \mathrm{Ag} + \mathrm{Cl}^-$$
$$E^{\ominus}(\mathrm{AgCl}/\mathrm{Ag}) = 0.2223\mathrm{V} \qquad (7\text{-}76)$$
$$\mathrm{AgBr}(固) + e \longrightarrow \mathrm{Ag} + \mathrm{Br}^-$$
$$E^{\ominus}(\mathrm{AgBr}/\mathrm{Ag}) = 0.071\mathrm{V} \qquad (7\text{-}77)$$

式中：$E^{\ominus}(\mathrm{Ag}^+/\mathrm{Ag})$ ——电对 $\mathrm{Ag}^+/\mathrm{Ag}$ 的电极电位，V；

$\qquad E^{\ominus}(\mathrm{AgCl}/\mathrm{Ag})$ ——电对 $\mathrm{AgCl}/\mathrm{Ag}$ 的电极电位，V；

$\qquad E^{\ominus}(\mathrm{AgBr}/\mathrm{Ag})$ ——电对 $\mathrm{AgBr}/\mathrm{Ag}$ 的电极电位，V。

4）氧化还原反应完成的程度

氧化还原反应从理论上讲是可逆的，可逆反应必然存在一个化学平衡。反应的平衡常数可以从两电对的电极电位来计算。平衡常数的大小可以衡量反应的完成程度。例如

$$2\mathrm{Fe}^{3+} + \mathrm{Sn}^{2+} \longrightarrow 2\mathrm{Fe}^{2+} + \mathrm{Sn}^{4+}$$

两电对的电极电位是

$$E(\mathrm{Fe}^{3+}/\mathrm{Fe}^{2+}) = E^{\ominus}(\mathrm{Fe}^{3+}/\mathrm{Fe}^{2+}) + \frac{0.059}{2} \lg \frac{c(\mathrm{Fe}^{3+})^2}{c(\mathrm{Fe}^{2+})^2}$$
$$(7\text{-}78)$$

$$E(\mathrm{Sn}^{4+}/\mathrm{Sn}^{2+}) = E^{\ominus}(\mathrm{Sn}^{4+}/\mathrm{Sn}^{2+}) + \frac{0.059}{2} \lg \frac{c(\mathrm{Sn}^{4+})^2}{c(\mathrm{Sn}^{2+})^2}$$
$$(7\text{-}79)$$

当上述氧化还原反应达到平衡时，会出现

$$E(\mathrm{Fe}^{3+}/\mathrm{Fe}^{2+}) = E(\mathrm{Sn}^{4+}/\mathrm{Sn}^{2+}) \qquad (7\text{-}80)$$

$$K = \frac{c(\mathrm{Fe}^{2+})^2 c(\mathrm{Sn}^{4+})}{c(\mathrm{Fe}^{3+})^2 c(\mathrm{Sn}^{2+})} \qquad (7\text{-}81)$$

式中：$c(\mathrm{Fe}^{2+})$、$c(\mathrm{Fe}^{3+})$ ——Fe^{2+} 与 Fe^{3+} 的浓度，mol/L；

$\qquad c(\mathrm{Sn}^{4+})$、$c(\mathrm{Sn}^{2+})$ ——Sn^{2+} 与 Sn^{2+} 的浓度，mol/L；

$\qquad K$ ——平衡常数。

将电对的电极电位数值代入则得 $\lg K \approx 21$，因此，$K \approx 10^{21}$。

从平衡常数可以看出：当反应达到平衡时，生成物浓度的乘积约为反应物浓度乘积的 10^{21} 倍。这说明上述氧化还原进行得相当彻底。

推而广之，对任意氧化还原反应 $n_2 \mathrm{Ox}_1 + n_1 \mathrm{Red}_2 \rightleftharpoons n_2 \mathrm{Red}_1 + n_1 \mathrm{Ox}_2$ 而言

$$\lg K = \lg \left\{ \left[\frac{c(\mathrm{Red}_1)}{c(\mathrm{Ox}_1)} \right]^{n_2} \left[\frac{c(\mathrm{Ox}_2)}{c(\mathrm{Red}_2)} \right]^{n_1} \right\} \qquad (7\text{-}82)$$
$$= \frac{(E_1^{\ominus} - E_2^{\ominus}) \cdot n_1 \cdot n_2}{0.059} = \frac{(E_1^{\ominus} - E_2^{\ominus}) \cdot n}{0.059}$$

式中：n ——两电对 n_1 和 n_2 的最小公倍数；

$\qquad c(\mathrm{Red}_1)$ ——还原态电对 Red_1 的浓度，单位为 mol/L；

$\qquad c(\mathrm{Red}_2)$ ——还原态电对 Red_2 的浓度，单位为 mol/L；

$\qquad c(\mathrm{Ox}_1)$ ——氧化态电对 Ox_1 的浓度，单位为 mol/L；

$\qquad c(\mathrm{Ox}_2)$ ——氧化态电对 Ox_2 的浓度，单位为 mol/L；

$\qquad E_1^{\ominus}$ ——氧化剂电对的标准电极电位；

$\qquad E_2^{\ominus}$ ——还原剂电对的标准电极电位；

$\qquad K$ ——平衡常数。

从上式可以看出：氧化还原反应的平衡常数的大小是由氧化剂和还原剂两电对的标准电极电位之差决定的。$E_1^{\ominus}$ 和 $E_2^{\ominus}$ 相差越大，则平衡常数也越大，反应进行得越完全。

经计算，两电对的标准电极电位之差必须大于 0.4V（或 0.3V），这样的氧化还原反应才能用于滴定分析。在实际中，当外部条件（如介质浓度、酸度等）改变时，电对的电极电位要发生改变，此时就要创造一个适当的外部条件，使参与氧化还原反应的电极电位之差超过 0.4V（或 0.3V），以使氧化还原反应能顺利进行，更符合滴定分析的需求。

2. 氧化还原指示剂

1）氧化还原指示剂的变色原理

氧化还原指示剂是用于氧化还原滴定法的指示剂。氧化还原指示剂的变色原理，是基于在氧化还原滴定过程中，指示剂在一定电位下，发生氧化还原反应。由于它的氧化态和还原态具有不同的颜色，随着氧化还原反应的进行，溶液标准电极电位发生改变，从而引起指示剂氧化态离子浓度和还原态离子浓度比值的改变。当接近滴定终点时，微过量的氧化剂（还原剂）标准溶液将指示剂氧化或还原。从而使指示剂发生颜色上的改变，指示滴定终点的到达。

2）指示剂的选择

氧化还原滴定中常用指示剂有如下几种类型：

（1）自身指示剂：在氧化还原滴定中，有些标准溶液或被测组分本身有颜色，如果滴定后这些标准溶液或被测组分又变成无色或浅色组分，则标准溶液本

身或被测组分即可作为指示剂。例如，在高锰酸钾法中，MnO_4^-本身显紫红色，用它来滴定无色或浅色的还原剂溶液时，就不必另加指示剂。因为在滴定过程中，MnO_4^-被还原成无色的Mn^{2+}，所以当滴定至终点，稍微过量的MnO_4^-使溶液显粉红色，表示已经到达了滴定终点。

（2）能与氧化剂或还原剂产生特殊颜色的物质：有些物质本身并不带颜色，但它与氧化剂或还原剂作用可以产生特殊颜色，因而可以指示滴定终点。例如，可溶性淀粉与碘溶液反应，可以生成深蓝色的化合物，而当碘被还原为I^-时，深蓝色消失。因此，在碘量法中，通常选用淀粉溶液做指示剂。

（3）本身发生氧化还原的指示剂：这种指示剂可在滴定过程中发生氧化还原反应。由于其氧化态和还原态的颜色不同，因而可以指示滴定终点。

由于各种氧化还原指示剂都有其特有的标准电极电位，因此在选择指示剂时，应选用变色点的电位值在滴定突跃范围内的氧化还原指示剂。这样，由于指示剂的标准电位与滴定终点的电位非常接近，则其滴定误差也非常小。

3. 高锰酸钾法

用高锰酸钾做标准溶液进行滴定分析的方法叫高锰酸钾法。

（1）高锰酸钾的特性

高锰酸钾是一种强氧化剂，在不同的介质中有不同的反应。在强酸介质中

$$MnO_4^- + 8H^+ + 5e \longrightarrow Mn^{2+} + 4H_2O$$

在中性、碱性介质中

$$MnO_4^- + 2H_2O + 3e \longrightarrow MnO_2\downarrow + 4OH^-$$

在水质分析中，后一种反应很少用到：因为反应后的生成物为棕色的二氧化锰（MnO_2）沉淀，影响对终点的观察。

同时用高锰酸钾滴定时，所用的强酸一般都是硫酸；因为使用盐酸时，Cl^-具有还原性，能与MnO_4^-作用；而硝酸为氧化性酸，它可能氧化某些被滴定物质。

利用高锰酸钾做氧化剂可用直接法测定还原性物质，也可以用间接法测定氧化性物质。同时高锰酸钾本身就可以做指示剂，称为自身指示剂；在达到理论终点时，一滴过量的高锰酸钾就能使溶液呈明显的粉色，起到指示剂的作用。

2）使用高锰酸钾时应注意的问题

（1）纯净的高锰酸钾溶液是相当稳定的，但如果有Mn^{2+}存在，就会使高锰酸钾溶液不稳定

$$2MnO_4^- + Mn^{2+} + 2H_2O \longrightarrow 5MnO_2\downarrow + 4H$$

上述反应在酸性介质中进行得很慢，但在中性或碱性介质中进行得较快，而且二氧化锰是催化剂，会促使高锰酸钾分解反应加快

$$4MnO_4^- + H_2O \xrightarrow{MnO_2} 4MnO_2\downarrow + 3O_2\uparrow + 4OH^-$$

因此，在配制和保存高锰酸钾标准溶液时，消除二氧化锰的影响显得十分重要。在配制和保存高锰酸钾标准溶液时，要注意如下几点：

①配制溶液时，要先将试剂水煮沸 1h 或放置数日，使容器表面或水中的微量有机物尽量先与高锰酸钾反应。

②过滤时应用坩埚，而不能用滤纸，以除去溶液中的二氧化锰。

③溶液要贮存在洁净、无油污的磨口棕色瓶中。

④溶液要避光保存，因为日光会加速分解反应。

（2）高锰酸钾标准溶液的浓度必须标定。常用的基准试剂是草酸钠（$Na_2C_2O_4$），在标定时应注意：

①将高锰酸钾溶液加热至 75~85℃，在此条件下进行滴定；溶液温度低于 60℃，标定反应速度太慢；温度超过 90℃，可能使$C_2O_4^{2-}$发生热分解，而使结果偏高

$$C_2O_4^{2-} + 2H^+ \xrightarrow{>90℃} CO_2\uparrow + CO\uparrow + H_2O$$

②标定时的溶液酸度保持为 1mol/L 左右。酸度过低，则MnO_4^-会部分还原成二氧化锰，出现棕色沉淀，影响终点观察；酸度过高，则可能使$C_2O_4^{2-}$分解。

③滴定速度宜慢，特别是开始的几滴，一定要在上一滴褪色后，再滴下一滴；当溶液中产生Mn^{2+}时，滴定反应加快。此时滴定速度也相应加快，但也不能使高锰酸钾溶液成流下滴。

④在近终点时，滴定速度宜慢，并加快搅拌速度，至溶液呈淡粉色在 0.5min 内不消失为止，此时即达终点。

3）高锰酸钾溶液的配制

纯的高锰酸钾溶液是相当稳定的。但是由于高锰酸钾试剂中常含有少量的二氧化锰和其他杂质，而且试剂水中也常含有微量的还原性物质。它们可以与MnO_4^-反应而析出氢氧化氧锰沉淀。所以不能直接用高锰酸钾试剂配制标准溶液。通常是先配制一近似浓度的溶液，然后进行标定。

为了配制较稳定的高锰酸钾溶液，可采用下述措施：

（1）称取稍多于理论量（如配制 0.1mol/L 高锰酸钾溶液可取固体高锰酸钾 3.3g）的高锰酸钾，溶解在规定体积（如 1L）的试剂水中。

（2）将配好的高锰酸钾溶液加热至沸腾，并保持约 15min，然后放置 2~3 周，使溶液中可能存在的还

原性物质完全氧化。

（3）用玻璃漏斗过滤以除去析出的沉淀。

（4）将过滤后的高锰酸钾溶液贮于棕色瓶中，并存放于暗处，以待标定。

4）高锰酸钾溶液的标定

标定高锰酸钾溶液的基准物质通常采用草酸钠或硫代硫酸钠等。其中以草酸钠较为常用：因为草酸钠性质稳定、使用方便。将草酸钠在 $105 \sim 110℃$ 烘干约 2h，冷却后，即可使用。

在硫酸溶液中，MnO_4^- 与 $C_2O_4^{2-}$ 的反应如下

$$2MnO_4^- + 5C_2O_4^{2-} + 16H^+ \longrightarrow 2Mn^{2+} + 10CO_2\uparrow + 8H_2O$$

4. 重铬酸钾法

1）重铬酸钾的特性

重铬酸钾是强氧化剂，易得纯品。可以直接配制标准溶液，溶液稳定。重铬酸钾与还原性物质的基本反应是

$$Cr_2O_7^{2-} + 14H^+ + 6e \longrightarrow 2Cr^{3+} + 7H_2O$$

与高锰酸钾相比，重铬酸钾有如下优点：

（1）重铬酸钾容易提纯。在 $140 \sim 150℃$ 干燥后，可以直接称量，配制标准溶液。

（2）重铬酸钾溶液较稳定，置于密闭容器中，浓度可保持较长时间不变。

（3）重铬酸钾的氧化能力没有高锰酸钾强。在 1mol/L 盐酸溶液中其标准电极电位为 1.00V，室温下不与 Cl^- 作用 $[E(Cl^-/Cl_2) = 1.36V]$，所以可在盐酸溶液中滴定 Fe^{2+}。但当盐酸溶液浓度高时，可加入硫酸汞（$HgSO_4$）掩蔽。

（4）使用重铬酸钾滴定时，由于其本身颜色不是很深，所以不能根据它本身的颜色变化来确定终点，而需用氧化还原指示剂。

重铬酸钾法也有直接法和间接法之分。一些有机试样在硫酸溶液中，常加入过量重铬酸钾标准溶液，加热至一定温度，冷却后用 Fe^{2+}（一般用硫酸亚铁铵）标准溶液返滴定。这种间接方法还可以用于水中腐殖酸的测定、电镀液中有机物的测定等。

2）重铬酸钾标准溶液的配制

重铬酸钾标准溶液的配制，可采用直接法。但在配制前需在 $105 \sim 110℃$ 之间将重铬酸钾烘干至恒重：称取 4.903g 纯的干燥重铬酸钾，用适量试剂水溶解后，定量地移至容量瓶中，稀释至 1L，摇匀。即可得 0.1mol/L 重铬酸钾标准溶液，不需要进行标定。

5. 碘量法

碘量法是利用碘的氧化性和碘离子的还原性来进行滴定分析的方法。半反应为

$$I_2 + 2e \longrightarrow 2I^-$$

I_2/I^- 电对的标准电位为 +0.54V，比一般氧化剂

低，因而碘是一种较弱的氧化剂。能与较强的还原剂作用；而碘离子是中等强度的还原剂，能与许多氧化剂作用。碘量法可用直接法或间接法两种方式进行。

1）直接碘滴定法

电极电位比 $E(I_2/I^-)$ 小的还原性物质，可以直接用碘的标准溶液滴定，故称为直接碘滴定法。直接碘滴定法以碘作为滴定剂，直接滴定强还原剂（如 $S_2O_3^{2-}$、S^{2-}、SO_3^{2-}、Sn^{2+} 等）。它的基本反应如下式

$$I_3^- + 2e \longrightarrow 3I^-$$

滴定时，采用淀粉溶液做指示剂。终点非常明显。因为碘遇碱时会产生歧化反应，使滴定结果发生误差，故碘滴定法不能在碱性溶液中进行

$$I_2 + 2OH^- \longrightarrow IO^- + I^- + H_2O$$

$$3IO^- \longrightarrow IO_3^- + 2I^-$$

碘的标准溶液，实际上是将碘溶解在碘化钾溶液中

$$I_2 + I^- \longrightarrow I_3^-$$

2）间接滴定碘法

凡是电极电位比 $E(I_2/I^-)$ 大的氧化物质，可在一定条件下用 I^- 还原，产生"等摩尔"量的碘（I_2），然后用硫代硫酸钠标准溶液滴定释放出的碘（I_2）。这种方法叫间接碘量法。如高锰酸钾在酸性溶液中，与过量的碘化钾（KI）作用，析出碘（I_2），其反应如下

$$2MnO_4^- + 10I^- + 16H^+ \longrightarrow 2Mn^{2+} + 5I_2\downarrow 8H_2O$$

析出的碘（I_2）用硫代硫酸钠溶液滴定

$$I_2 + 2S_2O_3^{2-} \longrightarrow 2I^- + S_4O_6^{2-}$$

间接滴定碘法可用于测定 Cu^{2+}、CrO_4^{2-}、$Cr_2O_7^{2-}$、IO_3^-、BrO_3^-、AsO_4^{3-}、ClO^-、NO_2^- 等氧化物质。

间接滴定碘法的反应条件非常重要，为保证滴定测定的正确进行，应注意下述问题：

（1）控制溶液酸度：$S_2O_3^{2-}$ 与碘（I_2）之间的反应必须在中性或弱酸性溶液中进行。在碱性溶液中，碘（I_2）与 $S_2O_3^{2-}$ 将产生下述副反应

$$S_2O_3^{2-} + 4I_2 + 10OH^- \longrightarrow 2SO_4^{2-} + 8I^- + 5H_2O$$

而且碘（I_2）在碱性溶液中会发生歧化反应。而在强酸性溶液中，硫代硫酸钠溶液会发生分解

$$S_2O_3^{2-} + 2H^+ \longrightarrow SO_2\uparrow + S\downarrow + H_2O$$

同时，I^- 在酸性溶液中易被空气中的氧气氧化

$$4I^- + 4H^+ + O_2 \longrightarrow 2I_2\downarrow + 2H_2O$$

（2）防止碘（I_2）的挥发和空气氧化 I^-：碘量法的误差主要有两个方面：一是碘（I_2）易于挥发；二是在酸性溶液中 I^- 容易被空气中的氧气氧化。

防止碘（I_2）挥发有 3 个方法：

①加入过量（一般比理论量大 2~3 倍）的碘化钾，由于生成 I_3^-，可以减少碘（I_2）的挥发。

②反应时溶液温度不宜过高，一般在室温下进行。

③滴定时最好使用碘量瓶，并不要剧烈摇动溶液。

防止I⁻被空气氧化的方法：

①在酸性溶液中，用I⁻还原氧化剂时，避免阳光照射。

②应设法消除 Cu^{2+}、NO_2^- 等对I⁻氧化有催化作用的离子。

③析出碘（I_2）后，应立即用硫代硫酸钠溶液滴定，不要耽搁。

④滴定速度应适当的快。

3）标准溶液的配制和标定

碘量法经常使用的有硫代硫酸钠和碘（I_2）两种标准溶液，下面分别介绍。

（1）配制 0.1mol/L 硫代硫酸钠溶液：固体五水硫代硫酸钠容易风化，并含有少量 S^{2-}、SO_3^{2-}、CO_3^{2-}、Cl^- 等杂质，因此不能直接用来配制标准溶液。

称取 25g 五水硫代硫酸钠，溶于 1L 新煮沸并冷却的试剂水中，加入碳酸钠约 0.2g（使溶液呈微碱性，以抑制细菌的生成），贮于棕色试剂瓶中，放于暗处，两周后标定其浓度。

（2）配制 0.1mol/L 碘（I_2）溶液：为了防止碘（I_2）在空气中被氧化，在配制碘（I_2）标准溶液时，通常称取 35g 碘化钾溶于少量水中，在不断搅拌下加入 13g 碘（I_2），完全溶解后，稀释至 1L，贮于棕色试剂瓶中。由于碘化钾是过量的，于是碘（I_2）在碘化钾中生成 I_3^-，可以有效地防止碘（I_2）被空气氧化而影响碘（I_2）的浓度。

标定碘（I_2）溶液浓度时，可用已标定好的硫代硫酸钠标准溶液来进行标定，也可用三氧化二砷来标定。三氧化二砷难溶于水，可溶于碱溶液

$$As_2O_3+6OH^- \longrightarrow 2AsO_3^{3-}+3H_2O$$

AsO_3^{3-} 与碘（I_2）有下述反应

$$AsO_3^{3-}+I_2+H_2O \longrightarrow AsO_4^{3-}+I^-+2H^+$$

这个反应是可逆的，在中性或微碱性溶液中（$pH \approx 8$），反应可以定量地向右进行。在酸性溶液中，AsO_4^{3-} 可以氧化 I⁻ 而析出碘（I_2）。

四、容量分析法的分类

（一）按滴定反应类型分类

滴定分析法按照标准滴定溶液与被测组分之间发生化学反应的原理，可分为酸碱滴定法、络合滴定法、氧化还原滴定法和沉淀滴定法 4 类方法。

1. 酸碱滴定法

利用酸碱中和反应，其反应实质为生成难电离的水。

$$H^++OH^- \longrightarrow H_2O$$

常用强酸（盐酸或硫酸）溶液做滴定剂测定碱性物质；或用强碱（氢氧化钠）溶液做滴定剂测定酸性物质。

2. 络合滴定法

利用络合物形成反应。常用 EDTA 溶液做滴定剂测定一些金属离子。例如

$$Mg^{2+}+Y^{4-} \longrightarrow MgY^{2-}$$

式中，Y^{4-} 为 EDTA 的阴离子。

3. 氧化还原滴定法

利用氧化还原反应。常用高锰酸钾、重铬酸钾、碘、硫代硫酸钠等做滴定剂，测定具有还原性或氧化性的物质。例如

$$5Fe^{2+}+MnO_4^-+8H^+ \longrightarrow 5Fe^{3+}+Mn^{2+}+4H_2O$$
$$I_2+2S_2O_3^{2-} \longrightarrow 2I^-+S_4O_6^{2-}$$

4. 沉淀滴定法

利用生成沉淀的反应。常用硝酸银溶液做滴定剂测定卤素离子。例如

$$Cl^-+Ag^+ \longrightarrow AgCl$$

上述几种滴定分析法各有其特点和应用范围，同一种物质有时可用不同的方法进行测定。

（二）按滴定方式分类

滴定分析的主要方式分直接滴定法、返滴定法、置换滴定法和间接滴定法，后 3 种滴定法的应用大大拓展了滴定分析的应用范围。

1. 直接滴定法

凡是能满足滴定反应条件的反应，都可以用标准滴定溶液直接滴定被测物质，这种滴定方式称为直接滴定法。这是一种滴定分析中最常用和最基本的滴定方式，如用盐酸标准溶液滴定氢氧化钠、用重铬酸钾标准溶液滴定 Fe^{2+} 等。

2. 返滴定法

此法又称剩余滴定，滴定时先准确加入过量标准溶液，使之与试液中的待测物质或固体试样进行反应，待反应完成以后，再用另一种标准溶液滴定剩余的标准溶液。这种滴定方式适用于反应较慢或难溶于水的固体试样。

例如，Al^{3+} 与 EDTA 的反应很慢，进行 Al^{3+} 的滴定时，在加入过量 EDTA 标准溶液后，剩余的 EDTA 可用标准 Zn^{2+} 或 Cu^{2+} 溶液返滴定。又如，用盐酸溶液滴定固体碳酸钙时，需加入过量盐酸标准溶液并完全反应后，剩余的盐酸用标准氢氧化钠溶液返滴定。

有时采用返滴定法是由于某些反应没有合适的指示剂。如在酸性溶液中用硝酸银滴定 Cl^-，缺乏合适的指示剂，此时可先加过量硝酸银标准溶液，再以三价铁盐做指示剂，用硫氰酸铵标准溶液返滴过量的 Ag^+，出现 $[Fe(SCN)]^{2+}$ 淡红色即为终点。

3. 置换滴定法

当待测组分所参与的反应不按一定反应式进行或伴有副反应时，不能采用直接滴定法。可先用适当试剂与待测组分反应，使其定量地置换为另一种物质，再用标准溶液滴定这种物质，这种滴定方式称为置换滴定。例如，硫代硫酸钠不能用来直接滴定重铬酸钾及其他氧化剂，因为在酸性溶液中这些强氧化剂将 $S_2O_3^{2-}$ 氧化为 $S_4O_6^{2-}$ 及 SO_4^{2-} 等的混合物，反应没有定量关系。但是，硫代硫酸钠却是一种很好的滴定碘（I_2）的滴定剂，如果在重铬酸钾的酸性溶液中加入过量碘化钾，使重铬酸钾还原并产生一定量碘（I_2），即可用硫代硫酸钠进行滴定。这种滴定方式常用于以重铬酸钾标定硫代硫酸钠标准溶液的浓度。

4. 间接滴定法

对于不能直接与滴定剂发生反应的物质，有时可以通过另一种化学反应，以滴定法间接进行测定。例如，Ca^{2+} 没有可变价态，不能直接用氧化还原法滴定。但若将 Ca^{2+} 沉淀为草酸钙，过滤、洗涤后溶解于硫酸中，再用高锰酸钾标准溶液滴定与 Ca^{2+} 结合的 $C_2O_4^{2-}$，从而可以间接测定 Ca^{2+} 的含量。

五、容量分析中的量和单位

容量分析的目的是通过滴定求出被测物质的含量，因此必然要涉及许多量和单位，对这些量和单位的正确理解和熟练应用十分重要。

(一)物质的量

"物质的量"是一个物理量的整体名称，不要将"物质"与"量"分开来理解，它是表示物质的基本单元多少的一个物理量，国际上规定的符号为 n_B，并规定它的单位名称为摩尔，符号为 mol。1mol 是指系统中物质单元 B 的数目与 0.012kg C-12 的原子数目相等。系统中物质单元 B 的数目是 0.012kg C-12 的原子数的几倍，物质单元 B 的物质的量 n_B 就等于几摩尔。在使用摩尔时，应指明其基本单元，它可以是原子、分子、离子、电子及其他粒子，或是这些粒子的特定组合。例如，在表示硫酸的物质的量时：

(1)以硫酸作为基本单元 98.08g 的硫酸，其硫酸的单元数与 0.012kg C-12 的原子数目相等，这时硫酸的物质的量为 1mol。

(2)以 $\frac{1}{2}H_2SO_4$ 作为基本单元 98.08g 的硫酸，其($\frac{1}{2}H_2SO_4$)的单元数是 0.012kg C-12 的原子数目的 2 倍，这时硫酸的物质的量为 2mol。

由此可见，相同质量的同一物质，由于所采用的基本单元不同，其物质的量值也不同。因此，在以物质的量的单位摩尔作为单位时，必须标明其基本单元。物质的量的单位在分析化学中除用摩尔外，还常用毫摩尔（mmol）。

(二)摩尔质量

摩尔质量定义为质量 $m(g)$ 除以物质的量 n_B（mol）。摩尔质量的符号为 M_B，单位为克每摩尔（g/mol），即

$$M_B = \frac{m}{n_B} \qquad (7-83)$$

摩尔质量在分析化学中是一个非常有用的量。当已确定了物质的基本单元之后，就可知道其摩尔质量。例如：

1mol H，具有质量 1.008g；

1mol H_2，具有质量 2.016g；

1mol $\frac{1}{2}Na_2CO_3$，具有质量 53.00g；

1mol $\frac{1}{5}KMnO_4$，具有质量 31.60g。

(三)摩尔体积

摩尔体积定义为体积 V 除以物质的量 n_B（mol）。

摩尔体积的符号为 V_B，国际单位为立方米每摩尔（m^3/mol），常用单位为升每摩尔（L/mol）。即

$$V_B = \frac{V}{n_B} \qquad (7-84)$$

(四)物质的相对分子质量

同物质的相对分子质量，是指物质的分子或特定单元平均质量与 C-12 原子质量的 1/12 之比。

物质的相对分子质量用符号 M_r 表示。此量的量纲为 1，以前称为分子量。例如：二氧化碳的相对分子质量是 44.01，$\frac{1}{3}H_3PO_4$ 的相对分子质量是 32.67。

第八章
仪器分析方法

第一节　分光光度法

基于物质分子对光的选择性吸收而建立起来的分析方法称为吸光（或分光）光度法，包括比色法、可见分光光度法及紫外分光光度法等。本节重点讨论可见分光光度法。

许多物质是有颜色的，如高锰酸钾水溶液呈深紫色，Cu^{2+} 水溶液呈蓝色。溶液越浓，颜色越深。可以比较颜色的深浅来测定物质的浓度，这称为比色分析法。它既可以靠目视来进行，也可以采用分光光度计来进行。后者称为分光光度法。

例如，含铁 0.001% 的试样，若用滴定法测定，称量 1g 试样，仅含铁 0.01mg，用浓度为 1.6×10^{-3}mol/L 的重铬酸钾标准溶液滴定，仅消耗 0.02mL 滴定剂，与一般滴定管的读数误差（0.02mL）相当。显然，不能用滴定法测定，但若在容量瓶中配成 50mL 溶液，在一定条件下，用 1,10-邻二氮菲显色，生成橙红色的 1,10-邻二氮菲亚铁配合物，就可以用分光光度法来测定。

分光光度法灵敏度较高，检测下限达 $10^{-6} \sim 10^{-5}$mol/L，适用于微量组分的测定。某些新技术如催化分光光度法，检测下限可达 10^{-8}mol/L。

分光光度法测定的相对标准偏差为 2%~5%，可满足微量组分测定对精确度的要求。另外，分光光度法测定迅速、仪器价格便宜、操作简单、应用广泛，几乎所有的无机物质和许多有机物质都能用此法进行测定，还常用于化学平衡等的研究。因此，分光光度法对生产或科学研究都有极其重要的意义。

一、分光光度法基本原理

（一）物质对光的选择性吸收

当光束照射到物质上时，光与物质发生相互作用，产生反射、散射、吸收或透射。若被照射物系均匀溶液，则溶液对光的散射可以忽略。不同波长的可见光呈现不同的颜色。当一束白光（由各种波长的光按一定比例组成），如日光或白炽灯光等，通过某一有色溶液时，一些波长的光被吸收，另一些波长的光则透过。透射光（或反射光）刺激人眼而使人感觉到溶液的颜色。因此，溶液的颜色由透射光决定。由吸收光和透射光组成白光的两种光称为补色光，两种颜色互为补色。如硫酸铜溶液因吸收白光中的黄色光而呈现蓝色，黄色与蓝色即为补色。表 8-1 列出了物质颜色与吸收光颜色的互补关系。

表 8-1　物质颜色与吸收光颜色的互补关系

物质颜色	吸收光	
	颜　色	波　长/nm
黄绿	紫	400~450
黄	蓝	450~480
橙	绿蓝	480~490
红	蓝绿	490~500
紫红	绿	500~560
紫	黄绿	560~580
蓝	黄	580~600
绿蓝	橙	600~650
蓝绿	红	650~780

（二）朗伯-比尔定律

当一束平行单色光通过单一均匀的、非散射的吸光物质溶液时，光强度减弱。溶液的浓度 c 越大，液层厚度 b 越厚，入射光越强，则光被吸收得越多，光强度的减弱也越显著。这是由实验观察得到的。光的吸光度由下式计算

$$A = -\lg T = \lg \frac{I_0}{I} = abc \qquad (8-1)$$

式中：A——吸光度，量纲为 1；

T——透射率或称透光度，$T = I/I_0$；

I_0——入射光强度；

I——透射光强度；

a——吸收系数，L/(g·cm)；

b——液层厚度，cm；

c——溶液浓度，g/L。

如 c 以 mol/L 为单位，则此时的吸收系数称为摩尔吸收系数，用符号 ε 表示，单位为 L/(mol·cm)。

于是式(8-1)可表示为

$$A = \varepsilon bc \qquad (8-2)$$

式(8-1)和式(8-2)都是朗伯-比尔定律的数学表达式。此定律不仅适用于溶液，也适用于其他均匀非散射的吸光物质(气体或固体)，是各类吸光光度法定量分析的依据。实验中，这种关系也常用线性回归方程式表示。

ε 是吸光物质在特定波长和溶剂的情况下的一个特征常数，数值上等于浓度为 1mol/L 吸光物质在 1cm 光程中的吸光度，是物质吸光能力大小的量度。它可作为定性鉴定的参数，也可用以估量定量方法的灵敏度：值越大，方法越灵敏。由实验结果计算 ε 时，常以被测物质的总浓度代替吸光物质的浓度，这样计算的 ε 值实际上是表观摩尔吸收系数。ε 与 a 的关系为

$$\varepsilon = Ma \qquad (8-3)$$

式中：M——物质的摩尔质量，g/mol。

在多组分体系中，如果各种吸光物质之间没有相互作用，这时体系的总吸光度等于各组分吸光度之和，即吸光度具有加和性。由此可得

$$
\begin{aligned}
A_{总} &= A_1 + A_2 + \cdots + A_n \\
&= \varepsilon_1 bc_1 + \varepsilon_2 bc_2 + \cdots + \varepsilon_n bc_n
\end{aligned} \qquad (8-4)
$$

式中：$A_{总}$——总吸光度；

$A_1, A_2 \cdots, A_n$——组分1、组分2……组分 n 的吸光度；

$\varepsilon_1, \varepsilon_2 \cdots, \varepsilon_n$——组分1、组分2……组分 n 的摩尔吸收系数，L/(mol·cm)；

$c_1, c_2 \cdots, c_n$——组分1、组分2……组分 n 的溶液溶度，g/L。

(三)偏离朗伯-比尔定律

分光光度定量分析常需要绘制标准曲线，即固定液层厚度及入射光的波长和强度，测定一系列不同浓度标准溶液的吸光度，以吸光度对标准溶液浓度作图，得到标准曲线(或称工作曲线)。根据朗伯-比尔定律，标准曲线应是通过原点的直线。在相同条件下测得试液的吸光度，从工作曲线查得试液的浓度，这就是工作曲线法。但在实际工作中，特别当溶液浓度较高时，常会出现标准曲线不成直线的现象，这称为偏离朗伯-比尔定律。若待测试液浓度在标准曲线弯曲部分，则根据吸光度计算试样浓度时将造成较大的误差。因此，有必要了解偏离朗伯-比尔定律的原理，以便对测定条件做适当的选择和控制。

偏离朗伯-比尔定律的主要原因是目前仪器不能提供真正的单色光，以及吸光物质性质的改变，并不是由定律本身不严格所引起的。因此，这种偏离只能称为表观偏离，现就引起偏离的主要原因讨论如下。

1. 非单色光引起的偏离

朗伯-比尔定律的基本假设是入射光为单色光。但目前仪器所提供的入射光实际上是由波长范围较窄的光带组成的复合光。由于物质对不同波长光的吸收程度不同，因而引起了对朗伯-比尔定律的偏离。

2. 化学因素引起的偏离

朗伯-比尔定律除要求单色入射光外，还假设吸光粒子彼此间无相互作用，因此稀溶液能很好地服从该定律。在高浓度时(通常大于 0.01mol/L)，由于吸光粒子间的平均距离减小，以致每个粒子都可影响其邻近粒子的电荷分布，这种相互作用可使它们的吸光能力发生改变。由于相互作用的程度与浓度有关，随浓度增大，吸光度与浓度间的关系就偏离线性。所以一般认为朗伯-比尔定律仅适用于稀溶液。

此外，由吸光物质等构成的溶液化学体系常因条件的变化而发生吸光组分的缔合、解离、互变异构、配合物的逐级形成以及与溶剂的相互作用等，从而形成新的化合物或改变吸光物质的浓度，都将导致实验结果偏离朗伯-比尔定律。因此，须根据吸光物质的性质和溶液中化学平衡的原理，严格控制显色反应条件，对偏离加以预测和防止，以获得较好的测定效果。

二、光度计及其基本部件

测定吸光度使用的分光光度计(spectrophotometer)有紫外-可见分光光度计、可见分光光度计之分，种类和型号繁多。按光路结构来划分，可分为单波长单光束分光光度计、单波长双光束分光光度计、双波长分光光度计。

(一)分光光度计的类型

1. 单波长单光束分光光度计

单波长单光束分光光度计最常见，其结构如图8-1所示，特点是结构简单。参比池与试样吸收池先后被置于光路中，测定的时间间隔较长。若此时间内光源强度有波动，易带来测量误差，故要求配备稳定的光源电源。

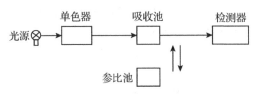

图 8-1 单波长单光束分光光度计结构图

2. 单波长双光束分光光度计

单波长双光束分光光度计将从单色器射出的单色光经反射镜分解为强度相等的两束光，一束通过参比池，一束通过样品池。此类分光光度计能够自动比较两束光的强度，其比值即为试样的透射比，然后经过对数变换将透射比转换成吸光度，并将吸光度作为波长的函数记录下来。单波长双光束分光光度计便于自动记录数据，特别适合于结构分析。

3. 双波长分光光度计

从光源发出的光经两个单色器，得到两束波长不同的单色光。借切光器调节，使两束光以一定的时间间隔交替照射到盛有试液的吸收池，检测器显示出试液在波长 λ_1 和 λ_2 处的透光度差值 ΔT 或吸光度差值 ΔA。由于

$$\Delta A = A_{\lambda_1} - A_{\lambda_2} = (\varepsilon_{\lambda_1} - \varepsilon_{\lambda_2})bc \qquad (8\text{-}5)$$

式中：A_{λ_1}、A_{λ_2}——波长 λ_1 和 λ_2 处的吸光度；

ε_{λ_1}、ε_{λ_2}——波长 λ_1 和 λ_2 处的摩尔吸光系数，L/(mol·cm)；

b——液层厚度，cm；

c——溶液浓度，mol/L。

因而 ΔA 与吸光物质浓度 c 成正比，这是用双波长分光光度计进行定量分析的理论根据。由于仅用一个吸收池，且用试液本身做参比液，因此消除了单波长光度法中吸收池与参比池不一致所引起的误差，提高了测定的准确度。又因为测定的是试液在两波长处的吸光度差值，故可提高测定的选择性和灵敏度。

(二)分光光度计各部件的作用及性能

1. 光 源

光源要求能够在所需波长范围内发出强而稳定的连续光谱。

可见光区常用钨丝灯作为光源。钨丝加热到白炽时，发射出 320~2500nm 波长的连续光谱，光强度分布随灯丝温度而变化。温度增高时，总强度增大，且在可见光区的强度分布范围增大。但温度增高会影响灯的寿命。钨丝灯一般工作温度为 2600~2870K（钨的熔点为 3680K）。而灯的温度决定于电源电压，电压的微小波动会引起光强度的很大变化。因此，应使用稳压电源，使光强度稳定。

近紫外区常采用氢灯或氘灯，它们发射出 180~375nm 的连续光谱。

2. 单色器

单色器由棱镜或光栅等色散元件及狭缝和透镜等部件组成。此外，常用的滤光片也起一定的滤光作用。

(1)棱镜：光通过入射狭缝，经准直透镜以一定角度射到棱镜上，在棱镜的两界面上发生折射而色散。色散了的光被聚焦在一个微微弯曲并带有出射狭缝的表面上，移动棱镜或出射狭缝的位置，就可使所需波长的光通过狭缝照射到试液上。

单色光的纯度决定于棱镜的色散率和出射狭缝的宽度，玻璃棱镜对 400~1000nm 波长的光色散较大，适用于可见分光光度计。

(2)光栅：有透射光栅和反射光栅之分。反射光栅较透射光栅更常用。它是在一抛光的金属表面上刻画一系列等距离的平行刻槽或在复制光栅表面喷镀一层铝薄膜而制成的。当复合光照射到光栅上时，每条刻槽都产生衍射作用。由每条刻槽所衍射的光又会互相干涉而产生干涉条纹。光栅正是利用不同波长的入射光产生干涉条纹的衍射角不同（长波长衍射角大，短波长衍射角小），从而将复合光分成不同波长的单色光。

使用棱镜单色器可以获得半宽度为 5~10nm 的单色光，使用光栅单色器可获得半宽度小至 0.1nm 的单色光，且可方便地改变测定波长。

单色器出射的光束通常混有少量与仪器所指示波长不一致的杂散光。其来源之一是光学部件表面尘埃的散射。因此，应该保持光学部件的洁净。

3. 吸收池

吸收池亦称比色皿，用于盛测光试液。吸收池本身应能透过所需波长的光线。可见光区可用无色透明、耐腐蚀的玻璃吸收池，大多数仪器都配有液层厚度为 0.5cm、1cm、2cm、3cm 等规格的一套长方形吸收池。紫外光区使用石英吸收池。同厚度吸收池间的透光度相差应小于 0.5%。为了减少入射光的反射损失，测量时应让光束垂直入射吸收池的透光面。指纹、油腻或其他沉积物都会影响吸收池透射特性，因此应注意保持吸收池的光洁。

4. 检测系统

光电检测器将光强度转换成电流来测量吸光度。检测器对测定波长范围内的光应有快速、灵敏的响应，产生的光电流应与照射于检测器上的光强度成正比。一般的可见光分光光度计常使用硒光电池或光电

管做检测器，在显示屏上显示结果。

（1）光电管：是由一个阳极和一个光敏阴极组成的真空（或充少量惰性气体）二极管。阴极表面镀有碱金属或碱金属氧化物等光敏材料，当它被具有足够能量的光子照射时，能够发射电子，并在两极间电位差的驱动下使电子流向阳极而产生电流。电流的大小决定于照射光的强度，为 $2\sim25\mu A$。由于光电管有很高的内阻，故产生的电流很容易放大。

（2）光电二极管阵列：光电二极管阵列现在越来越多地替代单个检测器，用于分光光度计和高效液相色谱仪。二极管阵列由一系列的光电二极管一个接一个地排列在一块硅晶片上组成。每个二极管有一个专用电容，并通过一个固态开关接到总输出线上。开始时，电容器充电至特定的电平，当光照射到光电二极管的半导体材料上时，产生的自由电子载体使得电容放电。然后，电容经规定的时间间隔再次充电。再次充电的电荷量与每个二极管检测到的光子数目成正比，而电子数又与光强成正比。使用二极管阵列检测器时，单色器不再使用出射狭缝，这样整个波长范围内的光同时照射到阵列上，迅速得到吸收光谱。光电二极管检测器动态范围宽，作为固体元件比光电倍增管更耐用。硅材料的光电二极管检测范围是 $170\sim1100nm$。

三、吸光度测量条件的选择

为使光度法有较高的灵敏度和准确度，除了要注意选择和控制适当的显色条件外，还必须选择和控制适当的吸光度测量条件，主要应考虑如下几点：

（一）入射光波长的选择

入射光的波长一般选择 λ_{max}。因为在 λ_{max} 处摩尔吸收系数值最大，有较高的灵敏度。同时，在 λ_{max} 附近，吸光度变化不大，不会造成对朗伯-比尔定律的偏离，使测定有较高的准确度。

若 λ_{max} 不在仪器的波长范围内，或干扰物质在此波长处也有强烈的吸收，可选用非最大吸收处的波长。但应注意尽可能选择 ε 值随波长变化不太大的区域内的波长。

（二）参比溶液的选择

用比色皿测量试液的吸光度，会发生反射、吸收和透射等作用。反射、散射以及溶剂和试剂等对光的吸收，会造成透射光强度的减弱。

为了使光强度的减弱仅与溶液中待测物质的浓度有关，必须进行校正。为此，采用光学性质相同、厚度相同的吸收池盛参比溶液，调节仪器使透过参比池

的吸光度为零，然后让光束通过试样池，测得试样显色液的吸光度 A 如下式

$$A = \lg\frac{I_0}{I} \approx \lg\frac{I_{参比}}{I_{试液}} \qquad (8-6)$$

式中：$I_{参比}$——参比池的光强度；

$I_{试液}$——待测物质的光强度。

即实际上是以通过参比池的光强度作为试样池的入射光强度。这样测得的吸光度比较真实地反映了待测物质对光的吸收，也就能比较真实地反映待测物质的浓度。因此，参比溶液的作用是非常重要的，选择参比溶液的原则如下：

（1）如果仅待测物与显色剂的反应产物有吸收，可用纯溶剂做参比溶液。

（2）如果显色剂或其他试剂略有吸收，可用试剂空白溶液（即不加试样，其他试剂、溶剂及操作同样品的测定）做参比溶液。

（3）如试样中其他组分有吸收，但不与显色剂反应，则当显色剂无吸收时，可用试样溶液做参比溶液；当显色剂略有吸收时，可在试液中加入适当掩蔽剂将待测组分掩蔽后再加显色剂，以此作为参比。

（三）吸光度读数范围的选择

吸光度的实验测定值总存在着误差。在不同吸光度下，相同的吸光度读数误差对测定带来的浓度误差是不同的。这可推证如下：设试液服从朗伯-比尔定律，则 $-\lg T = \varepsilon bc$，经微分并以有限值表示，可得

$$\frac{\Delta c}{c} = \frac{0.4343}{T\lg T}\Delta T \qquad (8-7)$$

浓度相对误差 $\Delta c/c$ 与透光度 T 有关，亦与透光度的绝对误差 ΔT 有关。

ΔT 被认为是由仪器刻度读数不可靠所引起的误差。一般分光光度计的 ΔT 为 $\pm0.2\%\sim\pm2\%$，是与透光度值无关的一个常数。实际上，由于仪器设计和制造水平的不同，ΔT 可能改变。假定 ΔT 为 $\pm0.5\%$，代入式（8-7），算出不同透光度值时的浓度相对误差，并作图，得图8-2。若令式（8-7）的导数为0，可以求出当 $T = 0.368$（$A = 0.434$）时，浓度相对误差最小，约为 $\pm1.4\%$。

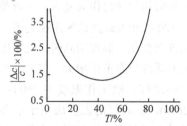

图8-2　不同透光度下的浓度相对误差

从图 8-2 可知，当吸光度为 0.15 ~ 1.0 或 T 为 70% ~ 10% 的范围内时，浓度测量相对误差为 ±1.4% ~ ±2.2%，最小误差为 ±1.4%（$\Delta T = \pm 0.5\%$ 时）。吸光度过低或过高，相对误差都很大。

实际工作中，应参照仪器说明书，设法使测定在适宜的吸光度范围内进行。可以通过改变吸收池厚度或显色液的浓度，使吸光度读数处在适宜范围内。

四、紫外吸收光谱法

紫外吸收光谱法的基础是物质对紫外线选择性吸收，与可见分光光度法的原理一样，也是基于分子中价电子在能级之间的跃迁所产生的吸收。两者定量分析原理都是朗伯-比尔定律，其仪器组成及原理也类似，只是采用氢灯或氘灯做紫外光源，光学材料必须是石英，检测器应对紫外光有灵敏的响应。

（一）影响紫外吸收光谱的因素

物质的紫外吸收光谱受溶剂性质、溶液 pH、空间效应等诸多因素的影响。

1. 溶剂的影响

溶剂极性的变化会使化合物的紫外吸收光谱形状改变。例如，在非极性的庚烷中，苯酚在 270nm 处出现中等强度的吸收峰并有精细结构；但在乙醇中，精细结构变得不明显或消失。

溶剂的极性不同还会使吸收波长也发生改变。极性大的溶剂会使 π→π* 跃迁谱带红移，而使 n→π* 跃迁谱带蓝移。

由于溶剂对紫外光谱有影响，因此，记录吸收光谱时应注明所用溶剂。在将未知物的吸收光谱与已知化合物吸收光谱做比较时，要使用相同溶剂。

2. 溶剂 pH 的影响

当被测物质具有酸性或碱性基团时，溶剂 pH 的变化对光谱的影响较大。例如，苯胺在乙醇中 λ_{max} 为 230nm，而在稀酸中 λ_{max} 为 203mm，利用溶剂 pH 不同对光谱的影响，可测定化合物结构中的酸性或碱性基团。

3. 空间效应

若分子中存在空间阻碍，影响较大共轭体系的生成，则吸收波长 λ_{max} 较短，ε 小；反之，则 λ_{max} 较大，ε 也增大。

（二）紫外吸收光谱法的应用

紫外吸收光谱法广泛应用于定量分析，以及用来测定物质的物理化学常数。紫外吸收光谱法还可以应用于物质的定性分析和结构分析等。

第二节 红外分光光度法

一、红外分光光度法基本原理

红外分光光度法又称红外吸收光谱法。19 世纪初，人们通过实验证实了红外光的存在。20 世纪初，人们进一步系统地了解了不同官能团具有不同红外吸收频率这一事实。1950 年以后，出现了自动记录式红外分光光度计。随着计算机科学的进步，1970 年以后出现了傅里叶变换型红外光谱仪。红外测定技术如全反射红外、显微红外、光声光谱以及色谱红外联用等技术也不断发展和完善，使红外分光光度法得到了广泛应用。

红外光谱是分子振动光谱。波数在 4000 ~ 400cm^{-1} 的红外光不足以使样品分子产生能级的跃迁，而只是振动能级与转动能级的跃迁。分子在振动和转动过程中只有伴随净的偶极矩变化的键才有红外活性。因为分子振动伴随偶极矩改变时，分子内电荷分布变化会产生交变电场，当其频率与入射辐射电磁波频率相等时会产生红外吸收。因此，除少数同核双原子分子如 O_2、N_2、Cl_2 等无红外吸收外，大多数分子都有红外活性。通过谱图解析可以获取分子结构的信息。任何气态、液态、固态样品均可进行红外光谱测定，这是其他仪器分析方法难以做到的。由于每种化合物均有红外吸收，尤其是有机化合物的红外光谱能提供丰富的结构信息，因此红外光谱是有机化合物结构解析的重要手段之一。

二、红外光谱区域及其应用

红外光谱属于振动光谱，其光谱区域的细分见表 8-2。

表 8-2 红外波段的划分

波 段	波 长/μm	波 数/cm^{-1}	频 率/Hz
近红外	0.78 ~ 2.5	12800 ~ 4000	1.2×10^{14} ~ 3.8×10^{14}
中红外	2.5 ~ 50	4000 ~ 200	6.0×10^{12} ~ 1.2×10^{14}
远红外	50 ~ 1000	200 ~ 10	3.0×10^{11} ~ 6.0×10^{12}
常用区域	2.5 ~ 25	4000 ~ 400	1.2×10^{13} ~ 1.2×10^{14}

红外光谱最重要的应用是中红外区有机化合物的结构鉴定。通过与标准谱图比较可以确定化合物的结构；对于未知样品，通过官能团、顺反异构、取代基位置、氢键结合以及配合物的形成等结构信息可以推测结构。1990 年以后，除传统的结构解析外，红外

吸收及发射光谱法用于复杂样品的定量分析，显微红外光谱法用于表面分析，全反射红外以及扩散反射红外光谱法用于各种固体样品分析等方面的研究报告不断增加。近红外仪器与紫外-可见分光光度计类似，有的紫外-可见分光光度计直接可以进行近红外区的测定。其主要应用是工农业产品的定量分析以及过程控制等。远红外区可用于无机化合物研究等。利用计算机的三维绘图功能（习惯上把数学中的三维在光谱中称为二维）给出分子在微扰作用下用红外光谱研究分子相关分析和变化，这种方法便是二维红外光谱法。二维红外光谱是提高红外谱图的分辨能力、研究高聚物薄膜的动态行为、液晶分子在电场作用下的重新定向等的重要手段。

三、红外光谱仪的组成

红外光谱仪与紫外-可见分光光度计的组成基本相同，由光源、样品室、单色器以及检测器等部分组成。两种仪器在各元件的具体材料上有较大差别。色散型红外光谱仪的单色器一般在样品池之后。

（一）光　源

一般分光光度计中的氢灯、钨灯等光源能量较大，要观察分子的振动能级跃迁，测定红外吸收光谱，需要能量较小的光源。黑体辐射是最接近理想光源的连续辐射。满足此要求的红外光源是稳定的固体在加热时产生的辐射，常见的有如下几种：

1. 能斯特灯

能斯特灯的材料是稀土氧化物，做成圆筒状（长20mm、直径2mm），两端为铂引线，其工作温度为1200~2200K。此种光源具有很大的电阻负温度系数，需要预先加热并设计电源电路能控制电流强度，以免灯过热损坏。

2. 碳化硅棒

碳化硅棒尺寸为长50mm、直径5mm，工作温度为1300~1500K。与能斯特灯相反，碳化硅棒具有正的电阻温度系数，电触点需水冷以防放电。其辐射能量与能斯特灯接近，但在大于$2000cm^{-1}$区域能量输出远大于能斯特灯。

3. 白炽线圈

白炽线圈用镍铬丝螺旋线圈或铑线做成，工作温度约1100K。其辐射能量略低于前两种，但寿命长。

一般近红外区的光源用钨灯即可，远红外区用水银放电灯做光源。

（二）检测器

红外检测器有热检测器、热电检测器和光电导检测器3种。前两种可用于色散型仪器中，后两种在傅里叶变换红外光谱仪中多见。

1. 热检测器

热检测器依据的是辐射的热效应。辐射被一小的黑体吸收后，黑体温度升高，测量升高的温度可检测红外吸收。以热检测器检测红外辐射时，最主要的是要防止周围环境的热噪声。一般热检测器都置于真空舱内，并使用斩光器使光源辐射断续照射样品池。

热检测器中最简单的是热电偶。将两片金属铋熔融到另一不同金属（如锑）的任一端，就有了两个连接点。两接触点的电位随温度变化而变化。检测端接点做成黑色置于真空舱内，有一个窗口对红外光透明。参比端接点在同一舱内并不受辐射照射，则两接点间产生温差。热电偶可检测$10^{-6}K$的温度变化。

2. 热电检测器

热电检测器使用具有特殊热电性质的绝缘体，一般采用热电材料的单晶片，如硫酸三甘氨酸酯（TGS），化学式为$(NH_2CH_2COOH)_3 \cdot H_2SO_4$。通常是氘代或部分甘氨酸被丙氨酸代替。在电场中放一绝缘体会使绝缘体产生极化，极化度与介电常数成正比。但移去电场，诱导的极化作用也随之消失。而热电材料即使移去电场，其极化也并不立即消失，且极化强度与温度有关。当辐射照射时，温度会发生变化，从而影响晶体的电荷分布，这种变化可以被检测。热电检测器通常做成三明治状。将热电材料晶体夹在两片电极间，一个电极是红外透明的，允许辐射照射。辐射照射引起温度变化，从而晶体电荷分布发生变化，通过外部连接的电路测量电流变化可实现检测。电流的大小与晶体的表面积、极化度随温度变化的速率成正比。当热电材料的温度升至某一特定值时极化会消失，此温度称为居里点。硫酸三甘氨酸酯的居里点为47℃。热电检测器的响应速率很快，可以跟踪干涉仪随时间的变化，可在傅里叶变换红外光谱仪中使用。

3. 光电导检测器

光电导检测器采用半导体材料薄膜，如碲镉汞[Hg-Cd-Te(MCT)]、硫化铅（PbS）、锑化铟（InSb），将其置于非导电的玻璃表面密闭于真空舱内。吸收辐射后非导电性的价电子跃迁至高能量的导电带，从而降低了半导体的电阻，产生信号。该检测器用于中红外区及远红外区，需冷却至液氮温度（77K）以降低噪声。这种检测器比热检测器灵敏，在傅里叶变换红外光谱仪（FT-IR）及气相色谱/傅里叶变换红外光谱仪（GC/FT-IR）中获得广泛应用。

此外，硫化铅（PbS）检测器用于近红外区室温下的检测。

四、傅里叶变换红外光谱仪

目前，几乎所有的红外光谱仪都是傅里叶变换型的。傅里叶变换红外光谱仪的核心部分是迈克尔逊干涉仪。傅里叶变换红外光谱仪的优点有：

（1）大大提高了谱图的信噪比。傅里叶变换红外光谱仪所用的光学元件少，无狭缝和光栅分光器，因此到达检测器的辐射强度大，信噪比高。

（2）波长（数）精度高（±0.01cm^{-1}），重现性好。

（3）分辨率高。

（4）扫描速度快。傅里叶变换红外光谱仪完成1次扫描仅为几秒，可同时测定所有的波数区间。

第三节　原子吸收光谱法

一、原子吸收光谱法基本原理

（一）基态和基态原子

原子由原子核和核外电子组成，核外电子分布在不同的电子能级轨道上并绕核旋转。不同能级轨道能量不同，离核越远的能级能量越高。在通常情况下，电子都处于各自最低的能级轨道上，这时整个原子能量最低也最稳定，称为基态，处于基态的原子称为基态原子。所以，基态原子就是不电离、不激发的自由原子。

（二）共振线和特征谱线

原子受外界能量激发，最外层电子可能吸收能量向高能级轨道跃迁，这就是原子吸收过程。外层电子可以跃迁到不同能级轨道，因此可以有不同的激发态。电子从基态跃迁到能量最低的激发态（称为第一激发态），为共振跃迁，所产生的谱线称为共振吸收线（简称共振线）。当电子从第一激发态跃回基态时，则发射出同样频率的谱线，称为共振发射线（也简称共振线）。各种元素的原子结构和外层电子排布不同。不同元素的原子从基态激发至第一激发态（或由第一激发态跃回基态）时，吸收（或发射）的能量不同，因此各种元素的共振线不同而各有其特征性，这种共振线称为元素的特征谱线。从基态到第一激发态的跃迁由于所需能量最低，因此最容易发生。对大多数元素来说，特征谱线是元素所有谱线中最灵敏的线。原子吸收光谱法就是利用待测元素原子蒸气中基态原子对光源发出的特征谱线的吸收来进行分析的。

如图8-3，若将入射强度为I_0的不同频率的光通过原子蒸气，吸收后其透射光强度I_v与原子蒸气的厚度b的关系，与可见光吸收情况类似，服从朗伯-比尔定律，即

$$I_v = I_0 e^{-K_v b} \tag{8-8}$$

式中：I_v——透过原子蒸气吸收层的辐射强度；

I_0——入射辐射强度；

K_v——吸收系数；

e——电子电荷，C；

b——原子蒸气吸收层的厚度，cm。

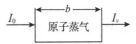

图8-3　原子吸收示意图

由于物质的原子对不同频率入射光的吸收具有选择性，因而透射光强度I_v和吸收系数K_v将随着入射光的频率而变化。前者的变化规律如图8-4所示，后者的变化规律如图8-5所示。从图8-4中可看出，在入射频率为v_0处，透射光强度最小，即吸收最大，称为原子蒸气在频率v_0处有吸收线。原子吸收线具有一定宽度，通常称为吸收线轮廓，常用吸收系数K_v随频率（或波长）的变化曲线来描述（图8-5）。表征吸收线轮廓的值是吸收线的半宽度，它是指最大吸收系数一半（$K_v/2$）处所对应的频率差或波长差，用Δv或$\Delta \lambda$表示。最大吸收系数所对应的频率或波长称为中心频率或中心波长。中心频率或中心波长处的最大吸收系数又称为峰值吸收系数（K_0）。

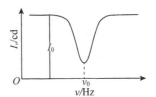

图8-4　吸收线轮廓

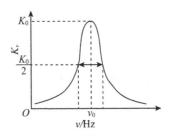

图8-5　吸收线轮廓和半宽度

谱线变宽对原子吸收分析是不利的，在通常原子吸收光谱法条件下，吸收线轮廓主要受多普勒变宽和劳仑兹变宽的影响。多普勒变宽是由于原子在空间做无规则的热运动产生多普勒效应而引起的，又称热变

宽。多普勒变宽 Δv_0 由下式决定

$$\Delta v_0 = 7.162 \times 10^{-7} v_0 \sqrt{\frac{T}{A_r}} \qquad (8-9)$$

式中：v_0——谱线的中心频率，Hz；

T——热力学温度，K；

A_r——原子的相对原子质量。

由式(8-9)可以看出，待测原子的相对原子质量越小，温度越高，则吸收线轮廓变宽越显著。当共存元素原子浓度很小时，吸收线变宽主要受多普勒变宽的影响。

(三) 原子吸收光谱法的定量基础

原子蒸气所吸收的全部能量，在原子吸收光谱法中称为积分吸收，亦即图 8-5 中吸收线下面所包括的整个面积。经过严格推导，积分吸收与单位体积原子蒸气中基态原子数成正比。因此从理论上说，如果能测得积分吸收值，便可计算出待测元素的原子数。但由于原子吸收线很窄，约 0.002nm，因此需要分辨率很高的单色器，而目前的光谱仪还难以达到。1955 年，瓦尔什(Walsh)提出用测定峰值吸收系数 K_0 来代替积分吸收系数的测定，并采用锐线光源测量谱线的峰值吸收。

在通常原子吸收光谱测定条件下，吸收线形状只取决于多普勒变宽。在测定条件不变时，多普勒半宽度是常数，对一定的待测元素，振子强度也是常数，因此，峰值吸收系数 K_0 与单位体积原子蒸气中基态原子数成正比。

为了测量 K_0 值，必须使光源发射线的中心频率与吸收线的中心频率一致，而且发射线的半宽度必须比吸收线的半宽度小得多。由于锐线光源发射线的半宽度只有吸收线半宽度的 1/10～1/5，这样积分吸收与峰值吸收非常接近，因此，可以用 K_0 代替式(8-8)中的 K_v，即得

$$I_v = I_0 e^{-K_0 b}$$
$$A = \lg \frac{I_0}{I_v} = 0.4343 K_0 b \qquad (8-10)$$

式中：A——吸光度。

从式(8-10)中可以看出，吸光度与吸收程长度成正比。因此，适当增加吸收程长度可以提高测定的灵敏度。

在实际测量中，若从吸光度来测量吸收特征谱线的原子总数，则不必求峰值吸收系数 K_0。经过公式推导，可得

$$A = kNb \qquad (8-11)$$

式中：N——待测原子总数，个；

k——一定实验条件下为常数。

式(8-11)表示吸光度与待测元素原子总数成正比。实际分析中要求测定的是试样中待测元素的浓度，而此浓度是与原子蒸气中待测元素原子总数成正比的。因此，吸光度与试样中待测元素的浓度关系可表示为

$$A = kc \qquad (8-12)$$

式中：k——在一定实验条件下是一个常数；

c——待测元素的浓度，ug/mL。

式(8-12)即原子吸收光谱法的定量依据。

二、原子吸收光谱仪

原子吸收光谱仪主要由光源、原子化系统、分光系统和检测系统 4 个部分组成。由锐线光源发射出的待测元素的特征光谱线通过原子化器，被火焰中待测元素基态原子吸收后进入单色器，经分光后由检测器转化为电信号，最后经放大在读数系统读出。下面分别进行介绍。

(一) 光源 (空心阴极灯)

1. 光源的作用及要求

光源的作用是发射待测元素的特征光谱，以供样品吸收之用。为了获得较高的灵敏度和准确度，所使用的光源必须满足如下要求：

(1)发射待测元素的共振线。

(2)发射共振线必须是锐线，它的半宽度要比吸收线的半宽度窄得多。这样测出的是峰值吸收系数。

(3)发射光强度要足够大，稳定性要好，寿命要长。

2. 空心阴极灯

空心阴极灯是能满足这些要求的理想的锐线光源，应用最广泛。

(1)空心阴极灯的工作原理

普通空心阴极灯是一种气体放电管。它包括一个阳极和一个圆筒形阴极。两电极密封于带有石英窗(或玻璃窗)的玻璃管中，管中充有低压惰性气体(氖或氩)。当正、负两极间施加适当电压时，电子将从空心阴极内壁流向阳极，在电子通路上与惰性气体原子碰撞而使之电离，带正电荷的惰性气体离子在电场作用下，向阴极内壁猛烈轰击，使阴极表面金属原子溅射出来。溅射出来的金属原子再与电子、惰性气体原子及离子发生碰撞而被激发，从而发射出阴极物质的共振线。

空心阴极灯发射的光谱，主要是阴极物质的光谱，因此用不同的待测元素做阴极材料，可制成各相应待测元素的空心阴极灯；若阴极物质只含一种元素，则可制成单元素灯；阴极物质含多种元素，则可

制成多元素灯。为了避免发生光谱干扰，在制灯时，必须用纯度较高的阴极材料并选择适当的内充气体，以使阴极元素的共振线附近没有杂质元素或内充气体的强谱线。

空心阴极灯发射的光谱强度与灯的工作电流有关。增大灯的工作电流，可以提高光谱线强度。但是工作电流过大，会导致灯本身发生自蚀现象而缩短灯的寿命，还会造成灯放电不正常，使发射光强度不稳定。但是工作电流过低，又会使灯发射光强度减弱，导致稳定性和信噪比下降。因此，使用空心阴极灯时必须选择适当的灯电流。

（2）空心阴极灯的分类

①单元素空心阴极灯：由一种纯金属制成，具有发光强度大、谱线简单和稳定性好等优点，是原子吸收光谱分析中应用最广的锐线光源。

②多元素空心阴极灯：由几种元素的材料组成，可以同时发出几种元素的特征谱线，如银-铜、硅-铬-铜-铁-镍等空心阴极灯。这种灯优点是使用方便、换灯次数少，但与单元素灯相比，谱线较复杂，发光稳定性和寿命不及单元素灯，同时金属间的组合不是任意的。

（3）空心阴极灯的特点

空心阴极灯具有下列优点：只有一个操作参数（即电流），发射光强度大且稳定，谱线宽度窄，而且灯也容易更换。其缺点是每测一个元素均需要更换相应的待测元素的空心阴极灯，使用不太方便。

（二）原子化系统

原子化系统的作用是将试样中的待测元素转变成基态原子蒸气。待测元素由化合物解离成基态原子的过程，称为原子化过程。

需要指出的是，待测元素气态分子解离成基态原子过程中，如果温度过高，则基态原子可能进一步激发或产生电离，使基态原子数量减少，测定灵敏度降低。原子化系统是原子吸收光谱仪的核心。目前，有火焰原子化法和非火焰原子化法两种方式。

1. 火焰原子化装置

火焰原子化装置包括雾化器和燃烧器两部分。

（1）雾化器

雾化器的作用是将试液雾化，是原子化系统的重要部件，其性能对测定的精密度和化学干扰等产生显著影响。因此，要求雾化器喷雾稳定、雾滴细小均匀、雾化效率高。目前，普遍采用的是同心雾化器。在雾化器喷嘴口处，由于助燃气（空气、氧气或氧化亚氮）和燃气（乙炔、丙烷、氢气等）高速通过，形成负压区，从而将试液沿毛细管吸入，并被高速气流分散成气溶胶（即成雾滴），喷出的雾滴再碰撞在撞击球上，进一步雾化成细雾。

（2）燃烧器

燃烧器的作用是形成火焰，使进入火焰的试样微粒原子化。试液雾化后进入预混合室，与燃气在室内充分混合。其中较大的雾滴凝结在壁上形成液珠，从废液管排出，而细的雾滴则进入火焰中。

（3）火 焰

在原子吸收光谱法中，火焰的作用是提供一定的能量，促使试样雾滴蒸发干燥，并经过热解离或还原作用，产生大量基态原子。因此，原子吸收法所使用的火焰，只要其温度能使待测元素解离成游离基态原子就可以了。如超过所需的温度，激发态原子将增加，电离度增大，基态原子减少，这对原子吸收是很不利的。因此，在确保待测元素充分解离为基态原子的前提下，低温火焰比高温火焰具有较高的灵敏度。但对某些元素来说，如果温度过低，则其盐类不能解离，反而使灵敏度降低，并且还会造成分子吸收，干扰可能会增大。一般易挥发或电离电位较低的元素（如铅、镉、锌、锡、碱金属及碱土金属等），应使用低温且燃烧较慢的火焰。与氧易生成耐高温氧化物而难解离的元素（如铝、钒、钼、钛及钨等），应使用高温火焰。

原子吸收法中应用最多的火焰有空气-乙炔、氧化亚氮-乙炔。

①空气-乙炔火焰：这是用途最广的一类火焰。最高温度约2600K，能测定35种以上的元素。它燃烧速度稳定、重复性好、噪声低，对多数元素有足够的灵敏度。调节乙炔和空气的流量，可方便地获得不同氧化还原特征的火焰，以适应不同元素的测定。但测定易形成难解离氧化物的元素时灵敏度较低，不宜使用。这种火焰在短波范围内对紫外线吸收较强，易使信噪比变低。乙炔可用高压乙炔钢瓶供应。

②氧化亚氮-乙炔火焰：这种火焰的最高温度达3300K左右，不但温度较高，而且还可形成强还原气氛。使用这种火焰可以测定约70多种元素，特别适用于测定空气-乙炔火焰所不能分析的难解离元素，如铝、硼、铍、钛、钒、钨、硅等，并且可消除在其他火焰中可能存在的化学干扰现象。

燃气和助燃气的流量决定火焰的状态，形成的火焰有3种状态：

①化学计量火焰（中性火焰）：燃气与助燃气比例与它们之间化学反应计量关系相近。它具有温度高、干扰少、稳定、噪声低（或者说背景值低）等特点。除碱金属和难解离氧化物的元素，大多数常见元素均使用这种火焰。

②富燃火焰(还原性火焰):燃气与助燃气比例大于化学计量关系。由于燃气过量,燃烧不完全,火焰中存在大量半分解产物,故火焰具有较强的还原性气氛。它适用于测定较易形成难熔氧化物的元素,如钼、铬、稀土元素等。

③贫燃火焰(氧化性火焰):燃气与助燃气比例小于化学计量关系。由于助燃气过量,大量冷的助燃气带走火焰中的热量,故火焰温度较低。又由于燃气燃烧充分,火焰具有氧化性气氛,因此它适用于碱金属元素的测定。

火焰原子化系统结构简单、操作方便,准确度和重现性较好,能满足大多数元素的测定,因此在实际中应用广泛。其不足之处是原子化效率低,试样用量大。

2. 非火焰原子化装置

(1)石墨炉原子化器

石墨炉原子化器是应用最广泛的非火焰原子化装置,它主要由电源、炉体和石墨管组成。试样盛放在石墨管中,石墨管作为电阻发热体。电源提供原子化能量,通电后可使管内温度达到 $2000 \sim 3000 ℃$,使试样蒸发和原子化。炉内有保护气体控制系统,外气路中通氩气沿石墨管外壁流动,保护石墨管不被烧坏。内气路中通氩气从管两端流向管中心,由中心孔流出,排除干燥和灰化阶段产生的试样基体蒸气,同时保护待测元素的自由原子不被氧化。石墨炉测定一般分4个阶段:

①干燥阶段:蒸发除去试样的溶剂,如水分、各种酸溶剂等。

②灰化阶段:破坏和蒸发除去试样中的基体,在原子化阶段前尽可能多地将共存组分与待测元素分离开,以减少共存物和背景吸收的干扰。

③原子化阶段:使待测元素转变为基态原子,供吸收测定。

④烧净阶段:净化除去残渣,消除石墨管记忆效应。

石墨炉原子化器的原子化效率和测定灵敏度都比火焰高得多,其检出极限可达 $10^{-12}g$ 数量级;试样用量仅为 $1 \sim 100 \mu L$;特别适合试样量少又需测定其中痕量元素的情况;可测定黏稠试样和固体试样。但石墨炉测定精密度不如火焰法,测定速度也较火焰法慢,此外装置较复杂、费用较高。

(2)氢化物原子化装置

砷、锑、铋、锗、锡、铅、硒、碲、汞等元素,在火焰原子吸收法测定中,由于火焰分子对其共振线的吸收,使火焰原子吸收法测定灵敏度很低,不能满足测定要求。目前,多采用氢化物法来测定这些元素。该法主要是利用这些元素或其氢化物在低温下易于挥发的特性,用强还原剂(硼氢化钾或硼氢化钠)在酸性介质中与这些元素作用,生成气态氢化物。生成的氢化物不稳定,在几百摄氏度下发生分解,产生自由原子,完成原子化过程。因此,其装置分为氢化物发生器和原子化装置两部分。产生的氢化物用氩气送入石英管中进行原子化。

氢化物原子化法的特点是形成元素或其氢化物蒸气的过程本身就是一个分离过程,因此它的灵敏度高,可达 $10^{-9}g$ 数量级;选择性好,基体干扰和化学干扰都少;操作简便、快速。但精密度比火焰法差,生成的氢化物均有毒,需在良好的通风条件下操作。

(三)分光系统

原子吸收光谱仪的分光系统主要由色散元件、凹面镜和狭缝组成,这样的系统也可简称为单色器。它的作用是将待测元素的共振线与邻近谱线分开,为了阻止非检测谱线进入检测系统,单色器通常放在原子化器后的光路中。单色器的色散元件可用棱镜或衍射光栅。单色器的性能由线色散率、分辨率和集光本领决定。线色散率是指在光谱仪焦平面上两条谱线间距离 Δx 与其波长差 $\Delta \lambda$ 的比值 $\Delta x / \Delta \lambda$,实际工作中常用倒线色散率,即线色散率的倒数 $\Delta \lambda / \Delta x$。分辨率是指仪器分开邻近的两条谱线的能力,可用该两条谱线的平均波长 $\bar{\lambda}$ 与刚好能分辨的两条谱线的波长差 $\Delta \lambda$ 的比 $\bar{\lambda} / \Delta \lambda$ 表示。现代原子吸收光谱仪中多用衍射光栅做色散元件。衍射光栅是在金属(或镀有铝层)平面或凹面镜上刻有许多平行线条(一般每米刻有 $600 \sim 2880$ 条)。光栅分辨率与其面上每毫米中刻线的数量有关,刻线数量越多,分辨率越高。

原子吸收光谱测定时,要求单色器既要将共振线与邻近谱线分开,又要保证有一定的出射光强度,即集光本领。而原子吸收测定时吸收线是由锐线光源发出的,共振线谱线较简单,因此它只要求光栅能将共振线与邻近谱线分开到一定程度即可,并不要求过高的分辨率。当光源出射光强度一定时,就需要选用适当的光谱通带来满足上述要求。所谓通带,是指通过单色器出射狭缝的光束波长间的范围。当光栅倒线色散率一定时,通带可通过选择狭缝宽度来确定,关系式如下

$$W = DS \qquad (8\text{-}13)$$

式中:W ——光栅单色器的通带,nm;

D ——光栅倒线色散率,nm/mm;

S ——狭缝宽度,mm。

在原子吸收测定中,通带的大小是仪器的工作条件之一。通带增大,也即狭缝加宽,进入单色器的光

强度增大，与此同时，通过单色器出射狭缝的辐射光波长范围也变宽，使单色器的分辨率降低，靠近分析线的其他非吸收线的干扰和光源背景干扰也增大，使工作曲线弯曲，产生误差。反之，通带窄，虽能使分辨率得到改善，但进入单色器的光强度减小，使测定灵敏度降低。因此，应根据测定需要来选择通带。如果待测元素的分析线没有邻近谱线干扰(如碱金属、碱土金属)，背景小，通带宜调宽，进入单色器光通量增加，有效地提高了信噪比。如果待测元素具有复杂背景(如铁族元素、稀土元素)，邻近线干扰和背景干扰大，则宜调窄通带，这样可以减少非吸收线的干扰，单色器的分辨率相应地得到提高，其工作曲线的线性关系也得到了改善。

光栅是可以转动的，通过转动光栅，可以使光谱中各种波长的辐射按顺序从出射狭缝射出。

(四)检测系统

检测系统主要由检测器(光电倍增管)、放大器、读数和记录系统等部分组成。原子吸收光谱仪中，常用光电倍增管做检测器，其作用是将经过原子蒸气吸收和单色器分光后的微弱光信号转换为电信号，再经过放大器放大后，便可在读数装置上显示出来。

现代原子吸收光谱仪通常设有自动调零、自动校准、标尺扩展、浓度直读、自动取样及自动处理数据等装置。

(五)仪器类型

原子吸收光谱仪按分光系统可分为单光束型和双光束型两种。

(1)单光束型：只有一个光束。由空心阴极灯发出待测元素的特征谱线，经过待测元素的原子蒸气吸收后，未被吸收部分辐射进入单色器，经过分光后，再照射到检测器，光信号经转换、放大，最后在读数装置上显示出来。单光束仪器结构简单，灵敏度较高，能满足日常分析需要。缺点是不能消除光源波动造成的影响，致使基线漂移。使用时需预热光源，并在测量时经常校正零点。

(2)双光束型：从空心阴极灯发出的光辐射分为两束，一束通过原子化器后与另一束不通过原子化器的参比光束会合到单色器(仪器的其他部分与单光束型相同)。利用参比辐射来补偿光源辐射光强度变化的影响。因此，双光束仪器可以消除光源波动性造成的影响，仪器灵敏度和准确度皆优于单光束型。空心阴极灯无须预热便可进行测定，但参比光束不通过火焰，因此不能消除火焰背景的影响。

三、定量分析方法

根据式(8-12)，当待测元素浓度不高时，在吸收程长度固定情况下，试样的吸光度与待测元素浓度成正比。在实际测量中，通常是将试样吸光度与标准溶液或标准物质比较而得到定量分析结果。常用方法有标准曲线法和标准加入法。

(一)标准曲线法

标准曲线法是最常用的方法，适用于共存组分间互不干扰的试样。

配一组浓度合适的标准溶液系列(试样浓度应尽量包含在内)，由低浓度到高浓度分别测定吸光度；以浓度为横坐标、吸光度为纵坐标作吸收度-浓度标准曲线图。在相同条件下，测定试样溶液吸光度，由吸收度-浓度标准曲线求得试样溶液中待测元素浓度。

(二)标准加入法

若试样基体组成复杂，且基体成分对测定又有明显干扰，此时可采用标准加入法。

取若干份(如 4 份)等量的试样溶液，分别加入浓度为 0、c_1、c_2、c_3 的标准溶液，稀释到同一体积后，在相同条件下分别测定吸光度。以加入的被测元素浓度为横坐标，对应吸光度为纵坐标，绘制吸收度-浓度曲线图，延长该曲线至与横坐标相交处，即为试样溶液中待测元素浓度 c_x。

使用标准加入法时应注意：

(1)此法可消除基体效应带来的影响，但不能消除分子吸收、背景吸收的影响。

(2)应保证标准曲线的线性，否则曲线外推易造成较大的误差。

四、原子吸收光谱法中的干扰及抑制

原子吸收光谱法中的干扰主要有电离干扰、化学干扰、物理干扰和光谱干扰。

(一)电离干扰

由基态原子电离而造成的干扰称为电离干扰。这种干扰造成火焰中待测元素的基态原子数量减少，使测定结果偏低。火焰温度越高，元素电离电位越低，元素越易电离。碱金属和碱土金属由于电离电位较低，容易发生电离干扰。消除方法一是降低火焰温度，二是加入比待测元素更易电离的物质，使其产生大量自由电子，抑制待测元素电离。例如，测定钾、钠时，加入足量的铯盐，便可消除电离干扰。

(二) 化学干扰

待测元素与试样中共存组分或火焰成分发生化学反应，引起原子化程度改变所造成的干扰称为化学干扰。化学干扰是原子吸收光谱分析中主要干扰来源，产生的原因是多方面的。典型的化学干扰是待测元素与共存元素之间形成更加稳定的化合物，使基态原子数目减少。常用的消除方法如下：

(1) 加入释放剂：加入某种物质，它与干扰元素形成更加稳定的化合物，使待测元素释放出来。例如，加入锶或镧可有效地消除磷酸根对测定钙的影响，此时，锶或镧与磷酸根形成更加稳定的化合物，而将钙释放出来。

(2) 加入保护剂：加入某种物质，它与待测元素形成更加稳定的化合物，将待测元素保护起来，防止干扰元素与它作用。例如，加入 EDTA，使之与钙形成 EDTA-Ca 配合物，从而将钙"保护"起来，避免钙与磷酸根作用，消除磷酸根对测定钙的干扰。

(3) 加入基体改进剂：加入某种物质，它与基体形成易挥发的化合物，在原子化前除去，避免与待测元素共挥发。例如，在石墨炉测定中，氯化钠基体对测定镉有干扰，此时可加入硝酸铵，使其转变成易挥发的氯化铵和硝酸钠，可在灰化阶段除去。

此外，还可采用提高火焰温度、化学预分离等方法来消除化学干扰。

(三) 物理干扰

物理干扰是指试样一种或多种物理性质 (如黏度、密度、表面张力) 改变所引起的干扰。主要来源于雾化、去溶剂及伴随固体转化为蒸气过程中物理化学现象的干扰。物理干扰可用配制与待测试样组成尽量一致的标准溶液的办法来消除，也可采用蠕动泵、标准加入法或稀释法来减小和消除物理干扰。

(四) 光谱干扰

光谱干扰是指与光谱发射和吸收有关的干扰，主要来自光源和原子化装置，包括谱线干扰和背景干扰。

(1) 谱线干扰：当光源产生的共振线附近存在非待测元素的谱线，或试样中待测元素共振线与另一元素吸收线十分接近时，均会产生谱线干扰。可用减小狭缝或另选分析线的方法来抑制这种干扰。

(2) 背景干扰：包括分子吸收和光散射引起的干扰。分子吸收是指在原子化过程中生成的气态分子、氧化物和盐类分子等对光源共振辐射产生吸收而引起的干扰；光散射则是在原子化过程中，产生的固体粒子对光产生散射而引起的干扰。在现代原子吸收光谱仪中多采用氘灯扣除背景和塞曼效应扣除背景的方法来消除这种干扰。

五、灵敏度、检出限、测定条件的选择

在考虑试样中某元素能否应用原子光谱法分析时，首先要查看该元素的灵敏度和检出限。如果灵敏度能达到要求，则需进行测定条件的选择，最后确定测定方法的精密度和准确度。

(一) 灵敏度

根据 1975 年国际纯粹与应用化学联合会 (IUPAC) 规定，灵敏度定义为校正曲线的斜率，用 S 表示。

$$S = d_A/d_c \tag{8-14}$$

式中：S——校正曲线的斜率；
d_A——吸光度的变化量；
d_c——待测元素的浓度改变的微小量，mol/L。
S 越大，则灵敏度越高。

在火焰原子吸收法中，也常用特征浓度来表示元素的灵敏度。所谓特征浓度是指能产生 1% 的吸收或能产生 0.0044 吸光度时待测元素的浓度。通过测定某一浓度为 c 的标准溶液的吸光度 A，用下列公式可计算出相应的特征浓度 $c_0[\mu g/(mL \cdot 1\%)]$。

$$c_0 = \frac{0.0044c}{A} \tag{8-15}$$

显然，特征浓度数值越小，灵敏度越高。

在石墨炉中常用特征质量来表征灵敏度，所谓特征质量是指能产生 1% 的吸收或能产生 0.0044 吸光度时待测元素的质量 $m_c(\mu g/\%)$。

$$m_c = \frac{0.0044m}{A} \tag{8-16}$$

式中：m——待测元素质量，μg；
A——1% 吸收产生或 0.0044 吸光度，%。

(二) 检出限

检出限是指仪器能与适当的置信度检出的待测元素的最小浓度或最小量。通常是指空白溶液吸光度信号标准偏差的 3 倍所对应的待测元素浓度或质量。在火焰原子吸收法中，检出极限用下式表征

$$c_{DL} = \frac{3S_b}{S_c} \tag{8-17}$$

式中：c_{DL}——待测元素的检出限，$\mu g/mL$；
S_c——待测元素的灵敏度，即校正曲线的斜率；
3——置信因子；

S_b——标准偏差。

在石墨炉原子吸收法中，用绝对检出限 m_{DL} 表示，单位为 g 或 pg

$$m_{DL} = \frac{3S_b}{S_m} \tag{8-18}$$

式中：S_m——待测元素的灵敏度，即校正曲线的斜率。

求检出限的方法是配制一系列标准溶液和接近于空白的溶液（该溶液约能产生 0.004 的吸光度），建立工作曲线；空白溶液重复测定 10 次以上。由工作曲线算出斜率 S_c 或 S_m，再和算出的标准偏差 S_b 一起代入式（8-17）式或式（8-18），即可求出检出极限 c_{DL} 或 m_{DL}。

检出限与灵敏度的区别在于：灵敏度只考虑检测信号的大小，而检出限考虑了仪器噪声。检出限越低，说明仪器越稳定。因此，检出限是衡量仪器性能的一项重要的综合指标。

（三）测定条件的选择

测定条件的选择对测定的灵敏度、稳定性、线性范围和重现性等有很大的影响。最佳测定条件应根据实际情况进行选择，主要应考虑以下几个方面。

1. 分析线

通常选择待测元素的共振线作为分析线。但测量较高浓度时，可选用次灵敏线。例如，测钠用 $\lambda = 589.0nm$ 作为分析线，较高浓度时则用 $\lambda = 330.3nm$ 作为分析线。砷、硒等共振线处于远紫外区（200nm 以下），火焰对其有明显吸收，故不宜选共振线作为分析线。此外，稳定性差时，也不宜选共振线作为分析线，如铅的共振线是 217.0nm，稳定性较差，若用 283.3nm 次灵敏线作为分析线，则可获得稳定结果。

2. 空心阴极灯电流

在保证有稳定和足够的辐射光强度的情况下，尽量选用较低的灯电流，以延长空心阴极灯的寿命。

3. 狭缝宽度

无邻近干扰线时，可选择较宽的狭缝，如测定钾、钠；若有邻近线干扰时，则选择较小的狭缝，如测定钙、镁、铁。

4. 火　焰

火焰类型和状态对原子化效率起着重要的作用。在火焰中容易原子化的元素砷、硒等，可选用低温火焰，如空气-氢火焰。在火焰中较难解离的元素钙、镁、铁、铜、锌、铅、钴、锰等，可选用中温火焰，如空气-乙炔火焰。在火焰中难以解离的元素钡、钛、铝、硅等，可选用氧化亚氮-乙炔高温火焰。一些元素如铬、钼、钨、钒、铝等在火焰中易生成难解

离的氧化物，宜用富燃火焰。

另一些元素如钾、钠等在火焰中易于电离，则宜选用贫燃火焰。火焰状态可通过调节燃气与助燃气的比例来确定。

5. 观测高度

观测高度又称为燃烧器高度。调节燃烧器高度，使来自空心阴极灯的光束通过自由原子浓度最大的火焰区，此时灵敏度高，测量稳定性好。若不需要高灵敏度时，如测定高浓度试样溶液，可通过旋转燃烧器的角度来降低灵敏度，有利于测定。

第四节　原子荧光光谱法

一、原子荧光光谱法基本原理

原子荧光光谱法是指待测物质的气态原子蒸气受到激发光源特征辐照后，由基态跃迁到激发态，然后由激发态跃回基态，同时发射出与激发光源特征波长相同的原子荧光，根据发射出的荧光强度对待测物质进行定量分析的方法。原子荧光光谱和原子发射光谱都是由激发态原子发射的线光谱，但激发的机理却不同。原子发射光谱是指原子受到热运动粒子碰撞而被激发，辐射出原子发射光谱；而原子荧光是指原子吸收光子而被光致激发，辐射出原子荧光光谱。由于原子吸收具有选择性，因此原子荧光光谱比较简单。原子荧光光谱法具有检出限低（如镉可达到 $10^{-6}ng/L$、锌可达到 $10^{-5}ng/L$）、灵敏度高、谱线简单、干扰小、线性范围宽（可达 3~5 数量级）等特点，目前已有 20 多种元素的检出限优于原子吸收光谱法和原子发射光谱法。原子荧光光谱法主要用于金属元素的测定，在环境科学、高纯物质、矿物、水质监控、生物制品和医学分析等方面有广泛的应用。不足之处是存在荧光猝灭、应用元素有限等限制。

二、原子荧光光谱仪

原子荧光光谱仪结构与原子吸收光谱仪非常类似，由激发光源、原子化器、单色器和检测系统组成。二者主要区别在于原子吸收仪器中各组成部分排在一条直线上，而原子荧光仪器中单色器和检测器与光源和原子化器按 90°排列。这是为了避免激发光源辐射对原子荧光信号的影响。

（一）激发光源

激发光源作用是提供试样蒸发、解离、原子化和激发所需的特征谱线，可用连续光源或锐线光源。原

子荧光分析对激发光源的要求为：①提供足够的光强；②光强稳定，光谱纯度好；③结构简单，使用方便，寿命长。

连续光源常用氙弧灯，功率为150~450W。连续光源波长范围宽，因此可以进行多种元素测定。不足之处是谱线干扰较锐线光源大，检测限比锐线光源低两个数量级左右。

锐线光源多用高强度空心阴极灯、无极放电灯、激光等。原子荧光光谱仪中广泛使用的高强度空心阴极灯由于在普通空心阴极灯增加了一对辅助电极，因此发光强度比普通空心阴极灯大几倍或几十倍，使检测灵敏度大大提高。无极放电灯产生的辐射强度比空心阴极灯大1~2个数量级。

激光光源具有发光强度高、通带宽等特点，均是原子荧光分析中的优良光源，但其价格贵而限制了广泛应用。

(二)原子化器

原子化器主要作用是将待测元素解离成自由基态原子。与原子吸收类似，原子荧光分析中原子化过程主要有火焰原子化器和电热原子化器两类。

1. 火焰原子化器

原子荧光分析中多采用氩-氢火焰。乙炔-空气火焰背景值较大，且产生的CO、CO_2、N_2等分子易造成荧光猝灭。而氩-氢火焰背景低、稳定，荧光效率高；不足是火焰温度较低，因此适用于易解离元素测定，如砷、锑、铋、镉、汞、锌等。此外，火焰原子化器产生的火焰截面被设计成方形或圆形，以提高待测物质原子的荧光辐射强度。

电感耦合等离子体(ICP)矩焰具有火焰温度高、干扰小等优点，对难熔元素分析特别有利，作为一种新型火焰原子化器，已被用于原子荧光分析中。

2. 电热原子化器

电热原子化器常用的是石墨炉。它的背景和热辐射较小，荧光效率较高。氢化物-电热原子化器也常用于原子荧光分析中。

(三)分光系统

分光系统的主要作用是充分接收荧光信号，减少和去除杂散光。分光系统有非色散和色散两种基本类型。由于原子荧光谱线简单，因此对色散要求不高。不需要高分辨能力的单色器，可以使用滤光器来分离分析线和邻近谱线，降低背景影响，这种仪器称为非色散原子荧光光谱仪。仪器仅由光源、原子化器和检测器组成，优点是光谱通带宽、集光本领强、原子荧光信号强、结构简单，缺点是散射光影响大。色散型

分光系统中单色器通常采用光栅。为了消除透射光对荧光测量的干扰，通常将激发光源置于与分光系统和检测系统相互垂直的位置。

(四)检测系统

色散型原子荧光光谱仪用光电倍增管，非色散型的多采用日盲型光电倍增管，适合波长为160~280nm的元素测定。原子荧光常用锁相放大电子学系统以降低噪声，提高信噪比。

三、定量分析方法

原子荧光定量分析依据是朗伯-比尔定律。原子发射荧光强度I_F与基态原子对激发光的吸收强度I_a(单位为Au)成正比。由于存在荧光猝灭等现象，原子吸收激发光强度并不全部转化为发射荧光强度，因此存在荧光效率$\Phi(\%)$。

$$I_F = \Phi I_a \tag{8-19}$$

在无自吸时，基态原子吸收的辐射强度I_a与待测元素原子总数N成正比

$$I_a = K_1 N \tag{8-20}$$

式中：K_1——常数。

代入上式，得

$$I_F = \Phi K_1 N \tag{8-21}$$

试样中待测元素浓度c(mol/L)与原子蒸气中待测元素原子总数成正比，因此

$$I_F = \Phi(K_1/K_2)c \tag{8-22}$$

K_2是常数，整理得

$$I_F = Kc \tag{8-23}$$

这就是原子荧光定量原理。应用中可采用标准曲线法和标准加入法进行定量分析。

第五节　气相色谱和高效液相色谱法

一、色谱分析基本原理

色谱法又名层析法、色层法，是一种极有效的分离、分析多组分混合物的物理化学分析方法。

色谱法是俄罗斯植物学家茨维特于1906年首先提出来的。他在研究植物叶色素成分时，使用了一根竖直的玻璃管，管内充填碳酸钙，然后将植物叶的石油醚浸取液由柱的顶端加入，并继续用纯石油醚淋洗。植物叶中的不同色素在柱内得到分离，形成不同颜色的谱带，茨维特称这种分离方法为色谱法。随着色谱技术的发展，色谱对象已不再局限于有色物质，

但色谱一词却沿用下来。色谱法中，将上述起分离作用的柱称为色谱柱，固定在柱内的填充物（如碳酸钙）称为固定相，沿着柱流动的流体（如石油醚）称为流动相。

将色谱法应用于分析化学中，并与适当的检测手段相结合，就构成了色谱分析法。通常所说的色谱法即指色谱分析法，用以完成色谱分离、分析过程的仪器称为色谱仪。色谱仪的一般工作流程为：流动相→进样装置→色谱柱→检测器→数据记录与处理。

流动相携带从进样装置引入的混合试样进入色谱柱，试样中各组分在色谱柱中进行分离后，依次流出色谱柱并由检测器检测，检测器的响应信号由数据处理装置记录下来，获得一组峰形曲线。

现已发展了多种色谱分析方法，常用的色谱方法可按流动相状态的不同分成两类，即用液体作为流动相的液相色谱，以及用气体作为流动相的气相色谱。又因为固定相可以是固体吸附剂或载附在惰性固体物质（担体或载体）上的液体（固定液），所以按所使用固定相状态的不同，气相色谱法又可分为气固色谱法和气液色谱法，前者以固体为固定相，后者以涂在担体或毛细管内壁上的液体为固定相。液相色谱法也同样可以分为液固色谱法和液液色谱法，前者以固体为固定相，后者以涂渍或键合在载体上的液体为固定相。

现以气相色谱为例说明色谱的分离原理。气相色谱分离是在色谱柱内完成的，混合试样由流动相（在气相色谱中，流动相又称为载气）携带进入色谱柱，与固定相接触时，很快被固定相溶解或吸附。随着载气的不断通入，被溶解或吸附的组分又从固定相中挥发或脱附下来，挥发或脱附下来的组分随着载气向前移动时，又再次被固定相溶解或吸附。随着载气的流动，溶解、挥发或吸附、脱附过程反复地进行。显然，由于组分性质的差异，固定相对它们的溶解或吸附的能力也不相同，易被溶解或吸附的组分挥发或脱附较难，随载气移动的速度变慢，在柱内停留的时间变长；反之，不易被溶解或吸附的组分随载气移动的速度变快，在柱内停留的时间变短。所以，经过一定的时间间隔（一定柱长）后，性质不同的组分便彼此分离。

组分在固定相和流动相间发生的吸附、脱附或溶解、挥发的过程叫分配过程。在一定温度下，组分在两相间分配达到平衡时的浓度比，称为分配系数，用 K 表示，即

$$K = \frac{c_S}{c_M} \tag{8-24}$$

式中：c_S——组分在固定相中的浓度，mg/L；

c_M——组分在流动相中的浓度，mg/L。

在一定温度下，各物质在两相间的分配系数不相同。显然，分配系数小的组分，每次分配在流动相中的浓度较大，随载气前移速度变快，在柱内停留时间变短；分配系数大的组分，每次分配在流动相中的浓度较小，随载气前移的速度变慢，在柱内停留时间变长。因此，经过足够多次的分配，各组分便彼此分离。

综上所述，色谱法是利用不同物质在流动相和固定相两相间的分配系数不同，当两相做相对运动时，试样中各组分就在两相中经过反复多次的分配，从而使原来分配系数仅有微小差异的各组分能够彼此分离。

为使试样各组分分离，要求使各组分在流动相和固定相两相间应具有不同的分配系数。在一定温度下，分配系数只与固定相、流动相和组分的性质有关。当试样一定时，组分的分配系数主要取决于固定相和流动相的性质；在气相色谱中，由于流动相为溶解性相近的惰性气体，因此，组分的分配系数主要取决于固定相的性质。若各组分在固定相和流动相间的分配系数相同，则它们在柱内的保留时间也相同，色谱峰将重叠；反之，各组分的分配系数差别越大，它们在柱内的保留时间相差越大，色谱峰间距就越大，各组分分离的可能性也越大。

上述的分配系数表征了色谱平衡过程。在实际工作中又常用另一个参数分配比来表征平衡过程。分配比亦称容量因子或容量比，以 k 表示。k 是指在一定温度、压力下组分在两相间达到分配平衡时，它在两相间的质量比。如以 m_S(mg) 表示组分分配在固定相中的质量，以 m_M(mg) 表示组分分配在流动相中的质量，则组分分配在两相间的分配比 k 为

$$k = \frac{m_S}{m_M} \tag{8-25}$$

分配系数与分配比的关系为

$$K = \frac{c_S}{c_M} = k\frac{V_M}{V_S} = k\beta \tag{8-26}$$

式中：V_M——色谱柱中流动相的体积，即柱内固定相间的空隙体积，mL；

V_S——色谱柱中固定相的体积（对于不同类型的色谱方法，V_S 有不同的意义，在气液色谱中它为固定液体积，在气固色谱中则为吸附剂表面容量），mL；

β——相比，是 V_M 与 V_S 之比。

二、色谱流出曲线及有关术语

混合试样经色谱柱分离后，各组分依次从色谱柱

尾流出。以出现在柱尾部的组分浓度（或质量）为纵坐标，流出时间为横坐标，绘得的组分浓度（或质量）随时间变化的曲线称为色谱图，也称色谱流出曲线。在一定的进样量范围内，色谱流出曲线遵循正态分布，它是色谱定性、定量和评价色谱分离情况的基本依据。

下面以一个组分的流出曲线（图8-6）为例说明有关术语。

（一）基　线

只有流动相通过检测器时响应信号的记录即为基线。在实验条件稳定时，基线是一条直线。如图8-6中平行于横轴的直线段所示。

（二）保留值

保留值表示试样中各组分在色谱柱内滞留的程度。通常用时间或相应的载气体积来表示。

1. 用时间表示的保留值

（1）保留时间 t_R：指待测组分从进样到色谱峰出现最大值时所需的时间（单位为 min），如图8-6中 $\overline{O'B}$ 所示。

（2）死时间 t_M：指不与固定相作用的气体（如空气、甲烷）的保留时间（单位为 min），如图8-6中 $\overline{O'A'}$ 所示。

（3）调整保留时间 $t_R{}'$：指扣除了死时间的保留时间（单位为 min），如图8-6中 $\overline{A'B}$ 所示，即

$$t_R{}' = t_R - t_M \tag{8-27}$$

在确定的实验条件下，任何物质都有一定的保留时间，它是色谱定性的基本参数。

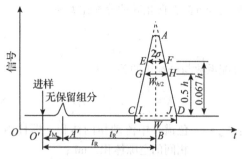

图8-6　色谱流出曲线图

2. 用体积表示的保留值

（1）保留体积 V_R：指从进样到色谱峰出现最大值时通过的载气体积（单位为 mL）。它与保留时间的关系为

$$V_R = t_R q_{v,0} \tag{8-28}$$

式中：$q_{v,0}$——色谱柱出口处载气流量，mL/min。

（2）死体积 V_M：指色谱柱内除了填充物固定相以外的空隙体积、色谱仪中管路和连接头间的空间、进样系统及检测器的空间的总和（单位为 mL）。当后两项小至可忽略不计时，它和死时间的关系为

$$V_M = t_M q_{v,0} \tag{8-29}$$

（3）调整保留体积 $V_R{}'$：指扣除死体积后的保留体积（单位为 mL）。

$$V_R{}' = V_R - V_M \text{ 或 } V_R{}' = t_R{}' q_{v,0} \tag{8-30}$$

3. 相对保留值

相对保留值 r_{21} 指组分2与另一组分1调整保留值之比，是一个量纲为1的量。

$$r_{21} = t_{R_2}{}' / t_{R_1}{}' = V_{R_2}{}' / V_{R_1}{}' \tag{8-31}$$

式中：$t_{R_2}{}'$——组分2的调整保留时间，min；

$t_{R_1}{}'$——组分1的调整保留时间，min；

$V_{R_2}{}'$——组分2的调整保留体积，mL；

$V_{R_1}{}'$——组分1的调整保留体积，mL。

在气相色谱中，相对保留值只与柱温及固定相性质有关，与其他色谱操作条件无关，它表示色谱柱对这两种组分的选择性。因此，相对保留值有时也称为选择性因子，用 α 表示。但在液相色谱中，相对保留值还受到流动相种类及配比的影响。

（三）区域宽度

区域宽度即色谱峰宽度。习惯上常用以下3个量之一表示。

（1）标准偏差 σ：流出曲线上二拐点间距离之半，即 0.607 倍峰高处色谱峰宽度的一半（单位为 min），如图8-6中 $\overline{EF}$ 的一半。

（2）峰高 h：峰顶到基线的距离。h、σ 是描述色谱流出曲线形状的两个重要参数。

（3）半峰宽 $W_{h/2}$：峰高一半处色谱峰的宽度（单位为 min）。如图8-6中的 $\overline{GH}$。半峰宽和标准偏差的关系是

$$W_{h/2} = 2\sigma\sqrt{2\ln 2} = 2.35\sigma \tag{8-32}$$

由于半峰宽容易测量，使用方便，所以一般多用它表示区域宽度。

（4）峰宽 W：也称为峰底宽，即通过流出曲线的拐点所作的切线在基线上的截距（单位为 min），如图8-6中 $\overline{IJ}$ 所示。峰宽与标准偏差的关系是 $W = 4\sigma$。

三、色谱定性与定量分析方法

（一）色谱定性方法

色谱定性分析的目的是确定试样的组成，即确定

每个色谱峰各代表什么组分。色谱的定性能力，总的说来，是比较弱的，但由于色谱与质谱、红外光谱、核磁共振等联用技术的发展，色谱分析的强分离能力和光谱分析的强鉴定能力相结合，为未知试样的分析开创了广阔的前途。现把几种常用的定性分析方法介绍如下。

1. 利用保留值的定性方法

经理论分析和实验证明，当固定相和操作条件严格固定不变时，每种物质都有确定的保留值（t_R、V_R、r_{21} 等），因此保留值可用作定性鉴定的指标。如待测组分的保留值与在相同条件下测得的纯物质的保留值相同，则初步可认为它们是同一物质。

由于保留时间（或保留体积）受柱长、固定液含量、载气流速等操作条件的影响较大，重现性较差，因此采用仅与柱温有关，而不受操作条件影响的相对保留值 r_{21} 作为定性指标更为可靠。

当相邻两组分的保留值接近，且操作条件不易控制稳定时，可以将纯物质加到试样中，如果某一组分的峰高增加，则表示该组分可能与加入的纯物质相同。

由于不同组分在同一根色谱柱上可能具有相同的保留值，因此上述定性结果有时并不可靠。为了防止这种情况的发生，可用双柱定性法，即再用另一根装填不同极性固定液的色谱柱进样分析，如果试样和纯物质仍获得相同的保留值，则上述定性结果的可靠程度就大为提高了。这是因为两种不同的组分，在两根极性不同的色谱柱上，保留值相同的概率是极小的。

利用纯物质对照进行定性的方法虽然简单，但必须对试样的大概组成有所了解，且备有对照用的纯物质时才能使用。

没有纯物质的情况下，在气相色谱中还可以利用文献中发表的保留指数或相对保留值数据进行定性鉴定，但应注意测定保留指数或相对保留值所用的固定液和温度必须与文献中的一致。

2. 与其他方法结合的定性方法

质谱、核磁共振及红外光谱等仪器的鉴定能力很强，但不适合复杂混合物的定性鉴定。如果把它们与色谱仪联用，经色谱仪分离成各个组分后，再进行定性鉴定，可以得到很好的效果。目前，商品化的在线联用仪器已有气相色谱-质谱联用（GC-MS）、液相色谱质谱联用（LC-MS）、气相色谱-傅里叶变换红外光谱联用（GC-FTIR）以及液相色谱-核磁共振联用（LC-NMR）等。其中，气相色谱-质谱联用仪是目前解决复杂未知物定性问题的有效工具之一，已建成大量化合物的标准谱库，可用于数据的快速处理和检索，给出未知试样各色谱峰的分子结构信息。

此外，与化学方法结合起来进行定性鉴定，或利用检测器的选择性进行定性鉴定，也可提供有用的试样结构信息。

（二）色谱定量方法

在一定操作条件下，分析组分 i 的质量 m_i（mg），或其在流动相中的浓度与检测器响应信号[色谱峰的峰面积 A（mAu·min）或峰高 h（mAu）]成正比，可写作

$$m_i = f_i' A_i \qquad (8\text{-}33)$$

式中：A_i——组分 i 的色谱峰的峰面积或峰高，mAu·min 或 mAu；

f_i'——定量校正因子。

这就是色谱定量测定的依据。

由式（8-33）可见，色谱定量测定需要：①准确测量峰面积；②求出定量校正因子 f_i'；③选择定量方法。

1. 峰面积的测量

峰面积的测量直接关系到定量分析的准确度。色谱峰由色谱仪的数据处理系统记录，早期使用记录仪，现多用色谱工作站和积分仪。当采用记录仪时，常用且简便的峰面积测量方法有以下几种。

（1）峰高乘半峰宽法：当色谱峰形对称且不太窄时可用此法。峰面积 A（mAu·min）等于峰高 h（mAu）与半峰宽 $W_{h/2}$（min）之乘积

$$A = 1.065 h W_{h/2} \qquad (8\text{-}34)$$

但计算几种组分的相对含量时，常数"1.065"可略去。

（2）峰高乘平均峰宽法：对于不对称峰，在峰高 0.15 和 0.85 处分别测出峰宽 $W_{0.15}$、$W_{0.85}$（min），取其平均值作为平均峰宽，由下式计算峰面积

$$A = \frac{1}{2}(W_{0.15} + W_{0.85})h \qquad (8\text{-}35)$$

（3）峰高乘保留时间法：在一定操作条件下，同系物的半峰宽与保留时间成正比，即

$$W_{h/2} \propto t_R, \quad W_{h/2} = b t_R$$
$$A = h W_{h/2} = b h t_R \qquad (8\text{-}36)$$

式中：b——半峰宽与保留时间的比例系数。

在计算几种组分的相对含量时，b 可略去。这样就可用峰高与保留时间的乘积表示峰面积的大小。此法适用于狭窄的峰，或有的峰窄有的峰又较宽的同系物的峰面积测量。

在色谱条件严格控制不变，进样量控制在一定范围内时，半峰宽不变，因此对于狭窄的峰，也可以直接应用峰高进行定量测定。

现在大部分色谱仪都带有色谱工作站或积分仪，

能自动对色谱数据进行记录及数学处理，计算色谱峰的峰面积和分析结果。有的工作站还能控制仪器的操作过程，使分析过程的自动化程度大为提高。

2. 定量校正因子

色谱定量的依据是在一定条件下组分的峰面积与其进样量成正比。但因检测器对不同物质的响应值不同，故相同质量的不同物质通过检测器时，出现的峰面积不相等，因而不能直接用峰面积计算组分含量。为此，引入定量校正因子以校正峰面积，使之能真实地反映组分含量。根据式(8-33)，f_i'又称为绝对校正因子，其大小主要由仪器的灵敏度决定，由于灵敏度与检测器及其操作条件有关，因此，该校正因子不具备通用性。为了解决这一问题，在定量分析中常用相对校正因子，即组分与标准物质的绝对校正因子之比，计算用下式

$$f_i = \frac{f_i'}{f_s'} = \frac{A_s}{A_i} \frac{m_i}{m_s} = \frac{1}{S_i} \qquad (8-37)$$

式中：S_i ——相对响应值；

A_i、A_s ——组分和标准物的峰面积，cm^2；

m_i、m_s ——组分和标准物的量，mol/mg；

f_i' ——组分 i 的绝对校正因子；

f_s' ——标准物质 s 的绝对校正因子。

当 m_i、m_s 用质量单位时，所得的相对校正因子称为相对质量校正因子，用 f_m 表示。当 m_i、m_s 用摩尔为单位时，所得相对校正因子称为相对摩尔校正因子，用 f_n 表示。应用时常将"相对"二字省去。校正因子或相对响应值可从文献中查到，也可自行测定。

质量校正因子的测定方法是：准确称取一定量 (m_i) 的待测组分的纯物质和一定量 (m_s) 的作为标准物质的纯物质，混合后，取一定量(在检测器的线性范围内)在实验条件下注入色谱仪。出峰后分别测量峰面积 A_i、A_s，由式(8-37)计算出质量校正因子。

3. 几种常用定量方法

(1)归一化法

当试样中所有组分都能流出色谱柱，且在色谱图上都显示色谱峰时，可用此法计算其组分含量。

设试样中有 n 个组分，各组分的量分别为 m_1，m_2，m_3，…，m_n(mg)，则待测组分的质量分数 ω_i 为

$$\omega_i = \frac{m_i}{m_1 + m_2 + m_3 + \cdots + m_n} \times 100\%$$
$$= \frac{f_i A_i}{\sum_{i=1}^{n} f_i A_i} \times 100\% \qquad (8-38)$$

式中：ω_i —— i 物质的质量分数，%；

m_i —— i 物质的质量，mg；

f_i —— i 物质的校正因子，f_i 如用 f_m，则得到

组分的质量分数；

A_i —— i 物质的峰面积，cm^2。

若试样中各组分的 f 值很接近(如同系物中沸点接近的组分)，则上式可简化为

$$\omega_i = \frac{A_i}{\sum_{i=1}^{n} A_i} \times 100\% \qquad (8-39)$$

当测量参数为峰高时，也可用峰高归一化计算组分含量

$$\omega_i = \frac{f_i'' h_i}{\sum f_i'' h_i} \times 100\% \qquad (8-40)$$

式中：f_i'' ——峰高校正因子，必须自行测定。其测定方法与峰面积校正因子相同。

归一化法简便、准确，即使进样量不准确，对结果亦无影响，操作条件的变动对结果影响也较小。但若试样中的组分不能全部出峰，则不能应用此法。

(2)内标法

当试样中所有组分不能全部出峰，或者试样中各组分含量差异很大，或仅需测定其中某个或某几个组分时，可用此法。

准确称取一定量试样，加入一定量的选定的标准物(称内标物)，根据内标物和试样的质量以及色谱图上相应的峰面积(或峰高)，计算待测组分的含量。内标物应是试样中不存在的纯物质，加入的量应接近待测组分的量，其色谱峰也应位于待测组分色谱峰附近或几个待测组分色谱峰的中间。采用内标法定量的结果可计算如下。

设称取的试样质量为 m_i(mg)，加入的内标物质量为 m_s(mg)，待测物和内标物的峰面积分别为 A_i、A_s(cm^2)，质量校正因子分别为 f_i、f_s。由于 $\frac{m_i}{m_s} = \frac{f_i A_i}{f_s A_s}$，所以

$$\omega_i = \frac{\frac{f_i A_i}{f_s A_s} m_s}{m_i} \times 100\% \qquad (8-41)$$

内标法中常以内标物为基准，即 $f_s = 1.0$，则

$$\omega_i = \frac{m_s f_i A_i}{m_i A_s} \times 100\% \qquad (8-42)$$

内标法的优点是定量准确，进样量和操作条件不要求严格控制，试样中含有不出峰的组分时亦能应用。但每次分析都要称取试样和内标物质量，比较费事，不适用于快速控制分析。

若固定试样的称取量，且加入恒定量的内标物，则式(8-42)可简化为

$$\omega_i = \frac{A_i}{A_s} \times \text{常数} \qquad (8-43)$$

以 ω_i 对 A_i 作图，可得一条通过原点的直线，即内标标准曲线。利用此曲线确定组分含量，可免去计算的麻烦。为此，需预先绘制标准曲线，先将待测组分的纯物质配成不同浓度的标准溶液，取固定量的标准溶液和内标物，混合后进样分析，测出 A_i 和 A_s，用 A_i/A_s 对标准溶液浓度作图，得到一组通过原点的直线。分析时，称取与绘制标准曲线时相同量的试样和内标物，测出其峰面积比，由标准曲线即可查出待测组分含量。

利用内标标准曲线法进行定量测定，无须另外测定校正因子，消除了某些操作条件的影响；而且也无须定量进样，它适用于液体试样的常规分析。

(3)外标法

此法也称标准曲线法。取纯物质配成一系列不同浓度的标准溶液，分别取一定体积并注入色谱仪，测出峰面积(或峰高)，作出峰面积(或峰高)和浓度的关系曲线，即标准曲线。然后在同样操作条件下注入相同量(一般为体积)的未知试样，从色谱图上测出峰面积(或峰高)，由上述标准曲线查出待测组分的浓度。

当试样中待测组分浓度变化不大时(如工厂控制分析)，可不必作标准曲线，而用单点校正法。即配制一个与待测组分含量十分接近的标准样，标准样的含量为 ω_s(%)，取相同量的标准样和试样分别注入色谱仪，得相应的峰面积 A_i 和 A_s，由待测组分和标准样的峰面积比(或峰高比)可求出待测物含量 ω_i。即

$$\omega_i = \frac{A_i}{A_s} \omega_s \qquad (8\text{-}44)$$

外标法的操作和计算都简便，不必用校正因子。但要求操作条件稳定，进样量重复性好，否则对分析结果影响较大。

四、气相色谱法

(一)气相色谱法的特点和应用

1. 气相色谱法的特点

气相色谱法是以气体为流动相的色谱分析法，它具有高效、快速、灵敏、应用范围广等特点。

(1)高效：能分离、分析很复杂的混合物(如石油馏分中的几十个、上百个组分)，或性质极近似的物质(如同系物、异构体等)，这是这种分离分析方法的突出优点。

(2)灵敏度高：利用高灵敏度的检测器，可以检测出 $10^{-13} \sim 10^{-11}$g 的物质。在环境监测中可直接用来分析痕量组分。

(3)快速：一般在几分钟或几十分钟内，可完成一个组成较复杂或很复杂的试样分析。

(4)应用范围广：分析对象可以是在柱温条件下能汽化的有机或无机的试样。

2. 气相色谱法的应用

气相色谱适合分离、分析的试样应该是可挥发、热稳定的，沸点一般不超过500℃。在目前已知的化合物中，15%～20%可用气相色谱直接分析，该方法不适合分析难挥发物质和热不稳定物质。

另外，通过一些特殊的试样预处理技术和进样技术，如将高聚物热降解为易挥发的小分子后再进行色谱分析的裂解气相色谱，以及利用适当的化学反应，将难挥发试样转化为易挥发物后，再进行气相色谱分析的衍生化气相色谱法等，进一步扩大了气相色谱分析的应用范围。

因此，气相色谱法已成为石油、化学、化工、生化、医药、农业、环境保护等生产及科研部门中不可缺少的有力的分析手段。

(二)气相色谱仪

气相色谱的流动相称为载气，它是一类不与试样和固定相作用，用于载送试样的惰性气体。常用的载气有氢气、氮气，也有用氦气、氩气等。

一般的气相色谱仪由5个部分组成：载气系统(包括气源、气体净化、气体流速的控制和测量)、进样系统(包括进样器、汽化室)、色谱柱、检测器、记录系统(包括放大器、记录仪或积分仪、色谱工作站)。

其中色谱柱和检测器是色谱分析仪的关键部件。混合物能否被分离取决于色谱柱，分离后的组分能否灵敏地被准确检测出来，取决于检测器。下面将分别予以讨论。

1. 气相色谱固定相

气相色谱分离是在色谱柱中完成的，因此色谱柱是色谱仪的核心部件。气相色谱柱分为两类：一类柱内径较大，为2～6mm，柱内部填充固定相颗粒，称为填充柱；另一类柱内径为0.2～0.53mm，故称为毛细管柱，其固定相涂覆在柱的内壁上。

气相色谱柱中固定相是影响组分分配系数的主要因素，因此对分离情况起着决定性的作用。不论是填充柱还是毛细管柱，柱内使用的固定相可以是固体(即气固色谱)，也可以是液体(即气液色谱)。

气相色谱填充柱由于柱内填充了固定相颗粒，气体通过色谱柱的途径是弯曲、多途径的，从而引起涡流扩散，传质阻力也较大，这些都影响柱效。而且柱内填充的固定相，使柱阻力增加，柱长受到限制，因

而一根填充柱的理论塔板数充其量不过几千。毛细管色谱柱的固定相附着于管内壁，管中间留有载气通道，因而又称开管柱。早期的开管柱将固定液直接涂在玻璃毛细管内壁上，由于玻璃对固定液的润湿性差，且性脆易断，因此发展了由熔融石英管拉制成的石英毛细管柱，它经过表面处理后，对固定液的润湿性增强，并具有化学惰性、热稳定性、柔性和机械强度高的优点，目前被广泛使用。

毛细管柱按其固定相的涂覆方法可分为如下几种类型：壁涂开管柱（WCOT）、多孔层开管柱（PLOT）和载体涂渍开管柱（SCOT）。壁涂开管柱将固定液涂于毛细管内壁上，但这种方式涂渍的色谱柱，固定液容易流失，柱寿命不长。后来人们采用交联技术，使涂于毛细管内壁的固定液分子相互交联起来，形成一层不流动、不被溶解的薄膜；或者将固定液通过化学键合固定在毛细管内壁上，从而减少了固定液的流失，延长了毛细管柱的寿命，扩大了毛细管色谱分析的应用范围。多孔层开管柱是在管壁上涂一层多孔性吸附剂固体微粒，不再涂固定液，实际上是使用开管柱的气固色谱。载体涂渍开管柱是在毛细管内壁上涂一层很细的（<2μm）多孔颗粒，然后再在多孔层上涂渍固定液，这种毛细管柱的液膜较厚，因此柱容量较壁涂开管柱高。

毛细管柱是中空的，不存在填充物引起的涡流扩散；且分析速度较快，纵向扩散较小；而柱内径很细（0.2~0.53mm），固定液涂层又较薄，传质阻力也大为减小。因此，毛细管柱的柱效能很高，每米理论塔板数可达3000~4000。又由于毛细管柱内不存在填充物，载气可以顺畅通过，柱阻力很小，柱长可大为增加，一般为20~100m。上述两方面的原因致使一根毛细管色谱柱的总的理论塔板数可达10^4~10^6，为填充柱的10~100倍。由于毛细管柱的柱效很高，因而可以降低对固定液选择性的要求。如果实验室中能准备3~4根不同极性固定液的毛细管柱，就可解决一般的分析问题，从而避免了选择固定液的麻烦。

由于毛细管柱内径很细，固定液用量很少，只有填充柱的几十分之一到几百分之一，因此柱容量很小，液体试样的允许进样量为10^{-3}~10^{-2}μL，用微量注射器很难使这么少的试样准确、重复、瞬间注入毛细管柱。一般需要采用分流技术，即将汽化室出口处的气体分成二路，大部分试样随载气放空，小部分进入毛细管柱。

毛细管柱的载气流量低，为了保持毛细管柱的高效率，必须注意将柱外死体积的影响减至最小，所以毛细管柱色谱仪对死体积的限制很严格。采用分流进样方式的另一个作用是：在分流放空之前载气的流速

较高，因此减少了进样器死体积对分离的影响。而为了减少组分在柱后的扩散，在毛细管柱的出口到检测器的流路中增加一尾吹气（氮气），提高柱后的载气流速，以克服检测器死体积的影响。由于进入毛细管柱中的试样量极少，因此必须配以高灵敏度的检测器，如氢火焰离子化检测器。在柱后加入尾吹气，提高氮氢比，从而也提高了氢火焰离子化检测器的灵敏度。毛细管柱气相色谱分析的分离效能高、分析速度快，因此适合于组成十分复杂试样的分析。

2. 气相色谱检测器

检测器的作用是将经色谱柱分离后的各组分按其特性及含量转换为相应的电信号E。在一定的范围内，信号的大小与进入检测器的物质的质量或浓度m（单位为g或mg/mL）成正比，即

$$E = Sm \tag{8-45}$$

式中：S——比例系数，称为检测器的响应值（或灵敏度、应答值），它表示单位质量（或单位浓度）的物质通过检测器时产生的响应信号的大小；

E——可以用检测器检出信号（电压或电流）表示（V或A），也可用色谱峰的峰面积或峰高表示（cm^2或cm）。

检测器按响应特性可分为浓度型检测器和质量型检测器两类。浓度型检测器，检测的是载气中组分浓度的瞬间变化，其响应信号与进入检测器的组分浓度成正比；质量型检测器，检测的是载气中组分的质量流量的变化，其响应信号与单位时间内进入检测器的组分的质量成正比。

无论何种类型的气相色谱检测器，其工作性能都应尽可能满足灵敏度高、检测限低、稳定性好、线性范围宽和响应快等要求。这些也是评价检测器质量的指标。

检测器的种类虽然很多，但常用的仅四五种，其中尤以热导检测器和氢火焰离子化检测器应用最多。现简要介绍如下。

（1）热导检测器

热导检测器（TCD）结构简单、线性范围宽，对可挥发的无机物及有机物均有响应，虽然灵敏度不高，但仍是目前应用最广泛的检测器之一。

热导检测器是基于不同气体或蒸气具有不同的热导系数λ而设计的。热敏元件的电阻值随温度升高而增大。当恒定直流电通过热丝时，热丝被加热到一定温度，其电阻值上升到一定值。在未进试样时，通过参比池和测量池的都是载气，由于载气的热传导作用，使热丝的温度下降，电阻减小。但此时参比池和测量池中热丝温度的下降和电阻值减小的数值是相同

的。当有试样进入检测器时，流过参比池的仍是纯载气，而流经测量池的是带着试样组分的载气。由于载气和待测组分混合气体的热导系数与纯载气的热导系数不同，因而测量池中散热情况发生变化，使参比池和测量池的热丝温度及电阻值产生了差异。通过测量此差值，即可确定载气中组分的浓度。在热导检测器的线性范围内，响应信号与进入热导池载气中的组分浓度成正比，因此热导检测器是典型的浓度型检测器。

（2）氢火焰离子化检测器

氢火焰离子化检测器（FID），简称氢焰检测器。它对大多数有机物有很高的灵敏度，一般较热导检测器的灵敏度高出近 3 个数量级，能够检出 $10^{-12}g/mL$ 的有机物质，适于痕量有机物的分析。其结构简单，灵敏度高，线性范围宽，稳定性好，成为目前最常用的气相色谱检测器之一。

微量有机组分被载气带入检测器，在氢火焰（2100℃）热能的作用下离子化，产生的离子在发射极和收集极的外电场中，定向运动而形成微弱的电流（$10^{-14} \sim 10^{-6}A$）。有机物在氢焰中的离子化效率极低，估计约每 50 万个碳原子仅产生 1 个离子。离子化产生的离子数目，及由此而形成的微弱电流的大小，在一定范围内与单位时间内进入火焰的组分质量成正比。

离子电流虽很微弱，但流经高电阻（$10^8 \sim 10^{11}\Omega$）检出电压信号后，在其两端产生电压降，经微电流放大器放大后，即可由记录系统记录下与单位时间内进入检测器的组分质量成比例的色谱流出曲线。所以氢焰检测器是质量型检测器。

氢焰检测器对大多数有机化合物有很高的灵敏度，但对不电离的无机化合物，如永久性气体、水、二氧化碳、一氧化碳、氮的氧化物、硫化氢等无响应。因此，它很适合于水和大气中痕量有机物的分析。

3. 气相色谱操作条件的选择

为了使气相色谱分离获得满意的效果，首先要选择适当的固定相，其次要选择适当的分离操作条件。

（1）柱温的选择

柱温是个十分重要的操作参数。所选柱温应低于固定液的最高使用温度，否则固定液随载气流失，不但影响柱的寿命，而且固定液随载气进入检测器，将污染检测器。

柱温又直接影响分离效能和分析时间。柱温选高了，会使各组分的分配系数 K 值变小，各组分之间的 K 值差也变小，各组分的挥发度靠拢，保留时间的差值（$t_{R_2} - t_{R_1}$）减小，分离变差。为了使组分分离得

好，宜采用较低的柱温。但柱温过低，不仅传质速率显著降低，柱效能下降，峰形变差，而且会延长分析时间。因此，柱温的选择应使难分离的两组分达到预期的分离效果，峰形正常而又不太延长分析时间为宜，一般柱温应比试样中各组分的平均沸点低 20 ~ 30℃，具体的选择可通过实验决定。

对于沸点范围较宽的试样，宜采用程序升温。即柱温按预定的加热速度，随时间呈线性或非线性地上升。一般升温速度呈线性，即单位时间内温度上升的速度是恒定的，例如每分钟上升 2℃、4℃、6℃ 等。开始时，柱温较低，低沸点组分得到很好分离；随着柱温逐渐升高，高沸点组分也获得满意的峰形，这就要求仪器中备有程序升温装置。

（2）柱长和柱内径的选择

已知分离度 R 与柱长的平方根成正比，增加柱长对分离有利。但柱长增加，各组分的保留时间增加，分析时间延长。因此，为达到分离目的，应尽可能采用较短的柱。色谱柱的内径增加会使柱效能下降，不利于分离。

（3）进样量和进样时间的选择

进样量应控制在峰面积或峰高与进样量呈线性关系的范围内。一般进样量都较少，液体试样约 0.1 ~ 5μL，气体试样约 0.1 ~ 10mL。进样量太少，会使微量组分因检测器灵敏度不够而无法检出；进样量太多，会使色谱峰重叠而影响分离。具体进样多少应根据试样种类、检测器的灵敏度等通过实践确定。

进样速度必须很快，使试样进入色谱柱后仅占柱端的一小段，即以"塞子"形式进样，以利于分离。如进样慢，试样起始宽度增大，将使色谱峰严重扩展，影响分离。一般用注射器或气体进样阀进样，在 1s 内完成。

（4）汽化温度的选择

液体试样进样后要求能迅速汽化，并被载气带入色谱柱中，因此进样口后有一汽化室。适当提高汽化室温度对分离和定量测定有利，一般较柱温高 30 ~ 70℃，而与试样的平均沸点相近。但热稳定性较差的试样，汽化温度不宜过高，以防试样分解。

五、高效液相色谱法

（一）高效液相色谱法的特点与应用

1. 高效液相色谱法的特点

高效液相色谱分析法（HPLC），又称高压液相色谱分析法、高速液相色谱分析法或现代液体色谱法，是 20 世纪 70 年代飞速发展起来的一种新颖、快速的分离分析技术，这种分析方法具有以下特点。

（1）高压：高效液相色谱以液体作为流动相（或称洗脱液）。为使流动相能克服阻力，迅速通过色谱柱，须对其施加高压。色谱柱柱前压力一般可达 $100\times10^5\sim350\times10^5\mathrm{Pa}$。

（2）高速：高效液相色谱由于采用了高压，流动相流速快，因而所需的分析时间较经典的柱色谱少得多，一般约为数分钟到数十分钟。

（3）高效：高效液相色谱分析的柱效能按单位长度的塔板数来看，要比气相色谱的柱效高得多。

（4）高灵敏度：由于采用了高灵敏度的检测器，最小检测量可达 $10^{-9}\mathrm{g}$，甚至 $10^{-12}\mathrm{g}$。而所需试样量很少，微升数量级的试样就可以进行全分析。

2. 高效液相色谱法的应用

高效液相色谱法可用于高沸点、离子型、热不稳定物质的分析。一般来讲沸点在 500℃ 以下，相对分子质量在 400 以下的有机物原则上可用气相色谱分析，但这些物质只占有机物总数的 15%～20%，而其余的 80%～85%，包括备受关注的生物活性物质的分析，目前原则上都可采用高效液相色谱分析。

（二）影响色谱峰扩展及色谱分离的因素

高效液相色谱法和气相色谱法在基本概念和理论基础，如分配系数、分配比、保留值、分离度、塔板理论、速率理论等方面是一致的。二者主要的区别是流动相不同，前者为液体，后者为气体。液体的密度是气体的 1000 倍，液体的黏度是气体的 100 倍，液体的扩散系数为气体的万分之一至十万分之一，这些差异对色谱分离过程产生明显的影响。现根据速率理论简要讨论影响色谱峰扩展及色谱分离的因素。

1. 涡流扩散项

涡流扩散项又叫多径扩散项，是不同的微粒所走的路径不同而产生的扩散，是柱子中的填充物阻挡微粒前进的结果。当样品注入全多孔微粒固定相填充柱后，在液体流动相驱动下，样品分子不可能沿直线运动，而是不断改变方向，形成紊乱似涡流的曲线运动。由于样品分子在不同流路中受到的阻力不同，而在色谱柱中的运行速度有快有慢，加上运行路径的长短不一致，因此其到达柱出口的时间不同，由此引起色谱峰扩展。

采用细粒度和颗粒均匀的填料均匀填充，可减少涡流扩散。

2. 分子扩散项

由于液体的扩散系数 D_m 仅为气体的万分之一到十万分之，因此在高效液相色谱中，当流动相的线速度 u 稍大（>0.5cm/s）时，由分子扩散所引起的色谱峰扩展，即可忽略不计。而在气相色谱中这一项却是

塔板高度增加的主要原因。

3. 传质阻力项

此项包括固相传质阻力和液相传质阻力，在高效液相色谱中，传质阻力是使色谱峰扩展的主要原因。

（1）固相传质阻力：试样分子从流动相进入固定液内进行质量交换的传质过程引起的色谱峰展宽，取决于液膜厚度、流速和组分分子在固定液中的扩散系数等因素。

对于液-液分配色谱，使用薄的固定液层；对于吸附、离子交换色谱，使用微小的固定相颗粒，都可使固相传质阻力降低。

（2）液相传质阻力：包括流动的流动相中的传质阻力和滞留的流动相中的传质阻力。流动的流动相中的传质阻力与流速、固定相的填充状况和柱的形状、直径、填料结构等因素有关。滞留的流动相中的传质阻力与固定相微孔的大小、深浅等因素有关。

总之，高效液相色谱分离过程中，分子扩散项可以忽略不计，决定其板高的是传质阻力项，因此要减小板高，提高分离效率，必须采用粒度细小、装填均匀的固定相。现采用湿法匀浆装柱技术，使小于等于 $5\mu m$ 的微粒型的固定相逐渐成为目前应用广泛的高柱效的填料。

对于高效液相色谱法，除上述的影响色谱扩展的因素外，柱外展宽（柱外效应）的影响亦不能忽略。所谓柱外展宽是指色谱柱外各种因素引起的峰扩展，分为柱前和柱后两种因素。柱前峰展宽主要由进样引起，液相色谱法进样方式大都是通过六通进样阀将试样注入色谱柱顶端滤塞上。采用这种进样方式时，由于进样器的死体积以及进样时液流扰动引起的扩散造成了色谱峰展宽。柱后展宽则主要由连接管、检测器流通池体积引起。

（三）高效液相色谱仪

近年来，由于高效液相色谱分析的迅速发展，其分析仪器的结构和流程已多种多样。高效液相色谱仪一般具有贮液器、高压泵、梯度洗提装置、进样器、色谱柱、检测器、数据记录和处理系统等部件。贮液器贮存的流动相（常需预先脱气）由高压泵送至色谱柱入口，试液由进样器注入，随流动相进入色谱柱进行分离。分离后的各个组分进入检测器，转变成相应的电信号，供给记录仪或数据处理装置。

1. 高压泵

由于高效液相色谱分析中固定相颗粒很小（直径约数微米），柱阻力很大，为了获得高速的液流，进行快速分离，必须有很高的柱前压。一般对高压泵要求输出压力达到 $400\times10^4\sim500\times10^5\mathrm{Pa}$，流量稳定，且

压力平稳无脉动。在高效液相色谱仪中一般采用往复泵。

2. 梯度洗提装置

梯度洗提又称梯度洗脱、梯度淋洗。在高效液相色谱分析中梯度洗提装置的作用与气相色谱分析中的程序升温相似。梯度洗提是按一定程序连续改变流动相中不同极性溶剂的配比，以连续改变流动相的极性，或连续改变流动相的浓度、离子强度及 pH，借以改变被分离组分的分配系数，以提高分离效果、加快分离速度。

3. 色谱柱

高效液相色谱法常用的标准柱型内径为 3.9mm 或 4.6mm、长为 10~30cm 的直型不锈钢柱，填料的颗粒为 3~5μm，理论塔板数可达 10^4~10^5 个/m。

固定相须用湿法（也称匀浆法）装柱，即用合适的溶剂或混合溶剂作为分散介质，使填料微粒高度分散在其中形成匀浆，然后用高压将匀浆压入管柱中，以制成填充紧密、均匀的高效柱。

4. 检测器

高效液相色谱要求检测器具有灵敏度高、重现性好、响应快、检测限低、线性范围宽、应用范围广等性能。目前，应用较广的有紫外光度检测器、荧光检测器、示差折光检测器、电导检测器等数种。

（1）紫外光度检测器：它的作用原理基于待测组分对特定波长紫外线的选择性吸收。检测波长为 200~600nm，可以任意选择。这种检测器的灵敏度很高，其最小检测浓度可达 10^{-9}g/mL；对温度和流速都不敏感，可用于梯度洗提；结构也较简单。因此，几乎所有的高效液相色谱仪都备有紫外光度检测器。其缺点是不适用于对紫外线完全不吸收的试样，也不能使用能够吸收紫外线的溶剂，如苯。

近年来出现的光电二极管阵列检测器是紫外可见光度检测器的一个重要进展，推进了色谱技术的发展和应用。

（2）荧光检测器：它是利用某些物质在受到紫外线激发后能发射荧光的性质而制成的检测器。由卤化钨灯产生的 280nm 以上连续的强激发光，经透镜和激发光滤光片将光源发出的光分解为所要求的谱带宽度并聚焦在流通池上。流通池中待测组分发出的荧光与激发光夹 90°角射出，通过透镜聚焦和发射光滤光片，照射在光电倍增管上而被检测。荧光检测器的灵敏度一般要比紫外光度检测器高 2~3 个数量级，选择性也好，但其线性范围较差。

具有对称共轭结构的有机芳环化合物，在受到紫外线激发后，能辐射出比紫外线波长更长的荧光，都可用荧光检测器检测。如多环芳烃、黄曲霉素、B 族维生素、卟啉类化合物，以及许多生化物质，包括某些代谢产物、药物、氨基酸、胺类、甾族化合物等。某些不发射荧光的物质也可通过化学反应（衍生化），转变为能发射荧光的产物而得以检测。

（3）示差折光检测器：是利用连续测定工作池中试液折射率的变化，来测定试液浓度的检测器。溶有被测组分的试液和纯流动相之间折射率之差，和被测组分在试液中的浓度有关，因此可以根据折射率的改变，测定被测组分。

几乎每种物质都有不同的折射率，因而都可用示差折光检测器来检测。该检测器灵敏度较低，约为 10^{-7}g/mL；对温度的变化很敏感，温度控制精度应为 $\pm10^{-3}$℃。由于溶剂组成改变所引起的折射率信号的改变，将完全淹没被测组分所产生的信号，因此这种检测器不能用于梯度洗脱。

（4）电导检测器：根据物质在某些介质中电离后所引起的电导变化来测定电离物质的含量。

电导池内的检测探头是由一对平行的铂电极（表面镀铂黑以增加其表面积）组成，将两电极构成电桥的一个测量臂，即可测定流动相的电导值及其变化。

电导检测器的响应受温度的影响较大，因此要求严格控制温度。一般在电导池内放置热敏电阻器进行监测。电导检测器主要用于可电离化合物的检测，属电化学检测器。该检测器的最小检测浓度可达 10^{-9}g/mL，是离子色谱法中应用最广泛的检测器。

（四）高效液相色谱法的主要分离类型

高效液相色谱分析法根据分离机理的不同，可分为分配色谱法、吸附色谱法、离子交换色谱法和空间排阻色谱法等。

1. 液-液分配色谱法和化学键合相色谱法

（1）液-液分配色谱法

液-液分配色谱法的固定相由担体与其表面涂覆的一层固定液组成，试样随流动相流动时，在流动相与固定液之间进行溶解和分配，通过多次分配平衡后，分配系数不同的各组分得到分离。

在液-液分配色谱中，为避免固定液被流动相溶解而流失，对于亲水性固定液，常采用疏水性的流动相，此时流动相的极性弱于固定液，称为正相液-液色谱。反之，若流动相的极性强于固定液，则称为反相液-液色谱。二者的出峰顺序恰好相反。

薄壳型微球和全多孔型硅胶微粒吸附剂常用作液-液分配色谱的担体，常用的固定液有极性不同的 β,β'-氧二丙腈、聚乙二醇-400 和角鲨烷等几种。尽管在液-液分配色谱中固定相和流动相的极性差异很大，但固定液在流动相中仍有微量溶解，固定液的不断流失导致保留行为变化、柱效和分离选择性变差。因此，以机械涂渍的液体为固定相的液-液分配色谱法现极少采用。

（2）化学键合相色谱法

为了解决固定相流失的问题，近年来发展了化学键合固定相。通过化学反应把有机分子键合到硅胶颗粒表面游离的羟基上，色谱柱稳定性好，寿命长；表面无液坑，比一般液体固定相传质快；可以键合不同的官能团，能灵活改变选择性。化学键合固定相的分离机制目前还不十分明确，现一般认为化学键合相色谱法中，溶质既可能在固定相表面的烃类和流动相之间进行分配，也可能吸附于固定相表面的烃类分子上，这两种分离作用都存在，只是按键合量的多少而各有侧重。

化学键合相色谱法已成为目前应用最广的分离模式，尤其是其中的反相键合相色谱法，由于操作系统简单，色谱分离过程稳定，分离技术灵活多变，已占高效液相色谱应用的 70% 左右。以下主要介绍化学键合相色谱法。

①固定相：化学键合固定相目前大多采用 $3 \sim 5\mu m$ 的全多孔型硅胶颗粒作为担体，它是由纳米级的硅胶微粒堆聚而成的多孔小球。由于其颗粒小，传质距离短，因此柱效高，柱容量也不小。在硅胶表面通过化学反应以化学键结合各种分子，形成类似刷子一样的分子层。根据与硅胶表面硅羟基的化学反应不同，键合固定相可分为硅氧碳键型（$\equiv Si-O-C$）、硅氧硅碳键型（$\equiv Si-O-Si-C$）、硅碳键型（$\equiv Si-C$）和硅氮碳键型（$\equiv Si-N-C$）4 种类型。其中，十八烷基键合硅胶（ODS）是最常用的反相色谱固定相。

②流动相：在气相色谱中，载气的性质相差不大，所以要提高柱的选择性，主要是改变固定相的性质。在高效液相色谱中则不同，当选定固定相时，流动相的种类、配比能显著地影响选择性因子，从而影响分离，因此流动相的选择很重要。高效液相色谱的流动相一般采用色谱纯试剂；采用黏度小的流动相可获得高的柱效和低的柱前压力，有利于分离；所使用的流动相还要注意与检测器相匹配。在选用溶剂时，溶剂的极性显然仍为重要的依据。为了获得合适的溶剂极性（强度），常采用二元或多元组合的溶剂系统作为流动相。

几种常用溶剂，按其极性增强次序排列如下：正丁烷、石油醚、环己烷、四氯化碳、苯、甲苯、氯仿、乙醚、乙酸乙酯、正丁醇、正丙醇、1,2-二氯乙烷、丙酮、吡啶、乙醇、甲醇、水、乙酸。在正相色谱中，最常采用的低极性溶剂为正己烷或正庚烷，为了获得合适的选择性和洗脱强度，在其中加入弱极

性的二氯甲烷、氯仿、甲基叔丁基醚、异丙醇等。在反相色谱中，通常以极性最强而洗脱能力最弱的水为流动相的主体，加入不同配比的有机溶剂作为极性调节剂，常用的有机溶剂是甲醇、乙腈、四氢呋喃、二氧六环等。

采用反相色谱法分离强极性化合物或弱解离化合物（弱酸、弱碱）时，由于这些化合物在随流动相运行的过程中不断发生解离，并以离子和分子两种形态存在，离子在非极性的十八烷基键合相中分配系数很小，而分子的分配系数较大，因此会出现不对称的色谱峰甚至分叉峰。此时，需在流动相中添加少量的酸碱或一定 pH 的缓冲盐，以抑制这些化合物在分离过程中的电离行为，避免出现不对称的色谱峰，延长保留时间。

而对于强有机酸、碱的分析，上述添加剂已无法抑制它们的解离，此时可采用反相离子对色谱法。离子对色谱法将一种（或多种）与溶质分子电荷相反的离子（称为对离子或反离子）加到流动相中，使其与溶质离子结合形成疏水型离子对化合物，离子对的保留行为与中性化合物类似，从而使溶质离子得到分离。用于阴离子分离的对离子如氢氧化四丁基铵、氢氧化十六烷基三甲铵等；用于阳离子的对离子有十二烷基磺酸钠、己烷磺酸钠等。离子对色谱法通常采用化学键合固定相，根据离子对的分配系数的差异实现分离，因此也是一种化学键合相色谱法。

③应用：化学键合相色谱法的应用十分广泛，适用的试样极性范围很广，从强极性到非极性的试样均可分析。采用合适的分离模式，可用于中性小分子、有机离子甚至部分大分子的分离，如肽、低聚核苷酸等。此法在药物、农药、生化、环境等领域均有应用。

2. 离子交换色谱法和离子色谱法

（1）离子交换色谱法

离子交换色谱法采用离子交换树脂作为固定相，以含盐的水溶液作为流动相（淋洗液）。离子交换树脂通常采用苯乙烯-二乙烯苯共聚微球为单体，在苯环上键合阳离子交换基团（如磺酸基）或阴离子交换基团（如季铵基），在离子交换树脂固定相上发生如下交换反应：

阳离子交换：$R-SO_3^-Y^+ + X^+ \Longrightarrow R-SO_3^-X^+ + Y^+$

阴离子交换：$R-NH_4^+Y^- + X^- \Longrightarrow R-NH_4^+X^- + Y^-$

式中，Y 为流动相离子，X 为试样离子。前式为阳离子交换色谱，试样离子 X^+ 和流动相离子 Y^+ 竞争离子交换树脂上的交换中心 $R-SO_3^-$；后式为阴离子交换色谱，试样离子 X^- 和流动相离子 Y^- 竞争离子交换树脂上的交换中心 $R-NH_4^+$。不同离子与离子交换

树脂的亲和力不同,在与流动相离子的交换反复多次达到平衡后得以分离,与离子交换树脂上交换中心作用力强的离子保留时间长,反之则短。

传统的离子交换树脂法广泛用于去离子水的制备,生化产品如氨基酸、蛋白质的分离,无机及有机离子的分离、纯化等。这些操作一般在常压下进行,分离时间较长。离子交换色谱法最大的问题是:由于流动相多采用浓度较大的离子,使用电导检测器时会产生很大的背景干扰,检测灵敏度极低。因此,该方法很少用于离子型试样的分析。

(2)离子色谱法

离子色谱法(IC)是1975年Small提出的,为了克服离子交换色谱中流动相对电导检测器的干扰,在分析柱和检测器之间增加了一个抑制柱。离子色谱仪的流程与常规的高效液相色谱不同,进行离子色谱分析时需使用专门的离子色谱仪。

现以阴离子Br^-的分析为例说明抑制柱的作用。在阴离子分析中,最简单的流动相是氢氧化钠,试样通过阴离子交换树脂分离后,随流动相中OH^-一起进入电导检测器。由于OH^-的浓度要比试样阴离子浓度大得多,因此,与流动相的电导值相比,试样离子进入流动相而引起电导的改变非常小,使测定的灵敏度极低。若使分离柱流出的流动相通过填充有高容量H^+型阳离子交换树脂的抑制柱,则在抑制柱上将同样发生离子交换反应:

$$R-H^+ + Na^+OH^- \longrightarrow R-Na^+ + H_2O$$

$$R-H^+ + Na^+Br^- \longrightarrow R-Na^+ + H^+Br^-$$

从抑制柱流出的流动相中,OH^-已被转变成电导值很小的水分子,消除了本底电导的影响;试样阴离子则被转变成其相应的酸,由于H^+的离子淌度7倍于Na^+,因此极大地提高了Br^-的检测灵敏度。

上述方法被称为双柱抑制型离子色谱,抑制柱使用一段时间后需要再生处理,为解决这一问题,目前多采用电化学连续抑制装置或纤维管连续抑制装置。

当采用低电导、低浓度的有机弱酸或弱酸盐做流动相时,可以省去抑制柱,称为单柱离子色谱或无抑制离子色谱。

(3)固定相

离子交换色谱法的固定相通常分为两种类型:一类以薄壳玻球为担体,在它表面涂以约1%浓度的离子交换树脂;另一类是离子交换键合固定相,它用化学反应把离子交换基团键合在担体表面。后一类又可分为键合薄壳型(担体是薄壳玻珠)和键合微粒硅胶型(担体是微粒硅胶)两种。键合微粒硅胶型是近年来出现的新型离子交换树脂,试样容量大,柱效高,

室温下即可分离。

上述的离子交换树脂,也可分为强酸性与弱酸性的阳离子交换树脂和强碱性与弱碱性的阴离子交换树脂。由于强酸性和强碱性离子交换树脂比较稳定,适用的pH范围较宽,在液相色谱中应用较多。

(4)流动相

离子交换色谱分析主要在含水介质中进行。双柱抑制型离子色谱的流动相离子对离子交换树脂的亲和力应比试样离子相近或稍大,且能发生抑制反应生成电导率很小的物质。因此,分离阴离子时,常用的流动相为$B_4O_7^-$、OH^-、HCO_3^-、CO_3^{2-}、甘氨酸等,其中HCO_3^-/CO_3^{2-}混合离子是最常用的阴离子淋洗液;单柱离子色谱常用低浓度的苯甲酸盐、邻苯二甲酸盐、柠檬酸盐等。阳离子分析使用的淋洗液有盐酸、硝酸、高氯酸、乙二胺等。

离子色谱中组分的保留值可用流动相中盐的浓度(或离子强度)和pH来控制,提高盐的浓度导致保留值降低。对阳离子交换柱,流动相pH变大,使保留值降低;在阴离子交换柱中,情况相反。

(5)应用

离子交换色谱法主要用来分离离子或可解离的化合物,它不仅应用于无机离子的分析,还可以分析有机离子,还成功地分离了糖类、氨基酸、核酸、蛋白质等。离子色谱法是目前水溶液中阴离子分析的最佳方法。

第六节 原子发射光谱法

一、原子发射光谱法基本原理

原子发射光谱法(AES)是根据待测元素发射出的特征光谱而对元素组成进行分析的方法。当基态原子获得一定能量后,外层电子可由基态跃迁至较高能级,此时原子处于激发状态。激发态的原子是不稳定的,在返回基态过程中,多余能量便以光的形式发射出来。由于各原子内部结构不同,发射出的谱线带有特征性,故称为特征光谱。测量各元素特征光谱的波长和强度便可对元素进行定性和定量分析。

原子发射光谱法灵敏度高($10^{-9} \sim 10^{-3}g$),选择性好;可同时分析几十种元素;线形范围约2个数量级,但若采用电感耦合等离子体光源,则线性范围可扩大至6~7个数量级,可直接分析试样中高、中、低含量的组分。

二、原子发射光谱仪

原子发射光谱分析一般都要经历试样蒸发、激发和发射,复合光分光以及谱线记录检测3个过程,因此原子发射光谱仪通常由激发光源、分光系统和检测系统3个部分组成。

(一)激发光源

激发光源的主要作用是提供试样蒸发、解离、原子化和激发所需的能量。为了获得较高灵敏度和准确度,激发光源应满足如下条件:①能够提供足够的能量;②光谱背景小,稳定性好;③结构简单,易于维护。

常用的激发光源有直流电弧、交流电弧、火花放电及电感耦合等离子体(ICP)等,其中电感耦合等离子体是目前性能最好、应用较广泛的新型光源。电感耦合等离子体主要由3个部分组成:高频发生器、等离子体矩管和雾化系统。下面主要介绍电感耦合等离子体的结构。

1. 高频发生器

其作用是产生高频磁场,供给等离子体能量。高频发生器振荡频率一般为 27.12MHz 或 40.68MHz,输出功率为 1~4kW。感应线圈通常用铜管绕成 2~5 匝的水冷线圈。

2. 电感耦合等离子体矩管

矩管是电感耦合等离子体的核心部件,其性能对电感耦合等离子体的形成、稳定以及结果的准确度都有明显的影响。电感耦合等离子体矩管是一个由3层同心石英管制成的玻璃管。工作气体通常是氩气。外层石英管中切向方向引入气体作为冷却气(也称等离子气),作用是冷却外管壁和维持等离子体,此部分气体用量最大;中间管引入气体作为辅助气,作用是点燃等离子体,在进样稳定后也可关闭该气体;内管气体称为载气,作用是输送试样气溶胶进入等离子体。

当高频发生器产生的振荡电流通过感应线圈时,会在感应线圈周围产生轴向交变磁场,其磁场方向为椭圆形。此时通入的氩气还未电离,不导电,还不能将高频发生器提供的能量传给等离子气。这时若用火花"引燃"气体,则气体电离产生电子,这些电子在磁场作用下高速运动,与氩原子碰撞,引起氩原子的电离,产生出 Ar^+ 和电子。Ar^+ 和电子进一步与气体分子碰撞,其结果是产生更多的离子和电子,形成等离子体。它的外观类似炬焰形状,故称等离子炬。导电的等离子体在磁场中形成一个与负载线圈同心的环形

感应区,感应区与负载线圈组成一个类似变压器的耦合器,于是高频发生器的能量便不断地被耦合给等离子体。该等离子体的温度可达到6000~10000K。试样气溶胶在等离子体中蒸发、原子化和激发,产生发射光谱。

3. 雾化系统

作用是将试样溶液雾化成极细的雾珠,形成气溶胶,由载气送入等离子体。常用的雾化装置有气动雾化器、超声雾化器、电热气化装置等。

电感耦合等离子体光源具有温度高、稳定、环状轴向通道等特点,原子在通道内停留时间长,故原子化完全,有利于难激发元素解离;它的化学干扰小,基体效应低,谱线强度大,工作曲线线性范围可达6~8个数量级,因此可同时分析试样中高、中、低含量组分。不足之处是氩气消耗量较大,运行费用较高。

(二)分光系统

根据分光元件不同,可分为棱镜分光和光栅分光,光栅单色器的分辨率要比棱镜单色器大得多,目前多采用后者。其分光原理和原子吸收光谱仪中分光系统类似。

(三)检测器

原子发射光谱仪的检测目前有照相法和光电检测法两种。前者用感光板,后者以光电倍增管或电荷耦合器件(CCD)作为接收与记录光谱的主要器件。常用检测设备有测微光度计和光电直读光谱仪。

用光栅做分光元件,光电倍增管或电荷耦合器件做检测器,直接测出谱线强度,这种光谱仪称为光电直读光谱仪。它是在摄谱仪的焦面上安装了若干个出射狭缝,并用光电倍增管或电荷耦合器件代替感光板接受谱线辐射。因此,采用这种检测设备无须用摄谱仪先拍出光谱底片,可直接测出谱线强度并直接显示读数和含量。与摄谱仪相比,光电直读光谱仪具有准确度高、工作波长范围宽和分析速度快等优点。不足之处是设备费用较贵。

电荷耦合器件是一种新型固体多道光学检测器件,它的输入面空域上逐点紧密排布着对光信号敏感的像元,因此它对光信号的积分与感光板的情形很相似。但是,它可以借助必要的光学和电路系统,将光谱信息进行光电转换、贮存和传输,在输出端产生波长-强度二维信号,信号经放大和计算机处理后在末端显示器上同步显出人眼可见的图谱,无须感光板那样的冲洗和测量黑度的过程。它的动态响应范围和灵

敏度均有可能达到甚至超过光电倍增管，加之性能稳定、体积小，比光电倍增管更结实耐用。目前，这类检测器已经在光谱分析的许多领域获得了应用。

光电直读光谱仪分单道扫描式和多道固定狭缝式两种。前者通过单出射狭缝在光谱仪焦面上扫描，顺序接收不同波长元素的谱线而进行分析；后者则在不同波长位置后安装若干个（多达 60 个）固定出射狭缝和相应光电倍增管，可同时检测多种元素。

三、定量分析

定量分析可采用标准曲线法，其原理和方法与原子吸收光谱分析类似，在此不再重述。

第七节　气相色谱-质谱联用分析法

一、质谱分析法基本原理

质谱分析法是通过对被测样品离子的质荷比的测定来进行分析的一种分析方法。被分析的样品首先要离子化，然后利用不同离子在电场或磁场运动行为中的区别，把离子按质荷比分开而得到质谱，通过样品的质谱和相关信息，可以得到样品的定性定量结果。

从 J. J. Thomson 制成第一台质谱仪，到现在已有 90 年了，早期的质谱仪主要用来进行同位素测定和无机元素分析，20 世纪 40 年代以后开始用于有机物分析。60 年代出现了气相色谱-质谱联用仪，使质谱仪的应用领域大大扩展，开始成为有机物分析的重要仪器。计算机的应用又使质谱分析法发生了飞跃性的变化，使其技术更加成熟，使用更加方便。80 年代以后又出现了一些新的质谱技术，如快原子轰击电离源、基质辅助激光解吸电离源、电喷雾电离源、大气压化学电离源，以及随之而来的比较成熟的液相色谱质谱联用仪、电感耦合等离子体质谱仪、傅里叶变换质谱仪等。这些新的电离技术和新的质谱仪器使质谱分析又取得了长足的进展。目前，质谱分析法已广泛地应用于化学、化工、材料环境、地质、能源、药物、刑侦、生命科学、运动医学等各个领域。

质谱仪种类非常多，工作原理和应用范围也有很大的不同。从应用角度，质谱仪可以分为有机质谱仪、无机质谱仪、同位素质谱仪、气体分析质谱仪等。

二、有机质谱仪的结构与工作原理

有机质谱仪包括离子源、质量分析器、检测器和真空系统。本节主要介绍有机质谱仪各部件的种类及工作原理。

（一）离子源

离子源的作用是将欲分析样品电离，得到带有样品信息的离子。质谱仪的离子源种类很多，有电子电离源、化学电离源、快原子轰击源、电喷雾电离源、大气压化学电离源、激光解吸源等，现将主要的离子源介绍如下：

1. 电子电离源

电子电离源（EI）是应用最为广泛的离子源，它主要用于挥发性样品的电离。由气相色谱或直接进样杆进入的样品，以气体形式进入离子源，由灯丝发出的电子与样品分子发生碰撞使样品分子电离。一般情况下，灯丝与接收极之间的电压为 70V，此时电子的能量为 70eV。目前，所有的标准质谱图都是在 70eV 下做出的。在 70eV 电子碰撞作用下，有机物分子可能被打掉一个电子形成分子离子，也可能会发生化学键的断裂形成碎片离子。由分子离子可以确定化合物分子量，由碎片离子可以得到化合物的结构。对于一些不稳定的化合物，在 70eV 的电子轰击下很难得到分子离子。为了得到分子量，可以采用 10~20eV 的电子能量，不过，此时仪器灵敏度将大大降低，需要加大样品的进样量，而且，得到的质谱图不再是标准质谱图。

离子源中进行的电离是很复杂的过程，有专门的理论对这些过程进行解释和描述。在电子轰击下，样品分子可能从 4 种不同途径形成离子：

①样品分子被打掉一个电子形成分子离子。

②分子离子进一步发生化学键断裂形成碎片离子。

③分子离子发生结构重排形成重排离子。

④通过分子离子反应生成加合离子。

此外，由于很多元素具有同位素，同位素电离会生成同位素离子。这样，一个样品分子可以产生很多带有结构信息的离子，对这些离子进行质量分析和检测，可以得到具有样品信息的质谱图。

电子电离源主要适用于易挥发有机样品的电离，气相色谱-质谱联用仪（GC-MS）中都有这种离子源。其优点是工作稳定可靠，结构信息丰富，有标准质谱图可以检索；缺点是只适用于易汽化的有机物样品分析，并且，对有些化合物得不到分子离子。

2. 化学电离源

有些化合物稳定性差，用电子电离源方式不易得到分子离子，因而也就得不到分子量。为了得到分子量可以采用化学电离源（CI）。化学电离源和电子电离源在结构上没有多大差别，或者说主体部件是共用的。其主要差别是化学电离源工作过程中要引进一种反应气体，可以是甲烷、异丁烷、氨等。反应气的量比样品气要大得多。灯丝发出的电子首先将反应气电离，然后反应气离子与样品分子进行离子分子反应，并使样品气电离。化学电离源是一种软电离方式，有些用电子电离源方式得不到分子离子的样品，改用化学电离源后可以得到准分子离子，因而可以求得分子量。但是由于化学电离源得到的质谱不是标准质谱，所以不能进行库检索。

（二）质量分析器

质量分析器的作用是将离子源产生的离子按质荷比顺序分开并排列成谱。用于有机质谱仪的质量分析器有磁式双聚焦分析器、四极杆分析器、离子阱分析器、飞行时间分析器、回旋共振分析器等。

（三）检测器

质谱仪的检测主要使用电子倍增器，也有的使用光电倍增管。由四极杆出来的离子打到高能打拿极产生电子，电子经电子倍增器产生电信号，记录不同离子的信号即得质谱。信号增益与倍增器电压有关，提高倍增器电压可以提高灵敏度，但同时会缩短倍增器的寿命。因此，应该在保证仪器灵敏度的情况下，采用尽量低的倍增器电压。由倍增器出来的电信号被送入计算机贮存，这些信号经计算机处理后可以得到色谱图、质谱图及其他各种信息。

（四）真空系统

为了保证离子源中灯丝的正常工作，应保证离子在离子源和分析器中正常运行，消减不必要的离子碰撞、散射效应、复合反应和离子-分子反应，减小本底与记忆效应，因此，质谱仪的离子源和分析器都必须处在小于 10^{-4} Pa 的真空中才能工作。也就是说，质谱仪都必须有真空系统。一般真空系统由机械真空泵和扩散泵或涡轮分子泵组成。机械真空泵能达到的极限真空度为 10^{-1} Pa，不能满足要求，必须依靠高真空泵。扩散泵是常用的高真空泵，其性能稳定可靠，缺点是启动慢，从停机状态到仪器能正常工作所需时间长；涡轮分子泵则相反，仪器启动快，但使用寿命不如扩散泵。由于涡轮分子泵使用方便，没有油的扩散污染问题，因此，近年来生产的质谱仪大多使用涡轮分子泵。涡轮分子泵直接与离子源或分析器相连，抽出的气体再由机械真空泵排到体系之外。

以上是一般质谱仪的主要组成部分。当然，若要仪器能正常工作，还必须有供电系统、数据处理系统等。

这样，一个有机化合物样品，由于其形态和分析要求不同，可以选用不同的电离方式使其离子化，再由质量分析器按离子的质荷比将离子分开，经检测器检测即得到样品的质谱。质谱图的横坐标是质荷比，纵坐标是各离子的相对强度，每个峰表示一种质荷比的离子。通常把最强的离子的强度定为 100，称为基峰，其他离子的强度以基峰为标准来决定。对于一定的化合物，各离子间的相对强度是一定的，因此，质谱具有化合物的结构特征。

三、气相色谱-质谱联用分析

质谱仪是一种很好的定性鉴定用仪器，但对混合物的分析无能为力。色谱仪是一种很好的分离用仪器，但定性能力很差。二者结合起来，则能发挥各自专长，使分离和鉴定同时进行。因此，早在 20 世纪 60 年代就开始了气相色谱-谱联用技术的研究，并出现了早期的气相色谱-质谱联用仪。在 70 年代末，气相色谱-质谱联用仪已经达到很高的水平，近年来已经相当普及，目前其已成为一种重要的分析仪器。

（一）气相色谱-质谱联用仪的组成

气相色谱-质谱联用仪主要由 3 部分组成：色谱部分、质谱部分和数据处理系统。色谱部分和一般的色谱仪基本相同，包括柱箱、汽化室和载气系统，也带有分流/不分流进样系统，程序升温系统，压力、流量自动控制系统等，一般不再有色谱检测器，而是利用质谱仪作为色谱的检测器。在色谱部分，混合样品在合适的色谱条件下被分离成单个组分，然后进入质谱仪进行鉴定。色谱仪是在常压下工作，而质谱仪需要高真空，因此，如果色谱仪使用填充柱，必须经过一种接口装置——分子分离器，将色谱载气去除，使样品气进入质谱仪。如果色谱仪使用毛细管柱，则可以将毛细管直接插入质谱仪离子源，因为毛细管载气流量比填充柱小得多，不会破坏质谱仪真空。气相色谱-质谱联用仪的质谱仪部分可以是磁式质谱仪、四极质谱仪，也可以是飞行时间质谱仪和离子阱。目前，使用最多的是四极质谱仪。离子源主要是电子电离源和化学电离源。

气相色谱-质谱联用仪的另外一个组成部分是计算机系统。由于计算机技术的提高，气相色谱-质谱联用仪的主要操作都由计算机控制进行，这些操作包括利用标准样品（一般用全氟三丁胺校准质谱仪，设置色谱和质谱的工作条件，数据的收集和处理以及库检索等。这样，一个混合物样品进入色谱仪后，在合适的色谱条件下，被分离成单一组分并逐一进入质谱仪，经离子源电离得到具有样品信息的离子，再经分析器、检测器，即得每个化合物的质谱。这些信息都由计算机贮存，根据需要，可以得到混合物的色谱图、单一组分的质谱图和质谱的检索结果等。根据色谱图还可以进行定量分析。因此，气相色谱-质谱联用仪是有机物定性、定量分析的有力工具。

（二）气相色谱-质谱联用仪的进样方式和离子化方式

气相色谱-质谱联用仪要求样品最好是液态，固态样品必须溶解。由微量注射器将样品注入色谱进样器，经色谱分离后进入离子源。有些气相色谱-质谱联用仪具有直接进样方式，这种进样方式是将样品放入小的玻璃坩埚中，靠直接进样杆将样品送入离子源，加热汽化后，由 EI 源电离。直接进样主要适用于分析高沸点的纯样品。

气相色谱-质谱联用仪所用的离子源主要是电子电离源。对于热稳定性差的样品，可以采用化学电离源。

（三）气相色谱-质谱联用仪的质谱扫描方式

气相色谱-质谱联用仪的质谱仪部分种类很多，但最常见的是四极杆质谱仪，现以四极杆质谱仪为例，说明气相色谱-质谱联用仪的质谱扫描方式。扫描方式分为一般扫描和选择离子监测（SIM）两种。一般扫描方式是连续改变射频电压，使不同质荷比的离子顺序通过分析器到达检测器，用这种扫描方式得到的质谱是标准质谱，可以进行库检索。一般质谱分析大都采用这种扫描方式。选择离子监测是指对选定的离子进行跳跃式扫描。采用这种扫描方式可以提高检测灵敏度。其原因如下：假定正常扫描质荷比从 1amu 到 500amu 扫描时间为 1s，那么每个质量扫过的时间为 $1/500=0.002s$。如果采用选择离子扫描方式，假定只扫 5 个特征离子，那么每个离子扫过的时间则为 $1/5=0.2s$，是正常扫描时间的 100 倍。离子产生是连续的，扫描时间长，则接收到的离子多，也即灵敏度高。从上面的例子估计，选择离子扫描对特征离子的检测灵敏度比正常扫描要高大约 100 倍。利用选择离子扫描方式不仅灵敏度高，而且选择性好，在很多干扰离子存在时，利用正常扫描方式可能得到的信号很小，噪声很大，但用选择离子扫描方式，只选择特征离子，噪声会变得很小，信噪比大大提高。在对复杂体系中某一微量成分进行定量分析时，常常采用选择离子扫描方式。

（四）气相色谱-质谱联用仪的主要信息

气相色谱-质谱联用分析的关键是设置合适的分析条件，使各组分能够得到满意的分离，得到很好的总离子色谱图和质谱图，在此基础上才能得到满意的定性和定量分析结果。气相色谱-质谱联用分析得到的主要信息有 3 个：样品的总离子色谱图、样品中每一个组分的质谱图、每个质谱图的检索结果。高分辨仪器还可以给出精确质量和组成式。

1. 总离子色谱图

在一般气相色谱-质谱联用分析中，样品连续进入离子源并被连续电离。分析器每扫描一次（比如 1s），检测器就得到一个完整的质谱并送入计算机存储。色谱柱流出的每一个组分，其浓度随时间变化，每次扫描得到的质谱强度也随时间变化（但质谱峰之间的相对强度不变）。计算机就会得到这个组分不同浓度下的多个质谱。同时，可以把每个质谱的所有离子相加得到总离子强度，并由计算机显示随时间变化的总离子强度，就是样品总离子色谱图。由气相色谱-质谱联用仪得到的总离子色谱图与一般色谱仪得到的色谱图基本上是一样的。只要所用色谱柱相同，样品出峰顺序就相同。其差别在于，总离子色谱图所用的检测器是质谱仪，除具有色谱信息外，还具有质谱信息，由每一个色谱峰都可以得到相应组分的质谱。而一般色谱图所用的检测器是氢焰、热导等，没有质谱信息。

2. 质谱图

由总离子色谱图可以得到任何一个组分的质谱图。一般情况下，为了提高信噪比，通常由色谱峰峰顶处得到相应质谱图，但如果两个色谱峰相互干扰，应尽量选择不发生干扰的位置得到质谱，或通过扣除背景值，消除其他组分的影响。

3. 库检索

得到质谱图后可以通过计算机检索对未知化合物进行定性。检索结果可以给出几个可能的化合物，并以匹配度大小顺序排列出这些化合物的名称、分子式、分子量和结构式等。使用者可以根据检索结果和其他的信息，对未知物进行定性分析。目前的气相色谱-质谱联用仪有几种数据库，应用最为广泛的有美国国家标准与技术研究院（NIST）数据库和 Willey 库，前者现有标准化合物谱图 13 万张，后者有近 30 万张。此外，还有毒品库、农药库等专用谱库。

4. 质量色谱图

总离子色谱图是将每个质谱的所有离子加合得到的。同样，由质谱中任何一个质量的离子也可以得到色谱图，即质量色谱图。由于质量色谱图是由一种质量的离子得到的，因此，若质谱中不存在这种离子的化合物，也就不会出现色谱峰，一个样品中可能只有几个甚至一个化合物出峰。利用这一特点可以识别具有某种特征的化合物，也可以通过选择不同质量的离子做质量色谱图，使正常色谱不能分开的两个峰实现分离，以便进行定量分析。

由于质量色谱图是采用一种质量的离子作色谱图，因此，进行定量分析时，也要使用同一种离子得到的质量色谱图测定校正因子。质量色谱图由于是在总离子色谱图的基础上提取出一种质量得到的色谱图，所以又称提取离子色谱图。

四、气相色谱-质谱联用分析方法

（一）分析条件的选择

在气相色谱-质谱联用分析中，色谱的分离和质谱数据的采集是同时进行的。为了使每个组分都得到分离和鉴定，必须设置合适的色谱和质谱分析条件。

色谱条件包括色谱柱类型（填充柱或毛细管柱）、固定液种类、汽化温度、载气流量、分流比、温升程序等。设置的原则是，一般情况下均使用毛细管柱，极性样品使用极性毛细管柱，非极性样品采用非极性毛细管柱，未知样品可先用中等极性的毛细管柱，试用后再调整。当然，如果有文献可以参考，就采用文献所用条件。

质谱条件包括电离电压、扫描速度、质量范围，这些都要根据样品情况进行设定。为了保护灯丝和倍增器，在设定质谱条件时，还要设置溶剂去除时间，使溶剂峰通过离子源之后再打开灯丝和倍增器。

在所有的条件确定之后，将样品用微量注射器注入进样口，同时启动色谱和质谱，进行气相色谱-质谱联用仪分析。

（二）质谱数据的采集

有机混合物样品用微量注射器由色谱仪进样口注入，经色谱柱分离后进入质谱仪离子源，在离子源被电离成离子。离子经质量分析器、检测器之后即成为质谱信号并输入计算机。样品由色谱柱不断地流入离子源，离子也由离子源不断地通过分析器，进行质量分离，不断地得到质谱。只要设定好分析器扫描的质量范围和扫描时间，计算机就可以采集到一张一张的质谱，计算机可以自动将每张质谱的所有离子强度相加，得出总离子强度。总离子强度随样品浓度变化而变化，而样品浓度又随时间而变化。因此，总离子强度也随时间变化，这种变化曲线就是总离子色谱图，总离子色谱图的每一时刻都对应一张质谱图。

（三）质谱定性分析

由计算机采集到的质谱数据，利用简单的指令就

可以得到总离子色谱图、质谱图、质量色谱图和库检索结果等。目前，色质联用仪的数据库中，一般储存有近30万个化合物标准质谱图。如果得到未知化合物质谱图，可以利用计算机在数据库中检索。检索结果，可以给出几种最可能的化合物，包括化合物名称、分子式、相对分子质量、基峰及符合程度。除此之外，还可以给出检索结果的质谱图。

利用计算机进行库检索是一种快速、方便的定性方法。在利用计算机检索时应注意以下几个问题：

（1）数据库中所存质谱图有限，如果未知物是数据库中没有的化合物，检索结果也会给出几个相近的化合物。显然，这种结果是错误的。

（2）由于质谱法本身的局限性，一些结构相近的化合物其质谱图也相似。这种情况也可能造成检索结果的不可靠。

（3）由于色谱峰分离不好以及本底和噪声的影响，使得到的质谱图质量不高，这样所得到的检索结果也会很差。

因此，在利用数据库得到结果之后，还应根据未知物的物理、化学性质以及色谱保留值、红外、核磁谱等综合考虑，给出定性结果。绝对不能将每一个检索结果都作为分析结果。

（四）气相色谱-质谱联用定量分析

气相色谱-质谱联用定量分析方法类似于色谱法定量分析。由气相色谱-质谱联用仪得到的总离子色谱图或质量色谱图，其色谱峰面积与相应组分的含量成正比，若对某一组分进行定量测定，可以采用色谱分析法中的归一化法、外标法、内标法等不同方法进行。这时，气相色谱-质谱联用分析法可以理解为将质谱仪作为色谱仪的检测器，其余均与色谱法相同。与色谱法定量不同的是，气相色谱-质谱联用分析法除可以利用总离子色谱图进行定量之外，还可以利用质量色谱图进行定量。这样可以最大程度地去除其他组分的干扰。值得注意的是，质量色谱图由于是用一个质量的离子做出的，它的峰面积与总离子色谱图有较大的差别，在进行定量分析过程中，峰面积和校正因子等都要使用质量色谱图。为了提高检测灵敏度和减少其他组分的干扰，在气相色谱-质谱联用定量分析中，质谱仪经常采用选择离子扫描方式。对于待测组分，可以选择一个或几个特征离子，而相邻组分不存在这些离子。这样得到的色谱图，待测组分就不存在干扰，信噪比会大大提高。用选择离子得到的色谱图进行定量分析，具体分析方法与质量色谱图类似，但其灵敏度比利用质量色谱图会高一些。这是气相色谱-质谱联用定量分析中常采用的方法。

五、质谱技术的应用

近年来，质谱技术发展很快。随着质谱技术的发展，质谱技术的应用领域也越来越广。由于质谱分析具有灵敏度高、样品用量少、分析速度快、分离和鉴定同时进行等优点，因此，质谱技术广泛应用于化学、化工、环境、能源、医药、运动医学、生命科学、材料科学等各个领域。

质谱仪种类繁多，不同仪器应用特点也不同。一般来说，在300℃左右能汽化的样品，可以优先考虑用气相色谱-质谱联用仪进行分析，因为气相色谱-质谱联用仪使用电子电离源，得到的质谱信息多，可以进行库检索。毛细管柱的分离效果也好。如果在300℃左右不能汽化，则需要用液相色谱-质谱联用仪分析，此时主要得到分子量信息，如果是串联质谱仪，还可以得到一些结构信息。如果是生物大分子，可以利用液相色谱-质谱联用仪和飞行时间质谱仪（MALDI-TOF）分析，主要得到分子量信息；如果是蛋白质样品，还可以测定氨基酸序列。高分辨质谱仪，如磁式双聚焦质谱仪、傅里叶变换质谱仪和具有高分辨功能的飞行时间质谱仪等还可以给出化合物的组成式。

进行气相色谱-质谱联用分析的样品应是有机溶液。水溶液中的有机物一般不能直接测定，须进行萃取分离变为有机溶液。有些化合物极性太强，在加热过程中易分解，例如有机酸类化合物，此时可以进行酯化处理，将酸变为酯再进行气相色谱-质谱联用分析，由分析结果可以推测酸的结构。如果样品不能汽化也不能酯化，那就只能进行液相色谱-质谱联用分析了。进行液相色谱质谱联用分析的样品最好是水溶液或甲醇溶液，液相色谱流动相中不应含不挥发盐。对于极性样品，一般采用电喷雾离子源（ESI）；对于非极性样品，可采用常压化学电离离子源（APCI）。

第八节 电感耦合等离子体发射光谱质谱法

一、电感耦合等离子体质谱仪的组成及工作原理

电感耦合等离子体质谱仪（ICP-MS）利用电感耦合等离子体作为离子源，产生的样品离子经质量分析器和检测器后得到质谱，因此，与有机质谱仪类似，电感耦合等离子体质谱仪也是由离子源、分析器、检测器、真空系统和数据处理系统组成的。

（一）电离源

电感耦合等离子体质谱仪所用电离源是电感耦合等离子体（ICP），它与原子发射光谱仪所用的电感耦合等离子体是一样的，其主体是1个由3层石英套管组成的炬管，炬管上端绕有负载线圈，3层管从里到外分别通载气、辅助气和冷却气（3种气体都是氩气），负载线圈由高频电源耦合供电，产生垂直于线圈平面的磁场。如果通过高频装置使氩气电离，则氩离子和电子在电磁场作用下又会与其他氩原子碰撞产生更多的离子和电子，形成涡流。强大的电流产生高温，瞬间使氩气形成温度可达10000K的等离子焰炬。样品由载气带入等离子体焰炬会发生蒸发、分解、激发和电离，辅助气用来维持等离子体，需要量大约为1L/min。冷却气以切线方向引入外管，产生螺旋形气流，使负载线圈处外管的内壁得到冷却，冷却气流量为10~15L/min。

最常用的进样方式是利用同心型或直角型气动雾化器产生气溶胶，在载气载带下喷入焰炬，样品进样量大约为1mL/min，是靠蠕动泵送入雾化器的。

对于一些难以分解或溶解的样品，如矿石、玻璃、合金等，还可以利用激光烧蚀法进样，将脉冲激光束聚焦到几个平方微米的固体样品表面，固体表面可受到高达$10^{12}W/cm^2$的能量，在高强度能量辐照下，大多数材料会很快蒸发，然后，依靠氩气将汽化的样品吹到电感耦合等离子体焰炬，在那里进行原子化和电离，最后离子进入质谱仪进行质量分离。

在负载线圈上面约10mm处，焰炬温度大约为8000~10000K，在这么高的温度下电离能低于7eV的元素完全电离，电离能低于10.5eV的元素电离度大于20%。由于大部分重要的元素电离能都低于10.5eV，因此都有很高的灵敏度，少数电离能较高的元素，如碳、氧、氯、溴等也能检测，只是灵敏度较低。

综上所述，电感耦合等离子体质谱仪的离子源有如下特点：

（1）样品在大气压下进样，不需要真空。

（2）样品在高温下完全汽化和分解，离子化效率极高。

（3）大多数元素产生的是单电荷离子，离子的能量分散比较小。

（二）接口装置

电感耦合等离子体是在大气压下工作，而质量分析器是在真空下工作，为了使电感耦合等离子体产生的离子能够进入质量分析器而不破坏真空，在电感耦

合等离子体焰炬和质量分析器之间有一个用于离子引出的接口装置，该装置主要由两个锥体组成，靠近焰炬的称为取样锥，靠近分析器的为分离锥，取样锥装在一个水冷挡板上，锥体材料为镍，取样孔径为 $0.5 \sim 1mm$。分离锥与取样锥类似，经过两级锥体的阻挡和两级真空泵的抽气，使得分离锥后的压力可以达到 $10^{-3}Pa$。等离子体的气体以大约 6000K 的高温进入取样锥孔，由于气体极迅速膨胀，等离子体原子碰撞频率下降，气体的温度也迅速下降，等离子体的化学成分不再变化。通过分离锥后，依靠一个静电透镜将离子与中性粒子分开，中性粒子被真空系统抽离，离子则被聚焦后进入质量分析器。

（三）质量分析与离子检测

经过离子透镜的离子能量分散较小，可以用四极滤质器进行质量分离。目前，也有的仪器采用离子阱。分析器的质量范围为 $3 \sim 300$，具有一个质量单位的分辨能力，为了提高分辨率，也可以应用磁式双聚焦质量分析器。离子的检测主要应用电子倍增器，产生的脉冲信号直接输入多道脉冲分析器中，得到每一种质荷比的离子的计数，即质谱。

二、电感耦合等离子体质谱仪的分析方法及应用

（一）分析条件的设置

电感耦合等离子体质谱仪由电感耦合等离子体焰炬、接口装置和质谱仪 3 部分组成。若要使其具有好的工作状态，必须设置各部分的工作条件。

1. 电感耦合等离子体工作条件

主要包括电感耦合等离子体功率、载气、辅助气和冷却气流量以及样品提升量等，电感耦合等离子体功率一般为 1kW 左右，冷却气流量为 15L/min，辅助气流量和载气流量约为 1L/min，调节载气流量会影响测量灵敏度。样品提升量一般为 1mL/min。

2. 接口装置工作条件

电感耦合等离子体产生的离子通过接口装置进入质谱仪，接口装置的主要参数是采样深度，也即采样锥孔与焰炬的距离，要调整两个锥孔的距离和对中，同时要调整透镜电压，使离子很好地聚焦。

3. 质谱仪工作条件

主要是设置扫描的范围。为了减少空气成分的干扰，一般要避免采集 N_2、O_2、Ar 等离子进行定量分析时，质谱扫描要挑选没有其他元素及氧化物干扰的质量。同时还要有合适的倍增器电压。

事实上，在每次分析之前，需要用多元素标准溶液对仪器整体性能进行测试，如果仪器灵敏度能达到预期水平，则仪器不需要再调整；如果灵敏度偏低，则需要调节载气流量、锥孔位置和透镜电压等参数。

（二）电感耦合等离子体质谱仪定性定量分析

由电感耦合等离子体质谱仪得到的质谱图，横坐标为离子的质荷比，纵坐标为计数。根据离子的质荷比可以确定存在的元素，根据某一质荷比下的计数可以进行定量分析。

1. 电感耦合等离子体质谱仪定性和半定量分析

判断一个样品中是否含有某种元素，不能只看该元素对应的质荷比的离子有没有计数，因为存在着各种干扰因素和仪器的背景计数。例如，测定污水中是否含铅，如果只依靠样品与去离子水比较，那么，对样品的测试只能得到铅离子的计数，不能得到大致含量，当计数较低时，甚至有没有铅也难确定。因此，为了有明确的结果，可以使定性和半定量同时进行，方法如下：将一定含量的多元素标样在一定分析条件下进行测定，此时可得各元素离子的计数。同样条件下测定待测样品，得到未知元素计数。根据标样测定的计数与浓度的关系，仪器可以自动给出未知样品中各元素的含量。这种方法可以理解为单点标准曲线法。这种方法没有考虑各种干扰元素，因而存在较大的测定误差，因此是半定量分析。

2. 电感耦合等离子体质谱仪定量分析

与其他定量方法相似，电感耦合等离子体质谱仪定量分析通常采用标准曲线法。配制一系列标准溶液，由得到的标准曲线求出待测组成的含量，为了定量分析的准确可靠，要设法消除定量分析中的干扰因素，这些干扰因素包括：酸的影响、氧化物和氢氧化物的影响、同位素的影响、复合离子的影响和双电荷离子的影响等。

（1）样品中酸的影响：当样品溶液中含有硝酸、磷酸和硫酸时，可能会生成 N_2^+、ArN^+、PO^+、P_2^+、ArP^+、SO^+、S_2^+、SO_2^+、ArS^+、ClO^+、$ArCl^+$ 等离子，这些离子对硅、铁、钛、镍、镓、锌、锗、钒、铬、砷、硒的测定产生干扰。遇到这种情况的干扰，可以通过选用被分析物的另一种同位素离子得以消除，同时，要尽量避免使用高浓度酸，并且尽量使用硝酸，可减少酸的影响。

（2）氧化物和氢氧化物的影响：在电感耦合等离子体中，金属元素的氧化物是完全可以离解的，但在取样锥孔附近，由于温度稍低，停留时间长，于是又提供了重新氧化的机会。氧化物的存在，会使离子减少，因而使测定值偏低，可以利用硝酸铈样品测定其中 Ce^+ 和 CeO^+ 强度之比来估计氧化物的影响，通过调

节取样锥位置来减少氧化物的影响。

同时，氧化物和氢氧化物的存在还会干扰其他离子的测定，如 ^{40}ArO 和 ^{40}CaO 会干扰 ^{56}Fe，$^{46}CaOH$ 会干扰 ^{63}Cu，^{42}CaO 会干扰 ^{58}Ni 等，因此，定量分析时要选择不被干扰的同位素。

（3）同位素干扰：常见的干扰有 $^{40}Ar^+$ 干扰 $^{40}Ca^+$、^{58}Fe 干扰 ^{58}Ni、^{113}In 干扰 $^{113}Cd^+$ 等，选择同位素时要尽量避开同位素的干扰。

（4）其他方面的干扰：主要有复合离子干扰和双电荷离子干扰等。复合离子包括 $^{40}ArH^+$、$^{40}ArO^+$ 等。对于第二电离电位较低的元素，双电荷离子的存在也会影响测定值的可靠性，可以通过调节载气和辅助气流量，使双电荷离子的水平降低。

考虑到上述影响因素之后，调整仪器工作状态，选定待测元素的质荷比，利用标准曲线以进行准确的定量分析。可以一次给出多个元素的测定结果。

电感耦合等离子体质谱仪对整个周期表上的元素有比较均匀的灵敏度，因而，对大多数元素，其检测限是比较一致的，大约为 $10^{-11} \sim 10^{-10}$ g/mL。

（三）电感耦合等离子体质谱仪的应用

电感耦合等离子体质谱仪具有灵敏度高、多元素定性定量同时进行等优点，因而已成为广泛应用的分析仪器。其主要应用领域有：

（1）环境样品分析，包括自来水、地下水、地表水、海水以及土壤、废弃物的分析。

（2）半导体行业所用各种材料，如高纯试剂、超纯金属中超痕量杂质的分析。

（3）生化、医药、临床研究，如头发、血液、尿样、生物组织的分析，毒理分析，元素形态分析及药品质量控制，等等。

（4）钢铁、合金、玻璃、陶瓷等样品的分析。

（5）地质学及同位素比的研究。

此外，在食品工业、石油化工、核工业等领域都有广泛的应用。

第九章
水中的细菌学指标检测

水是微生物广泛分布的天然环境，不论是地表水还是地下水，甚至雨水或雪水，都含有多种微生物。当水体受到人畜粪便、生活污水或某些工业废水污染时，水中微生物的数量将大量增加。因此，水的细菌学测定，特别是肠道细菌的检验，在环境质量评价、环境卫生监督等方面具有重要的意义。但是直接检查水中各种病原微生物，方法较复杂，有的难度大，有的检查结果为阴性也不能保证绝对安全。所以，在实际工作中，经常以检查水中的细菌总数，特别是检查作为粪便污染的指示菌，来间接判断水体污染状况和环境卫生学质量。

水中含有菌总数与水污染状况有一定的关系，但是不能直接说明是否有病原微生物存在。粪便污染指示菌一般是指如有该指示细菌存在于水体中，即表示水体曾有过粪便污染，也就有可能存在肠道病原微生物。那么，该水质在卫生学上是不安全的。水体的粪便污染指示菌，一般能符合下列条件：

（1）此种指示菌应大量存在于人的粪便内，其数量要比病原微生物多得多。

（2）水中有病原微生物存在时，此种指示菌也必然存在。

（3）此种指示菌在水中的数量与水体受粪便污染的程度正相关。

（4）此种指示菌在水中存活的时间略长于病原微生物，对消毒剂及水中不良因素的抵抗力也应比病原微生物略强些。

（5）此种指示菌在水环境中不会自行繁殖增长。

（6）此种指示菌在污染的水环境中分布较均匀，生物性状亦较稳定。

（7）此种指示菌应能在较简单的培养基上生长，检出、鉴定、计数的方法也较简易、迅速、准确。

（8）此种指示菌可适用于各种水体检验。

因此，要选择一种指示菌能符合上述全部条件是不太可能的，只能选择相对较为理想的细菌作为指示菌。常见的用作指示细菌或其他指示微生物的有：总大肠菌群、粪大肠菌群、粪链球菌、产气荚膜梭菌、双歧杆菌属、肠道病毒、大肠埃希氏菌噬菌体、沙门氏菌属、志贺氏菌属、铜绿假单胞菌、葡萄球菌属、副溶血性弧菌等。此外，还有水生的真菌、放线菌和线虫等。

本章所述的几种细菌学检验方法，多年来，作为环境卫生学和水处理学的例行检验，已经积累了相当的经验并且具备了一定的技术基础，其实验结果已在解释水污染程度和水的环境卫生学质量方面显示出重要意义。

水生细菌的检验方法一般是通过选择性培养基，在适宜的培养条件下对样品中的细菌进行培养进行活细菌的计数，主要包括平板菌落计数法、最大可能数法（most probable number，MPN 法，亦称为倍比稀释法）等。

1. 平板菌落计数法

平板菌落计数法是传统的细菌计数方法，可分为稀释平板法和涂布平板法，是根据微生物在固体培养基上所形成的菌落是由单细胞繁殖而成的这一原理，一个菌落即代表一个单细胞。计数时，先将待测样品准确地按比例进行一系列稀释，再取一定量的稀释液接种到培养皿中，使其均匀分布于培养皿中的培养基上，经培养后，由单个细胞生长繁殖形成菌落，从平板上的菌落数及其稀释倍数就可换算出样品中的含菌数。平板菌落计数法测定的细菌数量是样品中可培养细菌的数量，即活菌数，研究细菌各种生理生化特性常用该法，其具有成本低廉、方法简单、操作方便的特点。值得指出的是：该法耗时较长（多为数天），无菌操作要求严格，手续烦琐，劳动强度大，测定结果受培养条件等因素的影响；样品中含菌量过少时不能代表整个样品的含菌量情况；因培养法只能检测活菌，不适用于检测环境样品中细菌的总量。

2. 最大可能数法

最大可能数法也是一种早期检测微生物数量的方

法，它是根据概率统计学的方法来推算水样中某种待测菌的数量。1959 年，Jannasch 等用这种方法来推算水体细菌的数量，其方法是：将待测水样进行一系列的梯度稀释后，分别吸取一定的体积于适量液体培养基试管中进行培养，记录有细菌生长的试管数，查最大可能数法表来推算水样中活菌的数量。该法成本低廉，方法简单，操作方便；但是耗时长，操作较为烦琐，劳动强度大，只能用于可培养的细菌进行的活菌计数，且基于统计学的计数准确度不高。

由于总大肠菌群、粪大肠菌群是污水监测中最常用的微生物学指标，本章重点选取总大肠菌群、粪大肠菌群的检测方法进行具体介绍。

第一节　实验室质量保证

实验室质量保证是对水质细菌学监测实行全面的质量管理，确保监测数据准确可靠的一项行之有效的工作程序。包括从采样技术、实验室仪器设备、供应品质量、分析检验方法及检测能力水平直至质量控制等全部监测过程以及与之相辅的所有活动和措施。细菌学监测尚存在缺乏检测标准及定量的标准参考物等特殊问题，往往需要实验人员具有熟练的操作技能、专业的知识及丰富的实际经验，以便对结果作出正确的判断。因此，更应严格执行监测全过程中的质量控制程序。

一、实验室内部的质量控制

（一）实验室环境要求

（1）细菌监测实验室要求通风良好，又能避免尘埃、过堂风和温度骤变，并保持室内空气的高度清洁和实验室用具的整洁。

（2）实验室空间要合理利用，有专供培养基制备和灭菌以及玻璃器皿和其他器具消毒灭菌用的准备室和供应室，还要有供分装和制备无菌培养基、转移微生物培养的灭菌接种室。

（3）室内墙壁要刷漆覆盖，地板要使用光滑和防透水材料，以便刷洗和消毒。

（4）实验室工作台应足够宽敞、高度适宜，台面应使用光滑、防透水、惰性的、抗腐蚀的、具有最少接缝的表面材料，室内照明要求均匀宜人。

（二）实验室业务负责人要求

应定期或不定期地对化验人员进行实验室基本操作和各项专业技术训练，应掌握样品的采集和存放、培养基和玻璃器具的准备、灭菌过程、实验步骤、细菌计数、数据处理、质量控制等方面，及时排除各类问题以提高实验室工作效率。

（三）实验室器材、设备的校验

（1）温度计或温度记录仪器：每年至少校准 1 次，对培养箱、冰箱、恒温水浴所使用的温度计，应按国家标准校验，并将温度检验数据登记造册。

（2）天平：需使用最大载荷 100g、感量为 0.1g 的药物天平和最大载荷 10g、感量为 0.1mg 的分析天平。要保持天平和载物盘的清洁，砝码应参照标准砝码定期校核。

（3）pH 计：测定培养液的 pH 时，至少应精确到 0.1pH 单位，使用时至少用两种标准缓冲液进行校准，并标注第一次启用标准缓冲液日期，必要时应进行温度校准。

（4）纯水装置：定期用电导仪监测去离子水质量，每年至少检验 1 次痕量金属，至少每月监测 1 次水中细菌。标准平皿计数每毫升超过 1000 个菌，则需更换新的过滤装置。

（5）电热干燥箱：应有足够的空间，能提供均匀适当的(170 ± 10)℃的灭菌温度，应配备 160～180℃范围内能准确显示的温度计或温度记录装置，每日必须进行温度的稳定性校验。

（6）高压蒸汽灭菌器：每次使用时，必须在压力上升之前，先用蒸汽将器内的冷空气完全驱尽，要记录温度、气压和灭菌的时间。应能提供均匀的高达 121℃的高压灭菌温度，每月可用芽孢试剂条和芽孢悬浮液或特制的热变色滤纸条检查灭菌效果。

（7）冰箱：冰箱内存放物品须标明名称、日期，每天检查和记录冰箱温度，每月清洁和消毒冰箱 1 次，至少每季清除 1 次存放过久的无用物品。

（8）过滤装置：将过滤器、抽滤瓶及真空泵等部件装配好后，应预检查有无渗漏，各部件内壁有无划痕，以便及时更换和补充新的部件。该装置使用后须彻底清洗各种部件，包好经高压灭菌后存放备用。

（9）紫外灭菌灯：每月用浸有乙醇的湿布擦拭 1 次。每季用紫外光度计测量紫外灯光强度不少于初始值的 70%，或用生长有 200～250 个细菌菌落的琼脂平皿暴露于紫外灯下 2min，使 99%的菌数被杀灭；否则，即应更换新灯。

（10）恒温培养箱：须每天检查 2 次，记录培养架上使用区的温度是否准确和稳定，温度变化不可超过±0.5℃。

（11）恒温水浴箱：须每天检查和记录箱内温度，箱内存水应至少 2 周更换 1 次，并注意洗刷箱内沉积物。

（12）显微镜：应按操作方法使用，使用后用擦镜纸清洁光学玻璃部分和载物台，并罩好套子。

（四）实验室供应品的质量控制

1. 玻璃器皿

玻璃器皿包括培养皿、吸管、量管、稀释瓶、试管、发酵管等，均应是硼硅玻璃制品，必须洁净、不附着任何残渍，应剔除已破损、有划痕或有气泡的器皿。用于标准平皿计数的培养皿直径为 90~100mm，滤膜技术应使用 60mm×15mm 的培养皿，底部要求平整光滑。所有吸管的上端要用少量普通棉花填塞，注意松紧适度，使其快速、准确流出所需体积，试液每批校准误差不可超过 2.5%。发酵试管应视水样量确定，一般取 10mL 水样时，试管为 200mm×25mm；水样量为 1mL 时，试管为 150mm×15mm。在用于检验产酸产气情况时，要在试管内装 35mm×6mm 的小套管，封闭端不得漏气。

2. 实验用水

细菌检测实验室用水的原料水应当是蒸馏水或纯水。

3. 试剂

实验室必须使用纯度合格的试剂，以免试剂中的不纯物质抑制或促进细菌的生长。购入或启用试剂时要标明日期，配制好的试液要标明名称、浓度、配制人及配制日期。任何系列培养实验或生化实验，要同时做阳性和阴性的对照培养。

4. 染料和着色剂

用于细菌检测的染料或着色剂，要求具有适当的强度和稳定性。常用的商品染料，往往因货品批号不同，其含量、组分及所含的不溶物和惰性材料均有所不同。因此，在染色前，宜先对至少 1 种阳性和阴性的对照培养试行染色，并记录结果。

革兰染色法是细菌鉴定中最重要的染色方法。可在同一载玻片上用大肠埃希氏菌和金黄色葡萄球菌作为染色阴性和阳性的对照菌。在染色操作中涂片切不可过厚，以免呈假阳性；同时用 95% 乙醇作为脱色液为宜，脱色液中水分含量过高会导致脱色力加强，易形成假阴性。复染液宜用 0.5% 的番红染色液或经稀释的石碳酸复红染色液，可根据具体情况选用。

5. 滤膜和吸收垫

滤膜孔径为 (0.45±0.02)μm，直径根据滤器规格，目前常用的有 35mm 和 47mm 两种。滤膜孔隙必须分布均匀，能定量截留所需细菌，滤膜本身及其标志格线应不含对细菌生长不利的可被沥取的化学物质，并对培养基的 pH 无明显影响。滤膜和吸收垫必

须能耐受高压蒸汽灭菌而不受任何影响，吸收垫应具有一定厚度，以吸收一定量的培养液。在温度和湿度极度反常的环境中不宜存放滤膜，每批滤膜购买的数量不宜超过 1 年所需，以保证其具有一定的柔韧性。

6. 培养基

（1）每批培养基在使用前，须经无菌检验。可将培养基置于 37℃ 恒温培养箱内培养 24h 后，证明无菌，同时再用已知菌种检查在此培养基上生长繁殖情况，符合要求后方可使用。标准菌株的观察指标见表 9-1。

表 9-1　标准菌株的观察指标

培养基	细菌类别	发育	观察指标
营养琼脂	大肠埃希氏菌	+	
	表皮葡萄球菌	+	
品红亚硫酸钠培养基	大肠埃希氏菌	+	分解乳糖，菌落呈紫红色，具金属光泽
	肠球菌	-	
伊红美蓝培养基	大肠埃希氏菌	+	菌落呈深紫黑色，具金属光泽
	肠球菌	-	
乳糖蛋白胨培养液	大肠埃希氏菌	+	产酸产气
	产碱杆菌	-	

注：+表示阳性；-表示阴性。

（2）对每批培养基，要做阳性和阴性对照培养检查实验，对照培养实例见表 9-2。

表 9-2　微生物检测的对照培养

细菌类别	对照培养	
	阳性	阴性
总大肠菌群	大肠埃希氏菌 产气肠杆菌	金黄色葡萄球菌 假单胞菌属
粪大肠菌群	大肠埃希氏菌	产气肠杆菌 粪链球菌
粪链球菌	粪链球菌	金黄色葡萄球菌 大肠埃希氏菌

（3）配制每批培养基均要作好记录，登记培养基配制日期、批次、名称、成分、pH、灭菌条件、配制方法及配制人等。配制好的培养基，不宜存放过久，以少量勤配制为宜。

（五）分析工作的质量控制

1. 无菌性检验

每次实验时，要以无菌水作为水样，检查培养基、滤膜、稀释水、冲洗用水、玻璃器皿和其他器具的无菌性。如检查结果表明有杂菌污染，则应弃去水样实验结果，重取水样检验。

2. 滤膜实验的质量控制

（1）对每一类型水样的检验，每人每月应取 1 个

已知阳性的水样核实菌落，要对同一阳性样在同一滤膜上就典型菌落进行计数，以核实滤膜上的菌落，并比较各化验人员的操作。

(2)核实总大肠菌群时，要从滤膜上挑取至少5个新的大肠菌群菌落，接种于乳糖蛋白胨培养液，经37℃培养24h或于乳糖蛋白胨半固体培养基经37℃培养6~8h，检查有无产气；同时，还应挑取至少10个无光泽菌落同样进行确信实验，以证实未发生假阴性结果。若分析的饮用水样无阳性结果，则每季应至少取1个阳性水样做确信试验。

(3)核实粪大肠菌时，要从滤膜上挑取至少10个典型的蓝色或蓝绿色单个菌落，接种于EC培养液中，经44.5℃培养24h，检查有无产气，如有气体产生，即证实为粪大肠菌。

(4)核实粪链球菌时，应从滤膜挑取至少10个典型的蓝色或蓝绿色单个菌落，接种于胆汁-七叶苷-叠氮化物琼脂培养基上，经4.5℃培养48h。挑选因水解七叶苷而在边缘呈现褐色或黑色的菌落，进行过氧化氢酶实验，不产生氧气泡的菌落为过氧化氢酶阴性反应，即可证实为粪链球菌。

二、玻璃器皿的洗涤和灭菌

(一)玻璃器皿的洗涤

(1)新购置的玻璃器皿，因含游离碱，应先在2%盐酸中浸泡数小时，用自来水冲洗干净，再用蒸馏水冲洗1~2次并沥干。

(2)培养细菌的玻璃器皿，应先经高压蒸汽灭菌，趁热倒出培养基，用热肥皂水或洗涤剂刷洗残渍，再用清水冲洗干净，最后用蒸馏水冲洗1~2次，沥干。

(3)洗涤吸管时，可先置3%来苏尔溶液内浸泡30min或进行高压蒸汽灭菌，再用洗涤剂洗涤，最后用清水及蒸馏水冲洗干净。

(4)洗涤染色瓶时，可在5%漂白粉液中浸泡24h后，再按常规方法洗涤干净。

(5)含油脂的玻璃器皿，应单独高压灭菌洗涤，趁热倒出污物，置于100℃干燥箱烘烤0.5h，再放入5%碳酸氢钠在水中煮沸，先去脂再进行常规洗涤。

(6)新购置的洗涤液，可能因含有抑制或促进细菌生长的化学物质而影响洗涤质量，须进行洗涤效果的检查。

(二)玻璃器皿的灭菌

1. 高压蒸汽灭菌

这是应用最广的灭菌方法，灭菌是用高压蒸汽灭菌锅进行。手提式高压蒸汽灭菌器使用方便，适用于一般细菌检测实验室使用。其操作方法及注意事项如下：

(1)打开锅盖或从加水口处向锅内加入适量的水。

(2)加水后，将待灭菌器皿放入锅内，不要塞得过紧，以使锅内温度均匀，再将锅盖盖好，拧紧螺旋，使其密闭。

(3)打开放气阀，打开热源加热至水沸腾，让锅内冷空气充分逸出。否则，锅内温度达不到压力表所指示的对应温度，灭菌不彻底。当冷空气由排气孔排尽后，再关紧放气活塞等锅内蒸汽压上升至所需压力时，控制热源，维持所需时间，一般为0.10343MPa(121℃)表压，保持20min。

(4)灭菌完毕，关闭热源，必须待压力自然降至0MPa时，方可启盖取出灭菌物品，否则易发生危险。

2. 干热灭菌

实验室中常用的灭菌方法还有热空气灭菌法，具体方法为：将洗净干燥的待灭菌器皿均匀放入恒温干燥箱内，但不得与内层底板直接接触。关闭箱门，开启电源开关，用恒温调节器，使温度上升至160~170℃，维持2h，即可达到灭菌目的。灭菌完毕后，须关闭电源，待温度降至50℃以下时，方可开门取物，否则玻璃器皿会因骤冷而爆裂。

三、培养基的制备

(一)配制培养的注意事项

为了分离和培养微生物，必须有适用于不同微生物的培养基。所有的培养基在配制时都要注意以下几点：

(1)应含有可被迅速利用的碳源、氮源、无机盐类以及其他成分。

(2)含有适量的水分。

(3)调至适合微生物生长的pH。

(4)具有合适的物理性能(透明度、固化性等)。

(二)配制方法

配制一般培养基的主要程序可分为：调配、融化、调整pH、澄清过滤、分装、灭菌鉴定等步骤。

1. 调 配

按培养基配方准确称取各成分，用少量水溶解。对于肉膏之类胶状物，可盛在小烧杯或表面皿中称量，然后加水移入培养基中。此外，也可放在称量纸上称量后直接放入水中。这时如稍微加热，肉膏便会与称量纸分离，然后立即取出纸片。蛋白胨等极易吸潮的物质，在称取时动作要迅速。此外，维生素、氨基酸、无机盐等微量成分，可预先配成高浓度的贮备液，在配制培养基时再按配方比例取一定量加入培养液中即可。

2. 融化

将各成分混匀于水中，最好以流通蒸汽融化0.5h，如在电炉上融化应随时搅拌，如有琼脂成分时，应注意防止外溢。融化后，应注意补充失去的水分，补足至原体积制备大量培养基时，除玻璃器皿外，还可用搪瓷桶、铝锅等容器加热融化，但不可用铜或铁锅，以免金属离子进入培养基中影响细菌生长。

3. 调整 pH

一般细菌用的培养基 pH 应调整为 6.8~7.2，但也有的实验需要酸性或碱性的培养基。培养基在高压灭菌后，pH 降低 0.1~02，故调整时应比实际需要的 pH 高 0.1~0.2。但有时也可降低 0.4，因所使用的灭菌器不同而稍有不同。调整 pH 用盐酸和氢氧化钠，因为在相同 pH 下有机酸比无机酸更易抑制微生物生长，因此除非特殊情况，最好不用乙酸等有机酸来调节 pH。一般用精密 pH 试纸(精确到 0.1pH 单位)调整，必要时也可用酸度计。调节时需注意逐步滴加，勿使过酸或过碱而破坏培养基中某些组分。

4. 过滤澄清

培养基配成后，一般都有沉渣或混浊，须过滤，使其清晰透明方可使用。液态培养基常用滤纸过滤；固态培养基如琼脂培养基，加热后须趁热用脱脂棉或多层纱布过滤。

5. 分装

将调整 pH 后的培养基按需要趁热分装于三角瓶或试管内，以免琼脂冷凝。分装量不宜超过容器的 2/3，以免灭菌时外溢。分装时，应注意勿使培养基黏附于管口与瓶口部位，以免沾染棉塞而滋生杂菌。可以通过下边套有橡皮管及管夹的普通漏斗进行分装。基础培养基一般常分装于三角瓶内，分装的量根据使用目的和要求决定，但必须定量分装，以便灭菌后使用。

(1)琼脂斜面分装量为试管容量的 1/5，灭菌后须趁热放置成斜面，斜面长度约为试管长度的 2/3。

(2)半固体培养基分装量约占试管长度的 1/3，灭菌后趁热直立，待冷却凝固。

(3)高层琼脂分装量约为试管长度的 1/3，灭菌后直立，凝固待用。

(4)琼脂平板是将灭菌后的培养基冷却至 50℃ 左右，在无菌条件下倾入灭菌平皿内。内径 9cm 的平皿倾注培养基约 15mL，轻摇平皿底，使培养基平铺于皿底部，凝固后即成。倾注培养基时，切勿将皿盖全部启开，以免空气中尘埃及细菌落入。新制成的平板，表面水分较多，不利于细菌的分离，通常应将平皿倒扣置于 37℃ 培养箱内约 30min，待平板干燥后使用。

6. 灭菌

加热配制培养基后，应在 2h 内进行灭菌处理。不要把未灭菌的培养基冷藏或常温存放。绝大多数培养基都应在高压灭菌器内于 121℃ 灭菌，并应在达到这一温度后持续 15min。糖类液态培养基或含有其他特殊成分的培养基，高压蒸汽灭菌会使其分解，要用滤膜过滤灭菌。或者将不耐热物质用其他方法灭菌(如流通蒸汽灭菌)后，再加入已灭菌的培养基中。

7. 检定

每批培养基制成后须经检定后方可使用。

8. 保存

配制好的培养基，不宜保存过久，以少量勤配制为宜。每批应注明配制日期。已灭菌的培养基可在 4~10℃ 环境中存放 1 个月。存放时应避免阳光直射，并且要避免杂菌侵入和液体蒸发。

当发酵试管中的液体培养基存放在冰箱或者适中的低温下时，可能有空气溶解进去，以致在 37℃ 培养时，管内形成空气泡。因此，凡存放在低温环境中的发酵试管，使用前应先予以培养过夜，弃去有气泡的管子。

液态培养基在室温下存放如超过 1 周，可能有水分蒸发，如果管内液体损失 10%，应弃去不用。

第二节 显微镜的使用与维护保养

一、显微镜的使用

(一)低倍镜的使用方法

(1)取镜和放置：显微镜平时存放在专用柜或箱中，用时从框中取出，右手握住镜臂，左手托住镜座将显微镜放在自己左肩前方的实验台上，镜座后端距桌边 3.33~6.66cm 为宜，便于坐着操作。

(2)对光：用拇指和中指移动旋转器，切忌手持物镜移动，使低倍镜对准镜台的通光孔，当转动听到碰叩声时，说明物镜光轴已对准镜筒中心。打开光圈，上升集光器，并将反光镜转向光源，以左眼在目镜上观察(右眼睁开)，同时调节反光镜方向，直到视野内的光线均匀明亮为止。

(3)放置玻片标本：取一块玻片标本放在镜台

上，一定使有玻片的一面朝上，切不可放反，用推片器弹簧夹夹住，然后旋转推片器螺旋，将所要观察的部位调到通光孔的正中。

（4）调节焦距：以左手按逆时针方向转动粗调节器，使镜台缓慢地上升至物镜距标本片约 5mm 处，应注意在上升镜台时，切勿在目镜上观察。一定要从右侧看着镜台上升，以免上升过多，造成镜头或标本片的损坏。然后，两眼同时睁开，用左眼在目镜上观察，左手顺时针方向缓慢转动粗调器，使镜台缓慢下降，直到视野中出现清晰的物像为止。如果物象不在视野中心，可调节推片器将其调到中心（注意玻片移动的方向与视野物象移动的方向是相反的）。如果视野内的亮度不合适，可通过升降集光器的位置或开闭光圈的大小来调节。

（二）高倍镜的使用方法

（1）选好目标：一定要先在低倍镜下把需进一步观察的部位调到中心，同时把物象调节到最清晰的状态，转动转换器，调换上高倍镜头。转换高倍镜时转动速度要慢，并从侧面进行观察，防止高倍镜头碰撞玻片；如高倍镜头碰到玻片，说明低倍镜的焦距没有调好，应重新操作。

（2）调节焦距：转换好高倍镜后，用左眼在目镜上观察，此时一般能见到一个不太清楚的物象。如果视野的亮度不合适，可用集光器和光圈加以调节，如果需要更换玻片标本时，必须顺时针（切勿转错方向）转动粗调节器使镜台下降，方可取下玻片标本。

二、显微镜使用的注意事项

（1）取送方法要正确。因为反光镜是通过镜柄插放在镜臂下面的，目镜是插放在镜筒上端的，所以，它们很容易因滑落而损坏。取送显微镜时一定要右手握住镜臂，左手托住镜座，在任何情况下都不能用一只手提着显微镜。持镜时必须是右手握臂、左手托座的姿势，不可单手提取，以免零件脱落或碰撞到其他地方。

（2）不要随意取下目镜，以防尘土落入物镜，也不要任意拆卸各种零件，以防损坏。

（3）保持显微镜的清洁，光学和照明部分只能用擦镜纸擦拭，切忌口吹手抹或用布擦，机械部分可以用布。

（4）目镜和物镜平时放在显微镜箱中专用的盒内。镜头脏了，只能用专用的擦镜纸擦拭，擦时要顺着一个方向擦。水滴、酒精或其他药品切勿接触镜头和镜台，如果被污染应立即擦净。

（5）放置玻片标本时要对准通光孔中央，且不能反放玻片，防止压坏玻片或碰坏物镜。

三、显微镜的维护保养

（1）清洁灰尘应用棉花棒、纱布、柔软的刷子等比较柔软的东西，动作注意轻柔缓慢。有些较顽固的污迹如油迹、指纹等，可以用干净的软棉布、棉花棒、镜头纸等蘸上无水酒精轻轻地擦去。如果是从油镜上擦去浸油，应用镜头纸、软棉布或纱布，蘸上二甲苯轻轻擦去。

（2）不要使用有机溶剂（如酒精、乙醚、稀释剂等）来清洗仪器的油漆和塑料表面。

（3）显微镜在长时间不使用的情况下，应用塑料罩盖好，并储放在干燥的地方防尘防霉。

（4）定期安排专人检查和维护保养显微镜。

第三节　水质粪大肠菌群的测定

一、检测方法介绍

粪大肠菌群又称耐热大肠菌群，是指在 44.5℃ 下培养24h，能在MFC选择性培养基上生长，发酵乳糖产酸，并形成蓝色或蓝绿色菌落的肠杆菌科细菌。

水质粪大肠菌群的检测方法主要有多管发酵法、滤膜法和酶底物法。滤膜法具有检测周期短、操作简单、成本较低的特点，因此，该方法被广泛应用。本节内容只针对标准《水质 粪大肠菌群的测定 滤膜法》（HJ 347.1—2018）进行解读。

二、适用范围

本方法适用于地表水、地下水、生活污水和工业废水中粪大肠菌群的测定。

本方法的检出限：当接种量为 100mL 时，检出限为 10CFU/L；当接种量为 500mL 时，检出限为 2CFU/L。

三、试剂及材料

（一）实验用水

本实验用水为蒸馏水或去离子水。

（二）MFC 培养基

称取 10g 胰胨、5g 蛋白胨、3g 酵母浸膏、5g 氯化钠、12.5g 乳糖、1.5g 胆盐三号，溶于 1000mL 水中。将该溶液 pH 调至 7.4，分装于三角烧瓶内，于 115℃ 下高压蒸汽灭菌 20min，贮存于冷暗处备用。

临用前，按上述配方比例，用灭菌吸管分别加入 1mL 已煮沸灭菌的浓度为 1% 的苯胺蓝水溶液及 1mL 浓度为 1% 的玫瑰红酸溶液（溶于 8.0g/L 氢氧化钠中），混合均匀。如培养物中杂菌不多，可不加玫瑰红酸溶液。加热溶解前，加入 1.2%~1.5% 的琼脂可制成固体培养基（图 9-1）。配制好的培养基应在避光、干燥条件下保存，必要时在（5±3）℃ 冰箱中保存。分装到培养皿中的培养基可保存 2~4 周。配制好的培养基不能进行多次融化操作，宜少量多配。当培养基颜色发生变化或脱水明显时，培养基应废弃。

图 9-1　MFC 培养基

（三）无菌滤膜

本实验用无菌滤膜（图 9-2）为直径为 50mm、孔径为 0.45μm 的醋酸纤维滤膜，按无菌操作要求进行包扎，于 121℃ 下高压蒸汽灭菌 20min，晾干备用。或将滤膜放入烧杯中，加入实验用水，煮沸灭菌 3 次，每次 15min，前 2 次煮沸后需更换水洗涤 2~3 次。

图 9-2　无菌滤膜

（四）无菌水

取适量实验用水，经 121℃ 高压蒸汽灭菌 20min 制成无菌水（图 9-3），备用。

（五）硫代硫酸钠溶液

称取 15.7g 硫代硫酸钠溶于适量水中，定容至 100mL，配成浓度为 0.10g/mL 的硫代硫酸钠溶液。临用现配。

（六）EDTA-2Na 溶液

称取 15g EDTA-2Na，溶于适量水中，定容至 100mL，配成浓度为 0.15g/mL 的 EDTA-2Na 溶液，此溶液可保存 30d。

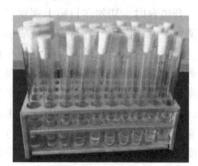

图 9-3　无菌水

四、主要实验器具及仪器

（一）采样瓶

采样瓶（图 9-4）为带螺旋帽或磨口塞的广口玻璃瓶，规格为 250mL、500mL、1000mL。

图 9-4　采样瓶

（二）抽滤装置

抽滤装置配有砂芯滤器和真空泵，抽滤压力勿超过 -50kPa。

（三）恒温培养箱

本实验用恒温培养箱（图 9-5）允许温度偏差为（44.5±0.5）℃。

（四）高压蒸汽灭菌器

本实验用高压蒸汽灭菌器的温度于 115℃、121℃ 可调。

图 9-5　恒温培养箱

(五)pH 计

本实验用 pH 计应准确到 0.1pH 单位。

五、操作步骤

采样后，应在 2h 内检测；否则，样品应在 10℃以下环境中冷藏，但冷藏时间不得超过 6h。实验室接样后，不能立即开展检测的，应将样品在 4℃ 以下冷藏，并在 2h 内检测。

(一)样品过滤

(1)根据样品的种类判断接种量，最小过滤体积为 10mL，如接种量小于 10mL，应逐级稀释。先估计出适合在滤膜上计数所使用的体积，然后再取这个体积的 1/10 和 10 倍，分别过滤。理想的样品接种量是滤膜上生长的粪大肠菌群菌落数为 20~60 个，总菌落数不得超过 200 个。当最小过滤体积为 10mL，但滤膜上菌落密度仍过大时，则应对样品进行稀释。1∶10 稀释的方法为：吸取 10mL 样品，注入盛有 90mL 无菌水的三角瓶中，混匀，制成 1∶10 的稀释样品。样品接种量见表 9-3。

表 9-3　样品接种量参考表　　　单位：mL

样品类型		接种量							
		100	10	1	0.1	10^{-2}	10^{-3}	10^{-4}	10^{-5}
地表水	水源水	▲	▲	▲					
	湖泊(水库)水		▲	▲	▲				
	河流水		▲	▲	▲				
废水	生活污水						▲	▲	▲
	工业废水 处理前					▲	▲	▲	
	工业废水 处理后		▲	▲	▲				
地下水			▲	▲	▲				

注：▲表示选取的接种量，空白表示不选取。

(2)用灭菌镊子以无菌操作的方式夹取无菌滤膜贴放在已灭菌的抽滤装置上，固定好抽滤装置，将样品充分混匀后抽滤，以无菌水冲洗抽滤装置器壁 2~3次。样品过滤完成后，再抽气约 5s，关上开关。

(二)培　养

用灭菌镊子夹取滤膜移放在 MFC 培养基上，让滤膜截留细菌面向上，滤膜应与培养基完全贴紧，两者间不得留有气泡。然后将培养皿倒置，放入恒温培养箱内，于(44.5±0.5)℃环境中培养(24±2)h。

(三)对照试验

1. 空白对照

每次试验都要用无菌水按照上述步骤(包括样品过滤和培养两步)进行实验室空白测定。

2. 阳性及阴性对照

用大肠埃希氏菌(Escherichia coli)作为革兰阳性菌，用产气肠杆菌(Enterobacter aerogenes)作为革兰阴性菌，制成浓度为 40~600CFU/L 的菌悬液。分别按照上述步骤培养，阳性菌株应呈现阳性反应，阴性菌株应呈现阴性反应，否则，该批次样品测定结果无效，应查明原因并重新测定。

(四)操作步骤示意图

为了让操作者更容易理解和掌握水质粪大肠菌群测定的流程，本小节内容制作了水样中的粪大肠菌群测定的操作步骤示意图，如图 9-6 所示。

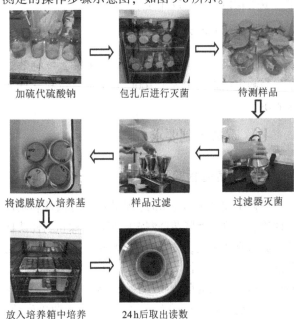

加硫代硫酸钠　　包扎后进行灭菌　　待测样品

将滤膜放入培养基　　样品过滤　　过滤器灭菌

放入培养箱中培养　　24h后取出读数

图 9-6　测定水样中粪大肠菌群的操作步骤示意图

六、结果计算

(一)结果判读

MFC 培养基上呈蓝色或蓝绿色的菌落为粪大肠菌群菌落(图9-7),予以计数;呈灰色、淡黄色或无色的菌落为非粪大肠菌群菌落,不予计数。

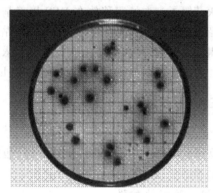

图9-7 废水中的粪大肠菌群菌落(蓝色)

(二)结果计算

样品中的粪大肠菌群按照下式计算

$$C = \frac{C_1 \times 1.000}{f} \qquad (9-1)$$

式中:C——样品中粪大肠菌群数,CFU/L;

C_1——滤膜上生长的粪大肠菌群菌落总数;

f——样品接种量,mL。

注意:若平行样结果都在 20~60CFU/L,最终结果应取平均值,其值以几何平均值计算。

(三)结果表示

测定结果保留至整数位,最多保留 2 位有效数字。当测定结果大于等于 100CFU/L 时,以科学计数法表示。

七、质量控制要求

(一)培养基检验

更换不同批次培养基时,要进行阳性菌株和阴性菌株检验,将粪大肠菌群测定的阳性菌株和阴性菌株配制成适宜的浓度,按样品过滤要求使滤膜上生长的菌落数为 20~60 个,然后按培养的要求进行操作。阳性菌株应生长为蓝色或蓝绿色的菌落,阴性菌株应生长为灰色、淡黄色或无色的菌落,或无菌落生长。否则,如该批次样品测定结果无效,应查明原因后重新测定。

(二)对照试验要求

1. 空白对照

每次试验都用无菌水按照步骤进行实验室空白测定,培养后的培养基上不得有任何菌落生长。否则,该批次样品测定结果无效,应查明原因后重新测定。

2. 阳性及阴性对照

定期按照阳性及阴性对照试验的要求进行阳性及阴性对照试验,阳性菌株应呈现阳性反应,阴性菌株应呈现阴性反应。否则,该批次样品测定结果无效,应查明原因后重新测定。

八、干扰及消除方法

(1)活性氯具有氧化性,能破坏微生物细胞内的酶活性,导致细胞死亡,可在样品采集时加入 0.10g/mL 硫代硫酸钠溶液消除干扰。

(2)重金属离子具有细胞毒性,能破坏微生物细胞内的酶活性,导致细胞死亡,可在样品采集时加入 0.15g/mL EDTA-2Na 溶液消除干扰。

第四节 水质总大肠菌群的测定

一、检测方法介绍

总大肠菌群是指一群在 37℃环境中培养 24h 能发酵乳糖、产酸产气、需氧和兼性厌氧的革兰阴性无芽孢杆菌。

水质总大肠菌群的检测方法主要有多管发酵法、滤膜法和酶底物法。其中,酶底物法由于检测周期短、操作简便、结果判读明显,被广泛应用。总大肠菌群测定的酶底物法是指在选择性培养基上能产生 β-半乳糖苷酶(β-D-galactosidase)的细菌群组,该细菌群组能分解色原底物释放出色原体,使培养基呈现颜色变化,以此来检测水中总大肠菌群。本节内容只针对标准《生活饮用水标准检验方法 微生物指标》(GB/T 5750.12—2006)中的总大肠菌群酶底物法进行解读。

二、适用范围

本方法适用于生活饮用水及其水源水中的总大肠菌群的检测。利用本方法可在 24h 内判断水样中是否含有总大肠菌群及含有的总大肠菌群的最大可能数。

三、试剂与材料

(一)实验用水

本实验用水为蒸馏水。

(二)培养基

本实验用培养基可选用市售商品化培养基。

(三)生理盐水

称取 8.5g 氯化钠溶于适量蒸馏水中，定容至 1000mL。将配制好的溶液分装到稀释瓶内，每瓶 90mL，经 121℃高压蒸汽灭菌 20min，备用。

四、主要实验器具及仪器

(一)量　筒

本实验所用量筒的规格为 100mL、500mL、1000mL。

(二)吸　管

本实验所用吸管为 1mL、5mL 及 10mL 的无菌玻璃吸管或一次性塑料吸管。

(三)稀释瓶

本实验所用稀释瓶为 100mL、250mL、500mL 及 1000mL 能耐高压的灭菌玻璃瓶。

(四)试　管

本实验所用的试管为可高压灭菌的玻璃试管或塑料试管，大小约 15mm×10cm。

(五)培养箱

使用时，应保证培养箱通风孔 10cm 内无物品，温度保持在(36±1)℃。

(六)高压蒸汽灭菌器

本实验所用高压蒸汽灭菌器于 115℃、121℃ 可调。

(七)97 孔定量盘

97 孔定量盘(图 9-8)即定量培养用无菌塑料盘，含 97 个孔穴，包括 49 个大孔和 48 个小孔。其中，每个小孔可容纳 0.186mL 样品，每个大孔可容纳 1.86mL 样品，一个顶部大孔可容纳 11mL 样品。本实验可采用已灭菌的市售商品化成品。

图 9-8　97 孔定量盘

(八)程控定量封口机

程控定量封口机(图 9-9)是一种专门用于对 51 孔或 97 孔定量盘进行密封的设备，配合微生物检测试剂使用，能够快速、准确、简单地检测出水中的总大肠菌群、大肠埃希氏菌等。

图 9-9　程控定量封口机

(九)阳性比色盘

阳性比色盘(图 9-10)即 97 孔阳性比色对照盘，用于判读水样中的总大肠菌群是否为阳性。

图 9-10　阳性比色盘

五、操作步骤

(一)水样稀释

检测所需水样为 100mL。若水样污染严重，可对水样进行稀释，取 10mL 水样加入 90mL 灭菌生理盐水中，必要时可加大稀释度。

(二)97 孔定量盘法

(1)用 100mL 的无菌稀释瓶量取 100mL 水样，加入科立得试剂[(2.7±0.5)g MMO-MUG 培养基粉末]，混摇均匀使之完全溶解，如图 9-11 所示。

（a）科立得试剂　　（b）在水样中加入科立得试剂

图 9-11　添加商品化试剂操作

(2)将前述 100mL 水样全部倒入 97 孔无菌定量盘内(图 9-12)，以手抚平定量盘背面以赶出孔穴内气泡(图 9-13)。然后，用程控定量封口机封口，如图 9-14 所示。

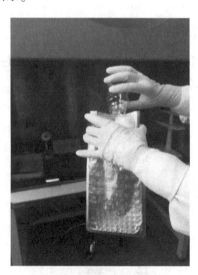

图 9-12　将水样倒入定量盘

图 9-13　赶出定量盘孔穴内气泡

图 9-14　用程控定量封口机封口

(三)培　养

将定量盘放入(36±1)℃的培养箱中培养 24h。

六、结果判读及计数

(一)结果判读

将水样培养 24h 后进行判读，如果结果为可疑阳性，可延长培养时间到 28h 后再进行结果判读，超过 28h 之后出现的颜色反应不作为阳性结果。

将培养后的水样用保质期内的标准阳性比色盘辅助进行结果判读，如果孔穴内的水样变成黄色且比阳性比色盘颜色深，则判读为阳性，即该孔穴中含有总大肠菌群；如果孔穴内的水样未变色或未变成黄色，且比阳性比色盘颜色浅，则判读为阴性，即该孔穴中不含有总大肠菌群。检测结果判定说明见表 9-4。

表9-4 水质总大肠菌群检测结果说明

显色情况	结果
水样颜色比阳性比色盘的黄色浅	水样中的总大肠菌群为阴性
水样颜色比阳性比色盘的黄色深，或两者颜色相同	水样中的总大肠菌群为阳性

(二)结果计数

分别记录97孔定量盘中大孔和小孔的阳性孔数量。对照97孔定量盘最可能数表查出代表的总大肠菌群最可能数，结果以 MPN/100mL 表示。如所有孔未变成黄色，则可报告为总大肠菌群未检出。

七、质量控制要求

(1)每批次样品按对照试验步骤进行空白对照测定，且定期使用有证标准菌株进行阳性和阴性对照试验。

(2)每20个样品或每批次样品(样品数量小于等于20个)测定1个平行样。

(3)对每批次培养基使用有证标准菌株进行培养基质量检验。

(4)定期使用有证标准菌株/标准样品进行质量检验。

八、干扰及消除方法

(1)活性氯具有氧化性，能破坏微生物细胞内的酶活性，导致细胞死亡，可在样品采集时加入硫代硫酸钠溶液消除干扰。

(2)重金属离子具有细胞毒性，能破坏微生物细胞内的酶活性，导致细胞死亡，可在样品采集时加入乙二胺四乙酸二钠溶液消除干扰。

九、操作注意事项

(1)100mL 商品化无菌取样瓶中含有 10~35mg 硫代硫酸钠，可以去除 15mg/L 的余氯。

(2)如水样中含有过多的氯，加入科立得试剂后，可能显蓝光或产生白色泡沫，则该水样不可用此方法检测总大肠菌群。

(3)如果水样本身带有颜色，将样品留取 100mL 但不加入科立得试剂做阴性对照，检测结果只要比原样品颜色深，即可认为是阳性。

(4)检测使用过的定量盘应经高压灭菌后弃去。将约 30 个定量盘放入防爆袋中，用绳子松松地扎住袋口，放入高压蒸汽灭菌锅中，于 121℃ 高压灭菌 20min 后从高压蒸汽灭菌器中取出，将防爆袋和定量盘丢弃。

(5)如果发现取样瓶中的硫代硫酸钠为液滴状，可能是因为温度升高导致其熔化，不影响使用。

第十章
质量控制

第一节　原始记录的填写及审核

一、有效数字的运算

在环境监测或质控工作中，常需处理各种复杂的监测数据。这些数据经常表现出波动，甚至在相同条件下，获得的实验数据也会有不同的取值。对此，可用数理统计的方法处理获得的一批有代表性的数据，以判别数据的取舍。

(一)数据处理的程序

1. 数据的整理与修约

应按照有效数字的规定，进行有效数字的修约、数值计算和检验，然后将数据列表。

0、1、2、3、4……9 这 10 个数学符号称为数字，由单一数字或多个数字可以组成数值，一个数值中，各个数字所有的位置称数位。

测量结果的记录、运算和报告，必须用有效数字表示。有效数字用于表示测量结果，指测量中实际能测得的数值，即表示数字的有效意义。一个由有效数字构成的数值，其倒数第二位以上的数字应该是可靠的。只有末位数字可以是可疑的或为不确定的。所以，有效数字是由全部数字和 1 位不确定数字构成的。由有效数字构成的测量结果，只应包含有效数字。对有效数字的位数不能任意增删。

当数字"0"用于指示小数点的位置而与测量的准确度无关时，不是有效数字，这与"0"在数值中的位置有关。例如：

(1)第一个非零数字前的"0"不是有效数字。

例 10-1:　　0.0498　　3 位有效数字
　　　　　　0.005　　　1 位有效数字

(2)非零数字中的"0"是有效数字。

例 10-2:　　5.0085　　5 位有效数字
　　　　　　8502　　　4 位有效数字

(3)小数中最后一个非零数字后的"0"是有效数字。

例 10-3:　　5.8500　　5 位有效数字
　　　　　　0.390%　　3 位有效数字

(4)以"0"结尾的整数，有效数字的位数难以判断，如 58500 可能是 3 位、4 位或 5 位有效数字，在此情况下，应根据测定值的准确度数字或指数形式确定。

例 10-4:　　5.85×10^4　　　3 位有效数字
　　　　　　5.8500×10^4　　5 位有效数字

2. 数值修约规则

推荐按《数值修约规则与极限数值的表示和判定》(GB/T 8170—2008)进行数值修约。

1)确定修约间隔

(1)指定位数：指定修约间隔为 10^{-n}（n 为正整数），或指明将数值修约到 n 位小数。

(2)指定修约间隔为 1，或指明将数值修约到个数位。

(3)指定修约间隔为 10^n（n 为正整数），或指明将数值修约到 10^n 位数，或指明将数值修约到"十""百""千"……位数。

2)进舍规则

应按照"四舍六入五单双"的原则取舍。

(1)拟舍弃数字的最左 1 位数字小于 5 时，则舍去，即保留的各位数字不变。如：将 12.1258 修约到 1 位小数，得 12.1；将 12.1258 修约到个数位，得 12。

(2)拟舍弃数字的最左 1 位数字大于 5，则进 1，即保留的末位数字加 1。如：将 1268 修约到百位数，得 13×10^2（特定时可写为 1300）。

(3)拟舍弃数字的最左 1 位数字为 5，且其后有非 0 数字时进 1，即保留数字的末位数字加 1。如：

将 10.5002 修约到个数位，得 11。

（4）拟舍弃数字的最左 1 位数字为 5，且其后无数字或皆为 0 时，若所保留的末位数字为奇数（1、3、5、7、9），则进 1，即保留数字的末位数字加 1；若保留的末位数字为偶数（2、4、6、8、0），则舍去。

例 10-5：修约间隔为 0.1（或 10^{-1}）

拟修约数值	修约值
1.050	10×10^{-1}（特定场合可写为 1.0）
0.35	4×10^{-1}（特定场合可写为 0.4）

例 10-6：修约间隔为 1000（或 10^3）

拟修约数值	修约值
2500	2×10^3（特定场合可写为 2000）
3500	4×10^3（特定场合可写为 4000）

（5）负数修约时，先将它的绝对值按上述（1）~（4）规定进行修约，然后在所得值前面加上负号。

例 10-7：将下列数字修约到十位数

拟修约数值	修约值
-355	-36×10（特定场合可写为 -360）
-325	-32×10（特定场合可写为 -320）

例 10-8：将下列数字修约到 3 位小数，即修约间隔为 10^{-3}

拟修约数值	修约值
-0.0365	-36×10^{-3}（特定场合可写为 -0.036）

3）不得连续修约

拟修约数字应在确定修约间隔后 1 次修约获得结果，而不得多次按规则 2）连续修约。

例 10-9：15.4546 修约间隔为 1

正确方法：15.4546→15

不正确方法：15.4546 → 15.455 → 15.46 → 15.5→16

（二）记数规则

（1）记录数据时，只保留 1 位可疑数字。

例 10-10：用最小分度值为 0.1mg 的分析天平称量时，有效数字可以记录到小数点后第 4 位。用分度标记的吸管或滴定管量取溶液时，读数的有效位数可达其最小分度后 1 位，保留 1 位不确定数字。

（2）表示精密度通常只取 1 位有效数字。测定次数很多时，可取 2 位有效数字，且最多只取 2 位。

（3）在计算中，当有效数字位数确定后，其余数字应按修约规则一律舍去。

（4）在计算中，某些倍数、分数、不连续物理量的数目，以及不经测量而完全根据理论计算或定义得到的数值，其有效数字的位数可视为无限。这类数值在计算中需要几位就可以写几位。

例 10-11：数字中的 x、e；三角形面积 $S=(1/2)$ ah 中的 1/2、$1m=100cm$ 中的 100；测定次数 n；方差的自由度 f；等等。

（5）测量结果的有效数字所能达到的位数，不能低于方法检出限的有效数字所能达到的数位。

（三）近似计算规则

（1）加减法：几个近似值相加减时，其和或差的有效数字位数，与小数点后位数最少者相同。在运算过程中，可以多保留 1 位小数。计算结果则按数值修约规则处理。

（2）乘法和除法：几个数值相乘除时，所得积或商的有效数字位数取决于各种值中有效数字位数最少者。在实际运算时，先将各近似值修约至比有效数字位数最少者多保留 1 位有效数字，再将计算结果按上述规则处理。

例 10-12：$0.0676 \times 70.19 \times 6.5023 \approx 0.0676 \times 70.19 \times 6.502 = 30.850975688$

最后计算结果用 3 位有效数字，表示为：30.9。

（3）乘方和开方：几个数值相乘或开方，原近似值有几位有效数字，计算结果就可以保留几位有效数字。

例 10-13：$6.54^2 = 42.7716$，保留 3 位有效数字为 42.8。

$7.39^{1/2} \approx 2.71845 \cdots \cdots$，保留 3 位有效数字则为 2.72。

（4）对数和反对数：在计算中，所取对数的小数点后的位数（不包括首数）应与真数的有效数字位数相同。

例 10-14：求 $c(H^+)$ 为 7.98×10^{-2} mol/L 溶液的 pH。

$c(H^+) = 7.98 \times 10^{-2}$ mol/L

$pH = -lg c(H^+) = -lg(7.8 \times 10^{-2}) = 1.10$

pH 为 3.20 溶液的 $c(H^+)$

$pH = -lg c(H^+) = 3.2$

$c(H^+) = 6.3 \times 10^{-4}$ mol/L

（5）平均值：求 4 个或 4 个以上准确度接近的近似值的平均值时，其有效数字可增加 1 位。

例 10-15：求 3.77、3.70、3.79、3.80、3.72 的均值 $\bar{X}$。

$\bar{X} = (3.77+3.70+3.79+3.80+3.72)/5 = 3.756$

二、原始记录填写要求

（1）记录应使用正确的格式。统一使用法定的计量单位，运算按数字修约和计算规律进行。原始记录应用碳素或蓝黑墨水填写。

（2）记录应及时、清晰、明了，不得随意涂改。

因笔误或计算错误需要修改数据，应采用单杠划去原数据，在其上方写上更改后的数据，加盖更改人的印章。更改人应是原记录人。

（3）记录应完整准确，包含足够多的信息，以便识别不确定度的影响因素，便于重要的质量活动和监测过程能在接近原条件的情况下复现。记录中所有栏目都必须填写，如因某种原因不能填写的，应说明理由，并将此项用单杠划去，各栏目负责人签名不留空白。

（4）带有计算机等贮存、处理功能的监测仪器设备所测试出的原始数据和统计数据应以磁盘或光盘备份（将磁盘、光盘存于防磁文件柜中），或随时打印出来。

（5）以照片、录像形式存储的记录，照片必要时应冲洗出来并配有相应的说明，与底片一起同时存档。录像应一式两套，一套存档，一套供日常使用。

第二节　检测误差

一、误差的概念

由于人们认识能力的不足和科学技术水平的限制，测量值与真值（某个量的响应体现出的客观值或真值）之间总是存在差异，这个差异称为误差。任何测量结果都具有误差，误差存在于一切测量的全过程。

二、误差的分类

（一）系统误差

系统误差又称"恒定误差""可测误差"或"偏倚"，是指在多次测量同一量时，某测量值与真值之间的误差的绝对值和符号保持恒定或归结为某几个因数函数，它可以被修正或消除。

（二）随机误差

随机误差是由测量过程中各种随机因素的共同作用造成的。如环境温度变化、电源电压微小波动、仪器噪声的变化、分析人员判断能力和操作技术的差异等。它可以减小，不能被消除，减小的方法是增加测量次数。

在实际测量条件下，多次测量同一量时，误差的绝对值和符号的变化，时大时小、时正时负，但是主要服从正态分布，具有下列特点：

（1）有界性：在一定条件下，对同一量进行有限次测量的结果，其误差的绝对值不会超过一定界限。

（2）单峰性：绝对值小的误差出现次数比绝对值大的误差出现次数多。

（3）对称性：在测量次数足够多时，绝对值相等的正误差与负误差出现次数大致相等。

（4）抵偿性：在一定条件下，对同一量进行测量，随机误差的代数和随着测量次数的无限增加而趋于0。

（三）过失误差

过失误差是由测量过程中不应有的错误造成的，如错用样品、错加试剂、仪器故障、记录错误或计算错误等。过失错误一经发现必须立即纠正。

三、误差的表示方法

（1）测量值和真值之差，称为绝对误差。即

$$E = X - T \qquad (10\text{-}1)$$

式中：E——绝对误差；

X——测量值；

T——真值。

（2）绝对误差与真值的比值，叫作相对误差

$$E_r = \frac{E}{T} \times 100\% \qquad (10\text{-}2)$$

式中：E_r——相对误差。

（3）由于真值一般是不知道的，所以绝对误差常以绝对偏差表示。

某一测量值与多次测量值的均值之差

$$d_i = X_i - \frac{d_i}{\overline{X}} \qquad (10\text{-}3)$$

绝对偏差与均值的比值，叫作相对偏差

$$d_r = \frac{d_i}{\overline{X}} \times 100\% \qquad (10\text{-}4)$$

式中：d_r——相对偏差；

d_i——绝对偏差；

$\overline{X}$——多次测量值的均值。

（4）绝对偏差的绝对值之和的平均值，用平均偏差表示

$$\overline{d} = \frac{1}{n} \sum_{i=1}^{n} |d_i| \qquad (10\text{-}5)$$

式中：$\overline{d}$——平均偏差；

n——测量值的个数；

i——某一数值。

（5）平均偏差与均值的比值，叫作相对平均偏差

$$\overline{d}_r = \frac{\overline{d}}{\overline{X}} \times 100\% \qquad (10\text{-}6)$$

式中：$\bar{d}_r$——相对平均偏差。

（6）一组测量值内最大值与最小值之差，称为极差

$$R = X_{max} - X_{min} \qquad (10\text{-}7)$$

式中：R——极差；

　　X_{max}——测量值内最大值；

　　X_{min}——测量值内最小值。

差方和 S、方差 s^2、标准偏差 s、相对标准偏差 $RSD(\%)$，用以下各式表示

$$S = \sum_{i=1}^{n} x_i^2 - \frac{1}{n}\left(\sum_{i=1}^{n} x_i\right)^2 \qquad (10\text{-}8)$$

$$s^2 = \frac{1}{n-1}\left[\sum_{i=1}^{n} x_i^2 - \frac{1}{n}\left(\sum_{i=1}^{n} x_i\right)^2\right] \qquad (10\text{-}9)$$

$$s = \sqrt{\frac{1}{n-1}\left[\sum_{i=1}^{n} x_i^2 - \frac{1}{n}\left(\sum_{i=1}^{n} x_i\right)^2\right]} \qquad (10\text{-}10)$$

$$RSD = \frac{s}{\bar{X}} \times 100\% \qquad (10\text{-}11)$$

式中：n——试样总数或测量次数；

　　x——各次测量值；

　　x_i——某一次测量值。

（7）准确度某单次重复测定值的总体均值与真值之间的符合程度叫作准确度。准确度一般用相对误差来表示

$$RE = \frac{\mu - \bar{X}}{\mu} \times 100\% \qquad (10\text{-}12)$$

式中：μ——真值。

在特定分析程序和受控条件下，重复分析均一样品测定值之间的一致程度称为精密度。它可以用标准偏差、相对标准偏差、平均偏差或相对平均偏差来表示。

第三节　实验室内部质量控制

一、实验室内部质量控制的目的和意义

实验室内部质量控制（quality control，QC）的目的在于控制监测分析人员的实验误差，使之在规定的范围，以保证测试结果的精密度和准确度能在给定的置信水平下，达到容许限规定的质量要求。

二、实验室内部质量控制的程序

（一）方法选定

分析方法是分析测试的核心。每种分析方法各有其特定的适用范围，应首先选用国家标准中的分析方法。这些方法是通过统一验证和标准化程序，上升为国家标准的，是最可靠的分析方法。

如果没有相应的标准方法时，应优先采用统一方法，这种方法也是经过验证的，是比较成熟和完善的分析方法，在经过全面的标准化程序经有关机构批准后可以上升为标准方法。

如果在既无标准方法也无统一方法时，可选用试行方法或新方法，但必须做等效实验，报经上级批准后才能使用。

（二）基础实验

（1）对选定的方法，要了解其特性，正确掌握实验条件，必要时，应带已知样品（明码样）进行方法操作练习，直到熟悉和掌握为止。

（2）做空白试验：

①空白值的大小和它的分散程度，影响着方法的检测限和测试结果的精密度。

②影响空白值的因素有：纯水质量、试剂纯度、试液配制质量、玻璃器皿的洁净度、精密仪器的灵敏度和精密度、实验室的清洁度、分析人员的操作水平和经验等。

③空白试验值的要求：空白实验的重复结果应控制在一定的范围内，一般要求平行双份测定值的相对差值不大于50%。

（三）检测（出）限的估算

检出限（limit of detection 或 minimum detectability）为某特定分析方法在给定的置信度内可从样品中检出待测物质的最小浓度或最小量。所谓"检出"是指定性检出，即判定样品中存有浓度高于空白的待测物质。

检出限除了与分析中所用试剂和水的空白有关外，还与仪器的稳定性及噪声水平有关。在灵敏度计算中没有明确噪声大小，因而操作者可以将检测器的输出信号，通过放大器放到足够大，从而使灵敏度达到相当高。显然这是不妥的，必须考虑噪声这一参数，将产生两倍噪声信号时，单位体积的载气或单位时间内进入检测器的组分量称为检出限。则

$$D = 2N/S \qquad (10\text{-}13)$$

式中：N——噪声，mV 或 A；

　　S——检测器灵敏度；

　　D——检出限，其单位随 S 不同也有 3 种：

　　　　$D_g = 2N/S_g$，mg/mL；

　　　　$D_v = 2N/S_v$，mL/mL；

　　　　$D_t = 2N/S_t$，g/s。

　　D_g——进入检测器的组分为气体时，浓度型检

测器的检出限；

D_v——进入检测器的组分为液体时，浓度型检测器的检出限；

D_t——质量型检测器的检出限；

S_g——进入检测器的组分为气体时，浓度型检测器的灵敏度；

S_v——进入检测器的组分为液体时，浓度型检测器的灵敏度；

S_b——质量型检测器的灵敏度。

有时也用最小检测量（MDA）或最小检测浓度（MDC）作为检出限。它们分别是产生 2 倍噪声信号时，进入检测器的物质量（单位为 g）或浓度（单位为 mg/mL）。

不少高灵敏度检测器，如氢火焰离子化检测器、氮磷检测仪（NPD）、电子俘获检测仪（ECD）等往往用检出限表示检测器的性能。

灵敏度和检出限是两个从不同角度表示检测器对测定物质敏感程度的指标，前者越高、后者越低，说明检测器性能越好。

检出限的计算方法为：

（1）在《全球环境监测系统水监测操作指南》中规定：给定置信水平为 95% 时，样品测定值与零浓度样品的测定值有显著性差异，即为检出限（D.L）。这里的零浓度样品是不含待测物质的样品。

$$D.L = 4.6\delta \qquad (10\text{-}14)$$

式中：δ——空白平行测定（批内）标准偏差（重复测定 20 次以上）。

（2）国际纯粹与应用化学联合会（IUPAC）对检出限作如下规定。

对各种光学分析方法，可测量的最小分析信号 x_L 以下式确定

$$x_L = \bar{x}_b + K'S_b \qquad (10\text{-}15)$$

式中：$\bar{x}_b$——空白多次测得信号的平均值；

S_b——空白多次测得信息的标准偏差；

K'——根据一定置信水平确定的系数。

与 $x_L - \bar{x}_b$（即 $K'S_b$）相应的浓度或量即为检出限

$$D.L = (x_L - \bar{x}_b)/k = K'S_b/k \qquad (10\text{-}16)$$

式中：k——方法的灵敏度（即校准曲线的斜率）。

为了评估 $\bar{x}_b$ 和 S_b，实验次数必须达到至少 20 次。

1975 年，国际纯粹与应用化学联合会建议对光谱化学分析法取 $K' = 3$。由于低浓度水平的测量误差可能不遵从正态分布，且空白的测定次数有限，因而与 $K' = 3$ 相应的置信水平大约为 90%。

此外，尚有将 K' 取为 4、4.6、5 及 6 的建议。

（3）美国标准 EPA SW-846 中规定方法检出限

$$MDL = 3.143\delta \quad (\delta\text{ 重复测定 7 次}) \qquad (10\text{-}17)$$

（4）在某些分光光度法中，以扣除空白值后的与 0.01 吸光度相对应的浓度值为检出限。

（5）气相色谱分析的最小检测量是指检测器恰能产生与噪声相区别的响应信号时所需进入色谱柱的物质的最小量，一般认为恰能辨别的响应信号，最小应为噪声的 2 倍。

最小检测浓度是指最小检测量与进样量（体积）之比。

（6）某些离子选择电极法规定：当校准曲线的直线部分外延的延长线与通过空白电位且平行于浓度轴的直线相交时，其交点所对应的浓度值即为该离子选择电极法的检出限。

三、校准曲线的绘制

绘制校准曲线时：

（1）至少应包括 5 个浓度点的信号值。

（2）校准曲线分工作曲线和标准曲线，根据具体方法选用。

（3）测定信号值后，在坐标纸上绘制散点分布图。

（4）散点图的点阵分布满足要求后，再进行线性回归处理，根据回归结果建立回归方程

$$y = a + bx \qquad (10\text{-}18)$$

式中 y——因变量；

a——直线的斜率；

b——直线的截距；

x——自变量。

否则应查找原因后，再进行回归。

四、常规监测的质控程序

常规监测质控程序的主要目的是控制测试数据的准确度和精密度，常用的程序有：

（1）平行样分析：同一样品的 2 份或多份子样在完全相同的条件下进行同步分析，一般做平行双样。它反映测试的精密度（抽取样品数的 10%~20%）。

（2）加标回收分析：在测定样品时，于同一样品中加入一定量的标准物质进行测定，将测定结果扣除样品的测定值，计算回收率，一般应为样品数量的 10%~20%。

（3）密码样分析：密码平行样的密码加标样分析，是由专职质控人员，在所需分析的样品中，随机抽取 10%~20% 的样品，编为密码平行样或加标样，这些样品对分析者本人均是未知样品。

（4）标准物质（或质控样）对比分析：标准物质（或质控样）可以是明码样，也可以是密码样，它的

结果是经权威部门（或一定范围的实验室）定值，有准确测定值的样品，它可以检查分析测试的准确性。

（5）室内互检：同一实验室内的不同分析人员之间的相互检查和比对分析。

（6）室间外检：将同一样品的子样分别交付不同实验室进行分析，以检验分析的系统误差。

（7）方法比较分析：对同一样品分别使用具有可比性的不同方法进行测定，并将结果进行比较。

（8）质量控制图的绘制：为了直观地描绘数据质量的变化情况，以便及时发现分析误差的异常变化或变化趋势所采取的一种统计方式。一般应由专职质控人员来执行。

第四节 实验室间质量控制

一、实验室间质量控制的目的

实验室间质量控制的目的在于使协同工作的实验室间能在保证基础数据质量的前提下，提供准确可靠的测试结果，即在控制分析测试的随机误差达到最小的情况下，进一步控制系统误差。主要用于实验室性能评价和分析人员的技术评定、协作实验仲裁分析等方面。

二、实验室间质量控制的程序

（1）建立工作机构：通常由上级单位的实验室或专门组织的专家技术组负责主持该项工作。

（2）制订计划方案：按照工作目的、要求制订工作计划。包括实施范围、实施内容、实施方式、日期、数据报表及结果评价方法和标准等。

（3）统一样品的测试：在上级机构规定的期限内进行样品测试，包括平行样测定、空白实验等，按要求上报结果。

（4）实验室间质量控制考核报表及数据处理。

①领导或主管机构在收到各实验室统一样品测定结果后，及时进行登记整理、统计和处理，以制定的误差范围评价各实验室数据的质量（一般采用扩展标准偏差或不确定度来评价）。

②绘制质量控制图，检查各实验室间是否存在系统误差。

（5）向参加单位通知测试结果。

第五节 《检验检测机构资质认定能力评价 检验检测机构通用要求》（RB/T 214—2017）重点内容摘选

《检验检测机构资质认定能力评价 检验检测机构通用要求》（RB/T 214—2017）是资质认定对检验检测机构能力评价的通用要求，该标准于2017年10月16日发布，2018年5月1日正式实施。标准规定了对检验检测机构进行资质认定能力评价时，在机构、人员、场所环境、设备设施、管理体系等方面的通用要求。适用于向社会出具具有证明作用的数据、结果的检验检测机构的资质认定能力评价，也适用于检验检测机构的自我评价。其中重点内容摘述如下：

4.1.1 检验检测机构应是依法成立并能够承担相应法律责任的法人或者其他组织。检验检测机构或者其所在的组织应有明确的法律地位，对其出具的检验检测数据、结果负责，并承担相应法律责任。不具备独立法人资格的检验检测机构应经所在法人单位授权。

4.1.2 检验检测机构应明确其组织结构及管理、技术运作和支持服务之间的关系。检验检测机构应配备检验检测活动所需的人员、设施、设备、系统及支持服务。

4.1.3 检验检测机构及其人员从事检验检测活动，应遵守国家相关法律法规的规定，遵循客观独立、公平公正、诚实信用原则，恪守职业道德，承担社会责任。

4.1.4 检验检测机构应建立和保持维护其公正和诚信的程序。检验检测机构及其人员应不受来自内外部的、不正当的商业、财务和其他方面的压力和影响，确保检验检测数据、结果的真实、客观、准确和可追溯。检验检测机构应建立识别出现公正性风险的长效机制。如识别出公正性风险，检验检测机构应能证明消除或减少该风险。若检验检测机构所在的组织还从事检验检测以外的活动，应识别并采取措施避免潜在的利益冲突。检验检测机构不得使用同时在两个及以上检验检测机构从业的人员。

4.1.5 检验检测机构应建立和保持保护客户秘密和所有权的程序，该程序应包括保护电子存储和传输结果信息的要求。检验检测机构及其人员应对其在检验检测活动中所知悉的国家秘密、商业秘密和技术秘密负有保密义务，并制定和实施相应的保密措施。

4.2 人员

4.2.1 检验检测机构应建立和保持人员管理程

序，对人员资格确认、任用、授权和能力保持等进行规范管理。检验检测机构应与其人员建立劳动、聘用或录用关系，明确技术人员和管理人员的岗位职责、任职要求和工作关系，使其满足岗位要求并具有所需的权力和资源，履行建立、实施、保持和持续改进管理体系的职责。检验检测机构中所有可能影响检验检测活动的人员，无论是内部还是外部人员，均应行为公正，受到监督，胜任工作，并按照管理体系要求履行职责。

4.2.2　检验检测机构应确定全权负责的管理层，管理层应履行其对管理体系的领导作用和承诺：

a) 对公正性做出承诺；

b) 负责管理体系的建立和有效运行；

c) 确保管理体系所需的资源；

d) 确保制定质量方针和质量目标；

e) 确保管理体系要求融入检验检测的全过程；

f) 组织管理体系的管理评审；

g) 确保管理体系实现其预期结果；

h) 满足相关法律法规要求和客户要求；

i) 提升客户满意度；

j) 运用过程方法建立管理体系和分析风险、机遇。

4.2.3　检验检测机构的技术负责人应具有中级及以上专业技术职称或同等能力，全面负责技术运作；质量负责人应确保管理体系得到实施和保持；应指定关键管理人员的代理人。

4.2.4　检验检测机构的授权签字人应具有中级及以上专业技术职称或同等能力，并经资质认定部门批准，非授权签字人不得签发检验检测报告或证书。

4.2.5　检验检测机构应对抽样、操作设备、检验检测、签发检验检测报告或证书以及提出意见和解释的人员，依据相应的教育、培训、技能和经验进行能力确认。应由熟悉检验检测目的、程序、方法和结果评价的人员，对检验检测人员包括实习员工进行监督。

4.2.6　检验检测机构应建立和保持人员培训程序，确定人员的教育和培训目标，明确培训需求和实施人员培训。培训计划应与检验检测机构当前和预期的任务相适应。

4.2.7　检验检测机构应保留人员的相关资格、能力确认、授权、教育、培训和监督的记录，记录包含能力要求的确定、人员选择、人员培训、人员监督、人员授权和人员能力监控。

4.3　场所环境

4.3.1　检验检测机构应有固定的、临时的、可移动的或多个地点的场所，上述场所应满足相关法律法规、标准或技术规范的要求。检验检测机构应将其从事检验检测活动所必需的场所、环境要求制定成文件。

4.3.2　检验检测机构应确保其工作环境满足检验检测的要求。检验检测机构在固定场所以外进行检验检测或抽样时，应提出相应的控制要求，以确保环境条件满足检验检测标准或者技术规范的要求。

4.3.3　检验检测标准或者技术规范对环境条件有要求时或环境条件影响检验检测结果时，应监测、控制和记录环境条件。当环境条件不利于检验检测的开展时，应停止检验检测活动。

4.3.4　检验检测机构应建立和保持检验检测场所良好的内务管理程序，该程序应考虑安全和环境的因素。检验检测机构应将不相容活动的相邻区域进行有效隔离，应采取措施以防止干扰或者交叉污染。检验检测机构应对使用和进入影响检验检测质量的区域加以控制，并根据特定情况确定控制的范围。

4.4　设备设施

4.4.1　设备设施的配备

检验检测机构应配备满足检验检测(包括抽样、物品制备、数据处理与分析)要求的设备和设施。用于检验检测的设施，应有利于检验检测工作的正常开展。设备包括检验检测活动所必需并影响结果的仪器、软件、测量标准、标准物质、参考数据、试剂、消耗品、辅助设备或相应组合装置。检验检测机构使用非本机构的设施和设备时，应确保满足本标准要求。

检验检测机构租用仪器设备开展检验检测时，应确保：

a) 租用仪器设备的管理应纳入本检验检测机构的管理体系；

b) 本检验检测机构可全权支配使用，即：租用的仪器设备由本检验检测机构的人员操作、维护、检定或校准，并对使用环境和贮存条件进行控制；

c) 在租赁合同中明确规定租用设备的使用权；

d) 同一台设备不允许在同一时期被不同检验检测机构共同租赁和资质认定。

4.4.2　设备设施的维护

检验检测机构应建立和保持检验检测设备和设施管理程序，以确保设备和设施的配置、使用和维护满足检验检测工作要求。

4.4.3　设备管理

检验检测机构应对检验检测结果、抽样结果的准确性或有效性有影响或计量溯源性有要求的设备，包括用于测量环境条件等辅助测量设备有计划地实施检定或校准。设备在投入使用前，应采用核查、检定或校准等方式，以确认其是否满足检验检测的要求。所有需要检定、校准或有有效期的设备应使用标签、编码或以其他方式标志，以便使用人员易于识别检定、校准的状态或有效期。

检验检测设备，包括硬件和软件设备应得到保护，以避免出现致使检验检测结果失效的调整。检验检测机构的参考标准应满足溯源要求。无法溯源到国家或国际测量标准时，检验检测机构应保留检验检测结果相关性或准确性的证据。

当需要利用期间核查以保持设备的可信度时，应建立和保持相关的程序。针对校准结果包含的修正信息或标准物质包含的参考值，检验检测机构应确保在其检测数据及相关记录中加以利用并备份和更新。

4.4.4　设备控制

检验检测机构应保存对检验检测具有影响的设备及其软件的记录。用于检验检测并对结果有影响的设备及其软件，如可能，应加以唯一性标志。检验检测设备应由经过授权的人员操作并对其进行正常维护。若设备脱离了检验检测机构的直接控制，应确保该设备返回后，在使用前对其功能和检定、校准状态进行核查，并得到满意结果。

4.4.5　故障处理

设备出现故障或者异常时，检验检测机构应采取相应措施，如停止使用、隔离或加贴停用标签、标记，直至修复并通过检定、校准或核查表明能正常工作为止。应核查这些缺陷或偏离对以前检验检测结果的影响。

4.4.6　标准物质

检验检测机构应建立和保持标准物质管理程序。标准物质应尽可能溯源到国际单位制（SI）单位或有证标准物质。检验检测机构应根据程序对标准物质进行期间核查。

4.5　管理体系

4.5.1　总则

检验检测机构应建立、实施和保持与其活动范围相适应的管理体系，应将其政策、制度、计划、程序和指导书制定成文件，管理体系文件应传达至有关人员，并被其获取、理解、执行。检验检测机构管理体系至少应包括：管理体系文件、管理体系文件的控制、记录控制、应对风险和机遇的措施、改进和纠正措施、内部审核和管理评审。

4.5.2　方针目标

检验检测机构应阐明质量方针，制定质量目标，并在管理评审时予以评审。

4.5.3　文件控制

检验检测机构应建立和保持控制其管理体系的内部和外部文件的程序，明确文件的标志、批准、发布、变更和废止，防止使用无效、作废的文件。

4.5.4　合同评审

检验检测机构应建立和保持评审客户要求、标书、合同的程序。对要求、标书、合同的偏离、变更应征得客户同意并通知相关人员。当客户要求出具的检验检测报告或证书中包含对标准或规范的符合性声明（如合格或不合格）时，检验检测机构应有相应的判定规则。若标准或规范不包含判定规则内容，检验检测机构选择的判定规则应与客户沟通并得到同意。

4.5.5　分包

检验检测机构需分包检验检测项目时，应分包给已取得检验检测机构资质认定并有能力完成分包项目的检验检测机构，具体分包的检验检测项目和承担分包项目的检验检测机构应事先取得委托人的同意。出具检验检测报告或证书时，应将分包项目予以区分。

检验检测机构实施分包前，应建立和保持分包的管理程序，并在检验检测业务洽谈、合同评审和合同签署过程中予以实施。

检验检测机构不得将法律法规、技术标准等文件禁止分包的项目实施分包。

4.5.6　采购

检验检测机构应建立和保持选择和购买对检验检测质量有影响的服务和供应品的程序。明确服务、供应品、试剂、消耗材料等的购买、验收、存储的要求，并保存对供应商的评价记录。

4.5.7　服务客户

检验检测机构应建立和保持服务客户的程序，包括：保持与客户沟通，对客户进行服务满意度调查、跟踪客户的需求，以及允许客户或其代表合理进入为其检验检测的相关区域观察。

4.5.8　投诉

检验检测机构应建立和保持处理投诉的程序。明确对投诉的接收、确认、调查和处理职责，跟踪和记录投诉，确保采取适宜的措施，并注重人员的回避。

4.5.9　不符合工作控制

检验检测机构应建立和保持出现不符合工作的处理程序，当检验检测机构活动或结果不符合其自身程序或与客户达成一致的要求时，检验检测机构应实施该程序。该程序应确保：

a）明确对不符合工作进行管理的责任和权力；

b）针对风险等级采取措施；

c）对不符合工作的严重性进行评价，包括对以前结果的影响分析；

d）对不符合工作的可接受性做出决定；

e）必要时，通知客户并取消工作；

f) 规定批准恢复工作的职责;

g) 记录所描述的不符合工作和措施。

4.5.10 纠正措施、应对风险和机遇的措施和改进

检验检测机构应建立和保持在识别出不符合时，采取纠正措施的程序。检验检测机构应通过实施质量方针、质量目标，应用审核结果、数据分析、纠正措施、管理评审、人员建议、风险评估、能力验证和客户反馈等信息来持续改进管理体系的适宜性、充分性和有效性。

检验检测机构应考虑与检验检测活动有关的风险和机遇，以利于：确保管理体系能够实现其预期结果；把握实现目标的机遇；预防或减少检验检测活动中的不利影响和潜在的失败；实现管理体系改进。检验检测机构应策划：应对这些风险和机遇的措施；如何在管理体系中整合并实施这些措施；如何评价这些措施的有效性。

4.5.11 记录控制

检验检测机构应建立和保持记录管理程序，确保每一项检验检测活动技术记录的信息充分，确保记录的标志、贮存、保护、检索、保留和处置符合要求。

4.5.12 内部审核

检验检测机构应建立和保持管理体系内部审核的程序，以便验证其运作是否符合管理体系和本标准的要求，管理体系是否得到有效的实施和保持。内部审核通常每年一次，由质量负责人策划内审并制定审核方案。内审员须经过培训，具备相应资格。若资源允许，内审员应独立于被审核的活动。检验检测机构应:

a) 依据有关过程的重要性、对检验检测机构产生影响的变化和以往的审核结果，策划、制定、实施和保持审核方案，审核方案包括频次、方法、职责、策划要求和报告;

b) 规定每次审核的审核要求和范围;

c) 选择审核员并实施审核;

d) 确保将审核结果报告给相关管理者;

e) 及时采取适当的纠正和纠正措施;

f) 保留形成文件的信息，作为实施审核方案以及审核结果的证据。

4.5.13 管理评审

检验检测机构应建立和保持管理评审的程序。管理评审通常12个月一次，由管理层负责。管理层应确保管理评审后，得出的相应变更或改进措施予以实施，确保管理体系的适宜性、充分性和有效性。应保留管理评审的记录。管理评审输入应包括以下信息:

a) 检验检测机构相关的内外部因素的变化;

b) 目标的可行性;

c) 政策和程序的适用性;

d) 以往管理评审所采取措施的情况;

e) 近期内部审核的结果;

f) 纠正措施;

g) 由外部机构进行的评审;

h) 工作量和工作类型的变化或检验检测机构活动范围的变化;

i) 客户和员工的反馈;

j) 投诉;

k) 实施改进的有效性;

l) 资源配备的合理性;

m) 风险识别的可控性;

n) 结果质量的保障性;

o) 其他相关因素，如监督活动和培训。

管理评审输出应包括以下内容:

a) 管理体系及其过程的有效性;

b) 符合本标准要求的改进;

c) 提供所需的资源;

d) 变更的需求。

4.5.14 方法的选择、验证和确认

检验检测机构应建立和保持检验检测方法控制程序。检验检测方法包括标准方法、非标准方法(含自制方法)。应优先使用标准方法，并确保使用标准的有效版本。在使用标准方法前，应进行验证。在使用非标准方法(含自制方法)前，应进行确认。检验检测机构应跟踪方法的变化，并重新进行验证或确认。必要时，检验检测机构应制定作业指导书。如确需方法偏离，应有文件规定，经技术判断和批准，并征得客户同意。当客户建议的方法不适合或已过期时，应通知客户。

非标准方法(含自制方法)的使用，应事先征得客户同意，并告知客户相关方法可能存在的风险。需要时，检验检测机构应建立和保持开发自制方法控制程序，自制方法应经确认。检验检测机构应记录作为确认证据的信息：使用的确认程序、规定的要求、方法性能特征的确定、获得的结果和描述该方法满足预期用途的有效性声明。

4.5.15 测量不确定度

检验检测机构应根据需要建立和保持应用评定测量不确定度的程序。

检验检测项目中有测量不确定度的要求时，检验检测机构应建立和保持应用评定测量不确定度的程序，检验检测机构应建立相应数学模型，给出相应检验检测能力的评定测量不确定度案例。检验检测机构可在检验检测出现临界值、内部质量控制或客户有要

求时，需要报告测量不确定度。

4.5.16　数据信息管理

检验检测机构应获得检验检测活动所需的数据和信息，并对其信息管理系统进行有效管理。

检验检测机构应对计算和数据转移进行系统和适当地检查。当利用计算机或自动化设备对检验检测数据进行采集、处理、记录、报告、存储或检索时，检验检测机构应：

a)将自行开发的计算机软件形成文件，使用前确认其适用性，并进行定期确认、改变或升级后再次确认，应保留确认记录；

b)建立和保持数据完整性、正确性和保密性的保护程序；

c) 定期维护计算机和自动设备，保持其功能正常。

4.5.17　抽样

检验检测机构为后续的检验检测，需要对物质、材料或产品进行抽样时，应建立和保持抽样控制程序。抽样计划应根据适当的统计方法制定，抽样应确保检验检测结果的有效性。当客户对抽样程序有偏离的要求时，应予以详细记录，同时告知相关人员。如果客户要求的偏离影响到检验检测结果，应在报告、证书中做出声明。

4.5.18　样品处置

检验检测机构应建立和保持样品管理程序，以保护样品的完整性并为客户保密。检验检测机构应有样品的标志系统，并在检验检测整个期间保留该标志。在接收样品时，应记录样品的异常情况或记录对检验检测方法的偏离。样品在运输、接收、处置、保护、存储、保留、清理或返回过程中应予以控制和记录。当样品需要存放或养护时，应维护、监控和记录环境条件。

4.5.19　结果有效性

检验检测机构应建立和保持监控结果有效性的程序。检验检测机构可采用定期使用标准物质、定期使用经过检定或校准的具有溯源性的替代仪器、对设备的功能进行检查、运用工作标准与控制图、使用相同或不同方法进行重复检验检测、保存样品的再次检验检测、分析样品不同结果的相关性、对报告数据进行审核、参加能力验证或机构之间比对、机构内部比对、盲样检验检测等进行监控。检验检测机构所有数据的记录方式应便于发现其发展趋势，若发现偏离预先判据，应采取有效的措施纠正出现的问题，防止出现错误的结果。质量控制应有适当的方法和计划并加以评价。

4.5.20　结果报告

检验检测机构应准确、清晰、明确、客观地出具检验检测结果，符合检验检测方法的规定，并确保检验检测结果的有效性。结果通常应以检验检测报告或证书的形式发出。检验检测报告或证书应至少包括下列信息：

a）标题；

b）标注资质认定标志，加盖检验检测专用章(适用时)；

c）检验检测机构的名称和地址，检验检测的地点(如果与检验检测机构的地址不同)；

d）检验检测报告或证书的唯一性标志(如系列号)和每一页上的标志，以确保能够识别该页是属于检验检测报告或证书的一部分，以及表明检验检测报告或证书结束的清晰标志；

e）客户的名称和联系信息；

f）所用检验检测方法的识别；

g）检验检测样品的描述、状态和标志；

h）检验检测的日期；对检验检测结果的有效性和应用有重大影响时，注明样品的接收日期或抽样日期；

i）对检验检测结果的有效性或应用有影响时，提供检验检测机构或其他机构所用的抽样计划和程序的说明；

j）检验检测报告或证书签发人的姓名、签字或等效的标志和签发日期；

k）检验检测结果的测量单位(适用时)；

l）检验检测机构不负责抽样(如样品是由客户提供)时，应在报告或证书中声明结果仅适用于客户提供的样品；

m）检验检测结果来自外部提供者时的清晰标注；

n）检验检测机构应做出未经本机构批准，不得复制(全文复制除外)报告或证书的声明。

4.5.21　结果说明

当需对检验检测结果进行说明时，检验检测报告或证书中还应包括下列内容：

a) 对检验检测方法的偏离、增加或删减，以及特定检验检测条件的信息，如环境条件；

b)适用时，给出符合(或不符合)要求或规范的声明；

c)当测量不确定度与检验检测结果的有效性或应用有关，或客户有要求，或当测量不确定度影响到对规范限度的符合性时，检验检测报告或证书中还需要包括测量不确定度的信息；

d)适用且需要时，提出意见和解释；

e)特定检验检测方法或客户所要求的附加信息。报告或证书涉及使用客户提供的数据时，应有明确的标志。当客户提供的信息可能影响结果的有效性时，报告或证书中应有免责声明。

4.5.22 抽样结果

检验检测机构从事抽样时，应有完整、充分的信息支撑其检验检测报告或证书。

4.5.23 意见和解释

当需要对报告或证书做出意见和解释时，检验检测机构应将意见和解释的依据形成文件。意见和解释应在检验检测报告或证书中清晰标注。

4.5.24 分包结果

当检验检测报告或证书包含了由分包方所出具的检验检测结果时，这些结果应予清晰标明。

4.5.25 结果传送和格式

当用电话、传真或其他电子或电磁方式传送检验检测结果时，应满足本标准对数据控制的要求。检验检测报告或证书的格式应设计为适用于所进行的各种检验检测类型，并尽量减小产生误解或误用的可能性。

4.5.26 修改

检验检测报告或证书签发后，若有更正或增补应予以记录。修订的检验检测报告或证书应标明所代替的报告或证书，并注以唯一性标志。

4.5.27 记录和保存

检验检测机构应对检验检测原始记录、报告、证书归档留存，保证其具有可追溯性。检验检测原始记录、报告、证书的保存期限通常不少于 6 年。

第十一章
相关知识

第一节　电工基础知识

一、电学基础

(一)电学的基本物理量

1. 电　量

自然界中的一切物质都是由分子组成的，分子又是由原子组成的，而原子是由带正电荷的原子核和一定数量带负电荷的电子组成的。在通常情况下，原子核所带的正电荷数等于核外电子所带的负电荷数，原子对外不显电性。但是，用一些办法，可使某种物体上的电子转移到另外一种物体上。失去电子的物体带正电荷，得到电子的物体带负电荷。物体失去或得到的电子数量越多，则物体所带的正、负电荷的数量也越多。

物体所带电荷数量的多少用电量来表示。电量是一个物理量，它的单位是库仑，用字母 C 表示。1C 的电量相当于物体失去或得到 6.25×10^{18} 个电子所带的电量。

2. 电　流

电荷的定向移动形成电流。电流有大小和方向。

(1)电流的方向

人们规定正电荷定向移动的方向为电流的方向。金属导体中，电流是电子在导体内电场的作用下定向移动的结果，电子流的方向是负电荷的移动方向，与正电荷的移动方向相反，所以金属导体中电流的方向与电子流的方向相反，如图 11-1 所示。

图 11-1　金属导体中的电流方向

(2)电流的大小

电学中，用电流强度来衡量电流的大小。电流强度就是单位时间内通过导体截面的电量。计算公式如下

$$I = \frac{Q}{t} \qquad (11-1)$$

式中：I ——电流强度，A；

Q ——在时间 t 内，通过导体截面的电荷量，C；

t ——时间，s。

实际使用时，人们把电流强度简称为电流。电流的单位是安培，简称安，用 A 表示。如果 1s 内通过导体截面的电荷量为 1C，则该电流的电流强度为 1A。实际应用中，除单位安培外，还有千安(kA)、毫安(mA)和微安(μA)等。它们之间的关系为：$1kA = 10^{3}A$，$1A = 10^{3}mA$，$1mA = 10^{3}\mu A$。

3. 电　压

从图 11-2(a)可以看到水由 A 槽经 C 管向 B 槽流去。水之所以能在 C 管中进行定向移动，是由于 A 槽水位高，B 槽水位低所致；A、B 两槽之间的水位差即水压，是实现水形成水流的原因。与此相似，当图 11-2(b)中的开关 S 闭合后，电路里就有了电流。这是因为电源的正极电位高，负极电位低。两个极间电位差(电压)使正电荷从正极出发，经过负载 R 移向负极形成电流。所以，电压是自由电荷发生定向移动形成电流的原因。在电路中，电场力把单位正电荷

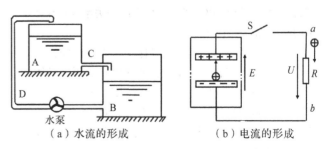

（a）水流的形成　　　（b）电流的形成

图 11-2　水流和电流的形成

由高电位 a 点移向低电位 b 点所做的功称为两点间的电压，用 U_{ab} 表示。所以电压是 a 与 b 两点间的电位差，它是衡量电场力做功本领的物理量。

电压用字母 U 表示，单位为伏特，简称伏，用 V 表示。电场力将 1C 电荷从 a 点移到 b 点所做的功为 1 焦耳（J），则 ab 间的电压值就是 1V。常用的电压单位还有千伏（kV）、毫伏（mV）等。它们之间的关系为：$1kV = 10^3V$，$1V = 10^3mV$。

电压与电流相似，不但有大小，而且有方向。对于负载来说，电流流入端为正端，电流流出端为负端。电压的方向是由正端指向负端，也就是说负载中电压实际方向与电流方向一致。在电路图中，用带箭头的细实线表示电压的方向。

4. 电动势、电源

在图 11-2（a）中，为使水在 C 管中持续不断地流动，必须用水泵把 B 槽中的水不断地泵入 A 槽，以维持两槽间的固定水位差，也就是要保证 C 管两端有一定的水压。在图 11-2（b）中，电源与水泵的作用相似，它把正电荷由电源的负极移到正极，以维持正、负极间的电位差，即电路中有一定的电压使正电荷在电路中持续不断地流动。

电源是利用非电力把正电荷由负极移到正极的，它在电路中将其他形式能转换成电能。电动势就是衡量电源能量转换本领的物理量，用 E 表示，它的单位也是伏特。

电源的电动势只存在于电源内部。人们规定电动势的方向在电源内部由负极指向正极。在电路中也用带箭头的细实线表示电动势的方向，如图 11-2（b）所示。当电源两端不接负载时，电源的开路电压等于电源的电动势，但两者方向相反。

生活中用测量电源端电压的办法，来判断电源的状态。如测得工作电路中两节 5 号电池的端电压为 2.8V，则说明电池电量比较充足。

5. 电阻

一般来说，导体对电流的阻碍作用称为电阻，用字母 R 表示。电阻的单位为欧姆，简称欧，用字母 Ω 表示。如果导体两端的电压为 1V，通过的电流为 1A，则该导体的电阻就是 1Ω。常用的电阻单位还有千欧（kΩ）、兆欧（MΩ）等。它们之间的关系为：$1k\Omega = 10^3\Omega$，$1M\Omega = 10^3k\Omega$。

应当强调指出：电阻是导体中客观存在的，它与导体两端电压变化情况无关，即使没有电压，导体中仍然有电阻存在。实验证明，当温度一定时，导体电阻只与材料及导体的几何尺寸有关。对于两根材质均匀、长度为 L、截面积为 S 的导体而言，其电阻大小可用下式表示

$$R = \rho \frac{L}{S} \qquad (11-2)$$

式中：R ——导体电阻，Ω；

$\quad\quad L$ ——导体长度，m；

$\quad\quad S$ ——导体截面积，mm^2；

$\quad\quad \rho$ ——电阻率，$\Omega \cdot m$。

电阻率是与材料性质有关的物理量。电阻率的大小等于长度为 1m，截面积为 $1mm^2$ 的导体在一定温度下的电阻值，其单位为欧米（$\Omega \cdot m$）。例如，铜的电阻率为 $1.7 \times 10^{-8} \Omega \cdot m$，就是指长为 1m，截面积为 $1mm^2$ 的铜线的电阻是 $1.7 \times 10^{-8}\Omega$。几种常用材料在 20℃时的电阻率见表 11-1。

表 11-1 几种常用材料在 20℃时的电阻率

单位：$\Omega \cdot m$

材料名称	电阻率
银	1.6×10^{-8}
铜	1.7×10^{-8}
铝	2.9×10^{-8}
钨	5.5×10^{-8}
铁	1.0×10^{-7}
康铜	5.0×10^{-7}
锰铜	4.4×10^{-7}
铝铬铁电阻丝	1.2×10^{-6}

从表中可知，铜和铝的电阻率较小，是应用极为广泛的导电材料。以前，由于我国铝的矿藏量丰富，价格低廉，常用铝线做输电线。但由于铜线有更好的电气特性，如强度高、电阻率小，现在铜制线材被更广泛应用。电动机、变压器的绕组一般都用铜材。

6. 电功、电功率

电流通过用电器时，用电器就将电能转换成其他形式的能，如热能、光能和机械能等。把电能转换成其他形式的能称为电流做功，简称电功，用字母 W 表示，单位是焦耳，简称焦，用 J 表示。电流通过用电器所做的功与用电器的端电压、流过的电流、所用的时间和电阻有以下的关系

$$\left. \begin{array}{l} W = UIt \\ W = I^2Rt \\ W = \dfrac{U^2}{R}t \end{array} \right\} \qquad (11-3)$$

式中：U ——电压，V；

$\quad\quad I$ ——电流，A；

$\quad\quad R$ ——电阻，Ω；

$\quad\quad t$ ——时间，s；

$\quad\quad W$ ——电功，J。

电流在单位时间内通过用电器所做的功称为电功率，用 P 表示。其数学表达式见下式

$$P = \frac{W}{t} \qquad (11-4)$$

将电功的表示公式代入上式得到下式

$$\left.\begin{array}{l} P = \dfrac{U^2}{R} \\ P = UI \\ P = I^2R \end{array}\right\} \qquad (11-5)$$

若电功单位为 J，时间单位为 s，则电功率的单位就是 J/s。J/s 又称为瓦特，简称瓦，用 W 表示。在实际工作中，常用的电功率单位还有千瓦（kW）、毫瓦（mW）等。它们之间的关系为：$1kW = 10^3W$，$1W = 10^3mW$。

从电功率 P 的计算公式中可以得出如下结论：

（1）当用电器的电阻一定时，电功率与电流平方或电压平方成正比。若通过用电器的电流是原电流的 2 倍，则电功率是原功率的 4 倍；若加在用电器两端电压是原电压的 2 倍，则电功率是原功率的 4 倍。

（2）当流过用电器的电流一定时，电功率与电阻值成正比。对于串联电阻电路，流经各个电阻的电流是相同的，则串联电阻的总功率与各个电阻的电阻值的和成正比。

（3）当加在用电器两端的电压一定时，电功率与电阻值成反比。对于并联电阻电路，各个电阻两端电压相等，则各个电阻的电功率与各个电阻的阻值成反比。

在实际工作中，电功的单位常用千瓦时（kW·h），也称为度。1kW·h 是 1 度，它表示功率为 1kW 的用电器 1h 所消耗的电能，即：$1kW·h = 1kW \times 1h = 3.6 \times 10^6J$。

例 11-1： 已知一台 42 英寸（1 英寸 = 2.54cm）等离子电视机的功率约为 300W，平均每天开机 3h，若每度电费为人民币 0.48 元，问 1 年（以 365 天计算）要交纳多少电费？

解：电视机的功率 $P = 300W = 0.3kW$

电视机 1 年开机的时间 $t = 3 \times 365 = 1095h$

根据式（11-4），电视机 1 年消耗的电能 $W = Pt = 0.3 \times 1095 = 328.5kW·h$

则 1 年的电费为 $328.5 \times 0.48 = 157.68$ 元

7. 电流的热效应

电流通过导体使导体发热的现象称为电流的热效应。电流的热效应是电流通过导体时电能转换成热能的效应。

电流通过导体产生的热量，用焦耳-楞次定律表示，见下式

$$Q = I^2Rt \qquad (11-6)$$

式中：Q——热量，J；

I——通过导体的电流，A；

R——导体电阻，Ω；

t——电流通过导体的时间，s。

焦耳-楞次定律的物理意义是：电流通过导体所产生的热量，与电流强度的平方、导体的电阻及通电时间成正比。

在生产和生活中，电流热效应被应用于制作各种电器。如白炽灯、电烙铁、电烤箱、熔断器等在工厂中最为常见；电吹风、电褥子等常用于家庭中。但是电流的热效应也有其不利的一面，如电流的热效应能使电路中不需要发热的地方（如导线）发热，导致绝缘材料老化，甚至烧毁设备，导致火灾，是一种不容忽视的潜在祸因。

例 11-2： 已知当 1 台电烤箱的电阻丝流过 5A 电流时，每分钟可放出 1.2×10^6J 的热量，求这台电烤箱的电功率及电阻丝工作时的电阻值。

解：根据式（11-4），电烤箱的电功率为：

$$P = \frac{W}{t} = \frac{Q}{t} = \frac{1.2 \times 10^6}{60} = 20kW$$

根据式（11-5），电阻丝工作时电阻值为：

$$R = \frac{P}{I^2} = \frac{20000}{25} = 800\Omega$$

（二）电　路

1. 电路的组成及作用

电流所流过的路径称为电路。它是由电源、负载、开关和连接导线 4 个基本部分组成的，如图 11-3 所示。电源是把非电能转换成电能并向外提供电能的装置。常见的电源有干电池、蓄电池和发电机等。负载是电路中用电器的总称，它将电能转换成其他形式的能。如电灯把电能转换成光能；电烙铁把电能转换成热能；电动机把电能转换成机械能。开关属于控制电器，用于控制电路的接通或断开。连接导线将电源和负载连接起来，担负着电能的传输和分配任务。电路电流方向是由电源正极经负载流到电源负极，在电

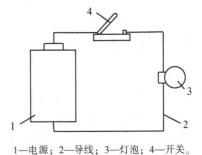

1—电源；2—导线；3—灯泡；4—开关。

图 11-3　电路的组成

源内部，电流由负极流向正极，形成一个闭合通路。

2. 电路图

在设计、安装或维修各种实际电路时，经常要画出表示电路连接情况的图。如图11-3所示的实物连接图，虽然直观，但很麻烦。所以很少画实物图，而是画电路图。电路图就是用国家统一规定的符号，来表示电路连接情况的图。如图11-4所示是图11-3的电路图。

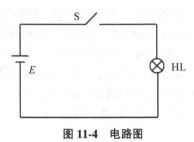

图 11-4　电路图

表11-2是几种常用的电工符号。

表 11-2　几种常用的电工符号

名　称	符　号	名　称	符　号
电池		电流表	Ⓐ
导线		电压表	Ⓥ
开关		熔断器	
电阻		电容	
照明灯	⊗	接地	

3. 电路状态

电路有3种状态：通路、开路、短路。

通路是指电路处处接通，称为闭合电路，简称闭路。只有在通路的状态下，电路才有正常的工作电流。开路是指电路中某处断开，没有形成通路的电路，也称为断路，此时电路中没有电流。短路是指电源或负载两端被导线连接在一起，分别称为电源短路或负载短路。电源短路时电源提供的电流比通路时提供的电流大很多倍，通常是有害的，也是非常危险的，所以一般不允许电源短路。

(三)电磁基本知识

1. 磁现象

早在2000多年前，人们就发现了磁铁矿石具有吸引铁的性质。人们把物体能够吸引铁、钴、镍及其合金的性质称为磁性，把具有磁性的物体称为磁体。磁体上磁性最强的位置称为磁极，磁体有两个磁极：即南极和北极，通常用S表示南极(常涂红色)，用N

表示北极(常涂绿色或白色)。条形、蹄形、针形磁铁的磁极位于它们的两端。值得注意的是，任何一个磁体的磁极总是成对出现的。若把一个条形磁铁分割成若干段，则每段都会同时出现南极、北极。这称为磁极的不可分割性。磁极与磁极之间存在的相互作用力称为磁力，其作用规律是同性磁极相斥，异性磁极相吸。一根没有磁性的铁棒，在其他磁铁的作用下获得磁性的过程称为磁化。如果把磁铁拿走，铁棒仍有的磁性则称为剩磁。

2. 磁场、磁感应

磁体周围存在磁力作用的空间称为磁场。人们经常看见两个互不接触的磁体之间具有相互作用力，它们是通过磁场这一特殊物质进行传递的。磁场之所以是一种特殊物质，是因为它不是由分子和原子等粒子组成的。虽然磁场是一种看不见、摸不着的特殊物质，但通过实验可以证明它的存在。例如，在一块玻璃板上均匀地撒些铁粉，在玻璃板下面放置一个条形磁铁。铁粉在磁场的作用下排列成规则线条，如图11-5(a)所示。这些线条都是从磁铁的N极到S极的光滑曲线，如图11-5(b)所示。人们把这些曲线称为磁感应线，用它能形象描述磁场的性质。

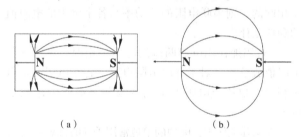

　　(a)　　　　　　　　　　(b)

图 11-5　铁粉在磁场作用下的排列

实验证明磁感应线具有下列特点：

(1)磁感应线是闭合曲线。在磁体外部，磁感应线从N极出发，然后回到S极；在磁体内部，是从S极到N极。这称为磁感应线的不可中断性，如图11-6所示。

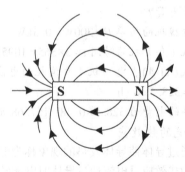

图 11-6　磁体内外磁感应线走向

(2)磁感应线互不相交。这是因为磁场中任何一点磁场方向只有一个。

（3）磁感应线的疏密程度与磁场强弱有关。磁感应线稠密表示磁场强，磁感应线稀疏表示磁场弱。

3. 磁通量、磁感应强度

在磁场中，把通过与磁场方向垂直的某一面积的磁感应线的总数目，称为通过该面积的磁通量，简称磁通，用 Φ 表示。磁通量的单位是韦伯，简称韦，用 Wb 表示。

磁感应强度是用来表示磁场中各点磁场强弱和方向的物理量，用 B 表示。垂直通过单位面积的磁感应线的数目称为该点的磁感应强度。它既有大小，又有方向。在磁场中某点磁感应强度的方向，就是位于该点磁针 N 极所指的方向，它的大小在均匀磁场中可由下式表示

$$B = \frac{\Phi}{S} \tag{11-7}$$

式中：B——磁感应强度，T；

　　　Φ——磁通量，Wb；

　　　S——垂直于磁感应线方向通过磁感应线的面积，m^2。

式（11-7）说明磁感应强度的大小等于单位面积的磁通。如果通过单位面积的磁通越多，则磁感应线越密，磁场也越强，反之磁场越弱。磁感应强度的单位是 Wb/m^2，称为特斯拉，简称特，用 T 表示。

4. 磁导率

实验证明，铁、钴、镍及其合金对磁场影响强烈，具有明显的导磁作用。但是自然界绝大多数物质对磁场影响其微，导磁作用很差。为了衡量各种物质导磁的性能，引入磁导率这一物理量，用 μ 表示。磁导率的单位为亨利每米（H/m）。不同物质有不同的磁导率。在其他条件相同的情况下，某些物质的磁导率比真空中的强，另一些物质的磁导率比真空中的弱。

经实验测得，真空的磁导率为 $\mu_0 = 4\pi \times 10^{-7} H/m$，是常数。

为了便于比较各种物质的导磁性能，把各种性质的磁导率与真空中的磁导率进行比较，引入相对磁导率这一物理量。任何一种物质的磁导率与真空的磁导率的比值称为相对磁导率 μ_r，用下式表示

$$\mu_r = \frac{\mu}{\mu_0} \tag{11-8}$$

相对磁导率没有单位，只是说明在其他条件相同的情况下，物质的磁导率是真空磁导率的多少倍。

根据各种物质的磁导率的大小，可将物质分成3类：

（1）$\mu_r < 1$ 的物质称为反磁物质，如铜、银等。

（2）$\mu_r > 1$ 的物质称为顺磁物质，如空气、铝等。

（3）$\mu_r \geq 1$ 的物质称为铁磁物质，如铁、钴、镍及其合金等。

由于铁磁物质的相对磁导率很高，所以铁磁物质被广泛地应用于电工技术方面（如制作变压器、电磁铁、电动机的铁心等）。表 11-3 中列出了几种铁磁物质的相对磁导率，供参考。

表 11-3　几种铁磁物质的相对磁导率

铁磁物质名称	相对磁导率 μ_r
钴	174
镍	1120
退火的铁	7000
软钢	2180
硅钢片	7500
镍铁合金	60000
坡莫合金	115000

（四）常用电学定律

1. 欧姆定律

（1）一段电阻电路的欧姆定律

所谓一段电阻电路是指不包括电源在内的外电路，如图 11-7 所示。

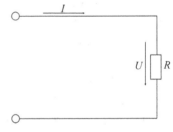

图 11-7　一段电阻电路

实验证明，两段电阻电路欧姆定律是指流过导体的电流强度与这段导体两端的电压成正比；与这段导体的电阻成反比。其数学表达式如下

$$I = \frac{U}{R} \tag{11-9}$$

式中：I——导体中的电流，A；

　　　U——导体两端的电压，V；

　　　R——导体的电阻，Ω。

在式（11-9）中，已知其中两个量，就可以求出第三个未知量；公式又可写成另外两种形式：

（1）已知电流、电阻，求电压

$$U = IR \tag{11-10}$$

（2）已知电压、电流，求电阻

$$R = \frac{U}{I} \tag{11-11}$$

例 11-3：已知 1 台直流电动机励磁绕组在 220V 电压作用下，通过绕组的电流为 0.427A，求绕组的电阻。

解：已知电压 $U = 220V$，电流 $I = 0.427A$，根据式（11-11），可得：

$$R = \frac{U}{I} = \frac{220}{0.427} \approx 515.2\Omega$$

（2）全电路欧姆定律

全电路是指含有电源的闭合电路。全电路是由各段电路连接成的闭合电路。如图 11-8 所示，电路包括电源内部电路和电源外部电路。电源内部电路简称内电路，电源外部电路简称外电路。

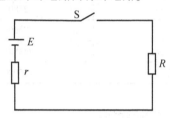

图 11-8　简单的全电路

在全电路中，电源电动势 E、电源内电阻 r、外电路电阻 R 和电路电流 I 之间的关系为下式

$$I = \frac{E}{R + r} \qquad (11-12)$$

式中：I——电路中的电流，A；

E——电源电动势，V；

R——外电路电阻，Ω；

r——内电路电阻，Ω。

上式是全电路欧姆定律。定律说明电路中的电流强度与电源电动势 E 成正比，与整个电路的电阻（$R+r$）成反比。

将式（11-12）变换后得到下式

$$E = IR + Ir = U + Ir \qquad (11-13)$$

式中：U——外电路电压，V。

外电路电压是指电路接通时电源两端的电压，又称为路端电压，简称端电压。这样，式（11-13）的含义又可叙述为：电源电动势在数值上等于闭合回路的各部分电压之和。根据全电路欧姆定律研究全电路的 3 种状态时，全电路中电压与电流的关系是：

（1）当全电路处于通路状态时，由式（11-13）可以得出端电压为：$U = E - Ir$。可知随着电流的增大，外电路电压也随之减小。电源内阻越大，外电路电压减小得越多。在直流负载时需要恒定电压供电，所以总是希望电源内阻越小越好。

（2）当全电路处于开路状态时，相当于外电路电阻值趋于无穷大，此时电路电流为 0A，开路内电路电阻电压为 0V，外电路电压等于电源电动势。

（3）当全电路处于短路状态时，外电路电阻值趋近于 0Ω，此时电路电流称为短路电流。由于电源内阻很小，所以短路电流很大。短路时外电路电压为 0V，内电路电阻电压等于电源电动势。

全电路在 3 种状态下，电路中电压与电流的关系见表 11-4。

表 11-4　电路中电压与电流的关系

电路状态	负载电阻	电路电流	外电路电压
通路	$R = $ 常数	$I = \dfrac{E}{R + r}$	$U = E - Ir$
开路	$R \to \infty$	$I = 0V$	$U = E$
短路	$R \to 0$	$I = \dfrac{E}{r}$	$U = 0V$

通常电源电动势和内阻在短时间内基本不变，且电源内阻又非常小，所以可以近似认为电源的端电压等于电源电动势。不特别指出电源内阻时，就表示其阻值很小，可以忽略不计。但对于电池来说，其内阻随电池使用时间延长而增大。如果电池内阻增大到一定值时，电池的电动势就不能使负载正常工作了。如旧电池开路时，两端的电压并不低，但装在电器里，却不能使电器工作，这是由电池内阻增大所致。

2. 电阻的串联、并联电路

1）电阻的串联电路

在一段电路上，将几个电阻的首尾依次相连所构成的一个没有分支的电路，称为电阻的串联电路。如图 11-9（a）所示是电阻的串联电路。图 11-9（b）是图 11-9（a）的等效电路。

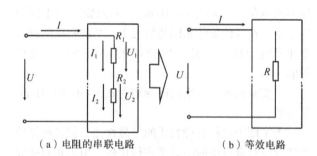

（a）电阻的串联电路　　　　（b）等效电路

图 11-9　电阻的串联电路及等效电路

电阻的串联电路有以下特点：

（1）串联电路中流过各个电阻的电流都相等，用下式表示

$$I = I_1 = I_2 = I_3 = \cdots = I_n \qquad (11-14)$$

（2）串联电路两端的总电压等于各个电阻两端的电压之和，用下式表示

$$U = U_1 + U_2 + \cdots + U_n \qquad (11-15)$$

（3）串联电路的总电阻（即等效电阻）等于各串联

的电阻之和，用下式表示

$$R = R_1 + R_2 + \cdots + R_n \quad (11\text{-}16)$$

根据欧姆定律得出，$U_1 = IR_1$，$U_2 = IR_2$，$\cdots$，$U = IR$ 可以得出下式

$$\frac{U_1}{R_1} = \frac{U_2}{R_2} = \cdots = \frac{U}{R} \quad (11\text{-}17)$$

或者下式

$$\frac{U_1}{U} = \frac{R_1}{R} = \frac{U_2}{U} = \frac{R_2}{R} \quad (11\text{-}18)$$

式(11-17)和式(11-18)表明，在串联电路中，电阻的阻值越大，这个电阻所分配到的电压越大；反之，电压越小，即电阻上的电压分配与电阻的阻值成正比。这个理论是电阻串联电路中最重要的结论，用途极其广泛。例如，用串联电阻的办法来扩大电压表的量程：

在如图11-9(a)所示的，电路中，将 $R = R_1 + R_2$ 代入式(11-18)中，得出下式

$$\left.\begin{array}{l} U_1 = \dfrac{R_1}{R_1 + R_2}U \\[3mm] U_2 = \dfrac{R_2}{R_1 + R_2}U \end{array}\right\} \quad (11\text{-}19)$$

利用式(11-19)可以直接计算出每个电阻从总电压中分得的电压值，习惯上就把这两个式子称为分压公式。

电阻串联的应用极为广泛。例如：

①用几个电阻串联来获得阻值较大的电阻。

②用串联电阻组成分压器，使用同一电源获得几种不同的电压。如图11-10所示，由 $R_1 \sim R_4$ 组成串联电路，使用同一电源，输出4种不同数值的电压。

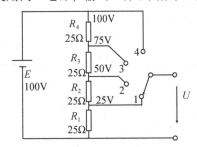

图 11-10　电阻分压器

③当负载的额定电压(标准工作电压值)低于电源电压时，采用电阻与负载串联的方法，使电源的部分电压分配到串联电阻上，以满足负载正确的使用电压值。例如，一个指示灯额定电压6V，电阻6Ω，若将它接在12V电源上，必须串联一个阻值为6Ω的电阻，指示灯才能正常工作。

④用电阻串联的方法来限制调节电路中的电流。在电工测量中普遍用串联电阻法来扩大电压表的量程。

2)电阻的并联电路

将两个或两个以上的电阻两端分别接在电路中相同的两个节点之间，这种连接方式称为电阻的并联电路。如图11-11(a)所示是电阻的并联电路，图11-11(b)是图11-11(a)的等效电路。

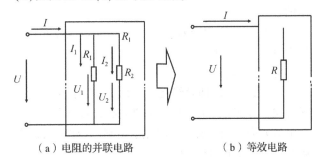

（a）电阻的并联电路　　　（b）等效电路

图 11-11　电阻的并联电路及等效电路

电阻的并联电路有如下特点：

(1)并联电路中各个支路两端的电压相等，即

$$U = U_1 = U_2 = \cdots = U_n \quad (11\text{-}20)$$

(2)并联电路中总的电流等于各支路中的电流之和，即

$$I = I_1 + I_2 + I_3 + \cdots + I_n \quad (11\text{-}21)$$

(3)并联电路的总电阻(即等效电阻)的倒数等于各并联电阻的倒数之和，即

$$\frac{1}{R} = \frac{1}{R_1} + \frac{1}{R_2} + \cdots + \frac{1}{R_n} \quad (11\text{-}22)$$

若是两个电阻并联，可求并联后的总电阻为

$$R = \frac{R_1 R_2}{R_1 + R_2} \quad (11\text{-}23)$$

可以得出

$$\left.\begin{array}{l} \dfrac{I_1}{I_n} = \dfrac{R_n}{R_1} \\[3mm] \dfrac{I}{I_n} = \dfrac{R_n}{R} \end{array}\right\} \quad (11\text{-}24)$$

上述公式表明，在并联电路中，电阻的阻值越大，这个电阻所分配到的电流越小，反之越大，即电阻上的电流分配与电阻的阻值成反比。这个结论是电阻并联电路特点的重要推论，用途极为广泛，例如，用并联电阻的办法，扩大电流表的量程。

电阻并联的应用，同电阻串联的应用一样，也很广泛。例如：

①因为电阻并联的总电阻小于并联电路中的任意一个电阻，因此，可以用电阻并联的方法来获得阻值较小的电阻。

②由于并联电阻各个支路两端电压相等，因此，工作电压相同的负载，如电动机、电灯等都是并联使

用，任何一个负载的工作状态既不受其他负载的影响，也不影响其他负载。在并联电路中，负载个数增加，电路的总电阻减小，电流增大，负载从电源取用的电能多，负载变重；负载数目减少，电路的总电阻增大，电流减小，负载从电源取用的电能少，负载变轻。因此，人们可以根据工作需要启动或停止并联使用的负载。

③在电工测量中应用电阻并联方法组成分流器来扩大电流表的量程。

3. 左手定则

电磁力方向（即导线运动方向）、电流方向和磁场方向三者相互垂直。因为电磁力的方向与磁场方向及电流方向有关。所以，用左手定则（又称电动机定则）来判定三者之间的关系。

左手定则的内容是：伸平左手，使大拇指与其余四指垂直，手心对着 N 极，让磁感应线垂直穿过手心，四指的指向代表电流方向，则大拇指所示的方向就是磁场对载流直导线的作用力方向，如图 11-12 所示。

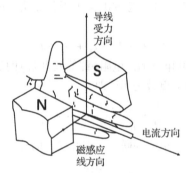

图 11-12 左手定则

实验证明，在匀强磁场中，当载流直导线与磁场方向垂直时，磁场对载流直导线作用力的大小，与导线所处的磁感应强度、通过直导线的电流以及导线在磁场中的长度的乘积成正比，表示见下式

$$F = BIL \qquad (11-25)$$

式中：B——磁感应强度，Wb/m^2；

I——直导线中通过的电流，A；

L——直导线在磁场中的长度，m；

F——直导线受到的电场力，N。

4. 右手定则

通电直导线周围磁场方向与导线中的电流方向之间的关系可用安培定则（又称右手螺旋定则）进行判定。其具体内容是：右手拇指指向电流方向，贴在导线上，其余四指弯曲握住直导线，则弯曲四指的方向就是磁感应线的环绕方向（图 11-13）。

实验证明，通电直导线四周的磁感应线距直导线越近，磁感应线越密集，磁感应强度越大，反之，磁

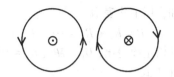

（a）通电直导线与周围磁场的关系

电流方向　　　　磁感应线方向

（b）右手螺旋定则

图 11-13　直导线周围的磁场方向

感应线越稀疏，磁感应强度越小。导线中通过电流越大，靠近直导线的磁感应线越密集，磁感应强度越大；反之，导线中通过电流越小，靠近直导线的磁感应线越稀疏，磁感应强度越小。

通电螺线管磁场方向，与螺线管中通过的电流方向的关系，用右手螺旋定则进行判定，如图 11-13（b）所示。

右手螺旋定则的内容是：用右手握住螺线管，让弯曲的四指所指的方向与螺线管中流过的电流方向一致，那么拇指所指的那一端就是螺线管的 N 极。由图 11-13（b）可知，通电螺线管的磁场与条形磁铁的磁场相似。因此，一个通电螺线管相当于一块条形磁铁。

总之，凡是通电的导线，在其周围必定会产生磁场，从而说明电流与磁场之间有着不可分割的联系。电流产生磁场的这种现象称为电流的磁效应。

5. 法拉第电磁感应定律

感应电动势的大小，取决于条形磁铁插入或拔出的快慢，即取决于磁通变化的快慢。磁通变化越快，感应电动势就越大；反之就越小。磁通变化的快慢，用磁通变化率来表示。例如，有一单匝线圈，在 t_1 时刻穿过线圈的磁通为 Φ_1，在此后的某个时刻 t_2，穿过线圈的磁通为 Φ_2，那么在 $(t_2 - t_1)$ 这段时间内，穿过线圈的磁通变化量见下式

$$\Delta\Phi = \Phi_2 - \Phi_1 \qquad (11-26)$$

因此，单位时间内的磁通变化量，即磁通变化率见下式

$$\frac{\Delta\Phi}{\Delta t} = \frac{\Phi_2 - \Phi_1}{t_2 - t_1} \qquad (11-27)$$

在单匝线圈中产生的感应电动势的大小见下式

$$e = \left| \frac{\Delta\Phi}{\Delta t} \right| \qquad (11-28)$$

式中的绝对值符号，表示只考虑感应电动势的大小，不考虑方向。

对于多匝线圈来说，因为通过各匝线圈的磁通变化率是相同的，所以每匝线圈感应电动势大小相等。因此，多匝线圈感应电动势是单匝线圈感应电动势的 N 倍，表示见下式

$$e = N \left| \frac{\Delta \Phi}{\Delta t} \right| \qquad (11-29)$$

式中：e——多匝线圈感应电动势，V；

　　　　N——线圈匝数；

　　　　$\Delta \Phi$——线圈中磁通变化量，Wb；

　　　　Δt——磁通变化 $\Delta \Phi$ 所用的时间，s。

公式说明，当穿过线圈的磁通发生变化时，线圈两端的感应电动势的大小只与磁通变化率成正比。这就是法拉第电磁感应定律。

6. 楞次定律

法拉第电磁感应定律，只解决了感应电动势的大小，取决于磁通变化率，但无法说明感应电动势的方向与磁通量变化之间的关系。穿过线圈的原磁通的方向是向下的。

如图 11-14(a) 所示，当磁铁插入线圈时，线圈中的原磁通量增加，产生感应电动势。感应电流由检流计的正端流入。此时，感应电流在线圈中产生一个新的磁通。根据安培定则可以判定，新磁通与原磁通的方向相反，也就是说，新磁通阻碍原磁通增加。

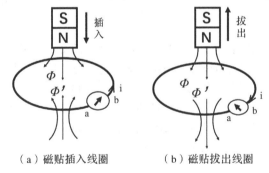

（a）磁贴插入线圈　　（b）磁贴拔出线圈

图 11-14　感应电动势方向的判断

如图 11-14(b) 所示，当磁铁由线圈中拔出时，线圈中的原磁通减少，产生感应电动势，感应电流由检流计的负端流入。此时，感应电流在线圈中产生一个新的磁通，根据安培定则判定，新磁通与原磁通的方向是相同的，也就是说，新磁通阻碍原磁通的减少。

经过上述讨论得出一个规律：线圈中磁通变化时，线圈中产生感应电动势，其方向是使它形成的感应电流产生新磁通来阻碍原磁通的变化。也就是说，感应电流的新磁通总是阻碍原磁通的变化。这个规律被称为楞次定律。

应用楞次定律来判定线圈中产生感应电动势的方向或感应电流的方向，具体方法步骤如下：

（1）首先明确原磁通的方向和变化（增加或减少）的情况。

（2）根据楞次定律判定感应电流产生新磁通的方向。

（3）根据新磁通的方向，应用安培定则（右手螺旋定则）判定出感应电动势或感应电流的方向。

（五）自感与互感

1. 自　感

自感是一种电磁感应现象，下面通过实验说明什么是自感。如图 11-15(a) 所示，有两个相同的灯泡。合上开关后，灯泡 HL1 立刻正常发光，灯泡 HL2 慢慢变亮。其原因是在开关 S 闭合的瞬间，线圈 L 中的电流从无到有，线圈中这个电流所产生的磁通也随之增加，于是在线圈中产生感应电动势。根据楞次定律，由感应电动势所形成的感应电流产生的新磁通，要阻碍原磁通的增加；感应电动势的方向与线圈中原来电流的方向相反，使电流不能很快地上升，所以灯泡 HL2 只能慢慢变亮。

如图 11-15(b) 所示，当开关 S 断开时，HL 灯泡不会立即熄灭，而是突然一亮然后熄灭。其原因是在开关 S 断开的瞬间，线圈中电流要减小到 0A，线圈中磁通也随之减小。由于磁通变化在线圈中产生感应电动势。根据楞次定律，感应电动势所形成的感应电流产生的新磁通，阻碍原磁通的减少，感应电动势方向与线圈中原来的电流方向一致，阻止电流减少，即感应电动势维持电感中的电流慢慢减小。所以灯泡 HL 不会立刻熄灭。

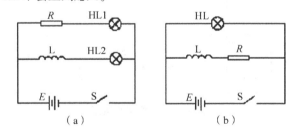

（a）　　　　　　　（b）

图 11-15　自感实验电路

通过两个实验可以看到，由于线圈自身电流的变化，线圈中也要产生感应电动势。把由于线圈自身电流变化而引起的电磁感应称为自感应，简称自感。由自感现象产生的电动势称为自感电动势。

为了表示自感电动势的大小，引入一个新的物理量——自感系数。当一个线圈通过变化电流后，单位电流所产生的自感磁通数，称为自感系数，也称电感量，简称电感，用 L 表示。电感是测量线圈产生自感磁通本领的物理量。如果一个线圈中流过 1A 电流，能产生 1Wb 的自感磁通，则该线圈的电感就是 1 亨

利，简称亨，用 H 表示。在实际使用中，常采用较小的单位，有毫亨（mH）、微亨（μH）等。它们之间的关系为：$1H = 10^3 mH$，$1mH = 10^3 \mu H$。

电感 L 是线圈的固有参数，它取决于线圈的几何尺寸以及线圈中介质的磁导率。如果介质磁导率恒为常数，这样的电感称为线性电感，如空心线圈的电感 L 为常数；反之，则称为非线性电感，如有铁心的线圈的电感 L 不是常数。

自感在电工技术中，既有利又有弊。如日光灯是利用镇流器（铁心线圈）产生自感电动势提高电压来点亮灯管的，同时也利用它来限制灯管电流。但是，在有较大电感元件的电路被切断瞬间，电感两端的自感电动势很高，在开关刀口断开处产生电弧，烧毁刀口，影响设备的使用寿命；在电子设备中，这个感应电动势极易损坏设备的元器件，必须采取相应措施，予以避免。

2. 互 感

互感也是一种电磁感应现象。图 11-16 中有两个互相靠近的线圈，当原线圈电路的开关 S 闭合时，原线圈中的电流增大，磁通也增加，副线圈中磁通也随之增大而产生感应电动势，检流计指针偏转，说明副线圈中也有电流。当原线圈电路开关 S 断开时，原线圈中的电流减小，磁通也减小，这个变化的磁通使副线圈中产生感应电动势，检流计指针向相反方向偏转。

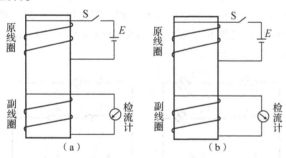

图 11-16　互感实验电路

这种一个线圈电流变化，引起另一个线圈中产生感应电动势的电磁感应现象，称为互感现象，简称互感。由互感产生的感应电动势称为互感电动势。

人们利用互感现象，制成了电工领域中伟大的电器——变压器。

二、电工基础

电工是一种特殊工种，不仅作业技能的专业性强，而且对作业的安全保护有特殊要求。因此，对从事电工作业的人员，在上岗前，都必须进行作业技能和安全保护的专业培训，经过考核合格后，才允许上岗作业。从各个国家的情况来看，均由从事电力供应的电力部门来承担这任务。不仅电力系统内的电工须经培训，各企业的电工同样须经过培训，合格后才准从事电工行业。

（一）正弦交流电路

1. 正弦交流电三要素

（1）周期、频率、角频率

交流电变化一周所需要的时间称为周期，用 T 表示，单位是秒（s），较小的单位有毫秒（ms）和微秒（μs）等。它们之间的关系为：$1s = 10^3 ms = 10^6 \mu s$。

周期的长短表示交流电变化的快慢，周期越小，说明交流电变化一周所需的时间越短，交流电的变化越快；反之，交流电的变化越慢。

频率是指一秒钟内交流电变化的次数，用字母 f 表示，单位为赫兹，简称赫，用 Hz 表示。当频率很高时，可以使用千赫（kHz）、兆赫（MHz）、吉赫（GHz）等。它们之间的关系为：$1kHz = 10^3 Hz$，$1MHz = 10^3 kHz$，$1GHz = 10^3 MHz$。

频率和周期一样，是反映交流电变化快慢的物理量。它们之间的关系见下式

$$\left. \begin{array}{l} f = \dfrac{1}{T} \\[2mm] T = \dfrac{1}{f} \end{array} \right\} \tag{11-30}$$

我国农业生产及日常生活中使用的交流电标准频率为 50Hz。通常把 50Hz 的交流电称为工频交流电。

交流电变化的快慢除了用周期和频率表示外，还可以用角频率表示。所谓角频率是指交流电每秒变化的角度，用 ω 表示，单位是弧度每秒（rad/s）。周期、频率和角频率的关系见下式

$$\omega = \frac{2\pi}{T} = 2\pi f \tag{11-31}$$

（2）瞬时值、最大值、有效值

正弦交流电（简称交流电）的电动势、电压、电流，在任一瞬间的数值称为交流电的瞬时值，分别用 $e(V)$、$u(V)$、$i(A)$ 表示。瞬时值中最大的值称为最大值。最大值也称为振幅或峰值。在波形图中，曲线的最高点对应的纵轴值，即表示最大值。分别用 E_m、U_m、I_m 表示电动势、电压、电流的最大值。它们之间的关系见下式

$$\left. \begin{array}{l} e = E_m \sin\omega t \\ u = U_m \sin\omega t \\ i = I_m \sin\omega t \end{array} \right\} \tag{11-32}$$

由上式可知，交流电的大小和方向是随时间变化的，瞬时值在零值与最大值之间变化，没有固定的数

值。因此，不能随意用一个瞬时值来反映交流电的做功能力。如果选用最大值，就夸大了交流电的做功能力，因为交流电在绝大部分时间内都比最大值要小。这就需要选用一个数值，能等效地反映交流电做功的能力。为此，引入了交流电的有效值这一概念。

正弦交流电的有效值的定义：如果一个交流电通过一个电阻，在一个周期内所产生的热量，和某一直流电流在相同时间内通过同一电阻产生的热量相等，那么，这个直流电的电流值就称为交流电的有效值。正弦交流电的电动势、电压、电流的有效值分别用 E、U、I 表示。通常所说的交流电的电动势、电压、电流的大小都指它的有效值，交流电气设备铭牌上标注的额定值、交流电仪表所指示的数值也都是有效值。本书在谈到交流电的数值时，如无特殊注明，都是指有效值。理论计算和实验测试都可以证明，它们之间的关系如下

$$\left.\begin{array}{l} E = \dfrac{E_m}{\sqrt{2}} = 0.707E_m \\[2mm] U = \dfrac{U_m}{\sqrt{2}} = 0.707U_m \\[2mm] I = \dfrac{I_m}{\sqrt{2}} = 0.707I_m \end{array}\right\} \quad (11\text{-}33)$$

（3）相位、初相、相位差

如图 11-17 所示，两个相同的线圈固定在同一个旋转轴上，它们相互垂直，以某一角速度做逆时针旋转，在 AX 和 BY 线圈中产生的感应电动势分别为 e_1 和 e_2。

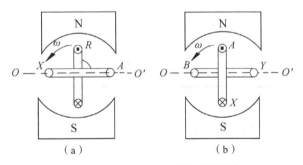

（a）　　　　　　　（b）
图 11-17　两个线圈中电动热变化情况

当 $t=0$ 时，AX 线圈平面与中性面之间的夹角 $\varphi_1 = 0°$，BY 线圈平面与中性面之间的夹角 $\varphi_2 = 90°$。由式（11-32）得到，在任意时刻两个线圈的感应电动势分别为

$$\begin{array}{l} e_1 = E_m \sin(\omega t + \varphi_1) \\ e_2 = E_m \sin(\omega t + \varphi_2) \end{array} \quad (11\text{-}34)$$

其中 $(\omega t + \varphi_1)$ 和 $(\omega t + \varphi_2)$ 是表示交流电变化进程的一个角度，称为交流电的相位或相角，它决定了交

流电在某一瞬时所处的状态。$t=0$ 时的相位称为初相位或初相。它是交流电在计时起始时刻的电角度，反映了交流电的初始值。例如，AX、BY 线圈的初相分别是 0° 和 90°。在 $t=0$ 时，两个线圈的电动势分别为 $e_1 = 0$，$e_2 = E_m$。两个频率相同的交流电的相位之差称为相位差。令上述 e_1 的初相位 $\varphi_1 = 0°$，e_2 的初相位 $\varphi_2 = 90°$，则两个电动势的相位差为

$$\Delta\varphi = (\omega t + \varphi_2) - (\omega t + \varphi_1) = \varphi_2 - \varphi_1 \quad (11\text{-}35)$$

可见，相位差就是两个电动势的初相差。

从图 11-18 和图 11-19 所示可以看出，初相分别为 φ_1 和 φ_2 的频率相同的两个电动势的同向最大值，不能在同一时刻出现。就是说 e_2 比 e_1 超前 φ 角度达到最大值，或者说 e_1 比 e_2 滞后 φ 角度达到最大值。

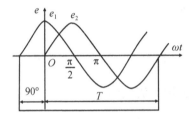

图 11-18　电动势波形图

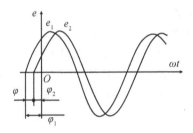

图 11-19　e_1 与 e_2 的相位差

综上所述，一个交流电变化的快慢用频率表示；其变化的幅度，用最大值表示；其变化的起点用初相表示。

如果交流电的频率、最大值、初相确定后，就可以准确确定交流电随时间变化的情况。因此，频率、最大值和初相称为交流电的三要素。

2. 正弦交流电表示方法

正弦交流电的表示方法有三角函数式法和正弦曲线法两种。它们能真实地反映正弦交流电的瞬时值随时间的变化规律，同时也能完整地反映出交流电的三要素。

（1）三角函数式法：正弦交流电的电动势、电压、电流的三角函数式表示方法见式（11-32），若知道了交流电的频率、最大值和初相，就能写出三角函数式，用它可以求出任一时刻的瞬时值。

（2）正弦曲线法（波形法）：正弦曲线法就是利用

三角函数式相对应的正弦曲线，来表示正弦交流电的方法。

如图 11-20 所示，横坐标表示时间 t 或者角度 ω，纵坐标表示随时间变化的电动势瞬时值。图中正弦曲线反映出正弦交流电的初相 $\varphi = 0$，e 最大值 E_m，周期 T 以及任一时刻的电动势瞬时值。这种图也称为波形图。

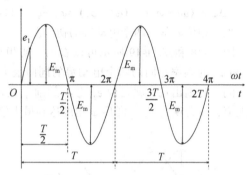

图 11-20　正弦曲线表示法

（二）三相交流电路

1. 三相电动势的产生

三相交流电是由三相发电机产生的，如图 11-21 所示是三相发电机的结构示意图。它由定子和转子组成。在定子上嵌入 3 个绕组，每个绕组称为一相，合称三相绕组。绕组的一端分别用 U_1、V_1、W_1 表示，称为绕组的始端；另一端分别用 U_2、V_2、W_2 表示，称为绕组的末端。三相绕组始端或末端之间的空间角为 $120°$。转子为电磁铁，磁感应强度沿转子表面按正弦规律分布。

当转子以匀角速度 ω 逆时针方向旋转时，在三相绕组中分别感应出振幅相等，频率相同，相位互差 $120°$ 的 3 个感应电动势，这三相电动势称为对称三相电动势。3 个绕组中的电动势分别为

$$e_U = E_m \sin\omega t$$
$$e_V = E_m \sin(\omega t - 120°) \qquad (11\text{-}36)$$
$$e_W = E_m \sin(\omega t + 120°)$$

显而易见，V 相绕组的比 U 相绕组的落后 $120°$，

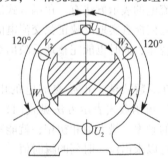

图 11-21　三相交流发电机机构示意图

W 相绕组的比 V 相绕组的落后 $120°$。

如图 11-22 所示是三相电动势波形图。由图可见三相电动势的最大值和角频率相等，相位差 $120°$。电动势的方向是从末端指向始端，即 U_2 到 U_1，V_2 到 V_1，W_2 到 W_1。

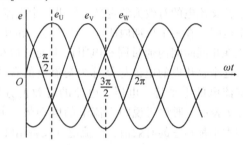

图 11-22　三相电动势波形图

在实际工作中经常提到三相交流电的相序问题，所谓相序就是指三相电动势达到同向最大值的先后顺序。在图 11-22 中，最先达到最大值的是 e_U，其次是 e_V，最后是 e_W。它们的相序是 U—V—W，该相序称为正相序，反之是负序或逆序，即 U—W—V。通常三相对称电动势的相序都是指正相序，用黄、绿、红 3 种颜色分别表示 U、V、W 三相。

2. 三相电源绕组联结

三相发电机的每相绕组都是独立的电源，均可以采用如图 11-23 所示的方式向负载供电。这是 3 个独立的单相电路，构成三相六线制，有 6 根输电线，既不经济又没有实用价值。在现代供电系统中，发电机三相绕组通常用星形（Y 形）联结或三角形（△形）联结两种方式。但是，发电机绕组一般不采用三角形接法而采用星形接法，如图 11-23 所示。公共点称为电源中点，用 N 表示。从始端引出的三根输电线称为相线或端线，俗称火线。从电源中点 N 引出的线称为中线。中线通常与大地相连接，因此，把接地的中点称为零点，把接地的中线称为零线。

如果从电源引出四根导线，这种供电方式称为星接三相四线制；如果不从电源中点引出中线，这种供电方式称为星接三相三线制。

电源相线与中线之间的电压称为相电压，在图 11-23 中用 U_U、U_V、U_W 表示，电压方向是由始端指向

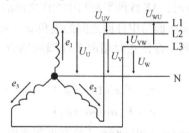

图 11-23　三相电源的星形接法

中点。

电源相线之间的电压称为线电压，分别用 U_V、U_{VW}、U_{WU} 表示。电压的正方向分别是从端点 U_1 到 V_1，V_1 到 W_1，W_1 到 U_1。

三相对称电源的相电压相等，线电压也相等，则相电压 $U_{相}$ 与线电压 $U_{线}$ 之间的关系为：$U_{线} = \sqrt{3}U_{相} \approx 1.7U_{相}$。此关系式表明三相对称电源星形联结时，线电压的有效值约等于相电压有效值的1.7倍。

3. 三相交流电路负载的联结

在三相交流电路中，负载由3个部分组成，其中，每两部分称为一相负载。如果各相负载相同，则称为对称三相负载；如果各相负载不同，则称为不对称三相负载。例如，三相电动机是对称三相负载，日常照明电路是不对称三相负载。根据实际需要，三相负载有两种连接方式，星形联结和三角形联结。

（1）负载的星形联结

设有3组负载为 Z_U、Z_V、Z_W，若将每组负载的一端分别接在电源3根相线上，另一端都接在电源的中线上，如图11-24所示，这种连接方式称为三相负载的星形联结。图中 Z_U、Z_V、Z_W 为各相负载的阻抗，N 为负载的中性点。

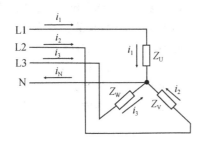

图 11-24　三相负载的星形联结图

由图11-24可见，负载两端的电压称为相电压。如果忽略输电线上的压降，则负载的相电压等于电源的相电压；三相负载的线电压就是电源的线电压。负载相电压 $U_{相}$ 与线电压 $U_{线}$ 间的关系为：$U_{线Y} = \sqrt{3}U_{相Y}$，$U_{线} = \sqrt{3}U_{相} \approx 1.7U_{相}$。

星接三相负载接上电源后，就有电流流过相线、负载和中线。流过相线的电流 I_U、I_V、I_W 称为线电流，统一用 $I_{线}$ 表示。流过每相负载的电流 I_U、I_V、I_W 称为相电流，统一用 $I_{相}$ 表示。流过中线的电流 I_N 叫作中线电流。

如果图11-24所示中的三相负载各不相同（负载不对称）时，中线电流不为0A，应当采取三相四线制。如果三相负载相同（负载对称）时，流过中线的电流等于0A，此时可以省略中线。如图11-25所示是三相对称负载星形联结的电路图。可见去掉中线后，电源只需3根相线就能完成电能输送，这就是三

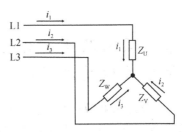

图 11-25　三相对称负载的星形联结图

相三线制。三相对称负载呈星形联结时，线电流 $I_{线}$ 等于相电流 $I_{相}$，即 $I_{线Y} = I_{相Y}$。

在工业上，三相三线制和三相四线制应用广泛。对于三相对称负载（如三相异步电动机）应采用三相三线制，对于三相不对称的负载，如图11-26所示的照明线路，应采用三相四线制。

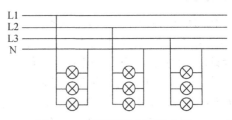

图 11-26　三相四线制照明电路

值得注意的是，采用三相四线制时，中线的作用是使各相的相电压保持对称。因此，在中线上不允许接熔断器，更不能拆除中线。

（2）负载的三角形联结

设有三相对称负载 Z_U、Z_V、Z_W，将它们分别接在三相电源两相线之间，如图11-27所示，这种连接方式称为负载的三角形联结。

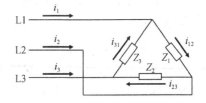

图 11-27　负载的三角形联结图

负载呈三角形联结时，负载的相电压就是电源的线电压 $U_{线}$，即：$U_{相\triangle} = U_{线\triangle}$。

当对称负载呈三角形联结时，电源线上的线电流 $I_{线}$ 有效值与负载上相电流 $I_{相}$ 有效值的关系为：$I_{线\triangle} = \sqrt{3}I_{相\triangle} \approx 1.7I_{相\triangle}$。

分析了三相负载的两种联结方式后，可以知道，负载呈三角形联结时的相电压约是其呈星形联结时的相电压的1.7倍。因此，当三相负载接到电源时，究竟是采用星形联结还是三角形联结，应根据三相负载的额定电压而定。

第二节　国家及地方有关城镇污水处理的法律法规

在我国，水污染物排放标准体系是国家环境保护法律体系的重要组成部分，也是执行环保法律、法规的重要技术依据，在环境保护执法和管理中发挥着不可替代的作用，已成为对水污染物排放进行控制的重要手段。

目前，国家及地方有关城镇排水监测的法律法规及相关重点条款摘要如下：

一、《中华人民共和国环境保护法》相关重点条款摘选

第十二届全国人民代表大会常务委员会第八次会议于 2014 年 4 月 24 日通过《中华人民共和国环境保护法》修订，由中华人民共和国主席令第九号公布，自 2015 年 1 月 1 日起施行。相关重点条款摘要：

第十七条　国家建立、健全环境监测制度。国务院环境保护主管部门制定监测规范，会同有关部门组织监测网络，统一规划国家环境质量监测站（点）的设置，建立监测数据共享机制，加强对环境监测的管理。有关行业、专业等各类环境质量监测站（点）的设置应当符合法律法规规定和监测规范的要求。监测机构应当使用符合国家标准的监测设备，遵守监测规范。监测机构及其负责人对监测数据的真实性和准确性负责。

二、《中华人民共和国水污染防治法》相关重点条款摘选

《中华人民共和国水污染防治法》是为了保护和改善环境，防治水污染，保护水生态，保障饮用水安全，维护公众健康，推进生态文明建设，促进经济社会可持续发展而制定的法律。

由中华人民共和国第十届全国人民代表大会常务委员会第三十二次会议于 2008 年 2 月 28 日修订通过，自 2008 年 6 月 1 日起施行。现行版本为 2017 年 6 月 27 日第十二届全国人民代表大会常务委员会第二十八次会议修正，自 2018 年 1 月 1 日起施行。以下为相关重点条款摘要：

第二十二条　向水体排放污染物的企业事业单位和其他生产经营者，应当按照法律、行政法规和国务院环境保护主管部门的规定设置排污口；在江河、湖泊设置排污口的，还应当遵守国务院水行政主管部门的规定。

第二十三条　实行排污许可管理的企业事业单位和其他生产经营者应当按照国家有关规定和监测规范，对所排放的水污染物自行监测，并保存原始监测记录。重点排污单位还应当安装水污染物排放自动监测设备，与环境保护主管部门的监控设备联网，并保证监测设备正常运行。具体办法由国务院环境保护主管部门规定。

应当安装水污染物排放自动监测设备的重点排污单位名录，由设区的市级以上地方人民政府环境保护主管部门根据本行政区域的环境容量、重点水污染物排放总量控制指标的要求以及排污单位排放水污染物的种类、数量和浓度等因素，商同级有关部门确定。

第二十四条　实行排污许可管理的企业事业单位和其他生产经营者应当对监测数据的真实性和准确性负责。

环境保护主管部门发现重点排污单位的水污染物排放自动监测设备传输数据异常，应当及时进行调查。

第二十五条　国家建立水环境质量监测和水污染物排放监测制度。国务院环境保护主管部门负责制定水环境监测规范，统一发布国家水环境状况信息，会同国务院水行政等部门组织监测网络，统一规划国家水环境质量监测站（点）的设置，建立监测数据共享机制，加强对水环境监测的管理。

第三十二条　国务院环境保护主管部门应当会同国务院卫生主管部门，根据对公众健康和生态环境的危害和影响程度，公布有毒有害水污染物名录，实行风险管理。

排放前款规定名录中所列有毒有害水污染物的企业事业单位和其他生产经营者，应当对排污口和周边环境进行监测，评估环境风险，排查环境安全隐患，并公开有毒有害水污染物信息，采取有效措施防范环境风险。

第五十条　向城镇污水集中处理设施排放水污染物，应当符合国家或者地方规定的水污染物排放标准。

城镇污水集中处理设施的运营单位，应当对城镇污水集中处理设施的出水水质负责。

环境保护主管部门应当对城镇污水集中处理设施的出水水质和水量进行监督检查。

三、《城镇排水与污水处理条例》相关重点条款摘选

《城镇排水与污水处理条例》是为了加强对城镇排水与污水处理的管理，保障城镇排水与污水处理设施安全运行，防治城镇水污染和内涝灾害，保障公民

生命、财产安全和公共安全，保护环境制定的。经2013年9月18日国务院第二十四次常务会议通过，2013年10月2日中华人民共和国国务院令第641号公布。自2014年1月1日起施行。相关重点条款摘要如下：

第二十三条　城镇排水主管部门应当加强对排放口设置以及预处理设施和水质、水量检测设施建设的指导和监督；对不符合规划要求或者国家有关规定的，应当要求排水户采取措施，限期整改。

第二十四条　城镇排水主管部门委托的排水监测机构，应当对排水户排放污水的水质和水量进行监测，并建立排水监测档案。排水户应当接受监测，如实提供有关资料。

列入重点排污单位名录的排水户安装的水污染物排放自动监测设备，应当与环境保护主管部门的监控设备联网。环境保护主管部门应当将监测数据与城镇排水主管部门共享。

四、《城镇污水排入排水管网许可管理办法》相关重点条款摘选

《城镇污水排入排水管网许可管理办法》经住房和城乡建设部第二十次常务会议审议通过，2015年1月22日由中华人民共和国住房和城乡建设部令第21号发布，自2015年3月1日起施行。相关重点条款摘要如下：

第十五条　城镇排水主管部门应当加强对排水户的排放口设置、连接管网、预处理设施和水质、水量监测设施建设和运行的指导和监督。

第十七条　城镇排水主管部门委托的具有计量认证资质的排水监测机构应当定期对排水户排放污水的水质、水量进行监测，建立排水监测档案。排水户应当接受监测，如实提供有关资料。

列入重点排污单位名录的排水户，应当依法安装并保证水污染物排放自动监测设备正常运行。

列入重点排污单位名录的排水户安装的水污染物排放自动监测设备，应当与环境保护主管部门的监控设备联网。环境保护主管部门应当将监测数据与城镇排水主管部门实时共享。对未与环境保护主管部门的监控设备联网，城镇排水主管部门已进行自动监测的，可以将监测数据与环境保护主管部门共享。

五、《北京市排水和再生水管理办法》相关重点条款摘选

2009年11月26日北京市人民政府令第215号公布，自2010年1月1日起施行。相关重点条款摘要如下：

第二十条　公共污水处理设施应当安装符合国家规范要求的进出水计量装置、水质监测装置，加强水质在线监测。各项装置应当定期校核，确保数据真实准确。

污水处理运营单位应当按照规定定期检测进出水水质，检测项目应当符合国家规范、规程要求。

第三十条　水行政主管部门组织起草或者制定排水和再生水设施建设、运行、管理的标准、规范和规程，建立公共排水和再生水设施监督管理体系，对设施的运行情况进行监督检查，对排水水质和再生水水质、水量进行监测。